水利生产经营单位安全生产标准化建设丛书

水文监测单位
安全生产标准化建设指导手册

水利部监督司　中国水利企业协会　编著

U0381504

中国水利水电出版社
www.waterpub.com.cn
·北京·

内 容 提 要

本书是按照《水利安全生产标准化通用规范》要求，结合当前水文监测单位安全生产标准化管理工作实践编写的，全书共十一章，内容包括：概述、策划与实施、目标职责、制度化管理、教育培训、现场管理、安全风险分级管控及隐患排查治理、应急管理、事故管理、持续改进及管理与提升等。为了便于读者理解掌握水文监测单位安全生产标准化工作要求，书中详细列出所依据的法律法规、技术规范、实施要点和部分参考示例等。

本书可作为水文监测单位开展安全生产标准化建设和管理的工具书，也可作为水文监测单位安全生产管理人员的培训教材。

图书在版编目（CIP）数据

水文监测单位安全生产标准化建设指导手册 / 水利
部监督司，中国水利企业协会编著. -- 北京 ：中国水利
水电出版社，2023.10
（水利生产经营单位安全生产标准化建设丛书）
ISBN 978-7-5226-1858-6

Ⅰ．①水… Ⅱ．①水… ②中… Ⅲ．①水文观测—标
准化—手册 Ⅳ．①P332-62

中国国家版本馆CIP数据核字(2023)第198133号

书　　名	水利生产经营单位安全生产标准化建设丛书 **水文监测单位安全生产标准化建设指导手册** SHUIWEN JIANCE DANWEI ANQUAN SHENGCHAN BIAOZHUNHUA JIANSHE ZHIDAO SHOUCE
作　　者	水利部监督司　中国水利企业协会　编著
出版发行	中国水利水电出版社 （北京市海淀区玉渊潭南路 1 号 D 座　100038） 网址：www.waterpub.com.cn E - mail：sales@mwr.gov.cn 电话：(010) 68545888（营销中心）
经　　售	北京科水图书销售有限公司 电话：(010) 68545874、63202643 全国各地新华书店和相关出版物销售网点
排　　版	中国水利水电出版社微机排版中心
印　　刷	清淞永业（天津）印刷有限公司
规　　格	184mm×260mm　16 开本　25 印张　608 千字
版　　次	2023 年 10 月第 1 版　2023 年 10 月第 1 次印刷
印　　数	0001—3000 册
定　　价	**128.00 元**

编 委 会

安全生产是民生大事，一丝一毫不能放松，要以对人民极端负责的精神抓好安全生产工作，站在人民群众的角度想问题，把重大风险隐患当成事故来对待，守土有责，敢于担当，完善体制，严格监管，让人民群众安心放心。

2013年以来，水利部启动安全生产标准化建设并在项目法人、施工企业、水管单位和农村水电站等四类水利生产经营单位中取得了明显的成效。对贯彻《中华人民共和国安全生产法》、落实水利生产经营单位安全生产主体责任、提高水利行业安全生产监督管理水平，起到了积极的推动作用。

2020年，中国水利企业协会发布了《水利工程建设监理单位安全生产标准化评审规程》《水利水电勘测设计单位安全生产标准化评审规程》《水文监测单位安全生产标准化评审规程》和《水利后勤保障单位安全生产标准化评审规程》四项团体标准。2021年水利部印发《关于水利水电勘测设计等四类单位安全生产标准化有关工作的通知》，明确相关单位可参考上述团体标准开展安全生产标准化建设。为了使相关单位更准确理解和掌握安全标准化工作的要求，将安全生产标准化工作作为贯彻构建水利安全生产风险管控"六项机制"的重要手段，水利部监督司和中国水利企业协会依据四项团体标准组织编写了系列指导手册。手册的主要内容包括概述、策划与实施、目标职责、制度化管理、教育培训、现场管理、安全风险分级管控及隐患排查治理、应急管理、事故管理、持续改进及管理与提升等共十一章。以法律法规规章和相关要求为依据对四项评审规程进行了详细的解读，并给出了大量翔实的案例，用以指导相关单位安全生产标准化建设、评审和管理等工作，也可作为水利安全生产管理工作的参考。

系列手册编写过程中，引用了相关法律、法规、规章、规范性文件及技术标准的部分条文，读者在阅读本指导手册时，请注意上述引用文件的版本更新情况，避免工作出现偏差。

限于编者的经验和水平，书中难免出现疏漏及不足之处，敬请广大读者斧正。

水利安全生产标准化系列指导手册编写组

2023 年 9 月

目录

第一章 概　　述

安全生产标准化就是生产经营单位通过落实安全生产主体责任，全员全过程参与，建立并保持安全生产管理体系，全面管控生产经营活动各环节的安全生产与职业卫生工作，实现安全健康管理系统化、岗位操作行为规范化、设备设施本质安全化、作业环境器具定置化，并持续改进。

第一节　标准化建设的意义及由来

一、安全生产标准化建设意义

安全生产标准化就是生产经营单位通过落实安全生产主体责任，全员全过程参与，建立并保持安全生产管理体系，全面管控生产经营活动各环节的安全生产与职业卫生工作，实现安全健康管理系统化、岗位操作行为规范化、设备设施本质安全化、作业环境器具定置化，并持续改进。

从建设主体的角度，水利安全生产标准化建设是落实水利生产经营单位安全生产主体责任，规范其作业和管理行为，强化其安全生产基础工作的有效途径。通过推行标准化建设和管理，实现岗位达标、专业达标和单位达标，能够有效提升水利生产经营单位的安全生产管理水平和事故防范能力，使安全状态和管理模式与生产经营的发展水平相匹配，进而趋向本质安全管理。

从行业监管部门的角度，水利安全生产标准化建设是提升水利行业安全生产总体水平的重要抓手，是政府实施安全分类指导、分级监管的重要依据。标准化建设的推行可以为水利行业树立权威的、定制性的安全生产管理标准。通过实施标准化建设考评，水利生产经营单位能够对号入座的区分不同等级，客观真实地反映出各地区安全生产状况和不同安全生产水平的单位数量，从而为加强水利行业安全监管提供有效的基础数据。

二、工作由来

20 世纪 80 年代初期，煤炭行业事故持续上升，为此，原煤炭部于 1986 年在全国煤矿行业开展"质量标准化、安全创水平"活动，目的是通过质量标准化促进安全生产，认为安全与质量之间存在着相辅相成、密不可分的内在联系，讲安全必须讲质量。有色、建材、电力、黄金等多个行业也相继开展了质量标准化创建活动，提高了企业安全生产水平。

2011 年 5 月，国务院安全生产委员会印发《关于深入开展企业安全生产标准化建设的指导意见》（安委〔2011〕4 号）（以下简称《指导意见》），要求"要建立健全各行业（领域）企业安全生产标准化评定标准和考评体系；不断完善工作机制，将安全生产标准化建设纳入企业生产经营全过程，促进安全生产标准化建设的动态化、规范化和制度化，

1

有效提高企业本质安全水平"。

为了贯彻落实国家关于安全生产标准化的一系列文件精神，2011 年 7 月，水利部印发了《水利行业深入开展安全生产标准化建设实施方案》（水安监〔2011〕346 号）（以下简称《实施方案》）。《实施方案》明确，将通过标准化建设工作，大力推进水利安全生产法规规章和技术标准的贯彻实施，进一步规范水利生产经营单位安全生产行为，落实安全生产主体责任，强化安全基础管理，促进水利施工单位市场行为的标准化、施工现场安全防护的标准化、工程建设和运行管理单位安全生产工作的规范化，推动全员、全方位、全过程安全管理。通过统筹规划、分类指导、分步实施、稳步推进，逐步实现水利工程建设和运行管理安全生产工作的标准化，促进水利安全生产形势持续稳定向好，为实现水利跨越式发展提供坚实的安全生产保障。《实施方案》从标准化建设的总体要求、目标任务、实施方法及工作要求等四方面，完成了水利安全生产标准化建设工作的顶层设计，确定了水利工程项目法人、水利水电施工企业、水利工程管理单位和农村水电站为水利安全生产标准化建设主体。

2013 年，水利部印发了《水利安全生产标准化评审管理暂行办法》《农村水电站安全生产标准化达标评级实施办法（暂行）》及相关评审标准，明确了水利安全生产标准化实行水利生产经营单位自主开展等级评定，自愿申请等级评审的原则。水利部安全生产标准化评审委员会负责部属水利生产经营单位一级、二级、三级和非部属水利生产经营单位一级安全生产标准化评审的指导、管理和监督。2014 年水利安全生产标准化建设工作全面启动。

三、新形势下的工作要求

2014 年修订发布的《中华人民共和国安全生产法》（以下简称《安全生产法》）首次将推进安全生产标准化建设作为生产经营单位的法定安全生产义务之一。2021 年修订发布的《安全生产法》进一步提高了生产经营单位安全生产标准化建设的要求，由"推进安全生产标准化建设"修改为"加强安全生产标准化建设"；同时将加强安全生产标准化建设列为生产经营单位主要负责人的法定职责之一。

2020 年，中国水利企业协会发布包括了勘测设计单位、监理单位、后勤保障、水文监测等四类单位安全标准化评审规程的系列团体标准，为相关水利生产经营单位的安全标准化建设工作提供了工作依据。水利部于 2022 年印发通知，开展包括水文监测单位在内的"四类单位"安全生产标准化建设，进一步扩大了水利行业安全标准化的创建范围。

为深入推进安全风险分级管控和隐患排查治理双重预防机制建设，进一步提升水利安全生产风险管控能力，防范化解各类安全风险，2022 年 7 月，水利部印发了《构建水利安全生产风险管控"六项机制"的实施意见》（水监督〔2022〕309 号），构建水利安全生产风险查找、研判、预警、防范、处置和责任等风险管控"六项机制"。在开展水利安全生产标准化建设过程中，应严格落实"六项机制"的各项工作要求，准确把握水利安全生产的特点和规律，坚持风险预控、关口前移，分级管控、分类处置，源头防范、系统治理，提升风险管控能力，有效防范遏制生产安全事故，为新阶段水利高质量发展提供坚实的安全保障。

第二节　安全标准化建设工作依据

目前我国安全生产管理领域已基本形成了完善的法律法规和技术标准体系，可以有效规范和指导安全生产管理工作。水文监测单位在开展安全生产标准化建设过程中，应严格、准确地遵守安全生产相关的法律法规和技术标准。

一、安全生产法律法规及标准体系

（一）安全生产法律法规体系

我国的法律法规体系包括宪法、法律、行政法规、地方性法规和行政规章五个层次。宪法具有最高的法律效力，一切法律、行政法规、地方性法规、自治条例和单行条例、规章都不得与宪法相抵触。法律的效力高于行政法规、地方性法规、规章。行政法规的效力高于地方性法规、规章。部门规章之间、部门规章与地方政府规章之间具有同等效力，在各自的权限范围内施行。

在水利工程建设过程中，安全生产工作的主要依据包括与安全生产管理相关的法律、法规、规章、技术标准等。部门规章、技术标准，除水利行业发布的之外，还应包括与水利工程建设安全生产管理有关的其他部委、行业发布的相关内容。

1. 安全生产法律

《安全生产法》属于安全生产领域的普通法和综合性法。《特种设备安全法》《中华人民共和国消防法》《中华人民共和国道路交通安全法》《中华人民共和国突发事件应对法》《中华人民共和国建筑法》《中华人民共和国职业病防治法》等，属于安全生产领域的特殊法和单行法。

《安全生产法》作为安全生产领域的普通法和综合性法，是安全生产管理工作的根本依据。在2021年9月1日修订后的《安全生产法》中，规定了"三管三必须"，即安全生产工作实行管行业必须管安全、管业务必须管安全、管生产经营必须管安全，强化和落实生产经营单位主体责任与政府监管责任，建立生产经营单位负责、职工参与、政府监管、行业自律和社会监督的机制。这赋予了政府相关部门的监管职责，要求生产经营单位落实企业主体责任。

水利行业各类生产经营单位如勘察设计、施工、项目法人、工程监理、运行管理等单位，应按照《安全生产法》的规定，落实自身的主体责任。各级水行政主管部门应按照《安全生产法》的规定，对行业安全生产工作进行监督管理。

除上述法律外，与安全生产相关的法律还包括《中华人民共和国刑法》《中华人民共和国行政处罚法》《中华人民共和国行政许可法》《中华人民共和国劳动法》《中华人民共和国劳动合同法》等。职业健康管理，还应遵守《中华人民共和国职业病防治法》。

2. 行政法规

行政法规是指最高国家行政机关即国务院制定的规范性文件，名称通常为条例、规定、办法、决定等。行政法规的法律地位和法律效力次于宪法和法律，但高于地方性法规、行政规章。

水文监测安全生产领域涉及的行政法规包括《中华人民共和国水文条例》《监控化学

品管理条例》《易制毒化学品管理条例》《生产安全事故报告和调查处理条例》《生产安全事故应急条例》《突发公共卫生事件应急条例》《建设工程安全生产管理条例》《危险化学品安全管理条例》《特种设备安全监察条例》《中华人民共和国内河交通安全管理条例》《工伤保险条例》《企业事业单位内部治安保卫条例》等。

3. 地方性法规

地方性法规是指地方国家权力机关依照法定职权和程序制定和颁布的，施行于本行政区域的规范性文件，如各省（自治区、直辖市）发布的《安全生产条例》。

4. 行政规章

行政规章是指国家行政机关依照行政职权和程序制定和颁布的、施行于本行政区域的规范性文件。行政规章分为部门规章和地方政府规章两种。部门规章是指国务院的部门、委员会和直属机构制定的在全国范围内实施行政管理的规范性文件。地方政府规章是指有地方性法规制定权的地方人民政府制定的在本行政区域实施行政管理的规范性文件。

水文监测单位安全生产领域涉及的部门规章包括《水利安全生产标准化评审管理暂行办法》《安全生产培训管理办法》《安全生产事故应急预案管理办法》《水利安全生产监督管理办法（试行）》《水利安全生产信息报告和处置规则》《对安全生产领域守信行为开展联合激励的实施办法》《水利部关于贯彻落实中共中央国务院关于推进安全生产领域改革发展的意见实施办法》《特种设备作业人员监督管理办法》《易制爆危险化学品治安管理办法》《用人单位职业健康监护监督管理办法》《生产安全事故应急预案管理办法》《生产经营单位安全培训规定》《安全生产事故隐患排查治理暂行规定》《特种作业人员安全技术培训考核管理规定》《轻小无人机运行规定》《民用无人机驾驶员管理规定》《机关、团体、企业、事业单位消防安全管理规定》《中华人民共和国水上水下作业和活动通航安全管理规定》《工作场所职业卫生管理规定》《危险化学品重大危险源监督管理暂行规定》等。水文监测单位安全生产管理过程中，除遵守水利行业的安全生产规章外，对国务院其他部门制定的涉及安全生产的规章也应遵守。

如《水利安全生产标准化评审管理暂行办法》，是为进一步落实水利生产经营单位安全生产主体责任，强化安全基础管理，规范安全生产行为，促进水利工程建设和运行安全生产工作的规范化、标准化，推动全员、全方位、全过程安全管理而编制的，是水文监测单位安全生产管理和标准化建设的直接依据。

《安全生产事故隐患排查治理暂行规定》，是原国家安全生产监督管理总局根据《安全生产法》等法律、行政法规所制定，适用于生产经营单位安全生产事故隐患排查治理和安全生产监督管理部门实施监管监察。规定了安全生产事故隐患的定义、隐患级别划分，对生产经营单位隐患排查治理的职责、工作要求及监督管理部门的监管职责等内容作出了规定。

《生产安全事故应急预案管理办法》是应急管理部根据《突发事件应对法》《安全生产法》《生产安全事故应急条例》等法律、行政法规和《突发事件应急预案管理办法》（国办发〔2013〕101号）所制定，适用于生产安全事故应急预案（以下简称应急预案）的编制、评审、公布、备案、实施及监督管理工作。

（二）安全生产标准体系

安全生产技术标准，是安全生产管理工作的基础，也是开展安全生产标准化建设工作的重要依据。相关单位应对安全生产标准体系充分的理解和掌握，并准确应用，把握好强制性标准与推荐性标准之间的关系及其效力，更好的应用到实际工作中。

1. 标准的分类

根据《安全生产法》第十一条的规定，生产经营单位必须执行依法制定的保障安全生产的国家标准或者行业标准。规定中的"依法"是指依据《标准化法》。根据《标准化法》的规定，标准包括国家标准、行业标准、团体标准、地方标准和企业标准。国家标准分为强制性标准、推荐性标准，行业标准、地方标准是推荐性标准。强制性标准必须执行，国家鼓励采用推荐性标准（即自愿采用）。

水利行业目前现行的安全生产相关技术标准中，除部分标准中的强制性条文外，其余均为推荐性标准（条款），尚未制定发布全文强制性标准。目前水文监测单位安全生产管理工作适用的标准主要有《水利安全生产标准化通用规范》《水利水电工程施工安全管理导则》《企业安全文化建设评价准则》《水利工程施工安全防护设施技术规范》《高处作业分级》《施工现场临时用电安全技术规范》《钢结构焊接规范》《危险化学品企业特殊作业安全规范》《职业健康监护技术规范》《检测实验室安全》等。

根据《标准化法》的规定，虽然推荐性标准属于自愿采用，但在以下三种情况时，将转化为强制性标准（《中华人民共和国标准化法释义》）：

一是被行政规章及以上法规所引用的。

二是企业自我声明采用的。如施工单位编制的施工组织设计、专项施工方案中声明采用的技术标准，这些标准即成为"强制性标准"，即在本文件范围内的工作，必须严格执行。

三是在工程承包合同中所引用的技术标准。根据《民法典》的规定，合同是当事人经过双方平等协商，依法订立的有关权利义务的协议，对双方当事人都具有约束力。在工程承包合同中，通常列明了本合同范围内工程建设包括安全生产在内应执行的技术标准，承包人据此进行组织实施。对于本合同而言，所引用的技术标准即为"强制性标准"，双方必须严格执行。

2. 强制性条文与强制性标准的关系

水利工程建设强制性条文是指水利工程建设标准中直接涉及人民生命财产安全、人身健康、水利工程安全、环境保护、能源和资源节约及其他公共利益等方面，在水利工程建设中必须强制执行的技术要求。

《水利工程建设标准强制性条文》的内容，是从水利工程建设技术标准中摘录的。执行《工程建设标准强制性条文》既是贯彻落实《建设工程质量管理条例》《建设工程安全生产管理条例》的重要内容，又是从技术上确保建设工程质量、安全的关键，同时也是推进工程建设标准体系改革所迈出的关键一步。事实上，从大量强制性标准中挑选少量条款而形成的"强制性条文"，只是分散的片段内容，其本身很难构成完整、连贯的概念。制定《工程建设标准强制性条文》作为标准规范体制改革的重要步骤，只是暂时的过渡形态。作为雏形，其最终目标是形成我国的"技术法规"。2015年国务院发布的《深化标准化工作改革方案》和2016年住房和城乡建设部发布的《关于深化工程建设标准化工作改革的意见》中明确，将加快制定全文强制性标准，逐步用全文强制性标准取代现行标准中分散的强制性条文，新制定标准原则上不再设置强制性条文。

2019年水利部发布的《水利标准化工作管理办法》中规定，水利行业标准分为强制性标准和推荐性标准（根据《标准化法》第十条的规定）。2019年以后发布的水利行业标准中，强制性行业标准编号为SL AAA—BBBB，推荐性行业标准编号为SL/T AAA—BBBB，其中SL为水利行业标准代号，AAA为标准顺序号，BBBB为标准发布年号。

二、水文监测单位安全生产标准化建设相关政策

根据《安全生产法》《中共中央国务院关于推进安全生产领域改革发展的意见》等政策法规的要求，水利部于2017年印发了《水利部关于贯彻落实〈中共中央国务院关于推进安全生产领域改革发展的意见〉实施办法》（水安监〔2017〕261号），明确将水利安全生产标准化建设作为水利生产经营单位的主体责任之一，要求水利生产经营单位大力推进水利安全生产标准化建设。

为指导水利安全生产标准化建设工作，水利部近年相继印发了《水利行业深入开展安全生产标准化建设实施方案》（水安监〔2011〕346号）、《水利安全生产标准化评审管理暂行办法》（水安监〔2013〕189号）、《农村水电站安全生产标准化达标评级实施办法（暂行）》（水电〔2013〕379号）、《水利安全生产标准化评审管理暂行办法实施细则》（办安监〔2013〕168号）。其中《水利安全生产标准化评审管理暂行办法》规定，水利安全生产标准化等级分为一级、二级和三级，一级为最高级。陆续出台了《水利工程管理单位安全生产标准化评审标准（试行）》《水利水电施工企业安全生产标准化评审标准（试行）》《水利工程项目法人安全生产标准化评审标准（试行）》《农村水电站安全生产标准化评审标准》四项评审标准。

除上述有关依据外，水利部2019年还组织编写了行业标准SL/T 789—2019《水利安全生产标准化通用规范》。标准适用于水利工程项目法人、勘测设计、施工、监理、运行管理，以及农村水电站、水文监测等水利生产经营单位开展安全生产标准化建设工作，以及对安全生产标准化工作的咨询、服务、评审、管理等。标准包括水利安全生产标准化管理体系的目标职责、制度化管理、教育培训、现场管理、安全风险管控及隐患排查治理、应急管理、事故管理和持续改进8个要素。

2022年，水利部印发的《水利部办公厅关于水利水电勘测设计等四类单位安全生产标准化有关工作的通知》（办监督函〔2022〕37号），规定允许相关生产经营单位参照中国水利企业协会编制的团体标准开展标准化建设。

T/CWEC 19—2020《水文监测单位安全生产标准化评审规程》（以下简称《评审规程》）主要内容包括范围、规范性引用文件、术语和定义、评审条件、评审内容、评审方法、评审等级等7章，以及1个规范性附录和3个资料性附录。适用于水文监测单位的安全生产标准化自评和外部评审。

《评审规程》规定水文监测单位申请安全标准化的基本条件：

（1）实验室等建（构）筑物不存在重大缺陷；

（2）不存在重大事故隐患或重大事故隐患已治理达到安全生产要求；

（3）不存在迟报、漏报、谎报、瞒报事故等行为；

（4）评审期内（申请达标评审之日前一年内）未发生死亡1人（含）以上，或者一次3人（含）以上重伤，或者1000万元以上直接经济损失的生产安全事故。

现场评审满分1000分，实行扣分制。在三级项目内有多个扣分点的，累计扣分，直到该三级项目标准分值扣完为止，不出现负分。最终得分按百分制进行换算，评审得分＝［各项实际得分之和／（1000－各合理缺项分值之和）］×100，最后得分采用四舍五入，保留一位小数。其中合理缺项是指由于水文监测单位生产经营实际情况限定等因素，未开展附录A中需要评审的相关生产经营活动，或不存在应当评审的设备设施、生产工艺，而形成的空缺。

《评审规程》规定水文监测单位的评审达标等级分三级，一级为最高，各等级标准应符合下列要求：

一级：评审得分90分（含）以上，且各一级评审项目得分不低于应得分的70％；

二级：评审得分80分（含）以上，且各一级评审项目得分不低于应得分的70％；

三级：评审得分70分（含）以上，且各一级评审项目得分不低于应得分的60％。

《评审规程》中的附录A为规范性附录，与正文具有同等的效力，规定了目标职责、制度化管理、教育培训、现场管理、安全风险分级管控及隐患排查治理、应急管理、事故管理和持续改进等8个一级评审项目、30个二级评审项目和144个三级评审项目。在三级评审项目中，水文监测单位标准化创建过程中需要开展的工作，分别做出了规定。较之前发布的施工企业、项目法人等评审标准，各层级的工作范围和工作内容更清晰、可操作性更强。

第三节 水文监测单位的安全生产工作

水文监测单位主要工作职责是开展水文勘测、分析计算，水环境监测、水资源调查评价及水利工程测量等基础性、公益性工作，承担水文站网规划、建设、管理和水文资料整编任务，提供水文监测数据、分析评价和水文预报等社会性服务。从水文监测单位的工作职责可以看出，水文监测单位安全生产管理工作应包含以下四方面的内容。

一、管理活动中的安全生产

根据《安全生产法》的规定，"安全生产"一词中所讲的"生产"，是广义的概念，不仅包括各种产品的生产活动，也包括各类工程建设和商业、娱乐业以及其他服务业的经营活动。水文监测单位作为基础性、公益类生产单位，同样也要遵守《安全生产法》的规定，严格落实安全生产的主体责任。如按照"安全第一、预防为主、综合治理"和坚持"管生产必须管安全"的原则，做到安全与生产工作同计划、同部署、同监督、同考核；设置安全管理组织机构、配备安全管理人员、建立全员安全生产责任制、开展教育培训、保障安全生产投入、提供安全生产条件、建设双重预防机制等。水文监测单位在水文监测生产过程中，违反安全生产的法律法规及相关规定时，也将受到相应的处罚。

二、作业活动中的安全生产

水文监测单位除完成自身的各项安全生产管理工作外，还应当承担水文作业安全生产管理职责，包括单位水文测验设施、设备使用、维修、养护和水文监测作业的安全生产工作；水情报汛设施、设备的使用、维修、养护和水情报汛的安全生产工作；水环境监测中心环境、设施、设备的使用、维修、养护和监测分析工作中所涉及的水质野外采样、分析化验、危险化学品使用存放等安全生产管理工作等。

三、社会职责范围内的安全生产

水文监测单位负有部分公共安全生产工作职责，包括发生水旱灾害时，及时赶赴现场，开展水文调查、组织应急监测、参与事故应急救援的技术支撑和善后处理工作；参加重大事故的调查处理；及时、准确、全面提供水情信息，识别相关危险源、评价风险等级，为社会防灾减灾做好技术支撑等。

四、合同约定的安全生产

水文监测单位与相关方签订委托合同时，应签订安全协议，对相关方全生产实施监管，并严格遵守国家有关安全生产的法律法规，认真执行工程承包合同中的有关安全要求。定期召开安全生产工作协调会，及时传达中央、地方及行业有关安全生产的精神；建立健全安全生产责任制网络、监督相关方及时处理发现的各种安全隐患；对相关方的安全经费和安全资质进行审查。

五、水文监测单位安全生产标准化建设注意事项

结合有关规定以及水文监测单位安全生产管理工作的特点，水文监测单位的安全生产标准化建设应注意以下事项：

（1）标准化建设涵盖范围。水文监测单位安全标准化建设包含两方面的内容，一是单位自身的安全管理工作；二是对相关方的安全管理工作。

（2）合同约定的安全注意事项。水文监测单位在开展安全管理工作过程中，除必须履行法定的职责外，还有一部分需要在委托的工程承包合同和安全协议中进行约定，如目标、责任和措施等的监督检查。因此，在创建和评审过程中，要充分考虑相关合同约定的内容，避免产生不必要的合同纠纷，并确保相关工作能顺利开展。

（3）监督检查的方法。水文监测单位于安全生产的监督检查的工作方式、方法，应与常规的工作充分结合。一是与备汛、防汛和汛后检查结合，形成监督检查记录；二是与节假日、季节性和特殊检查结合；三是与审核、审批等应履行相应的监督检查结合。如对水文监测设施设备、测验环境检查已经于汛前汛中汛后同步实施，如对相关方安全监督检查，通过对相关方管理机构、人员、费用、技术措施、专项方案、应急预案体系等相关文件的审查、审批，已经完成安全管理程序。不应机械、重复监督检查。

（4）标准化创建制约因素。一是水文站点多且分散，全国各地区水文监测环境和管理组织实际情况差距较大，安全管理的重点和难点不统一；二是水文监测单位跨水文、水质、水土保持和通信计算机等专业，设施设备和危险化学品种类多，全面辨识风险源难度较大，风险等级的评价量化标准宜因地制宜；三是存在在编职工、临时工、委托工、合同聘用和劳务派遣等各类人员，人员组成复杂，安全管理职责落实困难；四是安全措施受制

于经费投入，水文监测单位安全管理应根据有关经费预算和轻重缓急组织开展。

（5）规章制度、指标体系的注意事项。本指导手册中所列举的规章制度，除法律法规明确要求规章制度外，建议各水文监测单位将安全生产管理要求，作为章节或条款纳入单位相关制度，不宜单独形成安全制度体系，避免制度体系、管理组织、操作内容重复。本指导手册中所列举的考核指标体系仅作为参考，各单位创建过程中宜结合单位实际情况予以选用、新增，以解决实际问题，切忌照搬照抄。

（6）技术标准执行的注意事项。本指导手册中所列举的技术标准，除强制性标准、强制性条文外，其他推荐性技术标准在开展相关工作时应按照《标准化法》的规定确定是否适用于本单位或本项目，不可机械地去理解和应用（相关内容可参照本指导手册第一章、第二节）。

（7）水文监测单位依据《评审规程》开展监督检查工作时，应注意以下事项：

1）未监督检查。即水文监测单位未按《评审规程》的要求开展相应的监督检查工作。

2）检查内容不全。是指所开展的监督检查工作未覆盖《评审规程》相应三级评审项目的全部内容。

3）对监督检查中发现的问题未采取措施或未督促落实。《评审规程》编写过程中，着重强调了要对监督检查过程中发现的问题要采取相应整改措施，并督促落实。避免水文监测单位只重视监督检查，却未按要求进行或督促整改的现象发生，使安全管理工作流于形式。

4）监督检查的工作标准及要求。对于各类生产经营单位安全生产管理均涉及（或通用）的要求，如目标管理、机构职责、安全生产投入管理等，《评审规程》的"三级评审项目"中给出了水文监测单位的工作要求，同时要求水文监测单位应监督检查相关方开展安全生产工作。水文监测单位应按照相关要求，全面、认真、及时进行监督检查。本指导手册编写过程中考虑到篇幅限制，也遵循这一原则，重点介绍了水文监测单位相关工作开展的要求。

第二章 策 划 与 实 施

安全生产标准化建设过程中，水文监测单位应对建设工作进行整体策划，明确组织机构，制定建设方案，制定工作程序、步骤和工作要求，使安全生产标准化有计划、有步骤地推进。

第一节 建 设 程 序

水文监测单位标准化建设应遵循必要的工作程序，通常包括：成立组织机构、制定实施方案、教育培训、初始状态评估、完善制度体系、运行及改进、单位自评，如图2-1所示。在建设程序的各个环节中，教育培训工作应贯穿始终。

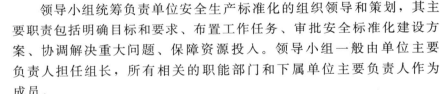

图2-1 标准化建设流程图

一、成立组织机构

为保证安全生产标准化的顺利推进，在创建初期，单位应成立安全生产标准化建设组织机构，包括领导小组、执行机构、工作职责等内容，并以正式文件发布，作为启动标准化建设的标识，并据此计算标准化建设周期。

领导小组统筹负责单位安全生产标准化的组织领导和策划，其主要职责包括明确目标和要求、布置工作任务、审批安全标准化建设方案、协调解决重大问题、保障资源投入。领导小组一般由单位主要负责人担任组长，所有相关的职能部门和下属单位主要负责人作为成员。

领导小组应下设执行机构，具体负责指导、监督、检查安全生产标准化建设工作，主要职责是制订和实施安全标准化方案，负责安全生产标准化建设过程中的具体工作。执行机构由单位负责人、相关职能部门和下属单位工作人员组成，同时可根据工作需要成立工作小组分工协作。管理层级较多的水文监测单位，可逐级建立安全生产标准化建设组织机构，负责本级安全生产标准化建设具体工作。

二、工作策划

在开展安全生产标准化建设前，应进行全面、系统的策划，并编制单位标准化建设实施方案，在实施方案的指导下有条不紊地开展各项工作，方案应包括下列内容：

（1）指导思想。

（2）工作目标。

（3）组织机构和职责。

（4）工作内容。

（5）工作步骤。

（6）工作要求。

（7）安全生产标准化建设任务分解表。

三、教育培训

通过多种形式的动员、培训，应使单位全体人员正确认识标准化建设的目的和意义、熟悉、掌握水利安全生产标准化建设程序、工作要求、水利安全生产标准化评审管理暂行办法及评审标准、安全生产相关法律法规和其他要求、制定的安全生产标准化建设实施方案、本岗位（作业）危险有害因素辨识和安全检查表的应用等。

教育培训对象一般包括单位主要负责人、安全生产标准化领导小组成员、各部门、各下属单位的主要工作人员、技术人员等，有条件的单位应全员参加培训，使全体人员深刻领会安全生产标准化建设的重要意义、工作开展的方法和工作要求，对全面、高效推进安全生产标准化建设，提高安全生产管理意识将起到重要作用。

教育培训作为有效提高安全管理人员工作能力和水平的重要途径，应贯穿整个标准化建设过程的全过程。

四、初始状态评估

在安全标准化建设初期，应对本单位的安全管理现状进行系统调查，通过准备工作、现场调查、分析评价等阶段形成初始状态评估报告，以获得组织机构与职责、业务流程、安全管理等现状的全面、准确信息。目的是系统全面地了解本单位安全生产现状，为有效开展安全生产标准化建设工作进行准备，是安全生产标准化建设工作策划的基础，也是有针对性地实施整改工作的重要依据。主要工作内容包括：

（1）对现有安全生产机构、职责、管理制度、操作规程的评价。

（2）对适用的法律法规、规章、技术标准及其他要求的获取、转化及执行的评价。

（3）对各职能部门、下属单位安全管理情况、现场设备设施状况进行现状摸底，摸清存在的问题和缺陷。

（4）对管理活动、生产过程中涉及的危险、有害因素的识别、评价和控制的评价。

（5）对过去安全事件、事故和违章的处置，事故调查以及纠正、预防措施制定和实施的评价。

（6）收集相关方的看法和要求。

（7）对照评审规程分析评价安全生产标准化建设工作的差距。

五、完善制度体系

安全管理制度体系是安全生产管理工作的重要基础，是一个单位管理制度体系中重要组成部分，应以全员安全责任制为核心，通过精细管理、技术保障、监督检查和绩效考核手段，促进责任落实。

在建立安全管理制度体系过程中，单位制度体系应满足以下几点要求：

一是覆盖齐全。所建立的安全管理制度体系应覆盖单位安全生产管理的各个阶段、各个环节，为每一项安全管理工作提供制度保障。要用系统工程的思想建立安全管理制度体系，就必须抛弃那种头痛医头、脚痛医脚的管理思想，把安全管理工作层层分解，纳入生产流程，分解到每一个岗位，落实到每一项工作中去，成为一个动态的有机体。

二是内容合规。在制定安全管理制度体系过程中，应全面梳理本单位生产经营过程中涉及、适用的安全生产法律法规和其他要求，并转化为本单位的规章制度，制度中不能出现违背现行法律法规和其他要求的内容。

三是符合实际。制度本身要逻辑严谨、权责清晰、符合单位管理组织架构和工作实际，制度间应相互衔接、形成闭环，构成体系，避免出现制度与制度相互矛盾，制度与管理"两张皮"的现象。

六、运行与改进

标准化各项准备工作完成后，即进入运行与改进阶段。单位应根据编制的制度体系及评审规程的要求按部就班开展标准化工作，在实施运行过程中，针对发现的问题加以完善改进，逐步建立符合要求的标准化管理体系。

七、自主评定

定期开展自评是安全生产标准化建设工作的重要环节，其主要目的是判定安全生产活动是否满足法律法规和《评审规程》的要求，系统验证本单位安全生产标准化建设成效，验证本单位制度体系、管理体系的符合性、有效性、适宜性，及时发现和解决工作中出现的问题，持续改进和不断提高安全生产管理水平。

（一）组建自评工作组

单位应组建自评以单位主要负责人为首的自评工作组，明确工作职责，组织相关人员熟悉自主评定的相关要求。

（二）制定自评计划

编制自评工作计划，明确自评工作的目的、评审依据、组织机构、人员、时间计划、自评范围和工作要求等内容。

（三）自评工作依据

应依据相关法律法规、规章、技术标准、《评审规程》以及水文监测单位的规章制度开展自评工作。

（四）自评实施

安全生产标准化建设应包括水文监测单位各部门、所属单位和相关方，实现全覆盖。对照《评审规程》的要求对安全标准化建设情况进行全面、翔实记录和描述。

（五）编写自评报告

自评实施工作完成后，应编写自评报告。

（六）问题整改及达标申请

单位应根据自评过程中发现的问题，组织整改。整改完成后，根据自愿的原则，自主决定是否申请安全生产标准化达标评审。

第二节 运 行 改 进

在组织机构、制度管理体系等安全生产标准化管理体系初步建立后，水文监测单位应按管理体系要求，有效开展、运行安全生产标准化即安全生产管理工作，并结合单位实际将安全生产管理体系纳入单位的总体管理体系中，使单位各项生产经营工作系统化。

安全生产标准化管理体系的建立，仅仅是安全生产标准化工作的开始，实现标准化的安全生产管理关键在于体系的运行，严格贯彻落实单位规章制度，才能保证安全生产标准化暨安全生产管理工作持续高质量推进。

一、落实责任

安全最终要落实水文监测单位的每位从业人员，只有各级人员都尽职尽责、工作到位，单位的安全生产才能处于可控的状态。因此，安全生产责任制的管理，是单位安全管理工作的核心。单位安全标准化体系初步建立后，应重点监督各部门、各下属单位及各级岗位人员安全生产责任制的落实情况，加大监督检查力度，提升整体安全管理水平。

水文监测单位的主要负责人应对本单位的安全生产工作全面负责，严格落实法定安全生产管理职责。其他各级管理人员、职能部门、相关方和各岗位工作人员，应当根据各自的工作任务、岗位特点，确定其在安全生产方面应做的工作和应负的责任，并与奖惩挂钩。真正使单位各级领导重视安全生产、劳动保护工作，切实执行国家安全生产的法律法规，在认真负责组织生产的同时，积极采取措施，改善劳动条件，避免工伤事故和职业病的发生。

二、形成习惯

安全生产标准化建设工作，其本质是整合了现行安全生产法律法规和其他要求，按策划、实施、检查、改进，动态循环工作程序建立起的现代安全管理模式。解决以往安全管理不系统、不规范的问题，对水文监测单位的从业人员而言，接受、适应、掌握新的安全管理模式需要一个过程。

水文监测单位应以责任制落实为基础，通过教育培训、监督检查、绩效考核等手段，使每个人尽快适应安全生产标准化的管理要求，与日常工作相结合，从思想认识到工作行动上养成标准化管理习惯，而不是当成工作的包袱。

三、监督检查

监督检查是安全生产标准化工作"PDCA"循环中的重要一环，通过监督检查发现标准化工作中存在的问题，通过分析问题的原因提出改进措施，以实现安全管理水平的持续提升。在制定规章制度时，应明确监督检查的工作要求。

一是内容要全面，包括体系运行状态、责任制落实、规章制度执行和现场管理等；二是监督检查范围应实现全覆盖、无死角，包括水文监测作业及管理的全过程、各职能部门（下属单位）、各级岗位人员；三是监督检查应严格、认真，能真正发现问题，避免走形式、走过场。

在安全生产标准化管理体系运行期间，水文监测单位应依据管理文件开展定期的自查与监督检查工作，以发现、总结管理过程中管理文件及现场安全生产管理方面存在的问题，根据自查与监督检查结果修订完善管理文件，使标准化工作水平不断得到提高，最终达到提升单位安全生产管理水平。

四、绩效考核

绩效考核一方面可以验证安全生产标准化工作成效，同时也是促进、提高安全生产工作水平的重要手段。水文监测单位在安全生产标准化建设及运行期间，应加强安全生产方面的考核。将安全生产标准化工作的开展情况作为单位绩效考核的指标，列入年度绩效考核范围。充分利用绩效考核结果，根据考核情况进行奖惩，使绩效考核真正发挥作用。

五、完善与改进

水文监测单位应根据监督检查、绩效考核、意见反馈、事故总结等途径了解单位安全生产标准化体系运行过程中存在的问题，进行有针对性的措施加以改进和完善，及时堵塞安全管理漏洞，补足安全管理短板，改进安全管理方式方法。

水文监测单位应加强动态管理，不断提高安全管理水平，促进安全生产主体责任落实到位，形成制度不断完善、工作不断细化、程序不断优化的持续改进机制。

第三章 目 标 职 责

目标职责规定了水文监测单位安全生产目标管理、机构与职责、全员参与、安全生产投入管理、安全文化建设和安全生产信息化建设等工作要求。其中目标管理包括目标管理制度的制定，总目标与年度目标的制定、分解、实施与检查考核等工作内容；机构与职责包括安全管理机构的设立、安全管理人员的配备、责任制建立及执行、检查考核等工作内容；全员参与包括相应机制的建立、评估和监督考核等工作内容；安全生产投入包括管理制度的制定、费用投入计划、使用及检查考核等工作内容；安全文化建设包括安全生产和职业病危害防治理念及行为准则的建立、执行和安全文化建设规划及计划的制定等工作内容；安全生产信息化建设包括各类安全生产信息系统的建立和利用等工作内容。

第一节 目 标

安全生产目标是单位在一定期限内安全生产发展预期的、具体的、可测量的结果。安全生产目标管理是一种工作方法。安全生产目标应由单位各级管理、作业人员共同制定，通过确定单位各个部门、各级人员的安全目标责任，将彼此的安全目标责任作为衡量安全生产管理工作的依据。目标管理的主要内容包括目标的制定、分解、实施、检查、考核等内容。

◆**评审规程条文**

1.1.1 安全生产目标管理制度应明确目标的制定、分解、实施、检查、考核等内容。

◆**法律、法规、规范性文件及相关要求**

SL/T 789—2019《水利安全生产标准化通用规范》

SL 721—2015《水利水电工程施工安全管理导则》

◆**实施要点**

1. 水文监测单位应制定符合自身安全生产工作实际的安全生产目标管理制度，将本单位目标制定、组织管理、过程控制和检查考核等环节固化下来，并实施考核，以保证安全生产目标的实现。安全生产目标管理制度应以正式文件印发。

2. 安全生产目标管理制度应符合《中华人民共和国安全生产法》《水利安全生产标准化通用规范》等相关规定。

3. 安全生产目标管理制度的内容应完整、齐全，包含目标的制定、分解、实施、检查、考核等全部内容。对本单位安全生产工作中涉及的所有内容，制度中均应给出明确要求。

4. 安全生产目标管理制度应与单位组织体系、专业技术、职责分工相互关联，以确保制度适用、控制有效。对目标制定、分解、实施、检查、考核的实施部门（人员）和监督检查部门（人员）职责应明确、清晰，各项工作要求应具体、明确、可操作，并得到所有从业人员的贯彻和实施。

[参考示例]

关于印发《×××安全生产目标管理制度》的通知

各部门、各监测中心：

　　为健全安全目标管理体系，确保×××安全生产总目标和年度目标的实现，根据《中华人民共和国安全生产法》和 SL/T 789—2019《水利安全生产标准化通用规范》要求，经单位党委暨安全生产领导小组研究，我单位制定了《×××安全生产目标管理制度》，现予印发，请认真贯彻执行。

　　附件：×××安全生产目标管理制度

×××
年　月　日

附件：

×××安全生产目标管理制度
第一章　总　　则

　　第一条　为贯彻《中华人民共和国安全生产法》《水利部办公厅关于加快推进水利安全生产标准化建设工作的通知》《××省安全生产条例》《××省水利安全生产标准化建设管理办法（试行）》等安全生产法律法规，保障职工生命财产安全，健全单位目标管理体系，落实安全生产主体责任，推动单位安全发展，完善安全生产目标管理，特制定本制度。

　　第二条　安全生产目标分总目标和年度目标，总目标是以规范化的安全管理，达成"零伤亡、零事故、零意外"。年度目标是按照单位年度重点工作和任务分工，实现的具体安全目标。

　　第三条　年度目标是安全生产考核的重点工作内容，年度安全生产目标管理的组织、制定、分解、实施和考核管理适用本办法。

　　第四条　目标管理的原则

　　以人为本：严格落实"人民至上、生命至上"的新安全发展理念，切实把干部职工的生命安全放在首位。

　　实事求是：安全生产目标管理坚持中长期与短期结合，与水文工作实际、年度目标任务结合，年度安全生产目标与年度安全生产重点任务分解落实紧密结合，确保实施保障。

　　分级管理：安全生产目标管理工作实行主要领导负责制，其他分管领导按职责分工对主要领导负责，组织水文监测、水质检测、工程建设和消防安全等重点领域相关安全生产目标的落实。

第二章　管　理　组　织

　　第五条　单位安全生产领导小组是单位安全生产的领导机构，单位安全生产领导小组在单位党委领导下，由单位主要负责人任组长，并承担以下职责：

1．审议单位安全生产目标管理制度；

2．安全生产综合目标的分解和监督管理；

3．安全生产综合目标的考核与奖惩管理；

4．研究解决目标管理中的调整、修订等重大问题。

第六条　单位安全生产领导小组办公室负责单位安全生产领导小组日常工作，设在××××部门，单位安全生产领导小组办公室职责：

1．单位目标管理的制度的起草、修订工作；

2．提出年度安全生产目标任务分解方案起草、编制和落实建议；

3．目标管理的任务执行、监督；

4．对各部门安全生产目标实施考核，提出奖惩建议；

5．单位目标管理的过程评估；

6．安全生产目标管理日常工作。

第七条　单位各部门、各监测中心是安全生产管理目标的实施机构，具体职责如下：

1．组织本部门（中心）安全目标任务分解、细化和落实；

2．组织本部门（中心）安全目标管理的实施、考核；

3．组织具体岗位安全管理目标保证措施制订；

4．提出安全生产目标修订、实施的意见建议。

第八条　全体从业人员是安全生产目标管理的直接责任人。

1．自觉提高安全生产意识，主动学习安全生产法律法规和单位规章制度；

2．主动接受岗位安全生产三级教育培训，掌握安全技能；

3．遵守劳动纪律和岗位操作规范；

4．接受安全生产监督管理；

5．提出安全生产目标和岗位安全的建议；

6．拒绝违章操作指令；

7．核查配备的劳动保护用品，做好个人防护。

第九条　单位主要负责人是安全生产目标管理的第一责任人，负责监督单位安全生产目标的实施管理，其他分管负责人负责监督协调分管业务、领域的安全目标实施。单位各部门、各监测中心负责人对各自业务工作范围内的安全生产目标实施负直接领导责任，并配合分管安全负责人及其他分管负责人开展安全生产目标的组织实施工作。其他管理人员对安全生产目标管理负岗位责任。

第十条　为确保安全生产目标实现，安全生产必需的人力、财力、物力和技术资源应纳入本单位事业发展规划和年度总体工作安排。

第三章　安全目标的制定

第十一条　目标制定依据

《中华人民共和国安全生产法》；

《××省安全生产条例》；

《××省水利安全生产标准化建设管理办法（试行）》；

《水文监测单位安全生产标准化评审规程》；

《×××20××年度安全生产工作要点》；

《×××20××年度重点任务分解方案》。

第十二条　目标分类和内容

安全生产目标分为安全生产管理目标、事故控制目标两类，实施指标化管理。

第十三条　控制目标

控制目标为当年安全工作的主要指标：

1. 人员指标：人员伤亡事故率、职业病发病率；

2. 设施设备指标：设施设备安全故障率；

3. 作业安全指标：作业事故发生率；

4. 环境安全指标：火灾事故发生率、交通事故发生率、食品中毒和传染性事故发生率、实验室安全环境事故率、机房安全环境事故率。

第十四条　工作目标

工作目标为安全工作的要求和任务，包括安全标准化建设规定的安全生产组织保障、经费保障、制度保障和日常工作等方面的要求，作为目标管理考核依据。

1. 组织体系指标：管理机构健全率、管理职责制定率、人员安全职责覆盖率；

2. 规章制度指标：法律法规识别率；

3. 教育培训指标：从业人员安全教育培训率、新进人员三级安全教育培训率、安全管理人员和专业岗位持证上岗率、职业健康体检率；

4. 经费保障指标：安全投入经费保障率；

5. 作业安全指标：作业方案制定率、设施设备维保率、水文设施设备操作规程完整率、作业人员安全风险告知率、安全防护用品配备率、应急预案制定率；预案方案演练率；相关方安全监管率、消防设施维护保养率；

6. 实验室安全管控率：危险化学品风险识别率、危险化学品管控率、实验室"三废"处理率、专用消防设施设备配备率、安全措施告知率；

7. 风险识别管控指标：危险源辨识、风险识别管控率；

8. 安全检查指标：水文站点检查覆盖率、一般事故隐患排查率、重大事故隐患排查率、专用车船及特种设备按期检测率；

9. 事故处置指标："四不放过"处理率。

第十五条　安全生产目标考核控制、工作指标由部门、中心按工作职责和重点工作计划内容提出，经单位安全生产领导小组办公室汇总研究，报经单位安全生产领导小组审议确定后印发实施。

第四章　目标分解实施和检查

第十六条　经确定的安全生产年度目标，由安全生产领导小组办公室按照部门职责分解到各部门和监测中心。各部门和监测中心按照岗位分工分解落实到岗位、个人。

第十七条　分解以安全生产目标责任书形式，主要领导与分管领导、分管领导和各部门中心负责人、部门和中心负责人分别与每一位从业人员签署，确保安全生产目标到岗到人。

第十八条　涉及部门人员及职责调整的，应及时修订、调整部门和相关岗位安全职责目标，涉及部门、中心主要负责人及以上分管领导、安全管理岗位调整的应确保安全生产无盲区。

第十九条　为确保安全生产目标的实施，安全生产领导小组办公室应依据单位危险源辨识与风险管控管理办法，定期组织危险源识别及隐患排查、治理工作，组织对现有的法律法规进行识别，对规章制度、安全规程、操作规程进行评估、修订。

第二十条　部门和中心负责人应每月评价本部门中心目标实施情况，及时发现目标任务存在的问题，报分管领导及时调整相关岗位和措施，重大问题和重要岗位应提出调整修订方案，报安全生产领导小组审议决定。

第五章　目　标　考　核

第二十一条　年度安全生产管理目标考核限于对各部门和中心实施，个人考核由各部门和中心作为年度任务完成情况纳入对个人考核评价。考核目的对各部门和中心安全生产目标实施过程进行监管，及时掌握情况，协调解决出现的问题，奖优罚劣。

第二十二条　考核方式采取自查上报、面上检查与点上抽查相结合方式，考核分为季度考核、半年考核、年度考核。每年4月、7月、10月和次年1月上旬进行季度考核，每年7月10日前进行半年考核，次年1月10日前进行年度考核。

第二十三条　各部门和监测中心对部门（中心）安全生产目标各项指标完成情况实施自我评价，自评报告报安全生产领导小组。安全生产领导小组组织对安全生产目标完成情况进行检查，依据部门执行情况进行赋分，形成考核结果。

第二十四条　本部门（中心）、辖区范围内发生人员伤亡事故、火灾事故、交通事故、食品中毒和传染性事故，安全目标考核实行"一票否决"。

第六章　结　果　与　奖　惩

第二十五条　考核得分在90分以上（含90分）的部门、中心为安全生产目标完成部门、中心。评分办法参照单位《安全生产考评办法》相关条文执行。

考核结果作为各部门、监测中心的工作业绩、绩效工资分配的重要依据。考核结果纳入单位考核书面通知被考核部门。

第二十六条　奖惩

评分规则及奖惩标准参照单位《安全生产考评办法》相关条文执行。

安全生产目标管理考核结果作为安全奖发放和评先评优的重要依据。在安全生产过程中出现"一票否决"情形的部门或中心取消评先评优资格，并依据相关规定追究相关责任人的责任。

第七章　附　　则

第二十七条　本制度由单位安全生产领导小组办公室负责解释。

第二十八条　本制度自发文之日起执行。

◆评审规程条文

1.1.2　制定安全生产总目标和年度目标，应包括生产安全事故控制、风险管控、隐患排查治理、职业健康、安全生产管理等目标，并将其纳入单位总体经营目标。

◆法律、法规、规范性文件及相关要求

SL/T 789—2019《水利安全生产标准化通用规范》

◆**实施要点**

1. 安全生产总目标是单位在安全生产方面所应达到的程度，是对上级和本单位职工的总承诺。年度目标是每年制定的安全生产目标，是总目标在年度的细化、分解。

2. 水文监测单位应在上级主管单位（部门）年度目标基础上，结合自身情况及其他相关方的要求制定本单位的安全管理总目标和年度目标，以正式文件印发，并纳入单位规划目标任务，分别在单位的安全生产中长期规划和年度计划中得以体现。

目标制定的主要依据是：

（1）国家的方针、政策及法规要求。

（2）上级主管单位（部门）下达的指标或要求。

（3）本单位安全生产管理实际情况。

（4）本单位年度重点工作任务。

3. 在总目标及年度目标中应涵盖《水文监测单位安全生产标准化评审规程》中列出的生产安全事故控制、风险管控、隐患排查治理、职业健康、安全生产管理等重要安全生产目标。

4. 目标控制指标应合理，即目标应具有适用性且易于评价。总目标与年度目标应协调一致。二者之间不应出现目标不一致或指标值有冲突的情况。

[参考示例 1]

××省发展改革委、××省水利厅

关于印发《××省"十四五"水文发展规划》的通知

各设区市发展改革委、水利（务）局：

现将《××省"十四五"水文发展规划》印发你们，请认真组织实施。

××省发展改革委

××省水利厅

年　月　日

[参考示例 2]

关于印发《×××20××年度安全生产工作目标计划》的通知

各部门、各监测中心：

根据《××省"十四五"水文发展规划》和单位年度重点工作任务，为切实做好我单位安全生产工作，经单位党委暨安全生产领导小组研究，制定了《×××20××年度安全生产工作目标计划》，现予印发，请遵照执行。

特此通知。

附件：×××20××年度安全生产工作目标计划

×××

年　月　日

附件：

×××20××年安全生产工作目标计划

一、安全生产总目标

贯彻"安全第一、预防为主、综合治理"的方针，坚持"管行业必须管安全、管业务必须管安全、管生产经营必须管安全"的原则，落实国家安全生产法律法规和水文行业技术规范，推进安全生产标准化和安全生产信息化建设，构建安全生产双重预防机制，严格执行安全生产各项管理制度，强化和落实安全生产全员责任，确保安全生产的投入，夯实单位安全生产基础，改善安全生产环境，杜绝生产安全事故发生，确保单位持续健康发展。

二、20××年目标计划

在20××年期间，我单位将强化安全生产监督管理，加大安全生产隐患排查治理力度，严格落实各项安全保障措施，杜绝生产安全事故的发生，确保年度安全生产目标的实现。单位控制目标、管理目标分别如下：

（一）安全生产工作目标

1. 管理机构健全率100％；

2. 管理职责制定率100％；

3. 人员安全职责覆盖率100％；

4. 法律法规识别率100％；

5. 规章制度适用率100％；

6. 从业人员安全教育培训率100％；

7. 新进人员三级安全教育培训率100％；

8. 安全管理人员和专业岗位持证上岗率100％；

9. 从业人员安全风险告知率100％；

10. 职业健康体检率100％；

11. 防护用品配备率100％；

12. 职业危害因素检测率100％；

13. 投入经费保障率100％；

14. 消防设施维护保养率100％；

15. 作业方案制定率100％；

16. 设施设备维保率100％；

17. 水文设施设备操作规程完整率100％；

18. 应急预案制定率100％；

19. 应急预案演练率100％；

20. 相关方安全监管率100％；

21. 安全警示标识、危害警示标识完整率90％；

22. 危险化学品风险识别率100％；

23. 危险化学品管控率100％；

24. 实验室"三废"处理率100％；

25. 安全措施告知率100％；

26. 专用消防设施设备配备率100％；

27. 危险源辨识率95％；

28. 风险识别管控率100％；

29. 水文站点检查覆盖率 100%；

30. 无重大事故隐患，一般事故隐患排查率 95%，事故隐患整改率 100%；

31. 专用车船及特种设备按期检测率 100%；

32. "四不放过"处理率 100%。

（二）事故控制目标

1. 死亡事故为 0，重伤事故为 0；

2. 轻伤事故≤1 人次/年；

3. 职业病发病率为 0；

4. 重大火灾责任事故为 0；

5. 机械设备重大事故为 0；

6. 道路、水上交通责任事故为 0；

7. 食物中毒和重大传染病责任事故为 0；

8. 实验室中毒、腐蚀、火灾、爆炸等责任事故为 0；

9. 机房火灾、爆炸等事故为 0。

三、目标分解

为全面推进安全生产全员责任制，确保安全生产年度目标实现，依据各部门和中心工作职责分工，具体目标指标责任分解表见附件，各部门和中心应对照指标抓好计划落实、切实履行安全生产监督管理责任。

四、保障措施

（1）提高思想认识。安全生产事关从业人员生命财产安全，事关水文事业健康发展，是党和国家法律法规工作要求，各部门、各中心要始终绷紧安全生产的弦，进一步强化法律法规和政治理论学习，切实提高思想认识。

（2）强化责任意识。各部门、各中心要严格落实"三管三必须"，进一步明确岗位职责与安全责任，做好所辖范围站点、人员和设施设备的风险告知、提醒，强化从业人员安全生产全员责任。

（3）抓好工作组织。各部门、各中心要对照目标指标，细化工作措施和时间进度安排，将安全生产工作与业务工作同计划、同部署、同检查、同考核，做好跨部门（中心）安全生产工作衔接。

（4）强化监督考核。安全生产领导小组将依据目标分解方案和考核管理办法，强化目标导向和问题导向，强化执行过程与结果考核应用，与发现安全隐患和治理效果结合，与年度优秀考核等次挂钩，充分发挥安全生产考核指挥棒作用。

◆评审规程条文

1.1.3　根据内设部门和所属单位、项目在安全生产中的职能、工作任务，分解安全生产总目标和年度目标。

◆法律、法规、规范性文件及相关要求

SL/T 789—2019《水利安全生产标准化通用规范》

◆实施要点

1. 目标分解是指分解安全生产总目标和年度目标。所属单位、项目应包括为工程建设、重大任务等成立的班组。其中水文监测单位项目法人安全管理应参照执行《水利工程项目法人安全生产标准化评审标准》独立管理，一般要求参考相关方管理。

2. 水文监测单位应根据下属各职能部门、监测中心在安全生产中的职能，在制定年度安全生产目标的同时，将目标分解到各职能部门、监测中心。

3. 水文监测单位各职能部门、监测中心应根据工作岗位职责，对本部门的年度安全目标进行分解责任到人，实现全员都有安全生产目标要求。

4. 制定安全生产目标计划与目标分解应同研究、同部署、同印发文件。

[参考示例1]

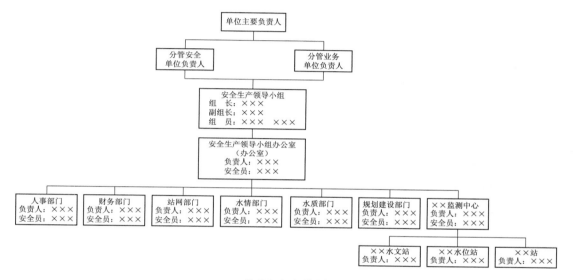

单位组织机构图

[参考示例2]

×××20××年安全生产目标分解表

编号：××-AQ-1.1.3-01

序号	安全生产目标	职能部门								
		安全生产领导小组	办公室	人事部门	财务部门	站网部门	水情部门	水质部门	规划建设部门	××监测中心
（一）安全生产管理目标										
1	管理机构健全率100%	△	·	○	○	○	○	○	○	○
2	管理职责制定率100%	△	·	○	○	○	○	○	○	○
3	人员安全职责覆盖率100%	△	·	○	○	○	○	○	○	○
4	法律法规识别率100%	△	·	○	○	○	○	○	○	○
5	规章制度适用率100%	△	·	○	○	○	○	○	○	○
6	从业人员安全教育培训率100%	△	○	·	○	○	○	☆	☆	☆

序号	安全生产目标	职能部门								
		安全生产领导小组	办公室	人事部门	财务部门	站网部门	水情部门	水质部门	规划建设部门	××监测中心
7	新进人员三级安全教育培训率100%	△	○	•	○	○	○	☆	○	☆
8	安全管理人员和专业岗位持证上岗率100%	△	○	•	○	○	○	☆	☆	☆
9	从业人员安全风险告知率100%	△	•	○	○	○	○	☆	☆	☆
10	职业健康体检率100%	△	•	○	○	○	○	○	○	○
11	防护用品配备率100%	△	•	○	○	○	○	☆	☆	☆
12	职业危害因素检测率100%	△	•	○	○	○	○	☆	○	○
13	投入经费保障率100%	△	○		•			☆	○	
14	消防设施维护保养率100%	△	○						•	○
15	作业方案制定率100%	△	○					•	○	
16	设施设备维保率100%	△	○						•	
17	水文设施设备操作规程完整率100%	△	○			•				
18	应急预案制定率100%	△	•	○	○	○	○	☆	☆	☆
19	应急预案演练率100%	△	•	○	○	○	○	☆	☆	☆
20	相关方安全监管率100%	△	○							
21	安全警示标识、危害警示标识完整率90%	△	○					☆	• ☆	
22	危险化学品风险识别率100%	△	○					• ☆		
23	危险化学品管控率100%	△	○					• ☆		
24	实验室"三废"处理率100%	△	○					• ☆		
25	安全措施告知率100%	△	○					• ☆		
26	专用消防设施设备配备率100%	△	○					• ☆		
27	危险源辨识率95%	△	•	○	○	○	○	☆	☆	☆
28	风险识别管控率100%	△	•	○	○	○	○	☆	☆	☆
29	水文站点检查覆盖率100%	△	○			•				☆
30	无重大事故隐患，一般事故隐患排查率95%，事故整改率100%	△	•	○	○	○	○	☆	☆	☆
31	专用车船及特种设备按期检测率100%	△	•					☆	☆	☆
32	"四不放过"处理率100%	△	•	○	○	○	○	☆	☆	☆

序号	安全生产目标	职能部门								
		安全生产领导小组	办公室	人事部门	财务部门	站网部门	水情部门	水质部门	规划建设部门	××监测中心
	（二）事故控制目标									
1	死亡事故为0，重伤事故为0	△	·	○	○	○	○	○	○	○
2	轻伤事故≤1人次/年	△	·	○	○	○	○	○	○	○
3	职业病发病率为0	△	·	○	○	○	○	☆	○	☆
4	机械设备重大事故为0	△	·	○	○	○	○	☆	○	☆
5	作业事故发生率为0	△	·	○	○	○	○	☆	○	☆
6	火灾事故为0	△	·	○	○	○	○	○	○	○
7	道路、水上交通责任事故为0	△	·	○	○	○	○	○	○	○
8	食物中毒和重大传染病事故为0	△	·	○	○	○	○	○	○	○
9	实验室中毒、腐蚀、爆炸等事故为0	△	○					·☆		
10	机房火灾、爆炸等事故为0	△	○	○	○	○	○	○	○	○

注：·—主管部门；☆—重点防范部门；△—考核监督部门；○—相关部门。

◆**评审规程条文**

1.1.4　逐级签订安全生产责任书，并制定目标保证措施。

◆**法律、法规、规范性文件及相关要求**

《中华人民共和国安全生产法》（2021年修订）

SL/T 789—2019《水利安全生产标准化通用规范》

◆**实施要点**

1. 水文监测单位应贯彻落实单位安全生产目标，自上而下逐级签订安全生产责任书，增强各级组织、每位从业人员的安全责任感，将分级管控、全员责任的要求落到实处。

2. 安全生产责任书签订的层次：单位主要负责人与分管负责人、分管负责人与部门（中心）负责人、部门（中心）负责人与本部门（中心）所有人员，做到"安全生产人人有责、事事有人负责"，不应出现遗漏。

3. 安全生产责任书内容应与本单位、本部门、本岗位安全生产职责相符。安全生产责任书的内容包括：目的、责任部门、责任人、生产安全事故控制目标、隐患排查治理目标、安全生产工作目标、主要责任内容、责任追究及考核奖惩、责任期限等内容。

4. 水文监测单位所有职能部门、监测中心及从业人员个人均应依照安全生产责任书，根据所分解的安全管理目标和承担的安全管理职责，制定科学、针对、有效、可量化的目标管理措施以保证目标的完成。

[参考示例1]

×××安全生产目标、指标分解及保证措施清单

编号：××-AQ-1.1.4-01

序号	部门	安全生产与职业安全健康目标/指标	保 证 措 施
1	安全生产领导小组	（一）安全生产管理目标 （1）管理机构健全率100％； （2）管理职责制定率100％； （3）人员安全职责覆盖率100％； （4）法律法规识别率100％； （5）规章制度适用率100％； （6）从业人员安全教育培训率100％； （7）新进人员三级安全教育培训率100％； （8）安全管理人员和专业岗位持证上岗率100％； （9）从业人员安全风险告知率100％； （10）职业健康体检率100％； （11）防护用品配备率100％； （12）职业危害因素检测率100％； （13）投入经费保障率100％； （14）消防设施维护保养率100％； （15）作业方案制定率100％； （16）设施设备维保率100％； （17）水文设施设备操作规程完整率100％； （18）应急预案制定率100％； （19）应急预案演练率100％； （20）相关方安全监管率100％； （21）安全警示标识、危害警示标识完整率90％； （22）危险化学品风险识别率100％； （23）危险化学品管控率100％； （24）实验室"三废"处理率100％； （25）安全措施告知率100％； （26）专用消防设施设备配备率100％； （27）危险源辨识率95％； （28）风险识别管控率100％； （29）水文站点检查覆盖率100％； （30）无重大事故隐患，一般事故隐患排查率95％，事故整改率100％； （31）专用车船及特种设备按期检测率100％； （32）"四不放过"处理率100％。 （二）事故控制目标 （1）死亡事故为0，重伤事故为0； （2）轻伤事故≤1人次/年； （3）职业病发病率为0； （4）机械设备重大事故为0； （5）作业事故发生率为0； （6）重大火灾事故为0； （7）道路、水上交通责任事故为0； （8）食物中毒和重大传染病事故为0； （9）实验室中毒、腐蚀、爆炸等事故为0； （10）机房火灾、爆炸等事故为0	（1）组织拟订本单位安全生产规章制度、操作规程和生产安全事故应急救援预案。 （2）组织本单位安全生产教育和培训，如实记录安全生产教育和培训情况。 （3）组织开展危险源辨识和评估，督促落实本单位重大危险源的安全管理措施。 （4）组织或者参与本单位应急救援演练。 （5）检查本单位的安全生产状况，及时排查生产安全事故隐患，提出改进安全生产管理的建议。 （6）制止和纠正违章指挥、强令冒险作业、违反操作规程的行为。 （7）督促落实本单位安全生产整改措施

续表

序号	部门	安全生产与职业安全健康目标/指标	保 证 措 施
2	办公室	（一）安全生产管理目标 （1）管理机构健全率100%； （2）管理职责制定率100%； （3）人员安全职责覆盖率100%； （4）法律法规识别率100%； （5）规章制度适用率100%； （6）从业人员安全教育培训率100%； （7）新进人员三级安全教育培训率100%； （8）安全管理人员和专业岗位持证上岗率100%； （9）从业人员安全风险告知率100%； （10）职业健康体检率100%； （11）防护用品配备率100%； （12）职业危害因素检测率100%； （13）投入经费保障率100%； （14）消防设施维护保养率100%； （15）作业方案制定率100%； （16）设施设备维保率100%； （17）水文设施设备操作规程完整率100%； （18）应急预案制定率100%； （19）应急预案演练率100%； （20）相关方安全监管率100%； （21）安全警示标识、危害警示标识完整率90%； （22）危险化学品风险识别率100%； （23）危险化学品管控率100%； （24）实验室"三废"处理率100%； （25）安全措施告知率100%； （26）专用消防设施设备配备率100%； （27）危险源辨识率95%； （28）风险识别管控率100%； （29）水文站点检查覆盖率100%； （30）无重大事故隐患，一般事故隐患排查率95%，事故整改率100%； （31）专用车船及特种设备按期检测率100%； （32）"四不放过"处理率100%。 （二）事故控制目标 （1）死亡事故为0，重伤事故为0； （2）轻伤事故≤1人次/年； （3）职业病发病率为0； （4）机械设备重大事故为0； （5）作业事故发生率为0； （6）重大火灾事故为0； （7）道路、水上交通责任事故为0； （8）食物中毒和重大传染病事故为0； （9）实验室中毒、腐蚀、爆炸等事故为0； （10）机房火灾、爆炸等事故为0	（1）贯彻执行安全生产法律法规和水文系统各项安全规章制度，在单位党委和安全生产领导小组的领导下做好业务范围内安全生产监督管理工作。 （2）落实安全责任，层层签订安全生产责任状，将安全责任分解到岗、到人。 （3）把安全生产工作与本部门业务工作同时研究、同时部署、同时督查。 （4）组织做好本部门办公管理区域内消防、用电、防盗等工作。 （5）工作业务范围内发生生产安全事故时，及时赶赴事故现场，参与事故应急救援的技术支持和善后处理工作。 （6）协助做好安全生产日常工作，及时印发、转发、传达安全生产文件，做好安全生产宣传报道工作。 （7）认真执行交通安全的法规，做好机动车辆的年检、维修保养工作和驾驶员的安全教育、考核管理、证照年审，确保安全行驶。 （8）负责单位消防、用电等安全监督检查与指导。 （9）按照安全生产领导小组的工作要求，研究提出单位安全生产工作年度计划与总结。 （10）组织开展单位安全生产工作检查和安全生产监督管理工作考核；组织和指导水文安全生产宣传、教育和培训；负责安全生产统计和信息报送工作。 （11）做好单位安全生产领导小组日常工作；完成单位负责人交办的其他工作。 （12）完成单位负责人交办的其他安全生产监督管理事项

序号	部门	安全生产与职业安全健康目标/指标	保 证 措 施
3	人事部门	（一）安全生产管理目标 （1）管理机构健全率100％； （2）管理职责制定率100％； （3）人员安全职责覆盖率100％； （4）法律法规识别率100％； （5）规章制度适用率100％； （6）从业人员安全教育培训率100％； （7）新进人员三级安全教育培训率100％； （8）安全管理人员和专业岗位持证上岗率100％； （9）从业人员安全风险告知率100％； （10）职业健康体检率100％； （11）防护用品配备率100％； （12）应急预案制定率100％； （13）应急预案演练率100％； （14）危险源辨识率95％； （15）风险识别管控率100％； （16）无重大事故隐患，一般事故隐患排查率95％，事故整改率100％； （17）"四不放过"处理率100％。 （二）事故控制目标 （1）死亡事故为0，重伤事故为0； （2）轻伤事故≤1人次/年； （3）职业病发病率为0； （4）机械设备重大事故为0； （5）作业事故发生率为0； （6）重大火灾事故为0； （7）道路、水上交通责任事故为0； （8）食物中毒和重大传染病事故为0； （9）机房火灾、爆炸等事故为0	（1）贯彻执行安全生产法律法规和水文系统各项安全规章制度，在单位党委和安全生产领导小组的领导下做好业务范围内安全生产监督管理工作。 （2）落实安全责任，层层签订安全生产责任状，将安全责任分解到岗、到人。 （3）把安全生产工作与本部门业务工作同时研究、同时部署、同时督查。 （4）组织做好本部门办公管理区域内消防、用电、防盗等工作。 （5）工作业务范围内发生生产安全事故时，及时赶赴事故现场，参与事故应急救援的技术支撑和善后处理工作。 （6）完成劳动保险、保护和落实职工因工伤残抚恤工作。 （7）组织实施单位安全教育计划，组织技术工人的培训、考核、奖励、教育评估及特种作业人员的培训和年审工作。 （8）参加重大事故的调查处理，组织工伤鉴定，并做好伤亡人员的善后处理工作。 （9）完成单位负责人交办的其他安全生产监督管理事项
4	财务部门	（一）安全生产管理目标 （1）管理机构健全率100％； （2）管理职责制定率100％； （3）人员安全职责覆盖率100％； （4）法律法规识别率100％； （5）规章制度适用率100％； （6）从业人员安全教育培训率100％； （7）新进人员三级安全教育培训率100％； （8）安全管理人员和专业岗位持证上岗率100％； （9）从业人员安全风险告知率100％； （10）职业健康体检率100％ （11）防护用品配备率100％； （12）投入经费保障率100％； （13）应急预案制定率100％； （14）应急预案演练率100％； （15）危险源辨识率95％； （16）风险识别管控率100％；	（1）贯彻执行安全生产法律法规和水文行业各项安全规章制度，在单位党委和安全生产领导小组的领导下做好业务范围内安全生产监督管理工作。 （2）落实安全责任，层层签订安全生产责任状，将安全责任分解到岗、到人。 （3）把安全生产工作与本部门业务工作同时研究、同时部署、同时督查。 （4）组织做好本部门办公管理区域内消防、用电、防盗等工作。 （5）工作业务范围内发生生产安全事故时，及时赶赴事故现场，参与事故应急救援的技术支撑和善后处理工作。 （6）编制安全生产费用使用计划，建立安全生产费用使用台账，审批程序符合规定并严格落实。

序号	部门	安全生产与职业安全健康目标/指标	保 证 措 施
4	财务部门	（17）无重大事故隐患，一般事故隐患排查率95%，事故整改率100%； （18）"四不放过"处理率100%。 （二）事故控制目标 （1）死亡事故为0，重伤事故为0； （2）轻伤事故≤1人次/年； （3）职业病发病率为0； （4）机械设备重大事故为0； （5）作业事故发生率为0； （6）重大火灾事故为0； （7）道路、水上交通责任事故为0； （8）食物中毒和重大传染病事故为0； （9）机房火灾、爆炸等事故为0	（7）按规定落实安全投入资金，并监督执行。 （8）做好经费使用总结和公示工作。 （9）完成单位负责人交办的其他安全生产监督管理事项
5	站网部门	（一）安全生产管理目标 （1）管理机构健全率100%； （2）管理职责制定率100%； （3）人员安全职责覆盖率100%； （4）法律法规识别率100%； （5）规章制度适用率100%； （6）从业人员安全教育培训率100%； （7）新进人员三级安全教育培训率100%； （8）安全管理人员和专业岗位持证上岗率100%； （9）从业人员安全风险告知率100%； （10）职业健康体检率100%； （11）防护用品配备率100%； （12）应急预案制定率100%； （13）应急预案演练率100%； （14）相关方安全监管率100%； （15）危险源辨识率95%； （16）风险识别管控率100%； （17）水文站点检查覆盖率100%； （18）无重大事故隐患，一般事故隐患排查率95%，事故整改率100%； （19）"四不放过"处理率100%。 （二）事故控制目标 （1）死亡事故为0，重伤事故为0； （2）轻伤事故≤1人次/年； （3）职业病发病率为0； （4）机械设备重大事故为0； （5）作业事故发生率为0； （6）重大火灾事故为0； （7）道路、水上交通责任事故为0； （8）食物中毒和重大传染病事故为0； （9）机房火灾、爆炸等事故为0	（1）贯彻执行安全生产法律法规和水文系统各项安全规章制度，在单位党委和安全生产领导小组的领导下做好业务范围内安全生产监督管理工作。 （2）落实安全责任，层层签订安全生产责任状，将安全责任分解到岗、到人。 （3）把安全生产工作与本部门工作同时研究、同时部署、同时督查。 （4）组织做好本部门办公区域内消防、用电、防盗等工作。 （5）工作业务范围内发生生产安全事故时，及时赶赴事故现场，参与事故应急救援的技术支撑和善后处理工作。 （6）检查、指导单位水文测验设施、设备的使用、维修、养护和水文测验作业的安全生产工作。 （7）完成单位负责人交办的其他安全生产监督管理事项

序号	部门	安全生产与职业安全健康目标/指标	保　证　措　施
6	水情部门	（一）安全生产管理目标 （1）管理机构健全率100％； （2）管理职责制定率100％； （3）人员安全职责覆盖率100％； （4）法律法规识别率100％； （5）规章制度适用率100％； （6）从业人员安全教育培训率100％； （7）新进人员三级安全教育培训率100％； （8）安全管理人员和专业岗位持证上岗率100％； （9）从业人员安全风险告知率100％； （10）职业健康体检率100％； （11）防护用品配备率100％； （12）应急预案制定率100％； （13）应急预案演练率100％； （14）相关方安全监管率100％； （15）危险源辨识率95％； （16）风险评估管控率100％； （17）无重大事故隐患，一般事故隐患排查率95％，事故整改率100％； （18）"四不放过"处理率100％。 （二）事故控制目标 （1）死亡事故为0，重伤事故为0； （2）轻伤事故≤1人次/年； （3）职业病发病率为0； （4）机械设备重大事故为0； （5）作业事故发生率为0； （6）重大火灾事故为0； （7）道路、水上交通责任事故为0； （8）食物中毒和重大传染病事故为0； （9）机房火灾、爆炸等事故为0	（1）贯彻执行安全生产法律法规和水文系统各项安全规章制度，在单位党委和安全生产领导小组的领导下做好业务范围内安全生产监督管理工作。 （2）落实安全责任，层层签订安全生产责任状，将安全责任分解到岗、到人。 （3）把安全生产工作与本部门业务工作同时研究、同时部署、同时督查。 （4）组织做好本部门办公管理区域内消防、用电、防盗等工作。 （5）工作业务范围内发生生产安全事故时，及时赶赴事故现场，参与事故应急救援的技术支撑和善后处理工作。 （6）指导、督促、检查全省水文系统水情报汛设施、设备的使用、维修、养护和水情报汛的安全生产工作。 （7）完成单位负责人交办的其他安全生产监督管理事项
7	水质部门	（一）安全生产管理目标 （1）管理机构健全率100％； （2）管理职责制定率100％； （3）人员安全职责覆盖率100％； （4）法律法规识别率100％； （5）规章制度适用率100％； （6）从业人员安全教育培训率100％； （7）新进人员三级安全教育培训率100％； （8）安全管理人员和专业岗位持证上岗率100％； （9）从业人员安全风险告知率100％； （10）职业健康体检率100％； （11）防护用品配备率100％； （12）职业危害因素检测率100％； （13）投入经费保障率100％； （14）作业方案制定率100％； （15）设施设备维保率100％； （16）应急预案制定率100％； （17）应急预案演练率100％； （18）安全警示标识、危害警示标识完整率90％； （19）危险化学品风险识别率100％； （20）危险化学品管控率100％； （21）实验室"三废"处理率100％；	（1）贯彻执行安全生产法律法规和水文系统各项安全规章制度，在单位党委和安全生产领导小组的领导下做好业务范围内安全生产监督管理工作。 （2）落实安全责任，层层签订安全生产责任状，将安全责任分解到岗、到人。 （3）把安全生产工作与本部门业务工作同时研究、同时部署、同时督查。 （4）组织做好本部门办公管理区域内消防、用电、防盗等工作。 （5）工作业务范围内发生生产安全事故时，及时赶赴事故现场，参与事故应急救援的技术支撑和善后处理工作。

序号	部门	安全生产与职业安全健康目标/指标	保 证 措 施
7	水质部门	（22）安全措施告知率100%； （23）专用消防设施设备配备率100%； （24）危险源辨识率95%； （25）风险识别管控率100%； （26）无重大事故隐患，一般事故隐患排查率95%，事故整改率100%； （27）专用车船及特种设备按期检测率100%； （28）"四不放过"处理率100%。 （二）事故控制目标 （1）死亡事故为0，重伤事故为0； （2）轻伤事故≤1人次/年； （3）职业病发病率为0； （4）机械设备重大事故为0； （5）作业事故发生率为0； （6）火灾事故为0； （7）道路、水上交通责任事故为0； （8）食物中毒和重大传染病事故为0； （9）实验室中毒、腐蚀、爆炸等事故为0； （10）机房火灾、爆炸等事故为0	（6）检查水环境监测中心环境、设施、设备的使用、维修、养护和监测分析工作中所涉及的水质野外采样、分析化验、危险化学品使用存放等安全生产管理工作。 （7）完成单位负责人交办的其他安全生产监督管理事项
8	规划建设部门	（一）安全生产管理目标 （1）管理机构健全率100%； （2）管理职责制定率100%； （3）人员安全职责覆盖率100%； （4）法律法规识别率100%； （5）规章制度适用率100%； （6）从业人员安全教育培训率100%； （7）新进人员三级安全教育培训率100%； （8）安全管理人员和专业岗位持证上岗率100%； （9）从业人员安全风险告知率100%； （10）职业健康体检率100%； （11）防护用品配备率100%； （12）职业危害因素检测率100%； （13）投入经费保障率100%； （14）消防设施维护保养率100%； （15）作业方案制定率100%； （16）设施设备维保率100%； （17）应急预案制定率100%； （18）应急预案演练率100%； （19）危险源辨识率95%； （20）风险识别管控率100%； （21）无重大事故隐患，一般事故隐患排查率95%，事故整改率100%； （22）专用车船及特种设备按期检测率100%； （23）"四不放过"处理率100%。 （二）事故控制目标 （1）死亡事故为0，重伤事故为0； （2）轻伤事故≤1人次/年； （3）职业病发病率为0； （4）机械设备重大事故为0； （5）作业事故发生率为0； （6）火灾事故为0； （7）道路、水上交通责任事故为0； （8）食物中毒和重大传染病事故为0； （9）机房火灾、爆炸等事故为0	（1）贯彻执行安全生产法律法规和水文系统各项安全规章制度，在单位党委和安全生产领导小组的领导下做好业务范围内安全生产监督管理工作。 （2）落实安全责任，层层签订安全生产责任状，将安全责任分解到岗、到人。 （3）把安全生产工作与本部门业务工作同时研究、同时部署、同时督查。 （4）组织做好本部门办公区域内消防、用电、防盗等工作。 （5）工作业务范围内发生生产安全事故时，及时赶赴事故现场，参与事故应急救援的技术支撑和善后处理工作。 （6）检查、指导在建水文基础设施工程的安全生产工作。 （7）完成单位负责人交办的其他工作

序号	部门	安全生产与职业安全健康目标/指标	保 证 措 施
9	监测中心	（一）安全生产管理目标 （1）管理机构健全率100％； （2）管理职责制定率100％； （3）人员安全职责覆盖率100％； （4）法律法规识别率100％； （5）规章制度适用率100％； （6）从业人员安全教育培训率100％； （7）新进人员三级安全教育培训率100％； （8）安全管理人员和专业岗位持证上岗率100％； （9）从业人员安全风险告知率100％； （10）职业健康体检率100％； （11）防护用品配备率100％； （12）职业危害因素检测率100％； （13）投入经费保障率100％； （14）消防设施维护保养率100％； （15）作业方案制定率100％； （16）设施设备维保率100％； （17）水文设施设备操作规程完整率100％； （18）应急预案制定率100％； （19）应急预案演练率100％； （20）安全警示标识、危害警示标识完整率90％； （21）危险源辨识率95％； （22）风险识别管控率100％； （23）水文站点检查覆盖率100％； （24）无重大事故隐患，一般事故隐患排查率95％，事故整改率100％； （25）专用车船及特种设备按期检测率100％； （26）"四不放过"处理率100％。 （二）事故控制目标 （1）死亡事故为0，重伤事故为0； （2）轻伤事故≤1人次/年； （3）职业病发病率为0； （4）机械设备重大事故为0； （5）作业事故发生率为0； （6）火灾事故为0； （7）道路、水上交通责任事故为0； （8）食物中毒和重大传染病事故为0； （9）机房火灾、爆炸等事故为0	（1）贯彻执行有关安全生产的法律、法规和单位各项安全生产规章制度。 （2）定期组织本中心安全生产教育和培训（包括编外及外包服务人员），如实记录安全生产教育和培训情况，保证从业人员具备必要的安全生产知识，熟悉有关的安全生产规章制度和安全操作规程，掌握本岗位的安全操作技能，了解事故应急处理措施，知悉自身在安全生产方面的权利和义务。 （3）健全安全生产规章制度和操作规程。 （4）检查维护责任范围内的消防、用电设施设备的巡查与管理等安全。 （5）组织开展本中心风险源排查，重大危险源管控，安全警示标识、危害警示标识牌设置，建立重大危险源登记、评估、备案、监控、应急救援等工作机制，对重大危险源实施常态化监管。 （6）组织本中心安全检查，落实隐患整改，保证水文设施设备、消防设施、防护器材等处于完好状态，并教育职工加强维护，正确使用。 （7）管理辖区内水文测验测量及设施、设备运行维护的安全。 （8）组织辖区内汛前准备工作的安全管理。 （9）制定零星维修工程计划、申报、实施及安全管理
10	建设法人	（一）安全生产管理目标 （1）管理机构健全率100％； （2）管理职责制定率100％； （3）人员安全职责覆盖率100％； （4）法律法规识别率100％； （5）规章制度适用率100％； （6）从业人员安全教育培训率100％； （7）新进人员三级安全教育培训率100％；	（1）贯彻执行安全生产法律法规和水文系统各项安全规章制度，在单位党委和安全生产领导小组的领导下做好业务范围内安全生产监督管理工作。 （2）落实安全责任，层层签订安全生产责任状，将安全责任分解到岗、到人。

序号	部门	安全生产与职业安全健康目标/指标	保 证 措 施
10	建设法人	(8) 安全管理人员和专业岗位持证上岗率100%； (9) 从业人员安全风险告知率100%； (10) 职业健康体检率100%； (11) 防护用品配备率100%； (12) 职业危害因素检测率100%； (13) 投入经费保障率100%； (14) 消防设施维护保养率100%； (15) 作业方案制定率100%； (16) 设施设备维保率100%； (17) 应急预案制定率100%； (18) 应急预案演练率100%； (19) 相关方安全监管率100%； (20) 安全警示标识、危害警示标识完整率100%； (21) 危险源辨识率95%； (22) 风险识别管控率100%； (23) 无重大事故隐患，一般事故隐患排查率95%，事故整改率100%； (24) "四不放过"处理率100%。 (二) 事故控制目标 (1) 死亡事故为0，重伤事故为0； (2) 轻伤事故≤1人次/年； (3) 职业病发病率为0； (4) 机械设备重大事故为0； (5) 作业事故发生率为0； (6) 火灾事故为0； (7) 道路、水上交通责任事故为0； (8) 食物中毒和重大传染病事故为0； (9) 机房火灾、爆炸等事故为0	(3) 把安全生产工作与本项目工程建设同时研究、同时部署、同时督查。 (4) 组织做好施工现场消防、用电、防盗等工作。 (5) 工程建设过程中发生生产安全事故时，及时赶赴事故现场，参与事故应急救援的技术支撑和善后处理工作。 (6) 检查、指导工程现场的安全生产工作

[参考示例 2]

<h3 style="text-align:center">×××水文监测岗位人员安全生产责任书</h3>

为全面落实安全生产责任制，有效防范和遏制安全事故的发生，确保单位安全和效益的充分发挥，按照单位安全生产管理相关制度要求和年度安全生产目标，×××监测中心与中心水文监测岗位人员就20××年安全生产工作签订如下责任书。

一、安全责任目标

坚决贯彻"安全第一，预防为主，综合治理"的工作方针，按照"管行业必须管安全、管业务必须管安全、管生产经营必须管安全"的原则，切实履行安全生产行业监督管理职责，认真落实本中心各项安全措施，全面落实安全生产责任制，全力以赴做好安全生产各项工作，确保全年不发生安全事故。

二、主要任务

1. 切实提高安全生产重要性的认识，认真落实安全生产法律法规要求和单位有关安全生产工作的决策部署，确保人身安全；

2. 严格履行单位《20××年安全生产目标计划》安全生产目标任务；

3. 做到安全生产工作与水文监测业务工作同研究、同部署、同检查督促；

4. 配合测站站长开展安全生产检查，积极参与测站的事故隐患整治工作；

5. 积极开展测站范围内的安全生产工作情况收集分析，并及时向测站站长报告；

6. 积极参与单位安全生产的各种培训、会议和各级安全检查、考核等工作；

7. 认真做好单位及中心有关对安全工作的文件、规定的执行，积极参与单位、中心及测站组织的安全生产宣传教育活动；

8. 协助做好测站零星维修养护工程业务的安全管理工作；

9. 协助做好水文测验的安全管理工作；

10. 协助做好汛前准备的安全检查管理工作；

11. 协助做好测站的日常管理及安全生产工作；

12. 做好承接的对外科技咨询项目的安全管理工作；

13. 做好测站范围内消防、用电、防盗安全管理，熟知"三知、三会、三能"及火灾应急处置程序；

14. 协助做好测站及参与工作的安全事故的应急救援和善后处理工作；

15. 完成中心主任及测站站长交办的其他工作。

三、责任期限

责任期限为：20××年×月×日—20××年×月×日。

四、考核与奖惩

按照《×××安全生产考核奖惩管理办法》进行奖惩。

部门（中心）负责人：　　　　　　　　　责任人：

　　　年　月　日　　　　　　　　　　　年　月　日

[参考示例3]

×××水质检测岗位人员安全生产责任书

为全面落实安全生产责任制，有效防范和遏制安全事故的发生，确保单位安全和效益的充分发挥，按照单位安全生产管理相关制度要求和年度安全生产目标，水质部门与水质部门化验岗位人员就20××年安全生产工作签订如下责任书。

一、安全责任目标

坚决贯彻"安全第一，预防为主，综合治理"的工作方针，按照"管行业必须管安全、管业务必须管安全、管生产经营必须管安全"的原则，切实履行安全生产行业监督管理职责，协助部门负责人认真落实各项安全措施，全面落实安全生产责任制，全力以赴做好安全生产各项工作，确保全年不发生安全事故。

二、主要任务

1. 切实提高对业务工作范围内安全生产认识，认真落实安全生产法律法规要求和单位有关安全生产工作的决策部署；

2. 严格履行单位《20××年安全生产目标计划》安全生产目标任务；

3. 做到安全生产工作与业务工作同研究，同部署，同检查；

4. 参与业务范围内的安全生产检查，督促和协调专业领域内的重大事故隐患整治工作；

5. 积极开展业务范围内的安全生产工作情况收集分析，并及时向部门负责人报告；

6. 积极参与单位安全生产的各种、培训会议和各级安全检查、考核等工作；

7. 做好上传下达单位有关对安全工作的文件、规定，协助搞好部门安全生产宣传、教育和培训工作；

8. 负责制定测试方案，对测试的过程安全进行全面分析，提出可行的解决方法及优化措施；

9. 负责《质量手册》的贯彻、执行、修订和补充；

10. 负责根据安全生产信息反馈纠正，并建立质量体系的预防措施；

11. 负责对检测质量争议和质量事故的调查、处理；

12. 对所监督人员的作业实施检测全过程的监督，发现意外、事故立即告知监测业务测试室负责人；

13. 负责承接的样品采集及分析化验的安全管理工作；

14. 有责任和义务按照保密规定，保护客户的机密和所有权；

15. 做好承接的对外科技咨询项目的安全管理工作；

16. 做好部门内消防、用电、防盗安全管理，熟知"三知、三会、三能"及火灾应急处置程序；（三知：知岗位火灾危险、知本部门防火职责、知火灾应急预案；三会：会使用保养灭火器、会报火警、会疏散救人；三能：能检查发现问题、能宣传消防知识、能扑灭初级小火）

17. 协助做好参与工作业务范围内安全事故的应急救援和善后处理工作；

18. 完成部门负责人交办的其他工作。

三、责任期限

责任期限为：20××年×月×日—20××年×月×日。

四、考核与奖惩

按照《×××安全生产考核奖惩管理办法》进行奖惩。

水质部门负责人：　　　　　　　　　　责任人：

　　年　月　日　　　　　　　　　　　　年　月　日

◆**评审规程条文**

1.1.5　定期对安全生产目标完成情况进行检查、评估、考核，必要时，及时调整安全生产目标实施计划。

◆**法律、法规、规范性文件及相关要求**

SL/T 789—2019《水利安全生产标准化通用规范》

◆**实施要点**

1. 水文监测单位应每半年至少组织一次对责任单位（部门）的安全目标执行所采取的措施、进度、效果的检查、评估和考核，有效管控安全生产目标，保障年度安全目标计划的实现。安全生产目标宜分安全生产控制目标和工作目标两部分。

2. 检查、评估和考核单位的安全目标，应由单位安全生产委员会（安全生产领导小组）负责。

3. 水文监测单位在进行目标完成情况的监督检查过程中，应对所有签订目标责任书的职能部门、监测中心、临时机构和人员进行检查，不应遗漏，实现全覆盖。

4. 安全生产考核内容应为下达给各职能部门、监测中心的控制指标。考核应明确评分标准、目标执行情况、上级考核意见等。考核内容应与被考核部门所承担的安全生产工作职责相对应。考核意见应及时反馈被考核部门、个人。

5. 水文监测单位应依据检查评估考核结果，及时调整安全生产目标实施计划。相关的检查评估考核资料应保存留档。

6. 单位机构调整、主要监测技术变化、发生自然灾害或不可抗力等特殊情况，应及时调整安全生产目标实施计划。

[参考示例 1]

×××安全生产目标和实施计划调整记录

编号：××-AQ-1.1.5-01

申请部门		申请时间	
原安全目标			
调整目标			
调整原因			
申请部门意见		申请人（签名）：日期：	
分管安全生产领导意见		审核人（签名）：日期：	
安全生产领导小组组长意见		批准人（签名）：日期：	

[参考示例 2]

×××安全生产目标管理细化考核表

被考评部门（中心）：　　　部门负责人（签字）：　　　填报时间：　年　月　日
审查人：　　控制目标得分：　　　目标得分：　　　总分：　　　审查时间：　年　月　日
（控制目标，总 40 分）　　　　　　　　　　　　　　编号：××-AQ-1.1.5-02

序号	安全生产控制目标	评分标准	目标执行情况及说明	审查扣分	审查扣分原因
1	管理机构健全率 100%				
2	管理职责制定率 100%				
3	人员安全职责覆盖率 100%				

序号	安全生产控制目标	评分标准	目标执行情况及说明	审查扣分	审查扣分原因
4	法律法规识别率100%				
5	规章制度适用率100%				
6	职工安全教育培训率100%				
7	新职工三级安全教育培训率100%				
8	安全管理人员和专业岗位持证上岗率100%				
9	职工安全风险告知率100%				
10	职业健康体检率100%				
11	防护用品配备率100%				
12	职业危害因素检测率100%				
13	投入经费保障率100%				
14	消防设施维护保养率100%				
15	作业方案制定率100%				
16	设施设备维保率100%				
17	水文设施设备操作规程完整率100%				
18	应急预案制定率100%				
19	应急预案演练率100%				
20	相关方安全监管率100%				
21	安全警示标识、危害警示标识完整率90%				
22	危险化学品风险识别率100%				
23	危险化学品管控率100%				
24	实验室"三废"处理率100%				
25	安全措施告知率100%				
26	专用消防设施设备配备率100%				
27	危险源辨识率95%				
28	风险识别管控率100%				
29	水文站点检查覆盖率100%				
30	无重大事故隐患,一般事故隐患排查率95%,事故整改率100%				
31	专用车船及特种设备按期检测率100%				
32	"四不放过"处理率100%				

（管理目标，总分60分）　　　　　　　　　　　　　　　编号：××-AQ-1.1.5-03

序号	项　　目	要求	评价标准	目标执行情况	自查扣分	审查扣分	审查扣分原因
1	死亡事故为0，重伤事故为0						
2	轻伤事故≤1人次/年						
3	职业病发病率为0						
4	机械设备重大事故为0						
5	作业事故发生率为0						
6	火灾事故为0						
7	道路、水上交通责任事故为0						
8	食物中毒和重大传染病事故为0						
9	实验室中毒、腐蚀、爆炸等事故为0						
10	机房火灾、爆炸等事故为0						
11	其他扣分项目	1. 安全生产工作受到上级通报批评的，扣15分。 2. 在目标管理考核中弄虚作假的，扣10～25分					

注：基本分为100分（控制目标基本分＋工作目标基本分），采取倒扣计分法，每项扣分至该项基本分扣完为止。

[参考示例3]

×××安全生产目标考核结果汇总表（××年）

编号：××-AQ-1.1.5-04

序号	被考核部门	考核结果				全年评价	备注
		1季度	2季度	3季度	4季度		
1	办公室						
2	人事部门						
3	财务部门						
4	站网部门						
5	水情部门						
6	水质部门						
7	规划建设部门						
8	××监测中心						

◆评审规程条文

1.1.6　定期对安全生产目标完成情况进行奖惩。

◆法律、法规、规范性文件及相关要求

SL 721—2015《水利水电工程施工安全管理导则》

◆**实施要点**

1. 奖惩是安全生产目标闭环管理的重要环节，是落实完成安全生产重要指标和主要任务的保障措施。

2. 水文监测单位应制定考核奖惩制度，明确考核的组织、范围、频次、实施办法、结果运用等，并严格按照考核奖惩制度兑现。安全表彰应形成正式文件，及时兑现安全奖金，并有相关财务凭证。奖惩兑现可与考核同步或与年终考评同步。

3. 水文监测单位应定期根据考核结果对所有职能部门、监测中心和从业人员个人的安全生产目标完成情况进行奖惩。

［参考示例 1］

关于印发《×××安全生产目标考核奖惩管理办法》的通知

各部门、各监测中心：

为贯彻"安全第一、预防为主、综合治理"的安全生产工作方针，落实安全生产责任制，激励全体职工自觉遵守各项安全管理制度，经单位党委暨安全生产领导小组研究，制定了《×××安全生产目标考核奖惩管理办法》，现予印发，请认真贯彻执行。

特此通知。

附件：×××安全生产目标考核奖惩管理办法

×××

年　月　日

附件：

×××安全生产目标考核奖惩管理办法

第一条　为贯彻"安全第一、预防为主、综合治理"的安全生产工作方针，落实安全生产责任制，激励全体职工自觉遵守各项安全管理制度，制定本办法。

第二条　本办法适用于我单位机关各部门、监测中心（以下简称"中心"）和全体从业人员的安全生产考核奖惩管理。

第三条　安全生产考核依据单位《安全生产目标管理制度》《安全生产目标分解和保障措施清单》和各级《安全生产目标责任书》进行。

第四条　单位安全生产领导小组负责全单位安全生产考核的监督管理，各部门、中心的负责人负责本部门（项目）安全生产工作的考核。

第五条　对各部门、中心和临时机构的安全生产目标考核实行百分制。

第六条　各部门、中心每季度对本部门安全生产目标情况进行考核自评，填写《安全生产目标考核表》并报送安全生产领导小组审核。

第七条　安全生产领导小组对各部门、中心进行全年安全生产目标管理考核，考核得分在 90 分及以上的可以参与评优评先（有第八条规定的情况除外），90 分以下的取消评优评先资格。

第八条　单位全年安全无责任事故，奖励部门、中心负责人及安全员每人 600 元，其他人员每人 300 元，经费纳入单位绩效或职工福利。

第九条　单位从业人员在工作中，发现安全隐患并主动汇报，或主动消除事故隐患，从而避免单位和个人生命财产可能遭受损失的，经上报查证属实，给予表彰，并给予一定的物质奖励。

第十条　为保证安全生产，积极提出合理化建议，或在安全技术等方面积极采用先进技术，提出重要建议，有发明创造或科研成果，成绩显著的部门（中心）或个人，经安全生产领导小组审查，确有很大实践价值的，给予特别的表彰奖励。

第十一条　年度考核期内，发生责任事故，取消部门（中心）和相关责任人评优评先资格。

第十二条　发生安全生产责任事故，对相关负责人按损失总额2％扣发绩效工资。

第十三条　发生安全生产责任事故，对责任人按以下原则进行经济处罚：

1. 发生责任事故，对事故直接责任人按损失总额5％扣发绩效工资；

2. 负次要责任者，按主要责任者处罚额的50％扣发绩效；

3. 负间接责任者，按主要责任处罚额的30％扣发绩效；

4. 单位负责人的责任处罚按上级主管部门的有关规定执行。

第十四条　单位管理范围内发生安全事故或虽不在管理范围内但事故的发生与单位运行有关联的，不处理、不汇报造成事故处理被动或经济损失的，部门、中心负责人和相关人员应给予适当处理。

第十五条　凡下列情况之一者加重处罚，由单位安全生产领导小组办公室提出处罚方案，安全生产领导小组研究报请有关主管单位研定决定：

1. 对工作不负责任，因故发泄私愤，有意扰乱操作，造成经济损失和违反劳动纪律，不严格执行规章制度造成事故的主要责任者；

2. 违章指挥、冒险作业、劝阻不听而造成事故的主要责任者；

3. 忽视劳动条件，削减或取消安全设备、设施而造成事故的主要责任者；

4. 限期整改的事故隐患，不按期整改而造成事故的主要责任者；

5. 发生事故后，破坏现场，隐瞒不报或谎报的主要责任者；

6. 发生事故后，不认真吸取教训，不采取措施致使事故重复发生的主要责任者。

第十六条　本办法作为单位的安全生产考核奖惩依据。若与国家法律法规及相关文件相抵触，以国家法律法规及相关文件为准。

第十七条　本办法由单位安全生产领导小组办公室负责解释。

第十八条　本办法自发文之日起执行。

［参考示例2］

×××季度安全目标考核奖金发放表

填报部门：　　　　　　　　年　月　日　　　　　编号：××-AQ-1.1.6-01

序号	姓名	安全指标完成率	标准	金额/元	签名	扣款原因
1						
2						
3						
4						
5						

续表

序号	姓名	安全指标完成率	标准	金额/元	签名	扣款原因
6						
7						
8						
9						
10						

合计（大写）金额万仟佰拾元角分¥

批准人：　　审核：　　财务：　　部门负责人：　　制表：

第二节　机　构　与　职　责

安全生产管理机构是单位专门负责安全生产监督管理的内设机构，是安全生产管理的职能部门，是对单位安全生产进行全面管理机构。水文监测单位应当建立相应的责任机制，加强对全员安全生产责任制落实情况的监督考核。单位主要负责人是本单位安全生产第一责任人，对本单位的安全生产工作全面负责，其他负责人对职责范围内的安全生产工作负责。安全生产责任制应当明确各岗位的责任。

◆**评审规程条文**

1.2.1　成立由单位主要负责人、分管负责人和各职能部门负责人等组成的安全生产委员会（或安全生产领导小组）。人员变化时及时调整，并以正式文件发布。

◆**法律、法规、规范性文件及相关要求**

SL/T 789—2019《水利安全生产标准化通用规范》

◆**实施要点**

1. 水文监测单位应设立安全生产委员会（领导小组），加强国家安全生产法律法规和行业政策制度落实，研究、制定、组织和实施适合本单位的安全生产工作措施。

2. 水文监测单位安全生产委员会（安全生产领导小组）人员组成应落实"党政同责"要求，单位党组织书记、主要负责人担任安全生产领导小组主任（组长），对本单位安全生产工作承担领导责任。分管安全的单位负责人、职能部门以及各监测中心的主要负责人为成员。

3. 水文监测单位应制定安全生产委员会（安全生产领导小组）工作规则，明确工作目标、工作方式、工作职责、会议要求等。安全生产委员会（安全生产领导小组）应主要履行下列职责：

（1）组织拟订本单位安全生产规章制度、操作规程和生产安全事故应急救援预案；

（2）组织本单位安全生产教育和培训，如实记录安全生产教育和培训情况；

（3）组织开展危险源辨识和评估，督促落实本单位重大危险源的安全管理措施；

（4）组织或者参与本单位应急救援演练；

（5）检查本单位的安全生产状况，及时排查生产安全事故隐患，提出改进安全生产管理的建议；

（6）制止和纠正违章指挥、强令冒险作业、违反操作规程的行为；

（7）督促落实本单位安全生产整改措施。

4. 成立安全生产委员会（安全生产领导小组）应以正式文件发布。单位相关人事发生变化时，安全生产委员会（或安全生产领导小组）人员也应及时做出相应调整，确保职责、管理不空缺，并以正式文件发布。

[参考示例1]

关于印发《×××安全生产领导小组工作规则》的通知

各部门、各监测中心：

为进一步规范我单位安全生产领导小组工作制度，明确单位安全生产领导小组和各成员部门的工作职责，健全单位安全生产监督管理工作机制，落实安全生产监督管理责任，制定了《×××安全生产领导小组工作规则》，现印发给你们，请遵照执行。

附件：1. ×××安全生产领导小组工作规则

2. 各部门安全生产责任范围划分表

×××

年　月　日

附件1：

×××安全生产领导小组工作规则

根据《中华人民共和国安全生产法》《××省安全生产条例》等法律法规，为进一步规范单位安全生产领导小组（以下简称安全生产领导小组）工作制度，健全安全生产工作机制，强化安全生产主体责任，促进安全生产工作规范化、制度化，根据《××省水利厅安全生产委员会工作规则》并结合我单位安全生产工作实际，制定本规则。

一、指导思想和工作目标

坚持党的领导，树立"以人为本、安全发展"的理念，坚持"安全第一、预防为主、综合治理"的方针，按照"党政同责、一岗双责、齐抓共管""管行业必须管安全，管业务必须管安全，管生产经营必须管安全""谁主管谁负责"的原则，落实安全生产责任，健全安全生产规章制度，采取有效措施，尽最大努力防范生产安全事故。

二、主要职责

单位安全生产领导小组由组长、副组长和成员组成。安全生产领导小组下设办公室，负责处理安全生产领导小组日常工作。

安全生产领导小组主要职责：

1. 组织拟订本单位安全生产规章制度、操作规程和生产安全事故应急救援预案；

2. 组织本单位安全生产教育和培训，如实记录安全生产教育和培训情况；

3. 组织开展危险源辨识和评估，督促落实本单位重大危险源的安全管理措施；

4. 组织或者参与本单位应急救援演练；

5. 检查本单位的安全生产状况，及时排查生产安全事故隐患，提出改进安全生产管理的建议；

6. 制止和纠正违章指挥、强令冒险作业、违反操作规程的行为；

7. 督促落实本单位安全生产整改措施。

三、成员分工与职责

（一）单位主要负责人（法定代表人）担任安全生产领导小组组长，是单位安全生产的第一责任人，对安全生产工作负全面领导责任，主要职责为：

1. 贯彻执行国家有关安全生产方针、政策和法律、法规、规章以及国家标准或行业标准，组织落实上级有关安全生产的重要文件和工作要求；

2. 建立健全全员安全生产责任制，组织制定并完善安全生产各项规章制度和操作规程；组织落实安全生产目标并督促指导领导班子成员及各部门认真履行安全生产职责；

3. 组织制定和落实本单位年度安全生产目标计划，推进安全生产标准化和信息化建设，建立健全安全管理制度体系、考核和奖惩办法；

4. 组织制定并实施本单位安全生产教育和培训计划，主动定期接受安全生产知识培训；

5. 保证本单位安全生产投入并有效实施；

6. 定期主持召开安全生产会议，掌握本单位安全生产动态，分析安全生产态势，组织制定防范措施；

7. 督促、检查本单位的安全生产工作，及时消除生产安全事故隐患；

8. 组织制定生产安全事故应急救援预案，配备必要的应急救援设备器材和人员，并定期组织开展演练活动；

9. 及时、如实报告生产安全事故，组织事故抢险救援，配合上级部门开展生产安全事故调查与查处；

10. 向职工大会报告安全生产工作和个人履行安全生产管理职责的情况，接受工会、全体职工对安全生产工作的监督；

11. 组织制定单位重大危险源管控措施，并亲自监督检查管控实施情况；

12. 履行其他有关安全生产的法律、法规和管理规定中所明确的职责。

（二）安全生产领导小组副组长由单位分管安全负责人担任，协助安全生产领导小组组长履行全单位安全生产管理职责。

1. 分管安全负责人

分管安全负责人协助主要负责人履行安全生产工作职责，直接监督管理安全生产工作，其主要职责是：

（1）贯彻执行国家有关安全生产方针、政策和法律、法规、规章以及国家标准或行业标准；

（2）落实安全生产目标并督促指导分管部门认真履行安全生产职责；协助主要负责人或受主要负责人委托定期召开安全生产会议，听取安全生产领导小组办公室和其他部门的汇报，研究解决安全生产问题，组织落实会议决定事项；

（3）组织拟定、落实安全生产责任制、和管理制度、年度安全生产目标计划、操作规程；组织单位危险源辨识评价，组织制定并实施风险评价等级为较大以上的危险源防控措施，督查管控情况；

（4）组织拟订标准化建设、信息化建设和双重预案机制建设方案；

（5）组织有关安全生产的法律、法规、标准及有关文件学习；监督、检查各部门安全生产各项规章制度的履行、培训情况，及时纠正失职和违章行为；

（6）组织对全单位水文设施设备、水文监测作业和作业场所安全生产职业卫生状况监督检查，保证设施设备的完好性、生产过程的安全性和职业卫生状况符合有关规定和标准；

（7）负责安全生产过程中的风险管理，组织开展年度风险控制效果评估工作；组织对重大危险源进行登记建档监控；

（8）负责组织各部门开展各种形式的安全检查，及时查处作业过程中的"三违"行为；组织有关部门对发现的重大事故隐患进行整改；

（9）组织修订完善应急救援预案，定期开展演练；协助、配合或组织本单位生产安全事故救援与调查处理；

（10）履行其他有关安全生产的法律、法规和管理规定中所明确的职责。

2．其他分管负责人

其他分管负责人按照"一岗双责"和"管业务必须管安全"的原则，协助主要负责人和分管安全负责人做好安全生产工作，对分管范围内的安全生产工作负直接领导责任，其主要职责是：

（1）组织分管部门学习有关安全生产的法律、法规、规章、标准及有关文件；督促分管部门落实安全生产责任制、安全生产管理制度和操作规程；

（2）落实安全生产目标并督促指导分管部门认真履行安全生产职责；研究解决分管部门安全生产中存在的问题，布置安全生产工作任务；

（3）协助制定年度安全生产目标计划，并做好分管工作范围内安全目标计划的实施工作；

（4）监督检查分管部门对安全生产各项规章制度的履行情况，经常组织分管部门进行安全生产检查，及时纠正失职和违章行为；发现事故隐患及时整改；对重大事故隐患及时报告，并制定有效的安全防范措施；

（5）定期组织对分管范围的水文设施设备、水文监测作业和作业场所安全生产职业卫生状况检查和检测检验，保证设施设备完好性，工艺流程的安全性和职业卫生状况符合有关规定和标准；

（6）定期听取分管范围内危险源辨识与管控情况，组织制定管控措施，风险评价为较大以上的危险源应按程序上报；

（7）履行其他有关安全生产的法律、法规和管理规定中所明确的职责。

（三）安全生产领导小组办公室主要职责：

1．负责安全生产领导小组日常工作，按照上级安全生产工作部署，开展安全生产相关工作；

2．检查督促安全生产领导小组决定事项的落实；

3．组织或参与拟订安全生产规章制度及汇编；

4．组织或参与安全生产教育培训和应急救援演练；

5．组织开展安全生产检查和安全生产专项治理活动，督促落实安全生产整改措施；

6. 组织开展安全生产监督管理考核工作；

7. 协助有关部门做好生产安全事故调查处理；

8. 负责安全生产总结、统计和信息报送工作；

9. 负责安全生产领导小组会议组织和领导交办的其他安全生产监督管理事项；

10. 组织危险源辨识与风险评价，及时落实管控措施。

11. 做好上级安全检查的准备、安全生产会议的组织及安全宣传工作；

12. 做好安全档案的管理工作。

（四）安全生产领导小组成员为单位部门主要负责人，对所负责部门及所负责业务范围内安全生产工作负管理责任，其主要职责为：

1. 办公室

（1）识别有关安全生产、职工劳动保护的一系列法律、法规、技术规范和单位安全生产规章制度等，汇总各部门识别结果，及时更新、修订印发，并贯彻执行；

（2）组织修订本部门或参与修订其他部门的安全生产规章制度、工作方案、操作规程、事故应急预案等；

（3）及时转发、传达上级和单位安全生产文件，落实相关文件要求；

（4）负责本部门责任范围（见附件2，下同）内的消防、电气等设施设备管理工作，包括验收、安全鉴定、巡查检查、管理维修、处置和报废等工作，负责办公区的安全保卫工作；

（5）负责本部门风险源辨识排查、一般危险源管控、安全警示标识、危害警示标识标牌设置，建立本部门重大危险源登记、评估、备案、监控、应急救援等管理工作机制，对重大危险源实施常态化监管；

（6）组织落实本部门全员安全生产责任，会同有关部门组织开展职工安全教育、培训，做到全员持证上岗；

（7）协助和督促有关部门对查出的隐患制订防范措施，检查隐患整改工作；

（8）会同有关部门开展各种安全生产文化活动，总结先进经验，组织安全技术研究，积极推广安全生产科研成果、先进技术及现代安全管理方法；

（9）负责单位食堂的安全，组织制定食堂安全规章制度，经常检查食堂用电、用气安全，确保食品安全卫生；

（10）严格执行交通安全的法规，做好机动车辆的年检、维修保养工作和驾驶员的年审、安全教育和考核工作，确保安全行驶；

（11）会同工会参加重大事故的调查处理，认真执行对责任者的处理决定，做好伤亡人员的善后处理工作；

（12）会同纪检部门参加工伤鉴定、事故处理等工作；

（13）承担其他交办任务的安全管理。

2. 人事部门

（1）识别、贯彻执行有关安全生产教育培训和职业健康的法律、法规和规章制度；

（2）组织修订本部门的安全生产规章制度、工作方案、操作规程、事故应急预案等；

（3）负责本部门责任范围内的消防、电气等设施设备管理工作，包括维修检查、处置等；

（4）承担本部门风险源辨识排查，一般危险源管控，安全警示标识和危害警示标识标牌设置；

（5）落实安全生产全员责任，负责单位职业健康管理评价，办理各类工伤保险和意外责任险，拟订实施单位从业人员安全生产教育培训和职业健康工作方案计划；

（6）负责从业人员安全培训、教育和宣传管理，拟订培训计划和培训范围、内容，组织新职工、复岗（转岗）人员和"四新"培训，确保安全生产教育培训全覆盖；

（7）负责相关方人员安全资质审查工作；

（8）协助开展安全生产目标管理、制度制定和考核奖惩工作。

3. 财务部门

（1）识别、贯彻执行有关安全生产投入的法律、法规和规章制度；

（2）组织修订本部门的安全生产规章制度、工作方案、操作规程、事故应急预案等；

（3）编制安全生产投入计划，保证必要的安全生产投入，按规定列支安全生产费用；

（4）负责本部门责任范围内的消防、电气等设施设备管理工作，包括维修检查、处置等；

（5）承担本部门风险源辨识排查，一般危险源管控，安全警示标识和危害警示标识标牌设置；

（6）落实本部门全员安全生产责任，开展本部门从业人员安全教育培训；

（7）负责单位安全生产投入保障工作，编列安全生产经费预算，审核经费实施，评价实施效果，建立投入台账，确保安全投入有效；

（8）负责相关方人员安全经费投入审查工作；

（9）协助开展安全生产目标管理、制度制定和考核奖惩工作。

4. 水质部门

（1）识别、贯彻执行有关实验室、危化品安全生产的法律、法规和技术规范；

（2）按照法律法规及《××省水环境监测中心管理体系文件》的要求，建立健全水环境分中心个人防护及实验室安全管理制度；

（3）建立危化品安全管理制度及管控措施，并定期检查执行情况；

（4）建立健全实验室各类专用设施、仪器设备使用与维护安全操作规程，负责水质仪器设备验收、使用、保管和报废处置工作；

（5）编制实验室消防、危化品处置和重要安全设施设备故障及易燃易爆气体泄漏事故应急处置预案，并定期组织演练；参与突发性水污染应急预案的制订，负责突发性水污染、水生态事件应急监测（水质部分）及分析评价的安全管理；

（6）负责责任范围内的消防、用电、实验室专用及涉及剧毒物品安全监控系统设施设备的巡查与管理等安全；

（7）承担本部门危险源辨识和风险排查，实施危险源管控，设置安全警示标识、危害警示标识标牌和岗位风险告知，建立部门管理的重大危险源登记、评估、备案、监控、应急救援等工作机制，对重大危险源实施常态化监管；

（8）落实全员安全管理责任，按照计量认证及管理程序文件的要求，组织分中心人员参加相关安全防护知识与技能的培训工作，对新职工（包括编外人员）进行岗位安全教育，组织对水质监测班组从业人员进行班组安全教育；

（9）建立健全危化品使用管理、安全教育、经常检查等工作台账和档案；

（10）负责本部门组织的外业任务的安全管理和交办其他任务的安全管理。

5. 水情部门

（1）识别、贯彻执行有关水情、机房安全生产的法律、法规和技术规范；

（2）建立健全雨水情测报、水情值班、分中心机房、网络、门户网站的安全管理制度，协助办公室做好信息安全管理工作；

（3）组织责任范围内的消防、静电、恒温和不间断电源等设施设备的巡查，承担水情机房设施设备、运行环境及遥测系统运行维护（含外包项目）的安全管理；

（4）承担机房设备、遥测故障处理等应急预案编制，并定期组织演练；

（5）负责单位遥测设备、机房设备和测绘仪器的验收、使用、保管、处置鉴定工作的安全管理；

（6）组织本部门危险源辨识、风险排查与危险源管控，安全警示标识、危害警示标识标牌设置，对本部门管理的重大危险源建立登记、评估、监控、备案和应急救援等工作机制，实施常态化监管；

（7）落实安全生产全员责任，组织新进人员（包括编外及外包服务人员）的岗前安全教育；

（8）负责本部门组织的外业任务和交办任务的安全管理。

6. 站网部门

（1）识别、贯彻执行水文业务有关安全生产的法律、法规和技术规范；

（2）承担水文测验设施、设备使用与维护的操作规程和安全管理制度编制；

（3）负责各类水文测验作业方案、应急预案的编制、修订；

（4）组织对中心设施设备和汛前、汛中和汛后安全措施和安全管理进行检查指导；

（5）负责责任范围内的消防、用电设施设备的巡查与管理等安全；

（6）负责本部门危险源辨识与风险排查，实施风险管控，设置安全警示标识、危害警示标识标牌，建立危险源登记、评估、备案、监控、应急救援等工作机制；

（7）落实全员安全生产责任制，组织各中心和本部门水文测验安全生产专业技能培训；

（8）负责水土保持监测工作的安全管理；

（9）负责部门组织和交办的外任务的安全管理工作。

7. 规划建设部门

（1）识别、贯彻执行有关行业规划、工程建设相关安全生产的法律、法规和规章制度；

（2）承担水文事业发展规划相关安全管理规划编制；

（3）负责组织基本建设及专项工程安全生产管理制度制定，负责工程建设安全专项方案的审查、申报和施工监督；

（4）负责责任范围内的消防、用电设施设备的巡查管理；

（5）负责本部门危险源识别与风险排查和危险源管控，设置安全警示标识、危害警示标识标牌，建立重大危险源登记、评估、备案、监控、应急救援等工作机制；

（6）落实全员安全生产责任，组织本部门岗位安全教育培训；

（7）经常和定期组织工程施工安全检查，制止、纠正违章违规施工行为；

（8）负责组织相关方安全管理，负责工程监督、验收工作；

（9）负责部门组织或交办部门任务的安全管理。

8．监测中心

（1）识别、贯彻执行相关安全生产的法律、法规和单位各项安全生产规章制度；

（2）定期组织本中心安全生产教育和培训（包括编外及外包服务人员），如实记录安全生产教育和培训情况，保证从业人员具备必要的安全生产知识，熟悉有关的安全生产规章制度和安全操作规程，掌握本岗位的安全操作技能，了解事故应急处理措施，知悉自身在安全生产方面的权利和义务；

（3）编制并组织实施中心相关安全生产规章制度、操作规程、工作方案和应急预案，定期组织演练；

（4）负责责任范围内所辖站点环境、消防、设施设备的巡查与安全管理等，建立健全工作台账；

（5）负责中心危险源辨识与风险排查，实施危险源管控，设置安全警示标识、危害警示标识标牌，建立中心管理的重大危险源登记、评估、备案、监控、应急救援等工作机制，对重大危险源实施常态化监管；

（6）组织本中心汛前、汛中、汛后和大洪水以及台风暴雨期间安全检查，落实隐患整改，保证水文设施设备、消防设施、防护器材等处于完好状态；

（7）及时发现并提出辖区内水文测验测量及设施、设备运行维护的安全隐患及整改建议，作为生产一线部门参与单位管理制度、预案方案和操作手册编制；

（8）落实全员安全责任，指定落实安全人员，承担作业安全管理职责；

（9）负责中心零星维修工程计划、申报、实施及安全管理；

（10）负责单位交办和本中心组织的外业任务的安全管理。

四、工作制度

（一）单位安全生产领导小组每年召开1次以上单位安全生产工作会议，总结和部署年度工作或阶段性工作。每季度召开不少于1次的单位安全生产领导小组全体会议，学习贯彻党和国家关于安全生产的方针政策，研究决定阶段工作计划和重要活动，落实工作分工和分解责任。单位安全生产领导小组会议由单位负责人或分管安全负责人召集，会后由单位安全生产领导小组办公室印发会议纪要。

（二）安全生产领导小组组长、副组长按分管工作领域和联系单位同时负责安全生产，将安全生产与分管工作同部署、同落实、同督查。每年初，安全生产领导小组组长与副组长及部门签订安全生产责任状（承诺书），部门负责人与下属职工签订安全生产责任状。

（三）安全生产领导小组成员部门，在各分管负责人领导下，对所涉及专业领域安全生产具体负责，安全生产领导小组会议时应对本部门负责的安全生产阶段性工作开展情况进行总结汇报；要结合本职工作开展安全生产监督管理活动，不断提高专业领域安全生产监督管理规范化、标准化水平。

（四）安全生产领导小组成员须按要求参加指定会议和安全生产领导小组组织的各项活动，因特殊原因不能参加，应向组长或召集会议副组长说明情况，并可指派本部门其他人员参加，会后做好汇报、落实。

（五）因工作需要调整单位安全生产领导小组成员时，经安全生产领导小组组长同意后，由安全生产领导小组办公室拟发通知。安全生产领导小组成员部门主要负责人调整时，部门原定工作职责不变。

（六）安全生产领导小组办公室根据上级相关规定、安全生产领导小组领导要求，适时调整完善安全生产领导小组工作规则。

附件2：

各部门安全生产责任范围划分表

编号：××-AQ-1.2.1-01

部　门	责任范围	备注
办公室		
人事部门		
财务部门		
水质部门		
水情部门		
站网部门		
规划建设部门		
××中心		
××中心		

[参考示例2]

关于调整××××安全生产领导小组的通知

各部门、各监测中心：

　　为加强×××生产安全工作，经研究决定调整安全生产领导小组。现将领导小组组成人员名单通知如下：

　　　　组长：

　　　　副组长：

　　　　成员：

　　　　特此通知。

×××

年　月　日

◆**评审规程条文**

1.2.2　安全生产委员会（安全生产领导小组）每季度至少召开一次会议，跟踪落实上次会议要求，总结分析本单位的安全生产情况，评估本单位存在的风险，研究解决安全生产工作中的重大问题，并形成会议纪要。

◆**法律、法规、规范性文件及相关要求**

SL 721—2015《水利水电工程施工安全管理导则》

◆**实施要点**

1. 水文监测单位应严格执行安全生产委员会（安全生产领导小组）工作规则要求，每季度至少召开一次安全生产工作会议，保证单位安全管理最高议事机构工作常态化。

2. 会议内容应包括：跟踪反馈上一次会议要求完成落实情况，总结分析本单位阶段安全生产情况，评估分析本单位安全生产工作的风险点，研究解决本单位安全生产工作中的重大问题（如安全生产目标、安全生产责任制的制定、安全生产风险分析、安全生产考核奖惩及其他重大事项）、部署安全生产工作任务等。日常安全管理工作中的细节问题不宜作为会议的主题。

3. 会议应形成会议纪要。纪要内容应齐全、格式规范，包含时间、地点、主持人、参加会议单位、人员、会议议题、形成的决定等。会议还应同步做好会议通知、会议签到、会议记录、会议音像等工作。针对每次会议中提出的需要解决、处理的问题，除在会议纪要中进行记录外，还应在会后责成责任部门制定整改措施，并监督落实情况。在下次会议时，对上次会议提出问题的整改措施及落实情况进行监督反馈，实现闭环管理。

[**参考示例**]

×××安全生产领导小组会议纪要

×月×日上午，我单位召开安全生产工作专题会议，安全生产领导小组组长××主持会议，安全生产领导小组的全体成员参加了会议。会议总结了我单位近期安全生产工作情况，并对今后的相关工作进行了部署，形成会议纪要如下：

一、树立安全生产"红线意识"，履行好安全生产工作责任。全体从业人员要切实把思想和行动统一到党中央、国务院、水利部、省厅及其他上级单位（部门）关于安全生产工作的决策部署上来，时刻紧绷安全生产这根弦，以高度的政治自觉，履行法律责任，共同守住安全生产这根红线。

二、落实安全生产工作措施，确保安全生产平稳有序。各部门要抓实安全生产法规和安全知识的学习和培训，完善安全生产工作制度，做好安全生产设施设备保障，针对季度水文监测和天气特征，抓好风险排查、隐患治理，加强安全生产现场管理及安全生产监督管理，建立好安全生产台账，对本季度排查的××中心××站点防雷设施不符合接地要求等问题××项，加快整改落实，确保销号闭环，确保水文从业人员人身安全。

三、开展好安全生产标准化建设，确保先行先试取得成功。加强对安全生产标准化各项指标的分析研究，对标找差抓整改、落实责任抓创建。推动规范化管理、精细化管理，促进×××水文事业高质量发展。

我单位将以安全生产专项整治行动和安全生产标准化创建为主要抓手，推动×××水文安全生产工作迈上新台阶，坚守安全生产红线，以高标准的安全生产管理为水文事业高质量快速健康发展保驾护航。

参加人员：

记录整理：

本期分送：单位负责人、各部门、各监测中心

◆**评审规程条文**

1.2.3　按规定设置安全生产管理机构，配备专（兼）职安全生产管理人员，建立健全安全生产管理网络。

◆**法律、法规、规范性文件及相关要求**

《中华人民共和国安全生产法》（2021 年修订）

《水利安全生产监督管理办法（试行）》（水监督〔2021〕412 号）

SL/T 789—2019《水利安全生产标准化通用规范》

◆**实施要点**

1. 水文监测单位应按规定成立安全生产管理机构，配备专（兼）职安全生产管理人员。

2. 专（兼）职安全生产管理人员应具备相应的知识和能力，并取得相应的安全生产知识和管理能力培训合格证书。单位主要负责人及其他各级安全管理人员应根据《中华人民共和国安全生产法》的相关规定，经过安全生产教育培训并考核合格，具备与本单位所从事的生产经营活动相应的安全生产知识和管理能力。

3. 水文监测单位应形成从安全生产委员会（安全生产领导小组）、安全生产管理机构，到覆盖各职能部门（监测中心）的纵横向、一级抓一级的安全生产管理网络。

[参考示例]

关于成立×××安全生产监督部门的通知

各部门、各监测中心：

为建立健全安全生产管理机构，加强水利安全监督管理，根据《关于同意×××增挂"安全生产监督科"的批复》（水文人〔20××〕××号），经研究决定，成立"×××安全生产监督科"并启用相应印章。安全生产监督部门主要职责：负责全单位安全生产监督管理，承担安全生产规章制度、生产安全事故应急预案的制（修）定和监督实施等。

特此通知

×××
年　月　日

◆**评审规程条文**

1.2.4　建立健全并落实全员安全生产责任制，明确各岗位人员的责任人员、责任范围和考核标准等内容。主要负责人是本单位安全生产第一责任人，对本单位的安全生产工作全面负责。其他负责人对职责范围内的安全生产工作负责，各级管理人员应按照安全生产责任制的相关要求，履行其安全生产职责；其他从业人员按规定履行安全生产职责。

◆**法律、法规、规范性文件及相关要求**

《中华人民共和国安全生产法》（2021 年修订）

《水利安全生产监督管理办法（试行）》（水监督〔2021〕412 号）

SL/T 789—2019《水利安全生产标准化通用规范》

◆**实施要点**

1. 水文监测单位应按照《中华人民共和国安全生产法》制定全员安全生产责任制，并以文件形式发布。重要岗位（部门）的职责应符合国家相关法律、法规、标准、规范的强制性规定。

2. 安全生产责任制度应覆盖本单位所有部门和岗位，建立横向到边、纵向到底的安全责任体系，明确单位主要负责人是本单位安全生产第一责任人。明确各级部门和从业人员的安全生产职责和考核标准，并对职责的适宜性、履职情况进行定期评估、监督考核及记录存档。

3. 单位安全生产责任体系包括：

（1）安全生产委员会（安全生产领导小组）的安全生产职责，各成员的安全生产和职业卫生职责。

（2）单位各岗位的安全生产职责。

（3）各职能部门和监测中心的安全生产职责。

4. 履行岗位安全生产职责情况主要体现在：责任人对设施设备养护情况，日常检查、定期检查、专项检查的执行情况，作业现场管理情况等。

5. 制定的全员安全生产责任制度应简明扼要、清晰明确、便于操作、适时更新。一线从业人员的安全生产责任制，要力求通俗易懂。

[参考示例]

×××全员安全生产责任制度

第一章 总 则

第一条 根据《安全生产法》《××省安全生产条例》等法律、法规的要求，为贯彻"安全第一，预防为主，综合治理"的方针，坚持"管生产必须管安全、管业务必须管安全、管经营必须管安全"的原则，坚持"谁主管，谁负责"的原则，建立健全我单位内部全员安全生产责任，明确各部门和人员安全生产的职责，进一步压实水文工作安全生产责任，实现安全生产无事故目标，制定本单位全员责任。

第二条 为有效加强我单位安全生产管理，我单位安全生产责任管理工作受省水利厅等上级机关部门的监督检查。

第三条 单位应严格执行安全生产法律法规和规程标准，建立健全安全生产目标管理制度，落实安全生产责任制，组建安全生产领导小组，对单位的安全生产责任落实进行监督，维护从业人员合法权益，保护从业人员的安全与健康。

第四条 应开展经常性安全生产宣传教育和培训，推广现代安全生产管理技术，提高安全生产水平。

第二章 单位负责人、分管安全负责人、各部门负责人安全职责

第五条 安全生产工作由单位主要负责人负总责，单位其他负责人协助主要负责人做好安全生产工作，对其分管涉及的安全生产工作负领导责任。各部门、中心主要负责人是安全生产的直接领导责任人，对其部门涉及的安全生产工作承担直接组织领导责任。

安全直接责任人应严格执行安全生产法律法规和规程标准，建立健全安全生产目标管理制度，落实安全生产责任制，采取有效措施，防止事故，减少职业危害。

第六条 单位主要负责人安全生产职责

（一）建立健全并落实本单位全员安全生产责任制，加强安全生产标准化建设。

（二）组织制定并实施本单位安全生产规章制度和操作规程。

（三）组织制定并实施本单位安全生产教育和培训计划。

（四）保证本单位安全生产投入的有效实施。

（五）组织建立并落实安全风险分级管控和隐患排查治理双重预防工作机制，督促、检查本单位的安全生产工作，及时消除生产安全事故隐患。

（六）组织制定并实施本单位的生产安全事故应急救援预案。

（七）及时、如实报告生产安全事故。

第七条　分管安全负责人安全生产职责

（一）组织或者参与拟订本单位安全生产规章制度、操作规程和生产安全事故应急救援预案。

（二）组织或者参与本单位安全生产教育和培训，如实记录安全生产教育和培训情况。

（三）组织开展危险源辨识和评估，督促落实本单位重大危险源的安全管理措施。

（四）组织或者参与本单位应急救援演练。

（五）检查本单位的安全生产状况，及时排查生产安全事故隐患，提出改进安全生产管理的建议。

（六）制止和纠正违章指挥、强令冒险作业、违反操作规程的行为。

（七）督促落实本单位安全生产整改措施。

（八）协助主要负责人开展安全生产工作，紧紧围绕分管工作的中心，研究制定安全生产工作的具体实施和落实。

（九）定期召开安全生产工作会议，分析单位安全生产动态，及时解决安全生产工作中存在的隐患和问题。

（十）负责检查各部门规章制度，考核、考评工作的执行情况。

第八条　其他分管负责人安全生产职责

（一）按照"一岗双责"和"管生产必须管安全"的原则，协助主要负责人做好安全生产工作，对分管范围内的安全生产工作负直接领导责任。

（二）组织分管部门学习有关安全生产的法律、法规、规章、标准及有关文件；督促分管部门落实安全生产责任制、安全生产管理制度和操作规程。

（三）监督检查分管部门各安全责任人履行和各项安全生产规章制度的执行情况，及时纠正生产中的失职和违规行为。

（四）协助制定年度安全生产目标计划，并做好分管工作范围内安全目标计划的实施工作。

（五）定期组织对分管部门的水文设施设备、生产过程和作业场所安全生产职业卫生状况检查和检测检验，保证设施设备完好性，工艺流程的安全性和职业卫生状况符合有关规定和标准，落实生产安全事故隐患的整改。

（六）负责监督检查分管部门的从业人员安全培训，教育和考核工作。

（七）负责指定专人对新进人员、特种行业人员的安全教育，新装备、新流程投入使用前对相关人员进行培训。

（八）负责检查分管部门规章制度，考核、考评工作的执行情况。

第九条 办公室负责人安全职责

（一）负责贯彻执行有关安全生产、职工劳动保护的一系列法律、法规和各项安全生产规章制度。

（二）及时印发、转发、传达安全生产文件。

（三）负责单位办公区的安全保卫工作。

（四）负责责任范围内的消防、用电设施设备的巡查与管理等安全。

（五）负责本部门风险源排查，重大危险源管控，安全警示标识、危害警示标识标牌设置，建立重大危险源登记、评估、备案、监控、应急救援等工作机制，对重大危险源实施常态化监管。

（六）负责单位信息安全与保密安全。

（七）负责单位食堂的安全，组织制定食堂安全规章制度，经常检查食堂用电、用气安全，确保食品安全卫生。

（八）负责认真执行交通安全的法规，做好机动车辆的年检、维修保养工作和驾驶员的年审、安全教育和考核工作，确保安全行驶。

（九）参加重大事故的调查处理，认真执行对责任者的处理决定，参加工伤鉴定处理工作，会同工会做好伤亡人员的善后处理工作。

（十）按有关规定落实安全投入资金，保证必要的安全生产投入，按规定列支安全生产费用。

（十一）负责科技咨询服务等工作中，本部门组织的外业任务的安全管理。

（十二）协助开展安全生产宣传工作。

第十条 人事部门负责人安全生产职责

（一）负责组织或参与拟订单位安全生产规章制度及汇编。

（二）负责组织学习、贯彻执行有关安全生产的法律、法规、规章、标准及有关文件和各项安全生产规章制度；督促分管部门落实安全生产责任制、安全生产管理制度和操作规程。负责编制、修订（编）单位及岗位人员安全生产责任状。

（三）及时印发、转发、传达安全生产文件。负责单位安全生产领导小组日常工作，按照上级安全生产工作部署，检查督促单位安全生产领导小组决定事项的落实，开展安全生产相关工作。

（四）负责制定单位年度安全工作计划。

（五）负责组织或参与安全生产教育培训和应急救援演练。

第十一条 财务部门负责人安全生产职责

（一）负责组织或参与拟订单位安全生产规章制度及汇编。负责收发、拟办安全生产的各类文件。

（二）负责组织学习、贯彻执行有关安全生产的法律、法规、规章、标准及有关文件和各项安全生产规章制度；督促分管部门落实安全生产责任制、安全生产管理制度和操作规程。负责编制、修订（编）单位及岗位人员安全生产责任状。

（三）及时印发、转发、传达安全生产文件。负责单位安全生产领导小组日常工作，按照上级安全生产工作部署，检查督促单位安全生产领导小组决定事项的落实，开展安全生产相关工作。

（四）负责制定单位年度安全工作计划。

（五）负责组织或参与安全生产教育培训和应急救援演练。

（六）负责组织开展单位安全生产检查和安全生产专项治理活动，督促落实安全生产整改措施。贯彻事故隐患整改制度，协助和督促有关部门对查出的隐患制订防范措施，检查隐患整改工作。

（七）负责组织开展安全生产监督管理工作考核。负责协助有关部门做好生产安全事故调查处理。

（八）负责单位安全生产工作计划、报表及季、年度总结等上报、归档工作，同时，做好安全生产相关材料的报送工作。

第十二条　水质部门负责人安全职责

（一）贯彻执行有关安全生产的法律、法规和单位各项安全生产规章制度。

（二）按照计量认证及水环境监测中心管理体系文件的要求，负责建立健全水环境分中心的水质采样、样品存放处置、检测、废物处置、个人防护及实验室管理的安全管理制度。

（三）建立危化品运输、储存、使用的安全管理制度及措施，并经常督查执行情况。

（四）负责责任范围内的消防、用电、实验室专用及涉及剧毒物品安全监控系统设施设备的巡查与管理等安全。

（五）负责本部门危险源排查，重大危险源管控，安全警示标识、危害警示标识标牌设置，建立重大危险源登记、评估、备案、监控、应急救援等工作机制，对重大危险源实施常态化监管。

（六）按照计量认证及管理文件的要求，组织分中心人员参加相关安全防护知识与技能的培训工作，对新职工（包括编外人员）进行安全教育。

（七）建立实验室防火及易燃易爆气体泄漏事故应急处置预案，并定期组织演练；参与突发性水污染应急预案的制订，负责突发性水污染、水生态事件应急监测（水质部分）及分析评价的安全管理。

（八）建立健全安全教育、危化品使用管理、隐患排查治理等安全档案。

（九）建立健全各类分析仪器设备、可燃气体使用与维护操作规程和安全管理制度。

（十）负责科技咨询服务等工作中，本部门组织的外业任务的安全管理。

第十三条　水情部门负责人安全职责

（一）贯彻执行有关安全生产的法律、法规和单位各项安全生产规章制度。

（二）建立健全雨水情测报、水情值班、分中心机房、网络、门户网站的安全管理制度，协助办公室做好信息安全管理工作。

（三）负责水情机房数据、设施设备、运行环境及遥测系统运行维护（含外包项目）

的安全管理。

（四）负责责任范围内的消防、用电设施设备的巡查与管理等安全。

（五）负责本部门危险源排查，重大危险源管控，安全警示标识、危害警示标识标牌设置，建立重大危险源登记、评估、备案、监控、应急救援等工作机制，对重大危险源实施常态化监管。

（六）完善网络与信息安全事件、遥测故障处理等应急预案，并定期组织演练。

（七）负责单位遥测设备和测绘仪器的使用、保管、鉴定工作的安全管理。

（八）加强从业人员特别是新进人员（包括编外及外包服务人员）的安全教育。

（九）负责科技咨询服务等工作中，本部门组织的外业任务的安全管理。

第十四条　站网部门负责人安全职责

（一）贯彻执行有关安全生产的法律、法规和单位各项安全生产规章制度。

（二）建立健全水文测验测量及设施、设备使用与维护的操作规程和安全管理制度。

（三）负责对中心水文测验测量及设施、设备运行维护的安全管理进行指导。

（四）负责责任范围内的消防、用电设施设备的巡查与管理等安全。

（五）负责本部门危险源排查，重大危险源管控，安全警示标识、危害警示标识标牌设置，建立重大危险源登记、评估、备案、监控、应急救援等工作机制，对重大危险源实施常态化监管。

（六）负责对中心汛前准备工作及安全管理进行指导。

（七）负责零星维修项目的计划、审批、经费下达、施工监督、验收，并检查执行情况。

（八）负责水土保持监测工作的安全管理。

（九）负责制订水文应急监测预案，组织职工开展演练。

（十）负责突发性污染、水生态事件应急监测（水量部分）及分析评价的安全管理。

（十一）负责科技咨询服务等工作中，本部门组织的外业任务的安全管理。

第十五条　监测中心负责人安全职责

（一）贯彻执行有关安全生产的法律、法规和单位各项安全生产规章制度。

（二）定期组织本中心安全生产教育和培训（包括编外及外包服务人员），如实记录安全生产教育和培训情况，保证从业人员具备必要的安全生产知识，熟悉有关的安全生产规章制度和安全操作规程，掌握本岗位的安全操作技能，了解事故应急处理措施，知悉自身在安全生产方面的权利和义务。

（三）健全安全生产规章制度和操作规程。

（四）负责责任范围内的消防、用电设施设备的巡查与管理等安全。

（五）负责本中心危险源排查，重大危险源管控，安全警示标识、危害警示标识标牌设置，建立重大危险源登记、评估、备案、监控、应急救援等工作机制，对重大危险源实施常态化监管。

（六）组织本中心安全检查，落实隐患整改，保证水文设施设备、消防设施、防护器材等处于完好状态，并教育职工加强维护，正确使用。

（七）负责辖区内水文测验测量及设施、设备运行维护的安全管理。

（八）负责辖区内汛前准备工作的安全管理。

（九）负责零星维修工程计划、申报、实施及安全管理。

（十）负责科技咨询服务等工作中，本中心组织的外业任务的安全管理。

第三章　相关职能部门人员的安全职责

第十六条　办公室人员安全生产职责

（一）贯彻执行有关安全生产、职工劳动保护的一系列法律、法规和各项安全生产规章制度。

（二）参加安全生产宣传、教育与培训工作，提高职工的安全意识。

（三）驾驶员须严格遵守《中华人民共和国道路交通安全法》，谨慎驾驶，警钟长鸣、安全第一。熟悉和掌握车辆性能，做好日常保养，保持车容整洁，及时排除故障，按时完成车辆年检，确保车辆良好性能状况。

（四）档案人员要按上级规定要求妥善保管档案资料，落实保密制度，确保档案安全。

（五）食堂工作人员要切实做好食品卫生、设施卫生、个人卫生、环境卫生，工作时穿工作服，严格执行国家规定的饮食卫生法规。

（六）资产管理人员负责编制固定资产明细账，定期对固定资产进行清查、盘点；负责固定资产卡片的管理，定期进行核对，保证账账相符，账卡相符。

（七）做好单位所辖服务场所办公区域、职工宿舍区域、职工食堂、车辆、财务等安全管理，及时消除各类安全隐患。

（八）做好外来人员的安全管理工作。

（九）负责安全生产台账记录、整理和归档工作。

第十七条　人事部门人员安全职责

（一）贯彻执行有关安全生产、职工劳动保护的一系列法律、法规和各项安全生产规章制度。

（二）指导安全生产机构和队伍建设；协助做好安全生产综合检查人员调配。

（三）参与制定单位或部门安全生产年度目标计划，并落实执行。

（四）协助检查督促安全生产领导小组决定事项的落实，沟通协调成员部门安全生产监督管理工作。

（五）组织开展单位安全生产检查和安全生产专项治理活动；协助有关部门做好生产安全事故调查处理。

（六）贯彻事故隐患整改制度，协助和督促有关部门对查出的隐患制订防范措施，检查隐患整改工作。

第十八条　财务部门人员安全职责

（一）贯彻执行有关安全生产、职工劳动保护的一系列法律、法规和各项安全生产规章制度。

（二）参加安全生产宣传、教育与培训工作，提高职工的安全意识。

（三）参与制定单位或部门安全生产年度目标计划，并落实执行，确保年度安全生产目标的实现。

（四）协助检查督促安全生产领导小组决定事项的落实，沟通协调成员部门安全生产监督管理工作。

（五）组织开展单位安全生产检查和安全生产专项治理活动；是否协助有关部门做好生产安全事故调查处理。

（六）贯彻事故隐患整改制度，协助和督促有关部门对查出的隐患制订防范措施，检查隐患整改工作。

（七）组织制订、修订基本建设及专项工程安全生产管理制度，参与安全专项工程的计划、申报、实施、施工监督、阶段验收，并检查执行情况。

（八）负责安全生产台账记录、整理和归档工作。

第十九条　水质部门人员安全职责

（一）贯彻执行有关安全生产、职工劳动保护的一系列法律、法规和各项安全生产规章制度。

（二）按照计量认证及管理文件的要求，积极参与单位、分中心相关安全防护知识与技能的培训工作，参与安全生产宣传、教育与培训工作，提高从业人员的安全意识。

（三）按照计量认证及《××省水环境监测中心管理体系文件》的要求，参与建立健全水环境分中心的水质采样、样品存放处置管理、标准物资管理、质量管理、检测废物处置、仪器管理、库房管理、档案管理及个人防护及实验室管理的安全管理制度。

（四）熟知本部门所负责作业的安全技术操作规程及技术规范。

（五）了解分析安全生产情况，捕捉安全生产中存在的问题和不安全因素，参与业务范围内的安全生产检查，提出整改意见并监督贯彻实施，参与专业领域内的重大事故隐患整治工作。

（六）参加水环境分中心安全风险的分析工作，如发现意外、事故立即告知监测业务测试室负责人。

（七）负责承接的样品采集及分析化验的安全管理工作。

（八）负责承接的对外科技咨询项目的安全管理工作。

（九）负责安全生产台账记录、整理和归档工作。

第二十条　水情部门人员安全职责

（一）贯彻执行有关安全生产、职工劳动保护的一系列法律、法规和各项安全生产规章制度。

（二）积极参与单位、部门相关安全防护知识与技能的培训工作，参与安全生产宣传、教育与培训工作，提高从业人员的安全意识。

（三）参与建立、健全雨水情测报、水情值班、分中心机房、网络的安全管理制度。

（四）熟知本部门所负责作业的安全操作规程及技术规范。

（五）了解分析安全生产情况，捕捉安全生产中存在的问题和不安全因素，参与业务范围内的安全生产检查，提出整改意见并监督贯彻实施，参与专业领域内的重大事故隐患整治工作。

（六）参加部门安全风险的分析工作，如发现意外、事故立即告知监测业务测试室负责人。

（七）安全管理单位遥测设备和测绘仪器的使用、保管；保障单位网络安全、稳定、畅通工作。

（八）负责承接的对外科技咨询项目的安全管理工作。

（九）负责安全生产台账记录、整理和归档工作。

第二十一条 站网部门人员安全职责

（一）贯彻执行有关安全生产、职工劳动保护的一系列法律、法规和各项安全生产规章制度。

（二）积极参与单位、部门相关安全防护知识与技能的培训工作，参与安全生产宣传、教育与培训工作，提高从业人员的安全意识。

（三）参与建立、健全水文测验测量及设施、设备运行维护的操作规程和安全管理制度；参与制订水文应急监测预案，参与组织从业人员开展演练。

（四）熟知本部门所负责作业的安全操作规程及技术规范。

（五）了解分析安全生产情况，捕捉安全生产中存在的问题和不安全因素，参与业务范围内的安全生产检查，提出整改意见并监督贯彻实施，参与专业领域内的重大事故隐患整治工作。

（六）参加部门安全风险的分析工作，如发现意外、事故立即告知监测业务测试室负责人。

（七）积极参与单位安全生产的各种会议和各级安全检查、考核等工作；参与零星维修养护项目的安全督查工作；参与指导中心汛前准备工作及安全管理。

（八）参与制订无人机操作规程及使用管理安全制度，并督查执行情况。

（九）负责承接的对外科技咨询项目的安全管理工作。

（十）负责安全生产台账记录、整理和归档工作。

第二十二条 监测中心人员安全职责

（一）贯彻执行有关安全生产、职工劳动保护的一系列法律、法规和各项安全生产规章制度。

（二）积极参与单位、中心相关安全防护知识与技能的培训工作，参与安全生产宣传、教育与培训工作，提高从业人员的安全意识。

（三）熟知本部门所负责作业的安全技术操作规程及技术规范。

（四）了解分析安全生产情况，捕捉安全生产中存在的问题和不安全因素，参与业务范围内的安全生产检查，提出整改意见并监督贯彻实施，参与专业领域内的重大事故隐患整治工作。

（五）参与中心安全风险的分析工作，如发现意外、事故立即告知监测业务测试室负责人。

（六）积极参与做好零星维修工程计划、实施及安全管理。

（七）参与辖区内水文测验测量及设施、设备运行维护的安全管理。

（八）负责承接的对外科技咨询项目的安全管理工作。

（九）负责安全生产台账记录、整理和归档工作。

第四章 附 则

第二十三条 本制度若与国家法律法规及相关文件相抵触，以国家法律法规及相关文件为准。

第二十四条 本制度由单位安全生产领导小组办公室负责解释。

第二十五条 本制度自发文之日起执行。

第三节 全 员 参 与

全员参与是指水文监测单位根据安全生产法律法规和相关标准要求，在生产经营活动中，根据岗位性质、特点和具体的工作内容，明确所有层级、各类岗位从业人员的安全生产责任，通过加强教育培训、强化管理考核和严格奖惩等方式，建立"层层负责、人人有责、各负其责"的全员安全生产责任工作体系和激励约束机制，不断激发全员参与安全生产工作的积极性和主动性。

◆**评审规程条文**

1.3.1 应建立相应的机制，定期对全员安全生产责任制的适宜性、履职情况进行评估和监督考核，保证安全生产责任制的落实。

◆**法律、法规、规范性文件及相关要求**

《中华人民共和国安全生产法》（2021年修订）

SL/T 789—2019《水利安全生产标准化通用规范》

《中共中央国务院关于推进安全生产领域改革发展的意见》

◆**实施要点**

1. 水文监测单位应建立全员参与工作制度和机制，定期对全员安全生产职责的适宜性、履职情况进行定期评估和监督考核，确保安全生产责任制的落实。

2. 安全生产责任制的落实主要体现在单位和个人自觉落实应当遵守的安全生产法律法规、应当具备的基本安全生产条件、应当履行的安全生产法定职责、应当符合的国家标准和行业标准、应当承担的法律责任等。

3. 评估和监督考核应全面，内容包括单位责任体系是否健全，制定的责任制度是否完善，各级、各岗位是否认真履行安全生产责任制，上级部署的安全活动是否贯彻落实等。

4. 水文监测单位应将各级、各岗、各人的安全生产责任和工作要求列入年度安全生产目标责任状，并定期考核（每季或每半年）。

5. 责任制落实情况检查方法：开展责任落实专项检查或与其他安全检查相结合。检查可采取抽样调查、查阅档案资料、现场检查、综合评价等方式，并做好有关检查记录。

6. 检查范围应全面，不应出现遗漏，并留下检查工作记录，定期对尽职履责的情况进行考核奖惩，保证安全生产职责得到有效落实。在落实责任制过程中，通过检查、反馈的意见，应定期对责任制适宜性进行评估，及时调整与岗位职责、分工不符的相关内容。

7. 安全生产责任制的考核奖惩可与安全目标考核同步进行。

[参考示例1]

×××（××岗位）安全生产责任制考核表

编号：××-AQ-1.3.1-01

被考核人	××	岗位/职务	办公室副主任	
序号	安全生产责任制考核内容		标准分	考核分
1	是否能够协助贯彻执行有关安全生产、职工劳动保护的一系列法律、法规和各项安全生产规章制度		20	
2	是否能够参加安全生产宣传、教育与培训工作，提高职工的安全意识		15	
3	是否能够协助制定部门安全生产年度目标计划，并落实执行，确保年度安全生产目标的实现		15	
4	是否能够协助参与业务范围内的安全生产检查，督促和协调专业领域内的重大事故隐患整治工作		10	
5	对职工执行岗位责任制和与安全生产有关的制度实施监督和检查，制止并纠正职工个人违反制度和有害于安全生产的行为		10	
6	是否熟知本部门各项工种的安全技术操作规程及技术规范，并指导各岗位安全工作		10	
7	是否定期组织本部门安全检查，对查出的问题，督促认真整改		10	
8	是否建好本部门的安全生产台账		10	
总　分			100	

备注：

考核结果	□优秀；□良好；□合格；□不合格。		
考核人		考核日期	

考核得分与等级关系为：优秀≥90分；75分≤良好＜90分；60分≤合格＜75分；不合格＜60分。扣分标准按照单位《安全生产考评办法》。

[参考示例2]

×××安全生产责任制落实情况检查记录表

编号：××-AQ-1.3.1-02

责任单位		责任人	
检查部门		检查人员	
检查时间		记录人	
检查内容		存在问题	
结论			

［参考示例 3］

×××（××岗位）安全生产责任制适宜性评审记录

被评审单位（部门）：　　　　　评审时间：　　　　　编号：××-AQ-1.3.1-03

序号	评 审 内 容	是否适宜	拟更新内容	备注
1	单位主要负责人安全生产职责			
2	分管安全负责人安全生产职责			
	……			

评审人员：

◆ **评审规程条文**

1.3.2　建立激励约束机制，鼓励从业人员积极建言献策，建言献策应有回复。

◆ **法律、法规、规范性文件及相关要求**

SL/T 789—2019《水利安全生产标准化通用规范》

《对安全生产领域守信行为开展联合激励的实施办法》（安监总办〔2017〕133 号）

《关于对安全生产领域守信生产经营单位及其有关人员开展联合激励的合作备忘录》（发改财金〔2017〕2219 号）

《中共中央　国务院关于推进安全生产领域改革发展的意见》（2016 年 12 月 9 日）

◆ **实施要点**

1. 水文监测单位应以从业人员目标责任制为前提、以绩效考核制度为手段、以激励约束制度为核心，建立并认真落实激励约束机制。

2. 水文监测单位应鼓励从业人员特别是一线监测人员积极对安全生产工作建言献策并及时研究回复。应从安全管理体制、机制上营造全员参与安全生产管理的工作氛围，从工作制度、工作习惯和单位文化上予以保证。建立奖励、激励机制，鼓励各级人员对安全生产管理工作积极建言献策，群策群力共同提高安全生产管理水平。

［参考示例］

×××安全生产合理化建议登记表

编号：××-AQ-1.3.2-01

姓名		部门	
职务		日期	
建议名称			

建议内容：

续表

安全生产领导小组办公室审核意见：

审核人：

安全生产领导小组审核意见：

审核人：

第四节　安全生产投入

安全生产投入是指水文监测单位应当具备的安全生产条件所必需的资金投入。其主要内容是制定安全生产投入保障制度，按照有关规定，编制安全费用使用计划，列入年度预算，建立使用台账，专门用于改善安全生产条件。

◆**评审规程条文**

1.4.1　安全生产费用保障制度应明确费用的提取、使用和管理的程序、职责及权限。

◆**法律、法规、规范性文件及相关要求**

《中华人民共和国安全生产法》（2021年修订）

SL/T 789—2019《水利安全生产标准化通用规范》

◆**实施要点**

1. 安全生产费用是保障安全生产条件所必需投入的资金。

2. 水文监测单位应制定安全费用投入保障制度，建立稳定的安全生产资金投入机制，保证安全生产投入，完善和改进单位安全生产管理设施、装备和安全生产条件。

3. 安全生产费用保障制度内容应包括费用的提取、使用和管理程序、职责和权限。安全费用投入保障和有效性由单位主要负责人负责。

4. 安全生产费用保障制度应基于《中华人民共和国安全生产法》《水利安全生产标准化通用规范》等法律规程，结合单位专业技术规范，保障所有水文从业人员、设施设备、辅助工具和监测环境的安全生产所具备的生产条件。

5. 安全生产费用保障制度应以正式文件发布。

[**参考示例**]

关于印发《×××安全生产费用保障制度》的通知

各部门、各监测中心：

为切实加强单位安全生产费用保障，明确安全生产费用列支渠道，规范安全生产费用的计划、使用和管理，根据《中华人民共和国安全生产法》《水利安全生产标准化通用规范》和省水利厅相关财务管理制度，我单位制定了《×××安全生产费用保障制度》，经单位党委会暨安全生产领导小组研究通过，现予印发，请结合实际，抓好贯彻落实。

　　附件：×××安全生产费用保障制度

×××

年　月　日

附件：

×××安全生产费用保障制度

　　第一条　为规范×××安全生产费用计划、使用和管理，保障安全生产足额投入，依据《中华人民共和国安全生产法》《水利安全生产标准化通用规范》及省水利厅相关财务资金管理制度等法律法规，结合单位安全生产工作实际，制定本制度。

　　第二条　安全生产费用（以下简称安全费用）是保障单位安全生产条件所必须投入的资金，专门用于完善和改进单位安全生产条件、环境，按照"确保需要、足额预算、强化监管、规范使用"的原则进行管理。

　　第三条　安全生产费用支出范围包括：

　　（一）各类水文监测站点、中心、实验室以及附属的专用水文设施和仪器设备环境修缮、安全改造和养护维护的支出。

　　（二）配备、维护、保养应急救援器材、设备支出和应急演练支出，配备和更新现场作业人员安全防护用品支出，安全设施及特种设备检测检验支出。

　　（三）开展重大危险源和事故隐患评估、监控和整改支出。

　　（四）安全生产检查、评价（不包括新建、改建、扩建项目安全评价）和咨询服务支出。

　　（五）安全生产宣传、教育、培训支出。

　　（六）安全生产适用的新技术、新标准、新工艺、新装备的推广应用支出。

　　（七）其他与安全生产直接相关的支出。

　　第四条　安全生产投入所必需的费用由单位党委暨安全生产领导小组以及单位主要负责人予以保证，并对由于安全生产所必需的资金投入不足导致的后果承担责任。

　　第五条　预算计划。各职能部门（监测中心）应结合所辖站点、工作职责、汛后检查发现的问题和设施设备维护需要，于每年10月上旬逐项形成本部门或中心的年度安全生产费用计划材料，足额编制下一年度安全费用预算计划，报安全生产领导小组办公室和财务预算部门审核汇总。

　　第六条　费用审核。安全生产领导小组办公室会同财务预算部门按照确有需求、轻重缓急、保障重点、有效平衡原则，强化沟通协调，汇总审核各部门、中心安全生产费用预算计划，形成年度安全生产费用计划预算申报上会材料，报单位党委会暨安全生产领导小组会议审议。

　　第七条　费用审批。单位党委会暨安全生产领导小组审议通过后，按照资金渠道纳入经费预算，并按管理层级和权限上报主管单位（部门）审批，经批准的预算计划的安全费用通过经费审批文件下达单位实施。

　　第八条　费用管理。单位应结合财政预算和专项资金管理办法，建立健全安全费用使用管理制度，按照使用计划范围安排使用安全生产资金，支出应符合财务资金管理规定，不得挤占、挪用，确保专款专用，并在财务管理中单独列出安全费用清单备查。

第九条　监督检查。单位应当按合同的相关规定向相关方支付安全费用，定期检查安全费用使用情况，督促各项安全措施落实到位。

第十条　工作台账。单位应当结合安全生产费用使用台账，记录安全生产费用使用情况，年底对当年安全生产费用使用情况进行总结，并进行公示、通报。

第十一条　单位工程建设项目法人的安全生产费用提取使用，依据水利工程建设安全生产监督管理相关规定执行。定期检查相关方安全费用使用情况，对相关方发生的安全费用，应当及时核实并签认。对未按要求落实安全费用，导致现场存在事故隐患的，应当立即指出，相关方拒不整改的，应当及时向单位或水行政主管部门报告。

第十二条　违反本办法规定的，因安全费用提取不足、使用不规范，导致等级以上生产安全事故的，按照国家有关法律、法规追究法律责任。

◆**评审规程条文**

1.4.2　按有关规定保障安全生产所必需的资金投入。

◆**法律、法规、规范性文件及相关要求**

《中华人民共和国安全生产法》（2021年修订）

SL/T 789—2019《水利安全生产标准化通用规范》

◆**实施要点**

1. 水文监测单位的主要负责人应保证安全生产的资金投入，并对由于安全生产所需的资金投入不足导致的后果承担责任。

2. 水文监测单位应结合本单位财务预算管理、专项资金管理、政府采购管理等资金管理制度规定及单位工作实际，将安全生产所需资金足额列入专项资金或单位预算管理，以保障单位安全运行。

3. 安全生产的资金投入制度应明确安全生产投入资金相关管理部门的职责、安全生产投入的内容和要求，安全生产投入的计划和实施监督管理等，并以正式文件印发。

4. 安全生产的投入资金应明确资金列支渠道。水文建设工程项目应计取的安全生产措施费用，在编制项目概算时应按《水利工程设计概（估）算编制规定》有关规定计算，在招标及签订承包合同时，应足额计入，不得调减，在工程建设过程中应及时、足额支付。

◆**评审规程条文**

1.4.3　根据安全生产需要编制安全生产费用使用计划，并按程序审批。

◆**法律、法规、规范性文件及相关要求**

SL/T 789—2019《水利安全生产标准化通用规范》

◆**实施要点**

1. 水文监测单位每年应按有关财务规章制度规定，编制安全生产费用使用计划，实施计划管理。

2. 安全生产费用使用计划应详细列出安全生产投入经费项目，编制内容应详细、具体、范围准确，符合单位安全生产工作实际需要。

3. 水文监测单位应按照相关法律规章规定建立健全计划、申报、审批和使用流程，做到计划（预算）审批和使用审批程序合法合规，并形成完整准确的记录档案。

4. 批复的安全生产费用使用计划是单位安全生产的必要保障，也是单位的全面预算管理的重要组成部分，应纳入单位支出预算管理。

[参考示例]

<h2 style="text-align:center">×××20××年度安全生产费用使用计划</h2>

为认真贯彻"安全第一、预防为主、综合治理"的方针，规范安全生产投入管理工作，结合我单位实际情况，制定安全生产费用使用计划如下。

一、20××年度安全生产费用投入概述

我单位20××年度安全生产费用预算为：××万元。主要包含：安全技术和劳动保护措施、应急管理、安全检测及评价、事故隐患排查治理、安全教育和安全月活动、安全生产标准化建设实施与维护及与安全生产密切相关的其他方面的投入。

安全生产投入应依法依规管理。单位主要负责人对安全生产投入的有效实施负第一责任；单位安全生产领导小组负责全单位安全生产投入计划的审批，并对相关安全生产资金的提取和使用情况进行监督检查；办公室负责牵头与财务部门等部门共同制定本年度安全生产投入的使用计划并落实；办公室负责安全生产投入的筹集及核算；各部门（监测中心）应确保安全生产投入资金用于规定的与安全生产相关的支出项目，做到专款专用。

二、安全生产费用使用计划

（一）为了认真贯彻"安全第一、预防为主、综合治理"方针，规范安全生产投入管理工作，依据《中华人民共和国安全生产法》等法律法规的要求和有关规定，制定本制度。

（二）安全生产投入是单位从事生产经营活动中，为了保证生产安全所投入的人、财、物等资源。

（三）安全生产投入应依法依规管理，单位安全生产领导小组办公室负责安全生产资金的计划，单位财务部门负责安全生产资金的筹集及核算，单位所有职能部门（监测中心）负责人应保障安全投入资金的专款专用，不得挪用安全生产费用。

<h3 style="text-align:center">×××20××年度安全生产费用使用计划</h3>

编号：××－AQ－1.4.3－01

序号	名　　称	投入金额/万元	列支渠道	备注
一	安全技术和劳动保护措施		运行维护	
1	护栏、安全标识标牌等安全设施设备购买、安装维护			
2	安全帽、绝缘手套、绝缘鞋等劳保用品、安全工器具购买			
二	应急管理		办公经费	
1	应急救援物资购买、设施设备安装维护			
2	应急救援演练费用			

序号	名　　称	投入金额/万元	列支渠道	备注
三	安全检测、安全评价		维修改造	
1	安全评估			
2	电气预防性试验、防雷检测			
3	特种设备定期检测			
4	职业健康检测、体检			
四	事故隐患排查治理			
1	安全隐患整改产生的费用			
五	生产标准化建设实施与维护		教育培训	
1	安全标准化合同			
2	安全标准化参观学习、培训			
3	安全标准化建设费用（现场整改、资料）			
六	安全监督检查		办公经费	
1	安全检查产生的费用（请外单位专家等）			
七	安全教育及安全月活动		教育培训	
1	安全培训费用（教材、外培、专家费等）			
2	安全生产月宣传用标语、标牌			
3	安全文化建设（安全知识竞赛、奖金等）			
八	其他与安全生产直接相关的支出			
1	维修养护、在建工程的安全措施费		工程建设	
2	安全奖金等		绩效工资	
	总　计			

◆**评审规程条文**

1.4.4　落实安全生产费用使用计划，并保证专款专用，建立安全生产费用使用台账。

◆**法律、法规、规范性文件及相关要求**

SL/T 789—2019《水利安全生产标准化通用规范》

◆**实施要点**

1. 水文监测单位应严格落实安全生产费用使用计划，不得挤占、挪用安全生产资金，做到当年计划当年完成。确需调整的，应按程序调整使用计划，履行审批手续。

2. 水文监测单位应根据安全生产费用使用计划，在财务核算中设立专项明细，建立健全安全生产费用的使用台账,对安全生产费用支出情况进行记录统计。使用凭证一般包括发票、工程结算单、设备租赁合同和费用结算单等,并应与安全生产费用项目及台账记录相符。

3. 安全生产费用应专款专用,支出结算应符合财务管理相关规定。安全生产费用支出内容,包括但不限于:完善、改造和维护保养水文设施设备安全防护支出,配备、维护、保养安全救援器材和安全生产演练支出,安全生产宣传、教育、培训及安全生产月活动支出,配备和更新现场作业人员安全防护用品支出,安全生产适用的新技术、新标准、新工艺、新装备的推广应用支出,安全设施及特种设备检测检验支出,安全生产检查、评价咨询及标准化建设支出,开展水文危险源和事故隐患评估、监控和整改支出,生产安全事故处置调查支出等。

[参考示例]

×××安全生产费用使用台账

编号:××-AQ-1.4.4-01

序号	项　目　名　称	费用金额/元	凭证号	登记日期	备注
一	安全技术和劳动保护措施				
1	消防水带、消防阀门龙头				
2	绝缘垫				
3	警示牌制作				
二	应急管理				
1	干粉灭火器				
三	安全检测、安全评价				
1	防雷检测费用(5处缆道)				
2	防雷检测费用(4处管理用房)				
四	事故隐患排查治理				
1	档案库房、灾备机房气体消防系统,七氟丙烷气瓶检测及药剂更换				
2	20××年安全检查整改项目(支付30%)				
3	20××年安全检查整改项目(支付40%)				
4	××水文站测流缆道操作台维修费				
5	付20××年安全隐患零星维修改造项目款项(30%)				
6	付20××年安全隐患零星维修改造项目款项(40%)				
五	生产标准化建设实施与维护				
1	××雨量站等维修项目(支付30%)				

序号	项 目 名 称	费用金额/元	凭证号	登记日期	备注
2	水质化验室改造及断面桩安装项目				
3	××水文站观测场改造项目（40%）				
4	××水文站围墙维修改造项目（支付30%）				
5	××监测中心生产业务用房维修及雨量站观测场达标建设项目（支付70%）				
6	配电房改造项目（支付30%）				
六	安全监督检查				
1	付外单位专家咨询费				
七	安全教育及安全月活动				
1	安全生产管理人员培训费				
2	实验室从事危险化学品人员上岗培训费				
3	付安全生产管理知识授课费				
八	其他与安全生产直接相关的支出				
九	合 计				

审核人：登记人：

◆ **评审规程条文**

1.4.5　定期对安全生产费用使用计划的落实情况进行检查，对存在的问题进行整改，并以适当方式公开安全生产费用提取和使用情况。

◆ **法律、法规、规范性文件及相关要求**

SL/T 789—2019《水利安全生产标准化通用规范》

◆ **实施要点**

1. 水文监测单位应按照有关制度规定定期监督检查安全生产费用使用计划的落实情况，保证安全生产费用合规有效使用。

2. 安全生产费用使用计划的落实情况检查主要内容包括：安全生产费用是否足额有保障，费用是否专款专用、审查审批程序是否符合相关规定，费用计划的落实情况、使用范围、申报审批和使用验收程序等是否符合相关规定，安全生产费用使用制度中相关部门和人员的职责和查处问题的整改是否得到有效落实，台账记录是否真实完整及时等。

3. 水文监测单位应在相关管理制度或工作计划中明确检查的时间及频次。可结合单位组织的其他检查工作一并进行，如在组织的综合检查中增加费用使用情况的内容。安全生产费用检查应邀请财务审计部门参加。

4. 对检查发现的问题应以书面或适当方式告知相关单位或部门，并及时组织落实整改，汇报整改情况。

5. 水文监测单位应以在安全生产委员会（安全生产领导小组）会议上通报、张贴经费使用明细或财务预决算向职工代表大会报告等方式，对安全费用使用情况进行公开，并做好有关记录。年底应总结、分析和评估全年经费使用情况，为下年度安全经费的使用等提供参考。

[参考示例 1]

×××20××年度安全生产费用使用计划落实情况检查表

编号：××-AQ-1.4.5-01

序号	项 目 分 类	实 施 内 容	计划费用/万元	实际费用/万元	是否专款专用	审批是否完备
1	完善、改造和维护安全防护设施设备支出	安全警示标识、特种设备维保、安全防护装置更新维护等				
2	配备、维护、保养应急救援器材、设备支出和应急演练支出	消防设施设备、救生设备、急救器材、急救药品、应急通信设备、应急演练等安全				
3	隐患排查治理支出	隐患整改费用				
4	标准化建设支出	安全标准化宣传、培训、资料及水利企业协会支出等				
5	配备和更新职工安全防护用品支出	劳动防护用品（工作服、安全帽、安全带、手套、护目镜、绝缘鞋等）				
6	安全生产宣传、教育、培训支出	"三类人员"和特种作业人员培训复训取证，安全宣传、教材、培训、安全生产月活动等				
7	安全生产新技术推广应用支出	安全管理系统开发、维护、安全新技术应用等				
8	安全设施及特种设备检测检验支出	安全劳动防护用品检测、特种设备设施检测、防雷设施检测等				
9	其他与安全生产直接相关的支出					

检查意见和建议：

检查小组组长：
检查小组成员：
年 月 日

[参考示例2]

关于×××年度安全生产费用使用情况的通报

为认真贯彻"安全第一、预防为主、综合治理"的方针，规范安全生产投入管理工作，结合我单位实际情况，安全生产领导小组对20××年安全生产经费的使用情况进行检查，现将结果汇报如下。

一、安全生产费用投入预算

我单位20××年度安全生产费用投入预算：50万元，主要包含：安全技术和劳动保护措施、应急管理、安全检测及评价、事故隐患排查治理、安全教育和安全月活动、安全生产标准化建设实施与维护与安全生产密切相关的其他方面的投入。

二、安全生产费用使用情况

安全生产费用使用情况参见《20××年安全生产费用使用情况检查表》。

三、安全生产费用使用情况检查结论

（一）截至检查前已完成支付的安全生产费用合计：52.48万元，占本年度安全生产费用预算比例约为：104.96％。其中"20××年安全检查整改"项目、"20××年安全隐患零星维修改"项目、"安全标准化配电改造"项目、"××雨量站等维修"项目、"××水文站测场改造"项目、"××水文站围墙维修改造"项目、"××监测中心生产业务用房维修及雨量站观测场达标建设"项目和"各水文站安全标准化建设"项目因合同尾款尚未支付，剩余费用结余到下一年度使用；除以上费用外，其他项目均使用计划资金额度完成。

（二）各部门安全生产费用使用情况检查过程中未发现以任何理由缩减或挪用安全生产投入现象。

（三）办公室安全生产费用使用过程中原始资料收集较为齐全，台账、明细等资料表述清楚。

（四）我单位已根据各自生产运行特点和需要及时编制安全生产投入计划，并围绕生产安全需要及时调整并实施。

（五）我单位安全生产费用的审批及使用均严格履行单位经费审批等财务制度。

×××
年　月　日

◆**评审规程条文**

1.4.6　按照有关规定，为从业人员及时办理相关保险。

◆**法律、法规、规范性文件及相关要求**

《中华人民共和国安全生产法》（2021年修订）

《工伤保险条例》（国务院令第586号）

SL/T 789—2019《水利安全生产标准化通用规范》

◆**实施要点**

1. 相关保险主要是指与安全生产有关的保险，主要包括指工伤保险和意外伤害保险。工伤保险是指为了保障因工作遭受事故伤害或者患职业病的职工获得医疗救治和经济补偿；意外伤害是指意外伤害所致的死亡和残疾，不包括疾病所致的死亡，投保该险种，是为了弥补工伤保险补偿不足的缺口。

2. 水文监测单位应为所有从业人员及时办理法定工伤等保险，不得漏交。应当为处于安全风险较大，如水上作业、起重吊装、高处作业等作业岗位的职工办理安全生产意外伤害保险。

3. 为从业人员办理的保险凭证应及时归档管理，并做好相关记录。

[参考示例1]

工伤保险参保单位登记表

编号：××-AQ-1.4.6-01

单位名称（章）：				年　月　日		
单位类型		企业（　）城镇个体工商户（　）事业单位（　）其他（　）				
组织机构统一代码						
工商登记信息	行业类型					
	发照机关			执照号码		
	发照日期			有效期限		
	经营范围					
主管部门或总机构						
参保单位法人代表或负责人	姓名			联系电话		
	证件名称			证件号码		
参保单位专管员	姓名		所在部门		联系电话	
单位地址					邮编	
开户银行						
开户名称						
银行账号						
参保时间						
所属分支机构信息	负责人		名称		地址	
社会保险登记证编号				单位编号		

参保单位制表人：　经办机构审核人：　社会保险经办机构（章）：

参保单位负责人：　经办机构复核人：

注： 工伤保险登记时要提供事业单位法人证书复印件、工商营业执照复印件、社会保险登记证复印件。

工伤保险参保人员花名册

编号：××-AQ-1.4.6-02

个人编号	居民身份证号码	姓名	性别	出生日期	参加工作日期	参保日期	从事工种	月工资/元
1								
2								
3								
4								

参保单位审核人：　　　　　　　　　　工伤保险经办机构复核人：

注：1. 此表中的人数，为《社会保险费申报表》中的职工人数；

　　2. 单位编号由工伤保险经办机构填写；

　　3. 此表必须由缴费单位加盖公章。

第五节　安全文化建设

　　安全文化是指被水文监测单位的从业人员群体所共享的安全价值观、态度、道德和行为规范组成的统一体。安全文化建设是事故预防的一种"软"力量，是一种人性化的管理手段，是通过提高从业人员安全意识、提升安全管理水平，从而实现本质安全，最终形成以人为本、安全发展的共同安全价值观。安全文化建设规划和计划是为了明确安全目标、强化安全责任、完善安全设施、加强安全监管、建立健全各项安全规章制度，更好地实现单位安全发展。

◆评审规程条文

　　1.5.1　确立本单位安全生产和职业病危害防治理念及行为准则，并教育、引导全体人员贯彻执行。

◆法律、法规、规范性文件及相关要求

　　SL/T 789—2019《水利安全生产标准化通用规范》

　　AQ/T 9004—2008《企业安全文化建设导则》

　　AQ/T 9005—2008《企业安全文化建设评价准则》

◆实施要点

　　1. 水文监测单位应根据单位安全生产和职业病危害实际情况，确立安全生产和职业病危害防治理念及行为准则。

　　2. 水文监测单位安全生产理念应征求全体从业人员意见，集中凝炼，形成统一安全价值观，包括安全愿景、承诺、使命、目标等内容。

　　3. 水文监测单位安全行为准则应能指导水文监测单位安全生产现场管理工作，规范从业人员安全生产行为。

　　4. 水文监测单位应引导全体从业人员深入理解、掌握单位安全理念及行为准则，并在日常工作中贯彻执行。

［参考示例］

×××安全生产行为准则

一、目的

规范单位安全生产现场管理工作，有效规范职工的安全生产行为。

二、范围

单位全体从业人员及相关方人员等。

三、基本内容

1. 办公区禁止吸烟，加强明火管理，严禁携带、夹带易燃易爆等可能威胁单位安全的物品进入单位。

2. 严禁违章指挥或强令冒险作业。

3. 不得无故缺席单位安全教育培训等活动，培训未合格、对安全操作规程不熟练的从业人员不得作业，各部门按从业人员的持证情况合理安排其工作。

4. 为确保防护用品的有效使用，必须正确穿戴防护用品。如戴安全帽时为防止安全帽脱落，要系好下颏带、调好后箍；背防护用品背包时必须束束腰带等。

5. 高处作业应搭设操作平台，设置临边防护措施，作业人员应佩戴安全带。

6. 水文监测作业，应做好方案路线核查，检查设施装备和防护用品，告知安全风险，指定安全员，做好安全防护，过程中擅离职守，造成事故者按相关法律、法规进行处理。

7. 危险化学品操作严禁在作业过程中擅离职守。

8. 仪器必须有合格证并按期校验，不得超期使用。启动或关闭设备时必须按照相关操作规程严格执行，仪表失灵后，必须及时报修。

9. 禁止用湿手操作开关，禁止用水冲洗电机、开关和电箱。

10. 设备出现异常现象时，须按程序立即报告，在确保安全的情况下才可进行检查。检查设备转动部分（如绞车、滑轮等）时必须采取安全措施，保证在误操作的情况下也不会启动设备。

11. 设备因故障而停止使用时，必须挂牌标示，以防他人误开。

12. 非设备操作人员，不得擅自动用该设备；设备运转时运转部分禁止用手或其他工具触摸。

13. 各种检修作业，必须设置警示标识。进行动火、登高、进入受限空间、吊装等特殊施工时须办理作业手续并严格执行操作规程。

14. 对相关方等特殊施工（动火作业、受限空间作业、高处作业、吊装作业等）过程中必须有人监护，且监护人必须履行其监护的职责，严禁擅自离开；如需离开必须有其他熟悉现场的人员代其履行监护职责或暂时停止作业。电气人员严格执行《电业安全作业规程》或《电工守则》，现场施工临时用电时必须严格遵守单位用电安全方面的操作规程，没有操作规程的按行业标准等执行。

15. 严格遵守单位的其他规章制度，如有违反单位其他规章制度的行为，按相关规定进行纠正及处罚。

◆**评审规程条文**

1.5.2　制定安全文化建设规划和计划，按 AQ/T 9004、AQ/T 9005 相关规定开展安全文化建设活动。

◆**法律、法规、规范性文件及相关要求**

AQ/T 9004—2008《企业安全文化建设导则》

AQ/T 9005—2008《企业安全文化建设评价准则》

《国务院安委会办公室关于大力推进安全生产文化建设的指导意见》（安委办〔2012〕34 号）

◆**实施要点**

1. 水文监测单位应制定安全文化建设规划和计划，开展形式丰富的各类各项安全文化建设活动，推动形成良好的安全文化氛围。重要活动应制定详细的活动方案，活动应有记录，不得缺项、漏项。

2. 水文监测单位主要负责人、分管安全负责人以及专兼职安全管理人员应积极带头参加各项安全文化建设活动。

3. 安全文化建设应通过安全载体来体现和推进，安全文化建设载体主要有：

（1）文化艺术的方法，如安全文艺汇演、安全文学等。

（2）宣传教育的方法，如对安全法律法规、安全方针、安全目标的宣传等。

（3）科学技术的方法，如安全科学普及、发展安全科学技术等。

（4）管理的方法，如采用行政、法制、经济管理手段等，推行现代的安全管理模式。

（5）安全文化活动的方式，如安全生产月活动、安全表彰、水文安全技能展示和水文职工技能竞赛活动等。

［参考示例 1］

×××20××—20××年安全文化建设规划

为进一步加强单位安全生产文化（以下简称安全文化）建设，强化安全生产意识行为和文化支撑，根据《国务院安委会办公室关于大力推进安全生产文化建设的指导意见)》（安委办〔2012〕34 号）和为全面落实安全生产责任制，有效防范和遏制安全事故的发生，确保单位安全和效益的充分发挥，按照单位安全生产管理相关制度要求和年度安全生产目标，省水文事业发展规划，结合单位实际，制定本规划。

一、安全文化现状

单位自成立以来，努力营造安全文化氛围，不断提升安全文化水平，确保水文从业人员生命财产安全，保障事业发展。

近年来，单位不断加强安全文化建设，健全安全组织机构、完善安全管理制度、构建安全生产双重预防机制，加大安全生产投入、加强安全教育培训，推进安全生产标准化、信息化建设，顺利通过安全生产标准化达标单位创建，职工的安全生产意识不断提高，安全管理水平不断提升，先后被评为"××省文明单位""防洪抢险先进集体"，发挥了水文基础性公益性支撑作用。

二、安全文化规划指导思想与目标

（一）指导思想

以习近平总书记关于安全生产工作的系列重要论述为指导，坚持以人为本、生命至上安全发展理念，坚持以"零事故、零意外、零伤亡"为目标，加强健全组织体系、强化职责分工、规范作业行为、构建安全环境，加强安全生产监督管理，加强安全文化宣传引导，不断提升全体从业人员安全素质，提高管理水平，有效防范和遏制重特大事故，为维护人民群众生命财产安全和促进安全生产形势持续稳定向好提供坚实保障。

（二）规划依据

1．《安全文化建设"××五"规划》（安监总政法〔20××〕××号）

2．《关于大力推进安全生产文化建设的指导意见》（安委办〔2012〕34号）

3．AQ/T 9004—2008《企业安全文化建设导则》

4．AQ/T 9005—2008《企业安全文化建设评价准则》

5．《省水文××五事业发展规划》（××水〔20××〕××号）

（三）规划原则

1．坚持服务中心。将安全文化建设与水文事业发展、单位精神文明建设、精细化管理工作紧密结合。

2．坚持依法管理。发挥安全文化对安全法制、安全责任、安全技术、安全意识、安全行为等诸要素的引领作用。牢牢把握安全文化建设发展方向，构建安全生产长效机制。

3．坚持实事求是。注重特色，强化安全生产基层基础，推进安全文化创新发展。

4．坚持依托群众。充分发挥全体水文从业人员的主动性，开展群众性符合水文监测安全实际的文化创建活动、整体推进安全文化建设。

（四）规划目标

总体目标：到20××年，×××安全文化建设体制机制及标准制度健全规范，安全文化建设深入推进，安全文化活动内容不断丰富，全员安全意识进一步增强，安全文化建设富有特色并取得明显成效。

具体目标：

1．推进安全文化建设示范工程。到20××年，建成全省首个水文安全文化教育示范基地。

2．繁荣安全文化创作，打造具有水利行业影响力的安全文化精品，挖掘和创作一批适合本单位安全生产实际的作品。

3．推进安全标准化建设。以安全生产标准化建设为抓手，全面实现全单位安全管理的标准化，构建安全生产双重预防机制。20××年，通过安全生产标准化一级单位验收，并持续改进，努力成为全省水文监测单位安全标准化建设示范窗口。

三、主要任务

（一）营造安全氛围。深入学习贯彻习近平总书记关于安全生产重要论述和指示批示精神，坚决执行水利部、省水利厅关于加强水利安全生产工作的决策部署。扎实开展"安全生产月""水法宣传周""安全示范岗"等活动。充分利用现代媒体，加强"以人为本""依法治安"的宣传贯彻，使其深入人心、扎根基层，指导和推动工作实践，形成有利于推动安全生产工作的氛围。

强化安全生产责任体系内涵和实质的宣传，推动安全生产责任制的落实，促进水文系统各单位、部门抓好安全生产工作的责任感、紧迫感和使命感，提高加强安全生产工作的积极性、主动性和创造性。

（二）创新文化载体。充分利用水文点多面广、临水临河的特点，结合区域发展，创新安全文化载体和方法途径，形成具有水文特色的安全文化体系。

（三）开展标准化建设。推动安全生产工作向纵深发展。加强安全标准化制度的学习培训宣传，提高制度的执行力。

（四）加强安全教育。深入学习宣传《中华人民共和国安全生产法》等法律法规，宣传国家安全生产方针政策，普及安全生产基本知识，使全体水文干部、从业人员牢固树立以人为本、安全发展理念，增强遵纪守法自觉性。

（五）强化舆论引导。广泛宣传安全生产工作的创新成果和突出成就、先进事迹和模范人物，发挥安全文化的激励作用，弘扬积极向上的进取精神，营造有利于安全生产工作的舆论氛围。

四、保障措施

（一）加强组织领导

建立健全领导组织机构，在单位党委的统一领导下，形成党政同责、齐抓共管的组织体系。办公室把安全文化建设纳入水文化建设规划，并组织实施。各单位（部门）各负其责，切实把安全文化建设摆在安全生产管理工作的重要位置，把安全文化建设纳入单位现代化建设总体规划，与其他中心工作同部署、同落实、同考核。

（二）加大安全文化建设投入

把安全文化建设投入作为单位安全生产投入的重要内容，完善单位安全生产投入管理办法，支持安全标准化建设、安全宣传教育培训、安全生产月等活动的开展。

（三）加快安全文化人才培养

加大安全文化建设人才的培训力度，提升安全文化建设的业务水平。通过"走出去、请进来"等多种方法，提高安全管理人员的组织协调、宣传教育和活动策划的能力，造就高层次、高素质的安全文化建设专家型人才。

（四）强化宣传教育

坚持创新内容、创新形式、创新手段，着力做好安全文化的宣传，努力为安全文化建设提供有力的思想指导、舆论力量、精神支柱和文化条件，做到全员、全方位、全过程的广泛宣传发动，努力把力量凝聚到水文化建设目标任务上来。

以水文化建设活动为载体，发展健康向上、各具特色的群众安全文化，举办形式多样、深受基层欢迎的安全文化活动，广泛传播安全文化。

[参考示例 2]

×××20××年"安全生产月"活动方案

为全面贯彻落实习近平总书记关于安全生产的重要论述精神，深入开展安全生产专项整治三年行动，全面提升水文从业人员安全素质，根据《省水利厅办公室关于开展××年全省水利"安全生产月"活动的通知》（××水办督〔20××〕××号）工作要求，以"遵守安全生产法当好第一责任人"为主题，水文系统××年"安全生产月"活动计划安排如下：

一、总体要求

以习近平新时代中国特色社会主义思想为指导，深入学习贯彻习近平总书记关于安全生产重要论述，认真落实党中央国务院、省委省政府、水利部和水利厅关于安全生产工作的决策部署，着力疫情防控、专项整治三年行动、水文安全生产标准化达标创建和安全生产大检查、燃气使用专项治理等重点工作。通过开展教育培训、隐患曝光、问题整改、经验推广、案例警示、监督举报、知识普及等既有声势又有实效的宣传教育活动，普及安全知识、弘扬安全文化、增强安全意识，营造良好氛围，提升水文干部、从业人员安全素质，促进安全生产水平提升和安全生产形势持续稳定向好。

二、活动时间

××年6月1—30日。

三、活动内容

（一）主题宣讲

1. 学习重要论述。系统各单位要结合党史学习教育，持续深入学习贯彻习近平总书记关于安全生产重要论述，集中学习《生命重于泰山》电视专题片，教育引导领导干部强化"人民至上、生命至上"理念，更好统筹发展和安全，切实把安全责任扛在肩上、落在行动上，以实际行动和实际效果做到"两个维护"。

2. 责任领导谈安全。系统各单位要结合安全生产专项整治三年行动、安全生产大检查等工作，组织开展安全生产宣讲活动，认真学习宣传安全生产十五条硬措施，深刻领会安全生产十五条措施的重要意义、突出特点、部署安排、具体要求等。各单位第一责任人要专题讲安全，一线工作者要互动讲安全，通过安全生产"公开课""大家谈""班组会"等学习活动，推动习近平总书记关于安全生产重要论述和安全生产十五条硬措施落地生根。

3. 贯彻安全生产法。系统各单位要深入学习贯彻安全生产法，组织开展"第一责任人安全倡议书"公开承诺、以案释法教育活动等，主要负责人要严格履行安全生产法规定的7项职责。6月初，省安委办开通"学重要论述、促安全发展"网络学习平台，各单位要认真组织学习，提升责任意识和能力素质。

（二）专项活动

4. 开展"6·16安全宣传咨询日"活动。×××要配合省厅做好"6·16安全宣传咨询日"活动承办工作，系统其他单位要通过线上线下相结合的方式，创新内容与形式，开展安全宣传咨询日和安全宣传"五进"活动，深入基层、走进群众，营造人人"关爱生命、关注安全"的浓厚氛围。

5. 标准化创建提升活动。×××各部门要提炼和总结本单位标准化建设过程工作成效和好的经验做法，积极参加水利部组织开展的水利安全生产标准化应急演练成果评选展示活动。系统各单位要结合单位实际，组织单位安全风险评估活动，加快创建工作，提升系统安全生产水平。

6. 隐患大排查整治活动。各单位要紧盯风险等级较高、容易漏管失控的危险化学品使用、老旧危房整治、燃气使用、巡测车船等重点部位、关键环节，深入开展隐患排查整治工作，建立重大安全隐患台账清单，做到整改责任、措施、资金、时限、预案"五落实"。要调动广大从业人员参与单位落实安全生产主体责任的主动性和自觉性，积极组织参与省水利厅"身边隐患大家查"活动，6月25日前将作品汇总报送××部门，每单位不少于两篇。

7. 提升本质安全活动。×××要加快推进达标工程建设，××、××要完成分中心工程竣工档案归档整理，推进在建实验室本质安全。系统各单位要深度参与系统实验室管理LIMS系统建设，应加快安全生产信息化平台建设，完成软件详细组织设计，提升省水文安全生产信息化水平。

8. 实施安全生产进基层活动。要针对汛前检查发现的安全问题，举一反三，组织安全生产进基层活动，对水文测站测验设施设备再排查、再治理，确保汛前安全隐患、水文设施设备养护和水毁设施改造等任务在6月全部完成。测站测船、码头、缆道等重点部位的安全警示标识要规范到位，测站从业人员安全培训覆盖到位，全面提高基层水文监测人员的安全技能，确保安全度汛。

9. 组织应急预案演练。要按照主汛期、夏季高温和防洪、防台、防高温等水文监测工作特点，坚持贴近实战、注重实效原则，广泛开展现场处置方案和重点岗位应急处置演练活动，特别是对水质化验、消防安全、高洪测验等应急处置演练，各单位要在6月底之前至少完成1次消防安全培训和1次应急处置演练。通过实战检验水文从业人员应急救援技术的掌握和熟悉情况，检验应急救援预案与应急响应制度的可操作性。

（三）知识竞赛

10. 参加网络答题。要积极组织单位全体职工参加水利部安全生产法知识网络答题活动，推动学深悟透安全生产法精神实质、内容要义。

11. 参加知识竞赛。积极参加全国水利安全生产知识网络竞赛、《水安将军》趣味活动。系统各单位要组织好单位干部职工，统一以×××为参赛单位积极参加全国水利安全生产知识网络竞赛——《水安将军》趣味活动。全体职工要在6月10日前开展用户注册和试答题等准备工作，6月30日前完成竞赛，12月31日前持续开展常态学习。具体参赛程序要求见附件4。

（四）其他活动

12. 开展其他活动。系统各单位要发动职工积极参加全国安全知识网络竞赛、××省第三届危化品安全知识有奖竞赛、"安全生产青年当先"安全创意微视频融媒体作品大赛、全省"五个一"安全文化作品大赛、"救援技能趣味测试"等活动，结合安全生产标准化创建工作开展"美好生活从安全开始"话题征集、"进门入户送安全"、"安全志愿者在行动"等形式内容丰富、群众喜闻乐见的"安全生产月"特色活动。

四、有关要求

（一）加强组织领导。各单位要把思想和行动统一到习近平总书记关于安全生产重要论述精神上来，牢固树立生命至上、安全第一观念，提高安全生产宣传教育工作的认识，将"安全生产月"活动作为推动年度重点工作任务落实的有力抓手、提升安全管理水平的有力保障。要制定活动方案，做好人力、物力和相关经费保障，确保各项活动顺利进行。

安全生产月活动开展情况与知识竞赛答题成绩将纳入安全生产年终考核。

（二）提升活动实效。系统各单位要将"安全生产月"活动与当前重点工作相结合，创新宣教方式，丰富宣传手段，充分发挥各级各类媒体和网站的平台作用，通过张贴或悬挂安全标语、横幅、挂图、电子显示屏展示等多种方式，在全系统积极营造关心安全生产、参与安全发展的浓厚舆论氛围。要把"安全生产月"各项宣教活动与解决当前安全生产突出问题相结合，与安全生产专项整治、燃气使用安全和危化品使用管理相结合，与推动压实各方安全生产责任，切实达到以活动促工作、以活动保安全的目的。

（三）强化信息报送。×××将在×××网站开设安全生产专栏，专题报道水文系统宣传安全生产活动，系统各单位要指定1名活动联络员，负责活动信息的整理、收集和报送，及时总结上报好的做法和经验，在水文系统网站投稿不得少于2篇。各单位"安全生产月"活动联络员推荐表和活动方案（文件扫描件）要于20××年6月2日前报送；每周报送本周活动开展情况的视频、图片、文字等电子资料，重大活动要随时报送；6月30日前报送总结报告和统计表。

联系人：

联系电话：

电子邮箱：

第六节　安全生产信息化建设

安全生产信息化建设就是利用信息技术，通过对安全生产领域信息资源的开发利用和交流共享，加快推进安全生产"四预"能力建设，强化单位安全生产管理，提高单位安全生产工作效率和工作成效，更好保障单位安全发展。

◆**评审规程条文**

1.6.1　根据实际情况，建立包括安全生产电子台账管理、重大危险源监控、职业病危害防治、应急管理、安全风险分级管控和隐患自查自报、安全生产预测预警等信息系统，利用信息化手段加强安全生产管理工作。

◆**法律、法规、规范性文件及相关要求**

《中华人民共和国安全生产法》（2021年修订）

《水利安全生产监督管理办法（试行）》（水监督〔2021〕412号）

SL/T 789—2019《水利安全生产标准化通用规范》

《水利安全生产信息报告和处置规则》（水监督〔2022〕156号）

《构建水利安全生产风险管控"六项机制"的实施意见》（水监督〔2022〕309号）

《水利部关于贯彻落实中共中央国务院关于推进安全生产领域改革发展的意见实施办法》（水安监〔2017〕261号）

《关于印发安全生产信息化总体建设方案及相关技术文件的通知》（安监总科技〔2016〕143号）

◆**实施要点**

1. 水文监测单位应根据自身实际情况，制定安全生产信息化管理制度，利用信息化手段加强安全生产管理工作。

2. 安全生产管理信息系统应包括安全生产电子台账、重大危险源监控、职业病危害防治、应急管理、安全风险管控和隐患自查自报、安全生产预测预警等功能模块。

3. 各单位（部门）应根据安全生产情况及时对安全生产管理信息系统内容进行更新，确保其在单位安全生产全过程中发挥应有的作用。

[**参考示例**]

安全生产信息化管理制度

第一章　基　本　要　求

第一条　为了提高单位安全管理水平，认真抓好水利安全生产信息采集系统填报工作，特制订本制度。

第二条　各部门必须结合日常安全管理工作的实际，把安全管理信息及时报送水资源部门录入平台，做到信息化平台上的录入内容同日常业务管理的纸质文档基本一致。

第三条　日常管理工作完成后，5天内应录入信息化平台。录入内容要有针对性。

第四条　安全管理人员必须高度重视信息化的建设工作，既要落实专人负责，又要做到相互配合。

第五条　在录入平台时按规定进行工作流程审批程序。

第六条　对录入平台的内容有附件要求的，要及时把相关内容以附件的形式上传。

第七条　要求各部门必须坚持定期安全检查，做到有检查、有记录、有整改、有录入，整改内容不能简单空洞，记录出现的安全问题要及时整改闭环。

第二章　信息化平台管理

第八条　单位信息化平台工作要求

（一）按照单位安全日常管理工作内容及时将单位层面上的安全工作信息录入到信息化平台。

（二）监督检查各部门相关信息的报送，发现问题及时沟通解决。

第九条　各部门信息化平台工作要求

（一）按照单位安全管理工作的总体要求，结合我单位实际，及时报送部门、项目部层面的安全管理工作信息。

（二）具体抓好本部门安全管理工作信息报送和推进工作。把制定好的安全目标计划和检查计划、日常检查中发现的安全隐患及处理结果、日常管理中的安全培训和安全考核记录以及发生的相关安全事件等信息及时录入到信息化平台。

第十条　及时报送安全员的培训考核（考核通过取证后及时报送）及继续教育信息。

第三章　信息化平台操作及维护

第十一条　明确专人负责相关模块的操作及维护。

第十二条　按照信息化平台上各功能点的具体内容要求，根据项目实际，录入相应的实际信息内容。单位必须及时录入安全目标计划和检查计划、日常检查中发现的安全隐患及处理结果、安全会议、日常管理中的安全培训和安全考核记录以及发生的相关安全事件等信息。

第十三条 单位从业人员安全教育培训。新进人员上岗前必须经三级安全教育考试合格；新工艺、新技术、新材料、新设备设施投入使用前必须对相关管理人员、操作人员进行培训；作业人员转岗、离岗一年以上重新上岗前必须进行相应安全教育；对相关方人员必须进行相应安全教育；特种作业人员、特种设备作业人员应持证上岗。以上安全教育培训要及时录入到信息化平台。

第四章 附　　则

第十四条 本制度由单位安全生产领导小组负责解释。

第十五条 本制度自发文之日起执行。

第四章 制度化管理

制度化管理是水文监测单位有关安全生产法规标准的识别、规章制度的建立健全、操作规程的编制修订和文档管理等工作要求。其中法规标准识别包括建立相关制度，完善识别、获取的工作程序，及时向从业人员传达相关要求等；制定规章制度包括制度的转化修订，发放到相关工作岗位并组织人员培训等工作；操作规程应涵盖水文测验、水质化验等作业规程，仪器设备安全操作规程等；文档管理应包括文件管理、记录管理、档案管理等内容。

第一节 法 规 标 准 识 别

水文监测单位应建立、识别、获取、更新适用的安全生产法律法规、标准规范的管理制度。识别、获取的法规标准应涵盖涉及本单位的安全生产法律法规、标准规范和上级主管部门的文件、行业惯例、地方规定等。

◆**评审规程条文**

2.1.1 安全生产法律法规、标准规范管理制度应明确归口管理部门、识别、获取、评审、更新等内容。

◆**法律、法规、规范性文件及相关要求**

SL/T 789—2019《水利安全生产标准化通用规范》

◆**实施要点**

1. 安全生产法律法规、标准规范管理是为了保障水文生产运行的各个环节，均符合现行有效的法律法规的要求，有效防范生产安全风险，保障从业人员的安全。

2. 水文监测单位应制定《安全生产法律法规标准规范管理制度》，并以正式文件发布。

3. 制度主要内容应包含：归口管理部门和职责、工作程序、安全生产法律法规及标准规范的识别、获取范围、内容、途径和评审、更新、学习执行等。

4. 获取的法律法规及标准规范包括有关安全生产的管理法律、行政法规、规章制度、行业标准或地方条例中有关安全生产管理要求等。

5. 每年至少组织一次对获取的法律法规、标准规范和其他要求进行符合性审查，对审查后的法律法规、标准规范和其他要求及时更新归档。

6. 水文监测单位应以安全生产责任制为核心，指引和约束安全生产行为为准则，通过规章制度明确各岗位安全职责、规范安全生产行为，建立和维护安全生产秩序。

［参考示例］

关于印发《×××安全生产法律法规标准规范管理制度》的通知

各部门、各监测中心：

为促进单位的安全生产规范化管理水平，完善安全生产管理制度。根据所涉及的安全生产法律法规和安全管理建设要求，经安全生产领导小组研究通过，现将《×××安全生产法律法规标准规范管理制度》印发给你们，请遵照执行。

特此通知。

附件：×××安全生产法律法规标准规范管理制度

×××

年　月　日

附件：

×××安全生产法律法规标准规范管理制度

第一章　总　　则

第一条　为了建立识别、获取适用的安全生产法律法规、标准规范的办法，包括识别、获取、评审、更新等环节内容的途径，明确职责和范围，确定获取的渠道、方式等要求。保证安全生产管理工作有效实施，特制定本制度。

第二条　本制度适用于本单位安全生产活动中所涉及的国家、行业、地方法律法规、规范规程和其他要求的识别、获取、评审、更新、遵守情况的控制。

第二章　职　　责

第三条　××（部门）为归口管理部门，负责安全生产、设备安全、消防安全、职业安全制度、安全保卫、劳动保护、工伤管理、交通安全、档案管理、作业安全规定、安全设施"三同时"、特种设备管理等方面的法律法规、标准和其他要求的统一管理。

第四条　××（部门）负责识别和获取安全生产、设备安全、消防安全、职业安全制度、安全保卫、劳动保护、工伤管理、交通安全、档案管理等方面的法律法规、标准和其他要求。

第五条　××（部门）负责识别和获取作业安全规定、安全设施"三同时"、特种设备管理等方面的法律法规、标准和其他要求。

第六条　××（部门）负责识别和获取实验室管理、危险化学品等方面的法律法规、标准和其他要求。

第三章　要　　求

第七条　获取安全生产法律法规及标准规范应包括：

（一）全国人大及其常委会、国务院、国务院各部门发布的安全生产管理法律、行政法规、部门规章。

（二）省人大及其常委会、××省人民政府发布的安全生产管理地方性法规、规章。

（三）省××厅、×××制定下发的有关安全生产管理的规定、要求。

（四）行业标准中有关安全生产管理要求。

（五）其他有关标准及要求。

第八条　安全生产法律法规标准及标准规范的获取途径：

（一）通过网络、新闻媒体、行业协会、政府主管部门及其他形式查询获取国家的安全生产法律、法规、标准及其他规定。

（二）上级部门的通知、公告等。

（三）各岗位工作人员从专业或地方报刊、杂志等获取的法律、法规、标准和其他要求，应及时报送××（部门）进行识别和确认并备案。

第四章　识　别　登　记

第九条　根据水文工作特点，结合本单位业务工作实际，识别适用的法律、法规、标准及其他要求。

第十条　××（部门）每年组织有关人员获取和识别适用的法律、法规、标准及其他要求，并编制《安全生产法律法规标准及其他要求清单》，报送安全生产领导小组审核批准。

第五章　更　　　新

第十一条　出现下列情况时，××（部门）应及时重新组织识别，更新《安全生产法律法规标准及其他要求清单》，及时送达各部门：

（一）适用的法律、法规、标准及其他要求已进行修订。

（二）生产过程中的危险、有害因素发生变化。

第六章　符　合　性　评　审

第十二条　安全生产领导小组每年应至少组织一次对适用的法律、法规、标准及其他要求进行符合性审查，出具评审报告。对不符合适用要求的法律、法规、标准及其他要求要组织相关部门及时修订。

第七章　学　习　执　行

第十三条　各部门应及时将适用的法律、法规、标准及其他要求进行摘编，并组织相关岗位工作人员进行培训学习，做好学习记录。

第十四条　在制定安全生产管理规定，编制精细化管理手册及作业指导书时，应符合适用的安全生产法律、法规、标准及其他要求的相关规定。

第八章　附　　　则

第十五条　本制度由×××（部门）负责解释。

第十六条　本制度自发文之日起执行。

◆评审规程条文

2.1.2　职能部门和所属单位应及时识别、获取适用的安全生产法律法规和其他要求，归口管理部门每年发布一次适用的清单，建立文本数据库。

◆法律、法规、规范性文件及相关要求

SL/T 789—2019《水利安全生产标准化通用规范》

◆实施要点

1. 其他要求是指上级主管部门的文件、行业惯例、地方规定等。

2. 编制安全生产法律法规、标准规范和其他要求清单是为单位开展安全生产工作提供依据。

3. 单位各职能部门应根据自身的专业特点和职责，安排专人通过登录国家法律法规数据库或行业类相关网站等方式定期识别和获取、及时新增或更新本部门适用的法律法规、标准规范和其他要求，并提供给归口管理部门汇总发布。

4. 职能部门应确保识别和获取的法律法规、标准规范及其他要求准确、齐全、现行有效。

5. 归口管理部门应汇总各职能部门提供的安全生产法律法规、标准规范和其他要求清单，并按照安全生产法律、法规效力层次建立目录清单，以正式文件发布，每年及时更新并发布，同时汇编成册，建立文本数据库。

[参考示例]

关于印发《20××年安全生产法律法规和其他要求清单》的通知

各部门、各监测中心：

　　根据省××厅安全生产要求，我单位组织各部门、各监测中心对适用的法律法规标准等文件的有效性进行了识别，形成了《20××年安全生产法律法规和其他要求清单》。经安全生产领导小组研究通过，现予印发。请各部门、各监测中心对照清单的内容，及时收集整理所需的法律法规、标准规范，并配备到相关岗位。

　　特此通知。

　　附件：20××年法律法规和其他要求清单

×××

年　月　日

附件：

20××年安全生产法律法规和其他要求清单

编号：××-AQ-2.1.2-01

序号	名　　称	颁布机构-文号	发布日期	施行日期	获取内容	适用部门
一	法律法规					
1	中华人民共和国宪法	全国人大常委会			全文	全体
二	其他要求					

◆**评审规程条文**

　　2.1.3　及时向员工传达并配备适用的安全生产法律法规和其他要求。

◆**法律、法规、规范性文件及相关要求**

　　SL/T 789—2019《水利安全生产标准化通用规范》

◆**实施要点**

　　1. 为规范从业人员的安全生产行为，让从业人员更好地掌握和遵守安全生产相关的法律法规和其他要求，需配备与岗位相适用的现行有效的安全生产法律法规和其他要求。

　　2. 涉及水文监测的法律法规、标准规范及岗位要求等应及时传达。

　　3. 归口管理部门应及时用纸质件等形式将具体条文内容下发到各部门，并进行发放登记，归档留存。

4. 各部门应及时将与本部门工作相关的法律法规、标准规范和其他要求发放给从业人员并组织开展学习培训，学习培训应建立台账。

[参考示例1]

《20××年安全生产法律法规和其他要求清单》发放记录表

编号：××-AQ-2.1.3-01

序号	名　　称	版本	签收部门	签收人	签收日期	备注
1	《20××年安全生产法律法规和其他要求清单》	电子版	××部门	×××	××年×月×日	

[参考示例2]

《20××年安全生产法律法规和其他要求清单》培训记录表

编号：××-AQ-2.1.3-02

部门/部门		主讲人	
培训地点		培训时间	
参加人员	（手写）		
培训内容	记录人： 年　月　日		
培训评估方式	□考试□实际操作□事后检查□课堂评价		
培训效果评估及改进意见	评估人： 年　月　日		

第二节　规　章　制　度

水文监测单位安全生产规章制度包括但不限于目标管理、安全生产责任制、教育培训管理、设施管理、安全风险分级管控、重大危险源辨识与管理、隐患排查治理、设施设备管理、维修养护、职业健康、安全预测预警、应急、事故、相关方、绩效评定等，规章制度应及时发放到相关岗位，并组织培训。

◆**评审规程条文**

2.2.1　及时将识别、获取的安全生产法律法规和其他要求转化为本单位规章制度，结合本单位实际，建立健全安全生产规章制度体系。规章制度内容应包括但不限于：

1. 目标管理；
2. 安全生产承诺；

3. 全员安全生产责任制；

4. 安全生产会议；

5. 安全生产奖惩管理；

6. 安全生产投入；

7. 教育培训；

8. 安全生产信息化；

9. 新技术、新工艺、新材料、新设备设施管理；

10. 法律法规标准规范管理；

11. 文件、记录和档案管理；

12. 重大危险源辨识与管理；

13. 安全风险分级管控、隐患排查治理；

14. 水量监测和水质监测；

15. 特种作业人员管理；

16. 建设项目安全设施、职业病防护设施"三同时"管理；

17. 设备设施管理；

18. 安全设施管理；

19. 作业活动管理；

20. 危险物品管理；

21. 警示标识管理；

22. 消防安全管理；

23. 交通安全管理；

24. 防洪度汛安全管理；

25. 设施设备维修养护管理；

26. 用电安全管理；

27. 仓库管理；

28. 安全保卫；

29. 站点巡查巡检；

30. 变更管理；

31. 职业健康管理；

32. 劳动防护用品管理；

33. 安全预测预警；

34. 应急管理；

35. 事故管理；

36. 相关方管理；

37. 安全生产报告；

38. 绩效评定管理。

◆**法律、法规、规范性文件及相关要求**

《中华人民共和国安全生产法》（2021 年修订）

SL/T 789—2019《水利安全生产标准化通用规范》

《水利安全生产监督管理办法（试行）》（水监督〔2021〕412 号）

◆**实施要点**

1. 水文监测单位规章制度转化范围应包括但不限于规程明确的 38 项制度。

2. 根据最新的法律法规、标准规范和其他要求，由各职能部门结合本部门工作职责程序等，提出现有规章制度的具体修订意见。

3. 具体修订意见应经单位安全生产领导小组审定，及时转化为本单位的安全生产规章制度。

4. 转化后的规章制度应全面、有效、合规。

5. 归口管理部门对各职能部门制定的规章制度进行汇编，以正式文件发布，并及时归档。

[**参考示例**]

关于印发《××××年安全生产规章制度汇编》的通知

各部门、各监测中心：

为促进单位安全生产管理工作，提高安全生产管理水平，完善安全生产管理制度，经安全生产领导小组研究通过，现将《××××年安全生产规章制度汇编》印发给你们，请遵照执行。

特此通知。

附件：××××年安全生产规章制度汇编

×××
年　月　日

附件：

××××年安全生产规章制度汇编
×××
年　月
目　录

安全生产目标管理制度

安全生产承诺制度

安全生产责任制度

安全生产例会制度

安全生产奖惩管理办法

安全生产投入制度

安全教育培训管理制度

安全生产信息化管理制度

新技术、新工艺、新材料、新设备设施管理制度

法律法规标准规范管理制度

文件管理制度

记录管理制度

安全生产档案管理制度

重大危险源管理制度

安全风险分级管控制度

生产安全事故隐患排查治理制度

测绘安全生产管理办法

设备检修管理制度

特种作业人员管理制度

建设项目安全设施、职业病防护设施"三同时"管理制度

设施设备登记管理制度

安全设施管理制度

作业管理制度

安全警示标识管理制度

消防安全管理规定

交通安全管理规定

防汛测报安全管理制度

水文设施维修养护制度

用电安全管理制度

备用电源管理制度

临时用电管理制度

仓库安全管理制度

安全保卫制度

工程巡查巡检制度

变更管理制度

职业健康管理制度

劳动防护用品管理制度

安全预测预警和突发事件应急管理制度

应急管理制度

应急物资和装备管理制度

事故报告、调查和处理制度

工伤保险管理制度

相关方管理制度

安全生产报告制度

安全生产标准化绩效评定管理制度

◆**评审规程条文**

2.2.2　及时将安全生产规章制度发放到相关工作岗位，并组织培训。

◆**法律、法规、规范性文件及相关要求**

《中华人民共和国安全生产法》（2021 年修订）

SL/T 789—2019《水利安全生产标准化通用规范》

◆实施要点

1. 安全生产规章制度应由归口管理部门及时发放到职能部门，并做好记录。

2. 职能部门应针对规章制度涉及的相关岗位组织作业人员培训，确保相关岗位作业人员掌握，同时做好培训记录，归档留存。

3. 职能部门应向相关工作岗位作业人员发放安全生产规章制度，确保具体作业人员知晓，并做好发放记录，归档留存。

[参考示例 1]

《发放记录表》同 2.1.3 [参考示例 1]。

[参考示例 2]

《培训记录表》同 2.1.3 [参考示例 2]。

第三节　操　作　规　程

水文监测单位操作规程应涵盖水文测验、水质化验、主要设施设备等。目的是规范作业行为，确保水文监测安全。

◆评审规程条文

2.3.1　引用或编制水文测验、水质化验等作业活动和仪器设备安全操作规程，并确保从业人员参与编制和修订。

◆法律、法规、规范性文件及相关要求

《中华人民共和国安全生产法》（2021 年修订）

SL/T 789—2019《水利安全生产标准化通用规范》

《水利安全生产监督管理办法（试行）》（水监督〔2021〕412 号）

◆实施要点

1. 安全操作规程是指水文作业人员操作设施设备和从事作业行为时必须遵守的规章。

2. 制定安全操作规程的目的是保障水文作业人员人身安全、设施设备安全，规范作业人员的操作行为，预防生产安全事故发生。

3. 职能部门根据水文作业和设施设备类别，引用或编制安全操作规程，操作规程应覆盖所有水文测验、水质化验等水文作业和水文监测仪器设备设施等。

4. 引用或编制的安全操作规程内容应齐全、适用、现行有效，符合相关法律法规和水文工作实际，并以正式文件发布。

5. 编制或修订安全操作规程，从事水文作业的人员必须参与，并以编制人员名册等形式体现。

[参考示例]

关于印发《20××年水文作业操作规程汇编》和

《20××年实验室安全操作规程汇编》的通知

各部门、各监测中心：

为促进本单位安全生产管理工作，提高安全生产管理水平，完善安全生产管理制度，经安全生产领导小组研究通过，现将《20××年安全操作规程汇编》和《20××年实验室仪器设备安全操作规程汇编》印发给你们，请遵照执行。

特此通知！

附件：1. 20××年水文作业操作规程汇编

2. 20××年实验室仪器设备安全操作规程汇编

×××

年 月 日

附件 1：

20××年安全操作规程汇编

×××

年 月

目 录

涉水作业操作规程

桥测作业操作规程

缆道作业操作规程

作业监测管理范围规程

电气设备安全操作规程

柴油发电机组操作规程

水土保持坡面径流场操作规程

定点式 ADCP 作业操作流程

电波流速仪（雷达枪）操作规程

雷达水位计操作规程

走航式 ADCP 测验操作流程

无人机操作规程

水文巡测车操作规程

水文测船操作规程

冰上作业操作规程

动火作业操作规程

岗位工种安全操作规程

单兵系统操作规程

附件 2：

20××年实验室安全操作规程汇编

×××

年 月

目 录

危化品安全操作规程

水温安全作业规程

pH 值安全作业规程

溶解氧安全作业规程

高锰酸盐指数安全作业规程

化学需氧量安全作业规程

五日生化需氧量安全作业规程

氨氮安全作业规程

氰化物安全作业规程

总磷安全作业规程

总氮安全作业规程

铜安全作业规程

锌安全作业规程

氟化物安全作业规程

硒安全作业规程

砷安全作业规程

汞安全作业规程

镉安全作业规程

六价铬安全作业规程

铅安全作业规程

氰化物安全作业规程

挥发酚安全作业规程

石油类安全作业规程

阴离子表面活性剂安全作业规程

硫化物安全作业规程

粪大肠菌群安全作业规程

硫酸盐安全作业规程

氯化物安全作业规程

◆**评审规程条文**

2.3.2　在新技术、新材料、新工艺、新设备设施投入使用前，组织编制或修订相应的安全操作规程，并确保其适宜性和有效性。

◆**法律、法规、规范性文件及相关要求**

《中华人民共和国安全生产法》（2021 年修订）

SL/T 789—2019《水利安全生产标准化通用规范》

◆**实施要点**

1. 水文监测"四新"包括新监测技术、新监测设备设施、新作业方案和程序、新危险化学品及材料等。

2. 编制或修订"四新"安全操作规程是为了规范引进"四新"过程中的安全生产管理控制要求，降低安全风险。

3. 在"四新"投入使用前，应针对新工艺特点、新技术特征、新设备安全说明、新材料特性，进行充分调研，了解、掌握其安全技术特性及操作方法，预先进行危险性评价和安全系统分析，制订安全制度和安全操作规程以及新的防护装置使用注意事项等。

4．水文监测单位应对"四新"的安全操作规程进行评估，确保其适宜性和有效性，并以正式文件形式发布。

5．水文监测单位应对"四新"操作者和有关人员加强安全教育和管理。

◆**评审规程条文**

2.3.3 安全操作规程应发放到相关作业人员，并组织培训学习。

◆**法律、法规、规范性文件及相关要求**

《中华人民共和国安全生产法》（2021年修订）

SL/T 789—2019《水利安全生产标准化通用规范》

◆**实施要点**

1．归口管理部门负责汇总各职能部门提交的安全操作规程，及时以正式文件下发职能部门，并做好发放记录。

2．职能部门应根据相关岗位作业人员所承担的具体业务工作发放相应的安全操作规程，确保从业人员知晓和领用，并组织培训，确保从业人员掌握操作规程，同时做好发放和培训记录。

3．职能部门在组织相关作业人员进行安全操作规程培训后，应及时汇总培训效果评价，归档留存。

[**参考示例 1**]

《发放记录表》同 2.1.3 [参考示例 1]。

[**参考示例 2**]

《培训记录表》同 2.1.3 [参考示例 2]。

第四节 文 档 管 理

水文监测单位应建立文件、记录及档案管理制度，规范安全生产文件、记录和档案管理，确保单位安全生产文档统一、完整、有效。

◆**评审规程条文**

2.4.1 文件管理制度应明确文件的编制、审批、标识、收发、使用、评审、修订、保管、废止等内容，并严格执行。

◆**法律、法规、规范性文件及相关要求**

SL/T 789—2019《水利安全生产标准化通用规范》

◆**实施要点**

1．文件管理制度是为规范安全体系文件的管理，确保各过程、环节、场所使用的文件具有统一性、完整性、正确性和有效性而制定的管理制度。文件应涵盖上级机关来文、本单位印发上报或下发的各类文件和资料等。

2．由归口管理部门起草文件管理制度，文件管理制度内容应齐全、适用、符合现行法律法规。

3．文件管理制度经水文监测单位主要负责人签发后应以正式文件发布，并下发至各职能部门。

4. 职能部门应严格落实执行文件管理制度。

[参考示例]

关于印发《×××文件管理制度》的通知

各部门、各监测中心：

现将《×××文件管理制度》印发给你们，请结合实际，认真贯彻执行。

附件：×××文件管理制度

×××
年　月　日

附件：

×××文件管理制度

第一章　总　　则

第一条　为促进×××文件（以下简称文件）管理工作规范化、制度化、科学化，确保×××使用的文件具有统一性、完整性和有效性，特制定本制度。

第二条　本制度所称文件，包括上级机关来文、本单位上报下发的各类文件和资料。

第三条　文件管理指文件的编制、审批、标识、收发、评审、修订、使用、保管、废止等一系列相互关联、衔接有序的工作。文件管理必须严格执行国家保密法律、法规和其他有关规定，确保国家秘密的安全。

第四条　办公室是文件管理机构，具体负责本单位的文件管理工作并指导各部门文件档案管理工作。

第二章　文　件　种　类

第五条　本单位适用的文件种类主要有：

（一）通知

适用于转发上级机关和不相隶属机关的文件，传达要求下属各部门办理和需要有关部门周知或者执行的事项、任免人员。

（二）函

适用于不相隶属机关之间商洽工作，询问和答复问题，请求批准和答复审批事项。

（三）报告

适用于向上级机关汇报工作，反映情况，答复上级机关的询问。

（四）请示

适用于向上级机关请求指示、批准。

（五）通报

适用于表彰先进，批评错误，传达重要情况。

（六）决定

适用于对重要事项或重大行动作出安排，奖惩有关部门（中心）及人员等。

（七）通告

适用于公布社会各有关方面应当遵守或者周知的事项。

（八）会议纪要

适用于记载和传达会议情况和议定事项。

第三章　文　件　标　识

第六条　为确保文件的唯一性，由办公室指定统一的文件标识如下：

（一）收文

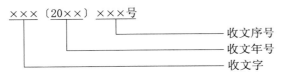

（二）发文

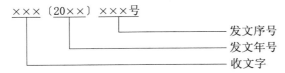

第四章　文　件　格　式

第七条　文件一般由发文机关标识、发文字号、签发人、标题、主送机关、正文、附件说明、成文日期、印章、附注、附件、抄送机关、印发机关、印发份数（页数）和印发日期等部分组成。

（一）发文机关标识应当使用发文机关全称，套红印刷，置于眉首上部居中；联合行文，主办机关排列在前。

（二）发文字号包括机关发文字、年份、序号。其中，年份用四位阿拉伯数字加方括号表示。序号由办公室统一编录，置于发文机关标识之下、横线之上（函件文号处横线之下居右）。联合行文，一般只标明主办机关发文字号。

（三）文件标题应当准确简要地概括文件的主要内容，标明发文机关和文件种类。文件标题中除法规、规章名称或特定词加书名号或引号外，一般不用标点符号。转发文件如原标题过长，应重新概括新标题。

（四）主送机关指文件的主要受理机关，应当使用全称或者规范化简称、统称。

（五）文件如有附件，应当在正文之后、成文日期之前注明附件顺序和名称。有多个附件的，应在各附件首页的左上角编注附件序号。草拟文件时，应当将附件顺序和名称在文后写明。

（六）文件除"会议纪要"外，应当加盖印章。联合上报的文件，由主办机关加盖印章。上级部门另有规定的，按要求执行。联合下发的文件，发文机关都应当加盖印章。

（七）成文日期，以本单位负责人签发的日期为准。

（八）抄送机关指除主送机关外需要执行或知晓文件内容的其他机关。填写抄送机关时，应当使用全称或者规范化简称、统称。

（九）文字从左至右横写、横排。

第八条　文件中各组成部分的标识规则，参照《国家行政机关文件格式》国家标准执行。文件用纸尺寸采用国际标准 A4 纸规格，左侧装订。

第五章 行 文 规 则

第九条 行文应当确有必要，注重效用。行文关系根据隶属关系和职权范围确定，一般不得越级请示和报告。

第十条 除上级机关领导直接交办的事项外，上报文件不得直接报送上级机关领导个人，一律报送上级机关。

第十一条 "请示"应当一文一事：一般只写一个主送机关，如需同时送其他机关，应当用抄送形式。不得抄送下级单位。"报告"不得夹带请示事项。

第六章 发 文 办 理

第十二条 发文办理指以本单位名义编制发放文件的过程，包括草拟、审核、签发、复核、缮印、用印、登记、分发等程序。具体程序：拟稿→相关部门（中心）审核→办公室核稿→分管领导会签→主要负责人签发→编号→打印→校对→缮印→用印分发（归档）。

第十三条 草拟文件应当做到：

（一）确有行文必要。

（二）文种选择正确。

（三）观点正确，条理清晰，表述准确，文字精练。

（四）引用准确，引用文件先引标题，后引发文字号：引用日期须具体写明年、月、日，年份用四位阿拉伯数字表示。

（五）结构层次序数，第一层为"一"、第二层为"（一）"、第三层为"1."、第四层为"（1）"。

（六）原则上使用国家法定计量单位。

（七）使用规范化简称，非规范化简称须在第一次使用时注明。

（八）除部分结构序数和在词组、惯用语作为词素的数字必须使用汉字外，应当使用阿拉伯数字。

（九）起草文件的依据文件、重要参考资料及说明材料应附在文稿之后。

相关部门审核应当做到：

（一）确有行文必要。

（二）符合国家法律、法规及有关政策。××（部门）提新的政策、规定等，要切实可行并有依据和说明。

（三）主送及抄送单位是否合适。

（四）会签部门（中心）及会签顺序是否合适。

第十四条 凡以单位名义制发的文件送单位主要负责人签发之前，先经办公室审核。

办公室应当做到：

（一）确有行文必要。

（二）符合党和国家政策。

（三）文件格式规范，拟文至会签步骤全部完成。

（四）文种选择正确。

（五）结构序数及文件引用正确。

（六）对错、漏字进行初校。

（七）附件正确。

第十五条　文件正式印制前，办公室应当进行复核。重点是审批、签发、校对手续是否完备，附件材料是否齐全，格式是否统一、规范等。经复核需要对文稿进行实质性修改的，应按程序复审。

第十六条　以单位名义制发的文件，由办公室统一印制。

第十七条　以单位对外发送文件，办公室留存1份存档和备查。由办公室统一报送。

第十八条　文件需修订或废止时，由部门（中心）持原批准人批准的文件，到办公室登记备案后，同时更新原保存批准的文件原件，且及时将已发送的文件收回，由办公室集中销毁，防止作废文件非预期使用。

第七章　收　文　办　理

第十九条　收文办理指对收到文件的办理过程，包括签收、登记、拟办、批办、承办、催办等程序。

凡主送、抄送本单位的文件，均应交办公室处理。主送本单位的文件由文秘人员登记，交主要负责人批办后，分送承办分管负责人或部门（中心），由分管负责人或部门（中心）负责人安排阅办。从收文到将文件分发给有关部门（中心），一般在办公室停留不超过2个工作日。

未经办公室登记的文件不得直接呈送领导。公文传输要做到随来随收随登记，随时掌握公文流向。

第二十条　需要办理的文件，办公室应当及时交有关部门（中心）办理，需要两个以上部门（中心）办理的应当明确主办部门（中心）。紧急文件，应当明确办理时限；登记的文件，阅送要及时；批办应明确肯定，结合实际，提出组织实施的具体方案和意见；传阅要严格登记手续，急件急办，合理安排并随时掌握文件行踪，及时询问催退；承办要认真及时，需部门（中心）联合办理的文件，主办部门（中心）要主动牵头，协办部门（中心）要积极配合；催办要积极主动，对重要文件、有时限要求的文件要及时跟踪了解，对文件办理过程中存在问题，要及时向领导汇报，协助解决。

第二十一条　对因特殊情况不能在规定时限内办结的文件，主办部门（中心）应报请分管负责人同意后及时向来文单位和办公室说明延期原因。

第二十二条　有关部门（中心）收到交办的文件后应当抓紧办理，不得延误、推脱。对不宜由本部门（中心）办理的，应当及时返回办公室并说明理由。

紧急文件，主办部门（中心）经办人可持文件当面与会办部门（中心）协商、会签；重要的紧急文件，由主办部门（中心）负责人及时召集有关部门（中心）协商。

第二十三条　审批文件时，对有具体请求事项的，主批人应当明确签署意见、姓名和审批日期，其他审批人圈阅视为同意；没有请示事项的，圈阅表示已阅知。

第八章　文　件　立　卷、归　档

第二十四条　文件办理完毕，应当及时将文件定稿、正本和有关资料整理（立卷），确定保管期限，按照有关规定向档案室移交。电报随同文件一起立卷。个人不得保存应当归档的文件。

第二十五条　归档范围内的文件，应当根据其相互联系、特征和保存价值等整理（立卷），要保证归档文件的齐全、完整，能正确反映本单位的主要工作情况，便于保管和利用。传真件应复印后存档。

第二十六条　拟制、修改和签批文件，应当使用钢笔或签字笔，不得使用铅笔和圆珠笔或使用红色、蓝色墨水书写，书写及所用纸张和字迹材料必须符合存档要求。不得在文稿装订线以外书写。

第九章　文件利用

第二十七条　本单位工作人员因工作需要，可到办公室查阅利用有关的文件资料。

第二十八条　文件利用者应妥善保管好文件，不得在文件上乱涂、乱画，确保文件整洁、清晰、可辨，不得私自外借。文件使用完毕，应及时返还办公室，不得滞留。

第十章　文件管理

第二十九条　文件由办公室统一收发、审核、用印、传递和销毁。

第三十条　传递秘密文件，必须采取保密措施，确保安全。严禁利用计算机、传真机传输秘密文件。

第三十一条　不具备归档和存查价值的文件，办公室经过鉴别并由负责人批准，可以销毁。销毁秘密文件另按照有关保密规定执行。保证不泄密，不丢失，不漏销。禁止将文件和内部资料出售。

第三十二条　工作人员调离工作岗位时，应当将本人暂存、借用的文件按照有关规定移交、清退。

第十一章　附　则

第三十三条　本办法由办公室负责解释，自发文之日起施行。

◆**评审规程条文**

2.4.2　记录管理制度应明确记录管理职责及记录的填写、收集、标识、保管和处置等内容，并严格执行。

◆**法律、法规、规范性文件及相关要求**

SL/T 789—2019《水利安全生产标准化通用规范》

◆**实施要点**

1. 记录管理制度是为了保证水文安全生产管理工作的规范性和标准化，确保记录的真实性、可追溯性和有效性。

2. 记录内容应涵盖检查记录、设施设备维护保养记录、安全生产活动、培训记录、劳保防护用品领用记录等各类记录。

3. 安全生产记录应真实、完整、准确，能反映安全生产的过程，为今后的安全生产管理、事故原因分析等提供有价值的信息。

4. 归口管理部门负责制定记录管理制度，制度内容应齐全、适用、符合现行法律法规，以正式文件发布。

5. 各职能部门负责职责范围内各类安全生产记录的填写、查阅和保管工作，并确保安全生产记录的有效性、完整性、一致性。

6. 所有的安全生产记录都应按照安全生产记录管理制度执行。

［参考示例］

关于印发《×××安全生产记录管理制度》的通知

各部门、各监测中心：

现将《×××安全生产记录管理制度》印发给你们，请结合实际，认真贯彻执行。

附件：×××安全生产记录管理制度

×××

年　月　日

附件：

×××安全生产记录管理制度

第一章　总　　则

第一条　为规范安全生产记录（以下简称记录），确保记录的有效性、完整性，特制定本制度。

第二条　本制度适用于×××安全生产标准化运行活动记录管理，包括记录职责、填写、标识、收集、存储、保护、检索和处置等要求。

第二章　管　理　职　责

第三条　安全生产领导小组指导全单位范围内的记录工作。

第四条　各职能部门负责职责范围内各类记录的编制、填写、定期整理、分类、编制目录等工作。

第五条　安全生产领导小组明确一名记录管理人员，全面负责×××安全生产标准化运行活动记录的管理、归档等工作。

第三章　记录填写、收集和标识

第六条　记录项目包括各类检查记录、设施设备维护保养记录、安全生产活动、培训记录、劳保防护用品领用记录等与安全生产相关的各项记录。

第七条　记录应包括记录名称、内容、人员、时间、记录单位名称。

第八条　记录基本要求：内容真实、准确、清晰；填写及时、签署完整；编号清晰、标识明确；易于识别与检索；完整反映相应过程；明确保存期限。

第九条　表格类记录要按表式内容进行全面认真的记录，做到书写规整，字迹清楚，不准少记或漏记，不准随意乱写乱画，不准弄虚作假，伪造内容，任意涂改。如有缺项应注明原因，不能划线代替，不能留空白。

第十条　记录应妥善保管、便于查阅、避免损坏、变质或遗失，应规定其保存期限并予以记录。

第十一条　记录保管员负责对各项记录进行编号标识。

第四章　记录存储、检索和保护

第十二条　记录应妥善保存，记录原件一般不准外借，只能在记录保管员处查阅，特殊情况下，须经领导同意，并填写《×××记录借阅登记表》（详见附表1）后方可借出，必须在规定时间内送还。

第十三条　贮存于计算机系统数据库内的记录，要复制备份文件，以防原始记录丢失，应注意计算机应用软件的更新以及配备必要的硬件和软件，同时要规定各类记录调用的授权和设置防火墙，各种电子媒体记录也要进行控制，不能随意复制、拷贝，如需复制、拷贝须经单位主要领导同意。

第十四条　各职能部门应确定适宜的地点按期限保存其记录，对其保存环境条件经常检查，确保在保存期限内记录保存良好，并便于查阅。

第十五条　各职能部门分别按规范要求制定档案号，以便于检索。

第五章　记　录　处　置

第十六条　记录不得随意销毁，过期的记录须填写《×××记录处置审批表》（详见附表2），经主要负责人及安全生产领导小组审批后才能进行相应处置。处置完成后填写《×××记录销毁清单》（详见附表3），由销毁人、见证人签名，部门负责人审核确认，《×××记录销毁清单》应长期保存。

第十七条　有参考价值的记录需保留时，由记录保管人在记录的右上角以醒目颜色标明"过期"字样。

第十八条　记录的销毁可采用粉碎、焚烧、当废品变卖等方式处理。

第六章　附　　则

第十九条　本制度由安全生产领导小组负责解释。

第二十条　本制度自发文之日起施行。

附表：1.×××记录借阅登记表

　　　2.×××记录处置审批表

　　　3.×××记录销毁清单

附表1

×××记录借阅登记表

编号：××-AQ-2.4.2-01

记录名称		借阅部门	
借阅用途：			
拟归还时间：			
		借阅人： 借阅日期：	
领导意见			
			年　月　日
记录归还登记			
归还日期		归还人签字	
记录是否完整		管理员签字	
备注			

附表 2

×××记录处置审批表

编号：××-AQ-2.4.2-02

序号	记录名称	处理原因	处理方式	处理日期	备注
主要领导意见		年　月　日	安全生产领导 小组意见		年　月　日

附表 3

×××记录销毁清单

编号：××-AQ-2.4.2-03

序号	记录 名称	销毁 日期	销毁 数量	批准日期 （记录处置审批表）	销毁人	见证人	部门 负责人	备注

◆**评审规程条文**

2.4.3　档案管理制度应明确档案管理职责及档案的收集、整理、标识、保管、使用和处置等内容，并严格执行。

◆**法律、法规、规范性文件及相关要求**

《中华人民共和国安全生产法》（2021 年修订）

《中华人民共和国档案法》（2020 年修订）

SL/T 789—2019《水利安全生产标准化通用规范》

《水利档案工作规定》（水办〔2020〕195 号）

◆**实施要点**

1. 为加强档案管理，规范档案收集、整理工作，有效保护和利用档案，水文监测单位应制定档案管理制度。

2. 安全生产档案应涵盖各类管理制度、操作规程的编制、评审、修订、贯彻落实、教育培训等。

3. 归口管理部门根据《中华人民共和国档案法》及有关档案管理的规定，结合本单位档案工作的实际制定档案管理制度，制度内容应齐全、适用、符合现行法律法规，并以正式文件发布。

　　4.各部门负责建立、保管涉及本部门的安全生产档案资料及台账。

　　5.归口管理部门负责安全生产档案的收集、汇总、保存等管理工作。

[参考示例]

关于印发《×××档案管理制度》的通知

各部门、各监测中心：

　　现将《×××档案管理制度》印发给你们，请结合实际，认真贯彻执行。

　　附件：×××档案管理制度

×××

年　月　日

附件：

×××档案管理制度

第一章　总　　则

　　第一条　为加强档案管理工作，提高档案工作质量，更好地为单位工作服务，根据《中华人民共和国档案法》及有关档案管理的规定，结合×××档案工作的实际，制定本制度。

第二章　文 件 材 料 归 档

　　第二条　归档要求

　　（一）是归档文件应齐全完整，实行档案的双轨制，保管期限划分准确。各部门应根据本单位的归档范围和保管期限表的规定，确保应归档文件材料齐全完整，价值鉴定准确。

　　（二）是归档文件整理工作应建立在文档一体化管理基础上，运用计算机及档案管理软件辅助整理工作。所用档案管理软件必须符合地方标准 DB 32/505—2002《文书档案文件级目录数据库结构与交换格式》的要求。

　　（三）是归档文件所使用的书写材料、纸张、装订材料等应符合档案保护要求。用纸尺寸采用国际标准 A4 纸规格，归档文件的字迹应确保耐久性。

　　第三条　归档范围

　　凡是在本单位职能范围活动中形成并具有保存价值的各种载体的历史记录都要归档。各部门、中心等专兼职档案管理人员负责积累、整理、归档。个人和部门不得长期存放和占为己有。

　　第四条　归档时间

　　文件归档在时间上可采取"随办随归"和"集中归档"或两者相结合的方式。无论采取哪种方式，都必须在次年的5月底之前完成。

　　第五条　归档份数

　　一般一份，特殊门类档案要备存两套以上。

　　第六条　归档手续

　　交接双方要根据移交目录清点核对，并履行签字手续。

第三章　安全生产档案管理

第七条　安全生产相关档案应做到完整、合理、科学，为安全生产工作提供依据。

第八条　安全生产档案包括与安全生产相关的文件、管理制度、操作规程的编制、评审、修订、贯彻落实、教育培训以及安全设备设施管理等。

第九条　办公室负责安全文件和资料的收集、汇总、保存以及特种设备和特种作业人员资料和台账的管理工作。

第十条　各部门负责各自安全资料的建档、保存以及涉及本部门（中心）的安全类通知、隐患整改单、规程等的传达、学习和使用。

第十一条　办公室负责文件的发放管理工作。

第十二条　程序

（一）职责与权限

1. 安全生产管理工作必须建立安全档案，由办公室、各部门进行分级管理；

2. 办公室做好相关文件的下发并保存发放记录。对需要进行档案管理的资料进行收集和汇总后归档保存；

3. 各部门应及时将各自的安全资料建档、保存；

4. 本单位工作人员查阅技术资料、图书等需办理借阅手续，借阅者必须爱护并按期归还；外部人员需要借阅资料、图书时，须经主管领导批准后方可借阅；

5. 对于办公室发放的文件，各部门应及时传达、学习和使用，并保存相关传达记录。

（二）档案管理内容

1. 安全组织、机构、人员类；

2. 安全宣传教育类（新进人员三级安全教育、全员定期教育、特种作业人员教育等）；

3. 安全检查类［单位级、部门（中心）检查、专项检查等］；

4. 安全奖惩类；

5. 各种伤亡、事故类；

6. 职业安全卫生实施类；

7. 各种设备安全状态类；

8. 消防类；

9. 特种作业培训、考试、发证类；

10. "三同时"审批手续费；

11. 各种统计、分类报表类；

12. 事故应急救援类。

（三）文件档案保存形式

1. 档案必须入框上架，建立统一的分类标准，分门别类保存，并编号备查，避免暴露或捆扎堆放；

2. 胶片、照片、磁带要专柜密封保管，胶片和照片、母片和拷贝要分别存放；

3. 底图入库要认真检查，平放或卷放；

4. 库藏档案要定期核对，做到账物相符。发现破损变质及时修补或复制。

（四）保存要求

1. 归档文件要做到及时、准确、清晰、专人管理；

2. 档案管理人员随时做好安全档案的保管，注意防盗、防火、防蛀、防潮湿、防遗漏。若发生遗漏和失误要追究相关人员的责任；

3. 各类资料、档案至少保存 10 年，并建立销毁台账。法律法规对特殊档案有其他要求的，遵循相关规定；

4. 需销毁的档案，由档案管理人员编造销毁清册，经领导及有关人员会审批准后销毁。销毁的档案清单由档案管理人员永久保存。

（五）外来文件的管理

外来文件由办公室统一接收，接收人员接收文件前应对文件的完整性进行检查，确认无误后填写外来文件接收清单，并转发到相关部门（中心）。

第四章　技　术　档　案　管　理

第十三条　工程管理的技术档案由技术人员实行集中统一管理，并做好收集、整理、保管、鉴定和提供利用工作，确保档案的完整、准确、系统、安全。

第十四条　凡是在工程建设、管理中形成的技术文件材料，具有保存价值的均应归档。工程建设、维修及测量等活动中产生的科技文件，在成果验收或校核后归档；设备文件在开箱验收或安装完毕之后归档。每项工作结束后，在一个月内整理归档，长期进行的项目，按阶段分批归档。

第十五条　档案柜内在保持适当的温度、湿度的同时要有防盗、防火、防潮、防腐蚀、防有害生物和防污染等设备，以确保档案的安全。

第十六条　档案管理员应将技术档案妥善保管，技术档案的借阅、销毁等必须经请示领导后再作处理。

第十七条　科技档案不得随便借阅或翻印，确因工程需要的应执行下列规定：

（一）外单位要借阅的，需经主要领导批准。

（二）内部门（中心）借阅的，需经分管领导批准。

（三）借阅单位和个人必须认真填写档案借阅登记表。

（四）重要的档案只借出副本。

（五）档案管理员要及时追回借出档案。

第五章　档　案　人　员　职　责

第十八条　认真学习、执行党和国家有关档案工作的方针、政策、法规和条例。对机关各部门形成的各种文件材料的收集、整理归档工作进行监督和指导。

第十九条　集中统一管理各种门类和载体的档案，认真做好档案的收集、整理分类工作，积极提供利用，为单位各项工作服务。

第二十条　档案人员应熟悉档案、资料的室藏和保密范围，编制必要的检索工具和专题资料，热心、耐心、积极地为本单位工作人员服务。

第二十一条　做好档案的日常管理和保护工作，严格执行保密制度，定期检查档案并做好记录，发现问题及时向领导汇报，采取有效措施，保护档案的安全和完整。

第二十二条　积极做好防火、防盗、防光、防尘、防蛀等工作。

第二十三条　档案人员工作调动时，必须在办完档案移交手续后方能离开岗位。

第六章　兼职档案人员职责

第二十四条　兼职档案员是保证单位档案、归档和收集齐全的重要力量。兼职档案员要履行职责，负责收集本单位形成的档案材料，并定期上交办公室。

第二十五条　档案人员要努力提高政治思想、科学文化和档案业务水平，逐步实现档案管理工作科学化、现代化。

第二十六条　认真贯彻《档案法》，实行文书部门立卷归档工作，并对归档的案卷进行分类、加工、整理和科学管理。

第二十七条　负责管理本单位形成的全部档案，积极提供利用，为各项工作服务。

第七章　档　案　借　阅

第二十八条　档案是历史的真实记录，是党和国家的宝贵财富。大力开发档案信息资源，有效利用档案是档案工作的最终目的和价值所在。为了更好地利用档案，特作如下规定：

（一）工作人员查阅档案材料，一般应在阅览室阅读，如确因工作需要，借出档案室查阅的，须填写《档案借阅登记表》（附表）。

（二）案卷借出的期限一般不得超过一周，用后应及时归还，因工作需要继续使用的，应在前一天或当天办理续借手续。利用者对借出的案卷需要妥善保管、严守机密，不得任意转借或带出单位之外，翻阅案卷时要注意爱护，切勿遗失，严禁涂改、勾画、批注、抽页。

（三）档案室在向利用者提供档案的同时，应根据需要附一张《档案利用效果登记表》，利用工作结束后，由利用者如实填写，并及时交档案室存查。

（四）借出和归还案卷时，档案管理人员和借阅人员双方要详细清点，确认无误后方能办理借阅或归还手续，归还的档案应及时入库进箱。

第八章　档　案　鉴　定　销　毁

第二十九条　按照档案保管期限表的规定，对保管期限已满的各类档案，定期进行鉴定销毁。

第三十条　鉴定销毁档案，必须成立鉴定领导小组，其成员由分管领导、业务职能部门和档案室负责人组成。

第三十一条　由单位档案鉴定领导小组会同有关部门严格按照该门类档案的"保管期限表"逐卷（件）进行鉴定，准确判定档案的存、毁，剔除无保存价值的档案，以便销毁。

第三十二条　各门类档案原则上按照保管期限表进行鉴定销毁，如有特殊情况，可适当延长其保管期限。

第三十三条　销毁档案要有严格的手续，首先要写出书面报告，逐卷（件）填写"档案销毁清册"，经保密领导小组审查，并报主管领导批准后，方可销毁。

第三十四条　销毁档案必须注意安全保密，由档案、保密、保卫部门派人参加监销，销毁后应在清册上签名盖章，销毁清册由综合档案室归入全宗卷。

第三十五条　已销毁的档案，必须在相应的《案卷目录》《档案总登记簿》和《案卷目录登记簿》上注明"已销毁"。

第三十六条　鉴定销毁的各种记录材料应妥善保管，作为档案管理的历史记录备查。

第九章　档案库房管理

第三十七条　档案库房要有防高温、防霉、防潮、防光、防火、防尘、防虫、防鼠、防盗等设施，库房要保持干净整洁，不得堆放杂物。

第三十八条　档案室应根据工作需要添置去湿机、吸尘器、计算机等必要的档案设备，档案管理人员要及时做好库房内温湿度记录，随时注意库房温湿度的变化，并采取相应的措施。

第三十九条　档案室应建立全宗卷，以积累存储本单位案卷的立卷说明、分类方案、鉴定报告、交接凭证、销毁清册、检查记录、全宗介绍等材料。

第四十条　非档案工作人员不得私自进入库房，如确因工作需要应有专人陪同。

第四十一条　档案人员离开库房要锁门，下班前要对库房进行一次安全检查，关好门窗，消除一切不安全因素。

第十章　附　　则

第四十二条　本制度由办公室负责解释。

第四十三条　本制度自发文之日起执行。

附表：档案借阅登记表

档案借阅登记表

编号：××-AQ-2.4.3-01

序号	日期	部门（中心）	案卷或文件题名	借阅目的	期限	卷号	借阅人签字	归还日期	备注

◆**评审规程条文**

2.4.4　每年至少评估一次安全生产法律法规、标准规范、规范性文件、规章制度、操作规程的适用性、有效性和执行情况。

◆**法律、法规、规范性文件及相关要求**

SL/T 789—2019《水利安全生产标准化通用规范》

◆**实施要点**

1. 为确保安全生产法律法规、标准规范、规范性文件、规章制度、操作规程的有效性，应定期进行评估，提出存在问题和整改措施，从而满足法律法规相关条款的要求。

2. 安全生产委员会（安全生产领导小组）每年至少组织一次安全生产法律法规、标准规范、规范性文件、规章制度、操作规程的适用性、有效性和执行情况的评估。

3. 汇编每年更新一次，文件适时更新。当《××年安全生产法律法规和其他要求清单》《××年安全生产规章制度汇编》《××年水文作业操作规程汇编》和《××年实验室仪器设备安全操作规程汇编》有更新时，必须立即组织开展评估。若当年没有更新，也应组织一次评估，检验其适用性、有效性和执行情况。

4. 由安全生产委员会（安全生产领导小组）组织开展评估，并出具评估报告，评估报告内容应齐全，包含执行情况、存在问题、整改措施等，应与实际相符。

[参考示例1]

安全生产法律法规、技术标准、规章制度、操作规程评估报告

一、评估目的

为保证法律法规、技术标准、规章制度、操作规程的有效性、适用性，通过对相关法律法规、标准条款的识别、搜集、整理、学习，结合单位实际情况转换为本单位的规章制度及操作规程以正确指导本单位安全生产的日常作业，预防违规现象的出现。从而满足法律法规相关条款的要求，达到保障从业人员身体健康，实现本质安全的目的。

二、评估范围及依据

1. 评审范围：本单位识别的法律法规、技术标准、规章制度、操作规程及其他要求。

2. 评审依据：国家有关部门颁布的最新的、有效的法律、法规及其他要求。

三、评估

（一）法律法规和其他要求评估

通过网络、地方政府部门、上级主管部门、新闻媒体等途径，收集适用于本单位的法律法规和标准，在单位负责人的全面协调下，与各部门管理人员进行交流、与各职工进行学习和讨论，并查阅有关基础资料，对适用于本单位的法律法规和相关要求的有效性进行评估。

（二）安全生产规章制度评估

我单位建立并完善规章制度共46个，满足目前本单位安全生产工作需要。具体如下：①安全生产目标管理制度；②安全生产报告制度；③安全生产承诺制度；④安全生产责任制度；⑤安全生产例会制度；⑥安全生产考核奖惩管理办法；⑦安全生产投入制度；⑧安全教育培训管理制度；⑨安全生产信息化管理制度；⑩新技术、新工艺、新材料、新设备设施管理制度；⑪法律法规标准规范管理制度；⑫文件管理制度；⑬记录管理制度；⑭安全生产档案管理制度；⑮重大危险源管理制度；⑯安全风险管理制度；⑰生产安全事故隐患排查治理制度；⑱班组安全活动管理制度；⑲特种作业人员管理制度；⑳建设项目安全设施、职业病防护设施"三同时"管理制度；㉑设施设备登记管理制度；㉒安全设施管理制度；㉓作业安全管理制度；㉔危险化学品管理制度；㉕安全警示标识管理制度；㉖消防安全管理规定；㉗交通安全管理制度；㉘防洪度汛安全管理制度；㉙度汛方案；㉚水文设施维修养护制度；㉛用电安全管理制度；㉜备用电源管理制度；㉝临时用电管理制度；㉞仓库安全管理制度；㉟安全保卫管理制度；㊱工程巡查巡检制度；㊲变更管理制度；㊳职业健康管理制度；㊴劳动防护用品管理制度；㊵安全预测预警和突发事件应急管理制度；㊶安全事故应急救援制度；㊷应急物资和装备管理制度；㊸事故报告、调查和处理制度；㊹工伤保险管理制度；㊺相关方管理制度；㊻安全生产标准化绩效评定管理制度。

（三）操作规程评估

我单位组织编制了《水文作业操作规程汇编》，包括：涉水作业规程、桥测作业操作规程、缆道测流操作规程、无人机使用管理规定及安全操作规程等作业操作规程，实验室

编制了《实验室仪器设备安全操作手册》《实验室危险化学品安全操作规程》《玻璃器皿作业操作规程》《野外采样作业操作规程》。×××按照"水文监测单位安全生产标准化×级单位"要求进行评审，经评审，我单位编制的安全操作规程基本涵盖了各岗位、各类仪器设备，各类规程满足国家法律法规要求，总体符合要求。

四、评估人员

评估组组长：

评估组副组长：

评估人员：

五、评估时间：　年　　月　　　日

六、评估结论

×××对适用于本单位的法律法规、技术标准、规章制度、操作规程及其他要求的有效性进行了评审，通过本次评估，我单位辨识的法律法规和其他要求，制定的规章制度、操作规程基本有效。我单位已建立了法律、法规和其他要求识别、获取、培训、沟通等规范的管理渠道，运行正常，规章制度、操作规程基本完善，能够基本满足安全生产工作需求。

七、存在问题及整改措施

（一）存在问题

1. 法律法规辨识不全，同时清单内部分文件需要更新。如××年年底评估，则××年印发修订的法律法规文件都是需要调整的。

2. 规章制度中安全生产标准化绩效评定管理制度不够健全。

（二）整改措施

1. 由办公室组织更新完善法律法规清单。

2. 由办公室组织修订完善安全生产标准化绩效评定管理制度，并及时发布实施。

[参考示例2]

安全生产法律法规规范及规章制度评估修订记录表

编号：××-AQ-2.4.4-01

评估组组长		职务	
评估日期		地点	

评估概况：

1.

2.

拟更新、修订理由及更新、修订内容：

1.

2.

参加评估人员签名：

◆**评审规程条文**

2.4.5　根据评估、检查、自评、评审、事故调查等发现的相关问题，及时修订安全生产规章制度、操作规程。

◆**法律、法规、规范性文件及相关要求**

SL/T 789—2019《水利安全生产标准化通用规范》

◆**实施要点**

1.各职能部门根据评估、检查、自评、评审、事故调查等发现的相关问题，及时组织人员对安全生产规章制度和操作规程进行修订和完善、废止或重新制定，经安全生产委员会（安全生产领导小组）审批同意后交归口管理部门汇总。

2.归口管理部门收集汇总修订后的规章制度、操作规程，并以正式文件发布。

［参考示例1］

×××安全生产规章制度、操作规程修订记录表

编号：××-AQ-2.4.5-01

制度/规程名称		修订时间	
修订部门		修订人员（签名）	
修订依据			
修订原因			
修订内容			
安全生产领导小组审批意见			年　月　日
备注			

［参考示例2］

关于修订《×××安全生产规章制度汇编》（××年修订版）的通知

各部门、各监测中心：

为促进单位安全生产管理工作，提高安全生产管理水平，完善安全生产规章制度，经安全生产领导小组研究通过，现将修订后的《×××安全生产规章制度汇编》（××年修订版）印发给你们，请遵照执行。原《×××安全生产规章制度汇编》同步废止。

特此通知。

附件：×××安全生产规章制度汇编（××年修订版）

×××

年　月　日

第五章 教 育 培 训

安全教育培训是为了使水文监测单位从业人员熟悉有关安全生产规章制度和安全操作规程，具备必要的安全生产知识，掌握本岗位的安全操作技能，增强预防事故、控制职业危害和应急处理的能力。

安全教育培训规定了教育培训管理和人员教育培训等工作要求。其中教育培训管理包括培训制度、培训机构、培训计划、培训档案等工作内容；人员教育培训包括需要培训的人员类别、培训类型、培训证书等工作内容。

第一节 教 育 培 训 管 理

教育培训管理是为了增强职工的安全意识、提高自我防护能力和遵章守纪的自觉性，预防和减少各类安全事故的发生，维护稳定的生产、工作秩序，确保安全生产。教育培训应包括教育培训制度的建立、建立健全培训组织机构、制定有针对性的培训计划、对培训效果进行评估、建立安全教育培训记录档案等内容。

◆**评审规程条文**

3.1.1 安全教育培训制度应明确归口管理部门、培训的对象与内容、组织与管理、检查和考核等要求。

◆**法律、法规、规范性文件及相关要求**

《安全生产培训管理办法》（2015 年版）

《生产经营单位安全培训规定》（2015 年版）

SL/T 789—2019 水利安全生产标准化通用规范

《水利部关于进一步加强水利安全培训工作的实施意见》（水安监〔2013〕88 号）

◆**实施要点**

1. 安全教育培训制度是提高水文从业人员安全思想意识和自我防护能力，预防和减少水文生产安全事故的发生，保障单位安全生产的一项重要制度。水文监测单位应制定安全教育培训制度，并以正式文件发布。

2. 安全教育培训制度应包括：目的、依据、适用范围、管理机构及职责、培训对象与内容、组织与管理、检查与考核等。制度内容应全面完整，不应缺项，并符合有关规定。

3. 为确保培训质量和效果，水文监测单位除制定的安全教育培训制度外，还应建立健全培训组织机构，明确培训主管部门，同时还应接受上级培训主管部门对教育培训的检查和考核。

［参考示例］

关于印发《×××安全生产教育培训制度》的通知

各部门、各监测中心：

为贯彻落实国家安全生产管理要求，进一步提高全体水文从业人员安全意识和安全素质，预防生产安全事故的发生，切实提升应急处置的能力，经单位党委暨安全生产领导小组研究，我单位制定了《×××安全教育培训制度》，现予印发，请认真贯彻执行。

附件：×××安全生产教育培训制度

×××

年　月　日

附件：

×××安全生产教育培训制度
第一章 　总 　　则

第一条 　为贯彻"安全第一、预防为主、综合治理"的安全生产方针，加强从业人员安全教育培训，增强从业人员的安全意识、自我防护能力和遵章守纪的自觉性，预防和减少各类安全事故的发生，维护稳定的生产、工作秩序，确保安全生产，结合本单位实际情况，特制订本制度。

第二条 　本制度依据国务院安委会《关于进一步加强安全培训工作的决定》《水利部关于进一步加强水利安全培训工作的实施意见》等制定。

第三条 　各部门从业人员、外来人员等的安全教育，适用本制度。

第二章 　管 理 机 构 及 职 责

第四条 　安全生产领导小组负责审批本单位年度安全教育培训计划。

第五条 　安全生产领导小组办公室为安全教育培训归口管理部门，负责把安全教育培训计划纳入单位从业人员教育培训体系，制定全单位《年度安全教育培训计划》，落实上级及相关行业组织的各类安全培训，指导各部门教育培训工作；编制本单位从业人员安全教育培训年报，上报上级主管单位；负责安全教育计划经费管理。

第六条 　安全生产领导小组负责组织实施单位级安全教育培训，建立安全教育培训台账和安全教育培训档案，对各部门安全教育培训工作进行检查。

第三章 　培 训 对 象 与 内 容

第七条 　单位主要负责人、分管安全负责人、其他负责人以及各部门负责人和专（兼）职安全生产管理人员，应参加与本部门所从事的生产经营活动相适应的安全生产知识、管理能力和资格培训，按规定进行复审培训，获取由培训机构颁发的合格证书。

第八条 　安全生产管理人员初次安全培训时间不得少于32学时，每年再培训时间不得少于12学时，新进人员的三级安全培训教育时间不得少于24学时，一般在岗作业人员每年安全生产教育和培训时间不得不少于8学时。

第九条 　单位主要负责人及相关安全生产管理人员安全培训应当包括下列内容：

1. 国家安全生产方针、政策和有关安全生产的法律、法规、规章和标准；

2. 安全生产管理基本知识、安全生产技术、安全生产专业知识；

3．重大危险源管理、重大事故防范、应急管理和救援组织及事故调查处理的有关知识；

4．职业危害及其预防措施；

5．国内外先进的安全生产管理经验；

6．典型事故和应急救援案例分析；

7．其他需要培训的内容。

第十条　单位从业人员一般性培训通常要接受的教育培训内容：

1．安全生产方针、政策、法律法规、标准及规章制度等；

2．相关设备操作规程、安全生产制度、职业病防治知识等；

3．作业现场及工作岗位存在的危险因素、防范及事故应急措施；

4．有关事故案例、通报等；

5．其他需要培训的内容。

第十一条　新进人员培训内容及要求

新进人员上岗前应接受安全教育培训，考试合格后方可上岗。岗前安全教育培训内容应当包括：

1．单位安全生产情况及安全生产基本知识；

2．单位安全生产规章制度和劳动纪律；

3．从业人员安全生产权利和义务；

4．工作环境及危险因素；

5．可能遭受的职业危害和伤亡事故；

6．岗位安全职责、操作技能及强制性标准；

7．自救互救、急救办法、疏散和现场紧急情况的处理；

8．安全设施设备、个人防护用品的使用和维护；

9．预防事故和职业危害的措施及应注意的安全事项；

10．有关事故案例；

11．其他需要培训的内容。

第十二条　在新工艺、新技术、新材料、新设备投入使用之前，应当对有关从业人员重新进行针对性的安全培训。学习与本部门从事的生产经营活动相适应的安全生产知识，了解、掌握安全技术特性，采用有效的安全防护措施。对有关管理、操作人员进行有针对性的安全技术和操作规程培训，经考核合格后方可上岗操作。

第十三条　转岗、离岗作业人员培训内容及要求

作业人员转岗、离岗一年以上，重新上岗前需重新进行安全教育培训，经考核合格后方可上岗。培训情况记入《安全生产教育培训台账》。

第十四条　特种作业人员培训内容及要求

特种作业人员应按照国家有关法律、法规接受专门的安全培训，经考核合格，取得特种作业操作资格证书后，方可上岗作业。并按照规定参加复审培训，未按期复审或复审不合格的人员，不得从事特种作业工作。

离岗六个月以上的特种作业人员，相关部门应对其进行实际操作考核，经考核合格后

方可上岗工作。

第十五条　相关方作业人员培训内容及要求

本着"谁用工、谁负责"的原则，对项目承包方、被派遣劳动者进行安全教育培训。

督促项目承包方按照规定对其从业人员进行安全生产教育培训，经考核合格后方可进入施工现场。

需持证上岗的岗位，不得安排无证人员上岗作业。

项目承包方应建立分包单位进场作业人员的验证资料档案，做好监督检查记录，定期开展安全培训考核工作。

第十六条　外来参观、学习人员培训内容及要求

外来参观、学习人员到水文作业现场进行参观学习时，由接待部门对外来参观、学习人员可能接触到的危险和应急知识等内容进行安全教育和告知。

第十七条　接待部门应向外来参观、学习人员提供相应的劳保用品，安排专人带领并做好监护工作。接待部门应填写并保留对外来参观、学习人员的安全教育培训记录和提供相应的劳动保护用品记录。

第四章　组　织　与　管　理

第十八条　培训需求的调查

各部门每年年初根据本部门的安全生产实际情况，组织进行安全教育培训需求识别并报送安全生产领导小组办公室。

第十九条　培训计划的编制

安全生产领导小组办公室将各部门上报的《安全教育培训需求调查表》进行汇总，编制单位年度安全教育培训计划，报单位安全生产领导小组审批通过后，以正式文件发至各部门。

第二十条　培训计划的实施

1. 单位安全教育培训由安全生产领导小组办公室负责组织实施，并建立《安全教育培训记录》。

2. 外部培训由人事部门组织实施，落实培训对象、经费、师资、教材以及场地等。培训结束后获取的相关证件由安全生产领导小组办公室备案保存。

3. 列入部门培训计划的自行培训，由相关部门制定培训实施计划，组织实施教育培训。

第二十一条　计划外的各项培训，实施前均应向安全生产领导小组办公室提出培训申请，报单位分管负责人批准后组织实施。培训结束后保存相关记录。

第五章　检　查　与　考　核

第二十二条　安全教育培训结束后，教育培训主办部门应对本次教育培训效果做出评估，并根据评估结果对培训内容、方式不断进行改进，确保培训质量和效果。效果评估结果填写在《安全教育培训记录》中。

第二十三条　单位安全生产领导小组定期对全单位安全教育培训工作进行检查，对安全教育培训工作作出评估，并按照有关考核办法进行考核奖惩。

第六章　附　　则

第二十四条　安全教育培训记录按安全生产领导小组要求规范存档，记录表详见

附件。

第二十五条 本制度由安全生产领导小组办公室负责解释。

第二十六条 本制度自发文之日起执行。

附件1 ××安全生产教育培训档案

附件2 ××安全教育培训台账

附件1

××安全生产教育培训档案

编号：××-AQ-3.1.1-01

姓名		性别		民族		出生年月	
籍贯				身份证号码			
单位				部门		岗位	
文化程度				职务		职称	

工作简历		
起止年月	在何地、何部门、何任职	备注

学历情况			
毕业学校	学习专业	毕业时间	证书编号

各类培训情况				
培训名称	培训内容	培训时间	发证机关	证书编号

附件2

××安全教育培训台账

培训活动名称：

编号：××-AQ-3.1.1-02

序号	日期	部门	班组	姓名	考试成绩

◆评审规程条文

3.1.2　定期识别安全教育培训需求，编制培训计划，按计划进行培训，对培训效果进行评价，并根据评价结论进行改进，建立教育培训记录、档案。

◆法律、法规、规范性文件及相关要求

《中华人民共和国安全生产法》（2021 年修订）

《安全生产培训管理办法》（2015 年版）

《生产经营单位安全培训规定》（2015 年版）

SL/T 789—2019《水利安全生产标准化通用规范》

《水利部关于进一步加强水利安全培训工作的实施意见》（水安监〔2013〕88 号）

◆实施要点

1. 水文监测单位应根据相关法律法规、制度规程、技术标准，结合工作环境、设施设备等实际情况，提出从业人员安全教育培训的需求。

2. 水文监测单位安全生产领导小组应定期征求、收集各部门和从业人员的意见，每年至少一次识别分析安全教育培训需求，并根据需求编制安全教育年度培训计划，并确保培训计划合理可行。

3. 安全教育年度培训计划应包含培训目标、培训内容、培训经费、培训要求、培训场地、培训教材、培训教师等内容。安全生产制度、操作规程和应急预案等重点内容，培训不能遗漏。

4. 水文监测单位应通过现场评价、考试、检查等形式对每次培训效果进行评估，分析存在问题，进行必要的改进。

5. 安全教育培训档案应包括计划、实施、评估、改进等全过程档案。培训档案应记录完整、归档及时。

［参考示例］

关于印发《××年度从业人员安全生产教育培训计划》的通知

各部门、各监测中心：

为进一步提高从业人员安全意识和安全素质，增强预防事故和应急处置的能力，经单位党委暨安全生产领导小组研究，制定了《××年度从业人员安全生产教育培训计划》，现予印发，请认真贯彻执行。

附件：××年度从业人员安全生产教育培训计划

×××

年　月　日

附件：

××年度从业人员安全生产教育培训计划

一、总体思路

以党的二十大和历届全会精神和习近平总书记关于安全生产工作的重要指示精神为指导，牢固树立"培训不到位是重大安全隐患"的意识，坚持依法培训，以落实持证上岗和先培训后上岗制度为核心，以落实安全培训主体责任、提高安全培训质量为着力点，严格安全培训监督检查和责任追究，扎实推进安全培训内容规范化、方式多样化、管理信息化、方法现代化和监督日常化，努力实施全覆盖、多手段、高质量的安全培训，切实杜绝"三违"行为，确保全单位安全生产形势持续稳定。

二、工作目标

（一）各部门（单位）主要负责人、专兼职安全管理人员和特种作业人员 100% 持证上岗。

（二）转岗或离岗六个月以上重新上岗操作人员、新进人员、被派遣劳务者 100% 岗前培训合格后再上岗。

（三）新工艺、新技术、新材料、新设备投入使用前，对有关管理、操作人员进行专门的安全技术和操作技能培训。

（四）安全教育培训学时、记录、考核、评估、档案符合安全标准化管理相关要求。

三、培训重点和主要内容

（一）培训重点

1. 加强安全生产法制教育，提高安全法制意识和依法治安的管理水平，认真贯彻执行安全生产法律法规和各项规章制度，将安全教育覆盖到全单位每个从业人员和相关方人员，贯穿于各项工作的全过程，做到"全员、全面、全过程"的安全教育。

2. 加强业务技能培训，通过内部培训、参观学习、取证培训等多种培训方式，采取上课、讲座、自学、观摩等多种形式开展岗前、转岗、新进人员业务培训，不断提升操作人员的业务水平和操作技能，增强履行岗位职责的能力。

3. 大力加强安全文化建设。以"××年安全生产月"活动为总抓手，开展各项安全宣传教育活动，广泛组织多种形式的安全文化宣传活动，创新宣传教育方式，大力开展知识竞赛、讲座、安全进单位、进班组等活动，营造以人为本、生命至上的氛围。进一步提高全员安全意识，使科学发展、安全发展的理念，成为凝聚共识、汇聚力量、推动安全生产的思想动力。

（二）培训方式

1. 利用多种渠道，开展安全生产法律法规、方针政策、安全常识培训。

2. 认真组织开展"安全生产月"活动，开展安全知识网络竞赛、安全法律法规宣传、隐患排查治理、应急演练等集中宣传教育活动。

3. 组织讲坛、自学、观摩等，开展岗前、转岗、新进人员业务培训。

4. 聘请专家来单位与组织参加上级主管单位培训相结合，组织学习交流。鼓励从业人员参加操作技能认证培训、执业资格培训以及学历教育。

（三）落实持证上岗制度

1. 根据安全组织保障需要和相关要求，继续做好安全主要负责人、安全管理人员、特种作业人员的安全教育培训。积极组织专（兼）职安全管理人员、班组安全员参加安全知识培训，不断提高安全管理人员专业水平。

2. 结合单位安全生产状况，重点抓好新进人员的"三级"安全教育培训，规范单位对复岗、转岗人员和使用新工艺、新技术、新材料、新设备人员的安全技能培训，确保培训的针对性和实效性。

3. 重点进行危化品化验、野外监测、无人机操作、缆道测流等业务技能培训。主要内容包括：相关法律法规、安全规程、单位规章制度、应急预案等。特别是汛期，要做好作业人员的岗前培训。每次培训后及时进行培训效果评估，确保培训效果。

4. 特种设备与特种作业人员学习与取证。针对特种设备、特种工种，选派从业人员参加特种设备管理资格培训和特种作业操作资格证书培训，达到持证上岗。

（四）做好相关方人员的安全培训

1. 劳务派遣部门要加强劳务派遣工基本安全知识培训，劳务使用单位要确保劳务派遣工与本单位从业人员接受同等安全培训。

2. 项目实施部门要督促施工企业做好施工人员的安全教育培训，验证特种作业人员安全培训合格证书。

3. 大学生来单位参加社会实践，接收部门应做好相应岗位的安全培训。对外来参观人员，接收部门应做好相应的安全告知。

四、培训经费

按照单位安全生产经费计划列支。如实际开支超出预算，提前向单位请示增加培训费用，以确保安全教育培训正常开展。

五、工作要求

安全培训由办公室牵头，各部门共同组织实施，要把安全培训工作与落实安全主体责任有机结合起来，突出重点，狠抓落实，杜绝形式主义，切实让安全培训活动取得实效；岗位培训由相关职能部门牵头，各部门协调配合。

安全培训要按照《××年度从业人员培训计划表》规定的内容有序开展，培训内容、学时、人员只能增加不得减少。培训的记录、图片、考卷、证书等档案资料及时整理归档。对培训效果进行评估，并填写《培训效果评估表》。

附件1　×××20××年度从业人员培训需求表
附件2　×××20××年度从业人员培训计划表
附件3　×××20××年度从业人员培训效果评估表

附件1

×××20××年度从业人员培训需求表

编号：××-AQ-3.1.2-01

单位（部门）	
培训内容	
培训目的需求	

单位（部门）	
培训时间安排	

形式		人数		经费估算	

单位部门意见	负责人： 　　年　月　日
主管部门意见	负责人： 　　年　月　日
备注	

附件 2

×××20××年度从业人员安全生产培训计划表

编号：××-AQ-3.1.2-02

序号	项目名称	培训内容	培训对象	举办者	培训时间	学时	培训地点	培训人数
1	操作规程培训	水质化验规程	水质部门从业人员	水质部门				
2	操作规程培训	水文测验规程	水情部门从业人员	水情部门				
3	法律法规学习	法律法规考试	全体从业人员	办公室				
4	安全生产管理制度、应急预案培训	安全生产管理制度及应急预案学习	全体从业人员	办公室				
5	安全生产标准化及工程管理考核调研	安全生产标准化	全体从业人员	办公室				
6	从业人员健康知识培训班	职业健康知识	全体从业人员	办公室				
7	隐患排查治理培训	隐患排查方案、排查方法	安全管理人员	办公室				
8	安全风险辨识培训	安全风险辨识结果及控制措施	安全管理人员	办公室				
9	防汛知识培训及应急演练	应急防汛演练	水情、水质、通讯等部门从业人员	办公室				
10	消防安全知识培训	消防、逃生、急救知识	全体从业人员	办公室				
11	安全行车学习会	安全行车知识	全体从业人员	办公室				
12	新进人员岗前培训	岗前培训	新进人员	办公室				

附件 3

×××20××年度从业人员培训效果评估表

课程主题：　　　　　　　　　培训日期：　　　　　编号：××-AQ-3.1.2-03

课程评估		评分标准			
		好 （10、9）	良好 （8）	一般 （7、6）	很差 （5）
课程 内容 部分	1. 适合我的工作和个人发展需要				
	2. 内容深度适中、易于理解				
	3. 内容切合实际、便于应用				
培训 讲师 部分	1. 有充分的准备				
	2. 表达清楚、态度和蔼				
	3. 对进度与现场气氛把握很好				
	4. 培训方式生动多样				
培训 效果 部分	1. 获得了适用的新知识				
	2. 对思维、观念有了启发				
	3. 获得了可以在工作上应用的一些有 效的技巧或技术				
	4. 其他：				

对本人工作上的帮助程度：A. 较小　B. 普通　C. 有效　D. 非常有效

整体上，您对这次课程的满意程度是：A. 不满　B. 普通　C. 满意　D. 非常满意

今后您还需要什么样的培训？您对培训工作有何建议？

填表说明：本评估表评分为四个等级，"好"为9～10分，"良好"为：8分，"一般"为6～7分，"差"为5分，评
分标准只填分数值。

第二节　人员教育培训

　　人员教育培训是指对水文监测单位全体从业人员进行安全生产教育培训，建立培训台账，确保具备相应的安全生产知识与能力。对外来人员应进行安全教育及危险告知并由专人带领监护，安全教育及危险告知应记录存档。

◆**评审规程条文**

　　3.2.1　单位主要负责人、专（兼）职安全生产管理人员应经过必要的培训，具备与本单位所从事的生产经营活动相适应的安全生产知识与能力。

◆**法律、法规、规范性文件及相关要求**

　　《中华人民共和国安全生产法》（2021 年修订）

　　SL/T 789—2019《水利安全生产标准化通用规范》

◆**实施要点**

1. 单位主要负责人一般指单位法定代表人。专（兼）职安全生产管理人员是指单位分管安全负责人、安全生产机构负责人及其管理人员，以及未设安全生产机构的本单位专、兼职安全生产管理人员等。

2. 单位主要负责人是本单位安全生产第一责任人，对本单位的安全生产工作全面负责。

3. 单位主要负责人、专（兼）职安全生产管理人员的培训内容应包括：

（1）单位主要负责人。国家安全生产方针、政策和有关安全生产的法律、法规、规章及标准；安全生产管理基本知识、安全生产技术、安全生产专业知识；重大危险源管理、重大事故防范、应急管理和救援组织以及事故调查处理的有关规定；职业危害及其预防措施；国内外先进的安全生产管理经验；典型事故和应急救援案例分析；其他需要培训的内容。

（2）专（兼）职安全生产管理人员。国家安全生产方针、政策和有关安全生产的法律、法规、规章及标准；重大危险源管理、重大事故防范、应急管理和救援组织以及事故调查处理的有关规定；安全生产管理、安全生产技术、职业卫生等知识；伤亡事故统计、报告及职业危害的调查处理方法；国内外先进的安全生产管理经验；典型事故和应急救援案例分析；其他需要培训的内容。

单位安全生产主管部门应对主要负责人和专（兼）职安全管理人员持证情况进行登记，主要包括姓名、资质证号、培训时间、有效期限等。在资格证书到期之前3个月，向具备相应资质的培训机构报名培训，经考试合格，换取新的资格证书，以保证资格证书在有效期内。

4. 单位主要负责人和专（兼）职安全生产管理人员应参加上级水行政主管部门或当地安全生产监管部门培训机构的培训，考试合格后，取得相应的资格证书，持证上岗。

5. 单位主要负责人和专（兼）职安全生产管理人员应具备与水文作业活动相适应的安全生产知识与能力，熟悉水文作业岗位安全生产职责要求，掌握水文作业活动中各环节的安全要求，并能及时发现安全隐患，减少安全事故的发生。

[**参考示例**]

××主要负责人和安全生产管理人员资格证书登记表

编号：××-AQ-3.2.1-01

姓名	职务/岗位	资 格 类 型	发证单位	证件编号	发证日期	有效期限
		主要负责人				
		安全生产管理人员				
		安全生产管理人员				

◆评审规程条文

3.2.2　对其他管理人员进行教育培训，确保其具备正确履行岗位安全生产职责的知识与能力。

◆法律、法规、规范性文件及相关要求

SL/T 789—2019《水利安全生产标准化通用规范》

◆实施要点

1. 其他管理人员主要是指除单位主要负责人、专（兼）职安全生产管理人员以外的各级管理人员，如：非安全管理部门的其他各部门管理人员、水文测站站长等。

2. 对其他管理人员教育培训是为了使其熟悉水文作业活动的安全生产知识，掌握岗位的安全操作规程和注意事项，正确履行岗位安全生产职责。

3. 其他管理人员安全培训应当包括：国家安全生产方针、政策和有关安全生产的法律、法规、规章及标准；安全生产管理、安全生产技术、职业卫生等知识；事故统计、报告及职业危害的调查处理方法；应急管理、应急处置的内容和要求；国内外先进的安全生产管理经验；典型事故和应急救援案例分析；其他需要培训的内容。

4. 水文监测单位应实现其他管理人员安全教育培训全覆盖，培训合格后，取得相应的培训合格证书，方可上岗。安全生产主管部门应对其他管理人员持证情况进行登记造册，登记主要内容应包括姓名、证件类型、证件编号、发证单位、有效期限等。

5. 其他管理人员应时常关心和关注本部门水文从业人员的身心健康、行为习惯，确保水文作业活动的安全开展。

[参考示例]

《安全培训证书登记表》同 3.2.1[参考示例]。

◆评审规程条文

3.2.3　新员工上岗前应接受三级安全教育培训，培训学时和内容应满足相关规定；在新工艺、新技术、新材料、新设备设施投入使用前，应根据技术说明书、使用说明书、操作技术要求等，对有关管理、操作人员进行培训；作业人员转岗、离岗一年以上重新上岗前，均应进行部门、班组安全教育培训，经考核合格后上岗。

◆法律、法规、规范性文件及相关要求

《中华人民共和国安全生产法》（2021 年修订）

《生产经营单位安全培训规定》（2015 年版）

SL/T 789—2019《水利安全生产标准化通用规范》

◆实施要点

1. 新进人员三级安全教育培训是指新入职人员在正式上岗前参加单位组织的单位级安全教育、部门级安全教育、班组级安全教育。

新工艺、新技术、新材料、新设备（以下简称"四新"）投入使用前的教育培训主要是介绍"四新"，使相关管理、操作人员了解熟悉其使用方法、操作规程等要求，确保其可以正常投入单位水文作业活动中。

离岗、转岗人员教育培训主要是指部门、班组两级培训，离岗、转岗人员通过培训熟知岗位相关安全知识，了解熟悉所涉及的各类设施设备的操作规程，确保岗位安全生产。

2. 新进人员三级安全教育培训、"四新"投入使用前的教育培训以及离岗、转岗人员教育培训的目的是：提高从业人员安全素质，防患于未然，确保从业人员具备相应的安全操作、事故预防和应急处置能力，使从业人员努力做到不伤害自己，不伤害他人，不被他人伤害，保护他人不受伤害。

3. 新进人员三级安全教育培训内容主要包括：

（1）一级（单位级）岗前安全教育培训：安全生产相关法律法规；防汛防旱抢险知识；水文监测单位安全生产情况及安全生产基本知识；水文监测单位安全规章制度和劳动纪律；从业人员安全生产权利和义务；有关事故案例；事故应急救援、事故应急预案演练及防范措施等内容。

（2）二级（部门或站所级）岗前安全培训：工作环境及危险因素；工作现场安全知识及生存技能；所从事工种可能遭受的职业危害和伤亡事故；所从事工种的安全职责、操作技能及强制性标准；自救互救、急救办法、疏散和现场紧急情况的处理；安全设备设施、个人防护用品的使用和维护；本部门安全生产状况及相关规章制度；预防事故和职业危害的措施及应注意的安全事项；有关事故案例；其他需要培训的内容。

（3）三级（班组级）岗前安全培训：岗位安全操作规程；岗位之间工作衔接配合的安全与职业卫生事项；消防安全知识；有关事故案例；其他需要培训的内容。

4. 所有新进人员上岗前均应接受单位、部门、班组三级安全教育培训，培训时间每级不得少于24学时，培训内容应满足规定，培训考核合格后，方能上岗。所有新进人员上岗后，每年再进行至少8学时安全知识再培训。所有新进人员上岗教育培训情况，记入到单位安全生产教育培训台账中。

在"四新"投入使用前，应根据技术说明书、使用说明书、操作技术要求等，对有关从业人员进行有针对性的安全教育培训，并建立"四新"使用前教育培训台账。水文监测单位可自行组织培训，也可外请相关单位承办。

5. 作业人员转岗、离岗一年以上重新上岗前，应对其进行部门、班组安全教育培训并进行考核，合格后方可上岗。作业人员转岗、离岗教育培训情况，一并记入到水文监测单位安全生产教育培训台账中。

[参考示例1]

×××新进人员三级安全教育登记表

编号：××-AQ-3.2.3-01

姓名		性别		联系方式	
身份证号				文化程度	
入职时间	年　月　日			进部门时间	年　月　日
部门				班组/岗位	
培训学时	一级教育（　）二级教育（　）三级教育（　）				

续表

三 级 安 全 教 育 内 容		教育人	受教育人
一级教育	1. 安全生产相关法律法规； 2. 防汛防旱抢险知识； 3. 安全生产情况及安全生产基本知识； 4. 安全生产规章制度和劳动纪律； 5. 从业人员安全生产权利和义务； 6. 有关事故案例； 7. 事故应急救援、事故应急预案演练及防范措施等内容	签名 年　月　日	签名 年　月　日
二级教育	1. 工作环境及危险因素； 2. 工作现场安全知识及生存技能； 3. 所从事工种可能遭受的职业危害（险）和伤亡事故； 4. 所从事工种的安全职责、操作技能及强制性标准； 5. 自救互救、急救办法、疏散和现场紧急情况的处理； 6. 安全设备设施、个人防护用品的使用和维护； 7. 本部门安全生产状况及规章制度； 8. 预防事故和职业危害的措施及应注意的安全事项； 9. 有关事故案例； 10. 其他需要培训的内容	签名 年　月　日	签名 年　月　日
三级教育	1. 岗位安全操作规程； 2. 岗位之间工作衔接配合的安全与职业卫生事项； 3. 消防安全知识； 4. 有关事故案例； 5. 其他需要培训的内容	签名 年　月　日	签名 年　月　日

[参考示例2]

×××"四新"培训实施记录表

单位（部门）：　　　　　　　　　　　　　　　　　编号：××-AQ-3.2.3-02

培训主题			主讲人	
培训地点		培训时间	培训学时	
参加人员				
培训内容				记录人：
培训考核方式		□考试□实际操作○事后检查□课堂评价		
培训效果评估				
		评估人：　　　　　　年　月　日		

填写人：　　　　　　　　日期：

[参考示例3]

×××复岗（转岗）培训记录表

编号：××－AQ－3.2.3－03

姓名			性别		出生年月	
政治面貌			文化程度		专业	
入单位时间			原岗位		现岗位	
离岗时间					重新上岗时间	
培训情况	部门培训	培训时间			授课人	
		培训内容				
	班组培训	培训时间			授课人	
		培训内容				
考试成绩			部门考试成绩		班组考试成绩	
复岗（转岗）培训成绩						
个人确认	签字：　　年　月　日					
所在班组鉴定意见	班长签字：　　　　　　　　　　　　　　　　　　　　　　　年　月　日					
部门考评意见	部门负责人签字：　　　　　　　　　　　　　　　　　　　年　月　日					
安全职能部门意见	办公室签字：　　　　　　　　　　　　　　　　　　　　　年　月　日					
人事部门意见	人事部门签字：　　　　　　　　　　　　　　　　　　　　年　月　日					

◆评审规程条文

3.2.4　特种作业人员应接受规定的安全作业培训，并取得资格证后上岗作业；特种作业人员离岗6个月以上重新上岗前，应经实际操作考核合格后上岗工作；建立健全特种作业人员档案。

◆法律、法规、规范性文件及相关要求

《中华人民共和国安全生产法》（2021年修订）

《中华人民共和国特种设备安全法》（2013年修订，2014年实施）

《中华人民共和国内河交通安全管理条例》（国务院令第709号）

《中华人民共和国船员条例》（国务院令第726号）

《中华人民共和国内河船舶船员适任考试和发证规则》（交通运输部令2020年第12号）

《〈中华人民共和国内河船舶船员适任考试和发证规则〉实施办法》（海船员〔2021〕46号）

《生产经营单位安全培训规定》（2015年版）

《特种作业人员安全技术培训考核管理规定》（2015年版）

《特种设备作业人员监督管理办法》（国家质检总局令第140号）

SL/T 789—2019《水利安全生产标准化通用规范》

《水利安全生产监督管理办法（试行）》（水监督〔2021〕412号）

◆实施要点

1. 特种作业是指容易发生事故，对操作者本人、他人的安全健康及设施设备的安全可能造成重大危害的作业。

2. 水文监测单位的特种作业人员主要是指从事特种作业工种、特种设备管理的作业人员包括：船员，从事电工作业、高处作业人员，管理和操作电梯、压力容器等特种设备的相关人员等。

3. 特种作业人员上岗前，应有相应的合格操作证，持证上岗。离岗6个月以上特种作业人员需重新考核合格后，方可重新上岗。

4. 水文监测单位应对本单位特种作业、特种设备进行梳理，按照相关要求和办法组织特种作业人员进行安全作业培训，按规定申领操作证书，确保所有特种作业人员均满足持证上岗的要求。

5. 水文监测单位应建立特种作业人员档案，一人一档并及时更新，档案内主要包含人员基本信息、培训材料、特种作业上岗操作证书等。特种作业操作证有效期届满需要延期换证的，应按照相关规定及时组织特种作业人员进行复审，确保本单位特种作业人员操作证在有效期之内。

[参考示例1]

×××特种作业人员证书登记表

编号：××-AQ-3.2.4-01

姓名	身份证号	职务/岗位	证件类型	证件编号	有效期限
			电工证		

[参考示例2]

×××特种作业人员复岗转岗实操考核表

编号：××-AQ-3.2.4-02

姓　名		工　种	
作业证类别		作业证号	
离岗时间		复岗时间	
考试时间		考试总成绩	
考试内容			

考核总评：

考核负责人：

年 月 日

[参考示例3]

×××特种作业人员报审表

项目名称： 编号：××-AQ-3.2.4-03

致：×××

经我单位审查，下列特种作业人员的作业操作证齐全有效，请予以审核。

姓名	工种	操作证号	有效期限	发证机关	工作单位

附件：①特种作业操作证复印件份
　　　②特种作业人员身份证复印件份

承包人：
项目负责人：
日期： 年 月 日

审核意见：

×××（名称）：
技术负责人：
单位负责人：
日期： 年 月 日

说明：本表一式三份，水文监测单位，建设单位、相关方单位各一份。

◆**评审规程条文**

3.2.5　每年对在岗从业人员进行安全生产教育培训，培训学时和内容应符合有关规定。

◆**法律、法规、规范性文件及相关要求**

《中华人民共和国安全生产法》（2021年修订）

《安全生产培训管理办法》（2015年版）

《生产经营单位安全培训规定》（2015年版）

SL/T 789—2019《水利安全生产标准化通用规范》

◆**实施要点**

1. 水文监测单位在岗从业人员是指除单位主要负责人、安全管理人员和特种作业人员之外的所有人员。

2. 每年对在岗从业人员进行安全生产教育的目的是保证在岗从业人员具备与所从事水文作业活动相适应的安全生产知识、事故预防和应急处置能力。

3. 在岗从业人员培训应覆盖本单位从业人员、被派遣劳动者、实习学生等。每年均应进行培训，每年的培训时长不少于 8 学时。危险性较大的运行操作人员每年培训时长不少于 20 学时。培训的主要内容包括岗位安全职责、安全生产法规、规程、标准、职业健康、生产安全事故案例等。

4. 水文监测单位每年对所有在岗从业人员安全生产教育培训的学时和内容应符合相关规定，培训记录应完整，培训台账一并记入到单位安全生产教育培训台账中。

[**参考示例**]

×××在岗从业人员安全教育培训记录表

编号：××-AQ-3.2.5-01

姓名		性别		民族		出生年月	
入职时间				岗位		职务	
参加安全教育培训记录							
培训时间	培训地点	组织单位		培训内容		培训学时	培训成绩

◆**评审规程条文**

3.2.6　督促检查相关方的作业人员进行安全生产教育培训及持证上岗情况。

◆**法律、法规、规范性文件及相关要求**

《中华人民共和国安全生产法》（2021 年修订）

SL/T 789—2019《水利安全生产标准化通用规范》

◆**实施要点**

1. 相关方作业人员主要包括承包商施工人员、外来购货人员、为本单位供货或服务人员等。

2. 对相关方作业人员安全生产教育培训及持证上岗情况进行督促检查是为了使其了解本单位的安全生产相关要求，保证其按照本单位的制度、规定从事作业活动，促使相关方作业人员能够安全生产，保护自己和他人的健康和安全。

3. 水文监测单位应在项目实施前与相关方签订安全协议，明确双方安全责任与义务，监督检查相关方对进场作业人员开展的安全教育培训情况，并监督检查进场作业人员持证进场作业情况。

4. 水文监测单位应对相关方进场作业人员的监督检查情况做好相关记录档案。

[参考示例1]

安 全 协 议

甲方：×××（以下简称"甲方"）

乙方：××公司（以下简称"乙方"）

为在××施工合同的实施过程中创造安全、高效的环境，切实搞好本项目的安全管理工作，特此签订安全生产协议。具体如下。

一、甲方职责

1. 严格遵守国家有关安全生产的法律法规，认真执行工程承包合同中的有关安全要求。

2. 按照"安全第一、预防为主"和坚持"管生产必须管安全"的原则进行安全生产管理，做到生产与安全工作同时计划、布置、检查、总结和评比。

3. 定期召开安全生产协调会，及时传达中央及地方有关安全生产的精神。

4. 组织对乙方施工现场安全生产检查，建立安全生产责任制网络、监督乙方及时处理发现的各种安全隐患。

二、乙方职责

1. 严格遵守国家有关安全生产的法律法规和规定，认真执行工程承包合同中的有关安全要求，接受甲方和监理工程师对安全生产工作的指导。

2. 坚持"安全第一、预防为主"和"管生产必须管安全"的原则，加强安全生产宣传教育，增强全员安全生产意识，建立健全各项安全生产管理制度，配备专职及兼职安全检查人员，有组织有领导地开展安全生产活动。各级领导、工程技术人员、生产管理人员和具体操作人员，必须熟悉和遵守本合同条款的各项规定，做到生产与安全工作同时计划、布置、检查、总结和评比。

3. 建立健全安全生产责任制网络。从负责项目实施的项目经理到生产工人（包括临时雇请的民工）的安全生产管理系统必须做到纵向到底，一环不漏；各职能部门、人员的安全生产责任制做到横向到边，人人有责。施工单位的主要负责人是工程的安全生产负责人，对安全生产负领导责任，项目经理是工程的安全生产责任人，对安全生产负直接责任，专职安全员是工程现场的安全生产直接责任人，对安全生产具体负责。现场设置的安全机构，应按施工合同约定，配备安全员，专职负责所有从业人员的安全和治安保卫工作及预防事故的发生。安全机构人员，有权按有关规定发布指令，并采取保护性措施防止事故发生。

4. 乙方在任何时候都应采取各种合理的预防措施，防止其人员发生任何违法、违禁、暴力、违规或妨碍治安的行为。

5. 乙方必须具有省部级建设行政主管部门颁发的安全生产证书，参加施工的人员，必须接受安全技术教育，熟知和遵守本工程的各项安全技术操作规程，定期进行安全技术考核，合格者方准上岗操作，对于从事机动车驾驶、电气、起重、建筑登高架设、焊接、爆破、潜水等特殊工作的人员，须经过专业培训，获得《安全操作合格证》后，方准持证上岗。施工现场如发现无证操作现象，项目经理必须承担管理责任。

6. 加强施工中的交通运输安全管理。

7. 对于易燃易爆的材料除应专门妥善保管之外，还应配备足够的消防设施，所有施工人员都应熟悉消防设备的性能和使用方法。

8. 操作人员上岗，必须按规定穿戴防护用品。施工负责人和安全检查员应随时检查劳动防护用品的穿戴情况，不按规定穿戴防护用品的人员不得上岗。

9. 所有施工机具设备均应定期检查，并有安全员的签字记录，保证其处于完好状态；不合格的机具、设备和劳动保护用品严禁使用。

10. 工作中采用新技术、新工艺、新设备、新材料时，必须制定相应的安全技术措施，施工现场必须具有相关的安全标识牌。

11. 建立主要危险源备案制度，要明确潜在隐患、防范措施和落实责任人。

12. 乙方必须按照本工程项目特点，组织制定本工程实施中的生产安全事故应急救援预案；如果发生安全事故，应按照《国务院关于特大安全事故行政责任追究的规定》以及其他有关规定，及时上报有关部门，并坚持"三不放过"的原则，严肃处理相关责任人。

三、违约责任

如因甲方或乙方违约造成安全事故，将报请有关部门依法追究责任。

本协议一式二份，由双方法定代表人或其授权的代理人签署和加盖公章后生效，全部工程竣工验收后失效。

甲方：   乙方：

法定代表人（或授权代理人）：   法定代表人（或授权代理人）：

地址：   地址：

电话：   电话：

日期：   日期：

［参考示例 2］

《相关方负责人和安全生产管理员资格证书登记表》同 3.2.1［参考示例］。

［参考示例 3］

《相关方特种作业人员证书登记表》同 3.2.4［参考示例 1］。

［参考示例 4］

××相关方特种作业人员持证情况现场验证表

单位（章）：   填表日期： 年 月 日   编号：××-AQ-3.2.6-01

项目名称：			项目负责人：		安全监督人：
单位名称：			现场负责人：		
项目开始时间：			项目结束时间：		
序号	姓名	作业类别	证件号码	身份证号码	验证人
1		焊接与热切割作业	T××××		
2		起重机械指挥 桥门式起重机司机	T××××		

序号	姓名	作业类别	证件号码	身份证号码	验证人
3		起重机械指挥 桥门式起重机司机	T××××		
4					

验证结果：

经现场验证，项目特种作业人员与所持证件相符，证件有效。

项目单位负责人：

［参考示例 5］

××相关方作业人员安全教育培训记录表

编号：××-AQ-3.2.6-02

主讲单位（部门）		主讲人	
受教育单位/人		受教育人数	

教育内容：

□作业场地存在的危险源；

□安全生产法规、标准和安全知识；

□相关单位安全生产规章制度，安全纪律；

□安全生产形势及重大事故案例教训；

□发生事故后如何抢救伤员、排险、保护现场和及时进行报告；

□本项目作业特点、可能存在的不安全因素及必须遵守的事项；

□单位安全生产制度、规定及安全注意事项；

□本工种的安全技术操作规程；

□高处作业、机械设备、电气安全基础知识；

□防火、防毒、防尘、防爆知识及紧急情况安全处置和安全疏散知识；

□防护用品发放标准及防护用品、用具使用的基本知识；

□相关单位安全生产负责人及联系人的交底；

□单位安全生产负责人及具体联系人的交底；

□作业现场设备使用情况的交底培训；

□其他安全生产事项。

记录人（签名）：	日期：	
受教育单位 人员（签名）		

填表说明：1. 应建立健全定期的安全生产教育培训制度；

2. 相关方进场必须进行安全教育；

3. 教育培训完成后必须由本人签名。

◆**评审规程条文**

3.2.7 对外来人员进行安全教育及危险告知，主要内容应包括：安全规定、可能接触到的危险有害因素、职业病危害防护措施、应急知识等。由专人带领做好相关监护工作。

◆**法律、法规、规范性文件及相关要求**

《中华人民共和国安全生产法》（2021 年修订）

SL/T 789—2019《水利安全生产标准化通用规范》

◆**实施要点**

1.外来人员是指进入单位内部进行检查维修、参观、实习、施工等活动的人员。

2.水文监测单位应对所有外来人员进行安全教育及危险告知后，方可同意进入单位内部。进入单位内部应由专人带领并监护。

3.对外来人员进行安全教育及危险告知和专人带领监护是为了确保外来人员的健康和安全，避免因不了解存在的危险风险或因不熟悉环境、不了解正确路线而发生安全事故。

4.外来人员安全教育及危险告知的内容应全面，主要包括：单位有关安全规定、可能接触到的危害因素、作业安全要求、作业安全风险分析及安全控制措施、职业病危害防护措施、应急知识等，安全教育及危险告知应记录存档。

5.外来人员进入单位内部，应按照规定佩戴相关防护用品，完整记录并存档。

[**参考示例 1**]

×××外来作业人员安全教育及危险告知记录表

编号：××-AQ-3.2.7-01

本次作业内容		作业地点	
作业开始时间	年　月　日　时　分		
作业结束时间	年　月　日　时　分		
告知地点		告知日期	

安全教育及危险告知内容：

　　1.×××有关安全规定；

　　2.作业可能接触到的危害因素；

　　3.作业安全要求；

　　4.作业安全风险分析及安全控制措施；

　　5.职业病危害防护措施；

　　6.应急知识。

主讲人：

已知外来人员管理有关规定，可能接触到的危害因素、本次作业的安全要求、应急知识等。

外来人员现场负责人：×××　　　　　　　　　　　　　　　　　　现场负责人：

外来作业人员签到（由外来作业人员填写，现场负责人确认）：

序号	姓名	年龄	性别	工种	联系方式
1					
2					
3					
4					

[**参考示例 2**]

×××外来参观人员安全告知记录表

编号：××-AQ-3.2.7-02

时间	年　月　日	事由	
参观地点			
劳动防护用品		带领人	

一、安全教育及危险告知

安全教育及危险告知内容：

1. ×××有关安全规定；
2. 作业可能接触到的危害因素；
3. 作业安全要求；
4. 作业安全风险分析及安全控制措施；
5. 职业病危害防护措施；
6. 应急知识。

二、参观注意事项告知

为确保人身、设备安全，现对参观时需要注意的事项告知如下：

1. 请在接待工作人员的陪同下有序进入工作现场，并走指定的安全通道，严格服从工作人员管理，严禁在无人陪同的情况下在生产作业区域活动，严禁未经准许触摸任何设备；
2. 参观过程中若有疑问请咨询接待陪同人员，严禁同现场作业人员交谈，主动避让作业人员及作业设备工具，以免影响作业人员正常作业；
3. 进入生产作业现场请严格遵守各种安全标识的提示，若有疑问或不明之处请及时咨询陪同人员；
4. 进入生产作业现场前应严格按照陪同人员要求正确佩戴安全防护用品，进入生产作业现场后严禁擅自解除安全防护用品，若确需解除需得到陪同人员同意并离开生产作业现场；
5. 若遇突发紧急情况，请保持镇静，服从陪同人员的安排有序疏散至安全区域；
6. 参观学习结束后，请将安全防护用品及时归还。

以上安全告知已熟知。

参观学习单位（代表）：×××   现场负责人：

外来参观人员签到（由外来参观人员填写，现场负责人确认）：

序号	姓名	单位	联系方式

第六章 现 场 管 理

水文监测单位现场管理应依据安全生产法律法规、规章制度、技术规程及其他要求等组织实施。现场管理应涵盖设施设备及重点部位、作业、监测环境、危险物品、相关方和职业健康等。应通过建立规章制度，定期检修保养，制定操作规程，规范作业行为，强化危险物品规范管理，配备安全设施，规范水文管理范围内的相关方安全，保护水文监测环境，控制和消除潜在风险，组织职业健康管理，规范警示标识设置。保证在水文监测现场作业中，人、机、料、法、环、测等各环节均按照安全生产目标管理要求控制实施。

第一节 设施设备及重点部位管理

水文监测单位的设施设备及重点部位管理涵盖水文观测的生产业务用房、设施设备和重点部位等的安全管理。管理行为包括建立健全设施设备及重点部位管理制度，完善台账档案，按规范进行定期检查、检测、检修、维护保养，对存在隐患的设施设备应及时处理，确保设施设备和重点部位运行正常，有效防止和减少事故发生，确保设施设备和操作人员安全。

◆ 评审规程条文

4.1.1 基本要求

建立设施设备管理制度；设备设施经验收合格后投入使用；定期组织安全检查、评估；按规定进行安全鉴定；按规范及时维护保养；存在隐患及需报废的设施设备应及时处置；不得关闭、破坏直接关系生产安全的监控、报警、防护、救生设备、设施，或者篡改、隐瞒、销毁其相关数据、信息。

◆ 法律、法规、规范性文件及相关要求

《中华人民共和国安全生产法》（2021 年修订）

SL/T 415—2019《水文基础设施及技术装备管理规范》

SL/T 276—2022《水文基础设施建设及技术装备标准》

◆ 实施要点

1. 水文监测单位应建立设施设备验收登记管理制度。设施设备经验收合格后方可投入使用，使用前还应进行安全检查、评估，存在隐患及需报废的设施设备应及时处理，确保设施设备运行正常。设施设备安全检查、评估记录应完整。

2. 水文监测单位应建立完整的设施设备保养、鉴定、更新、报废处置台账和档案，定期对设施设备进行安全鉴定，按规定及时对设施设备进行保养、更新、报废处置，相关手续应完整。

3. 用于生产安全的监控、报警、防护、救生的设备设施，不得破坏或擅自关闭，相关的数据信息不得隐瞒篡改和销毁。

[参考示例1]

×××设施设备及重点部位管理制度

第一章 总 则

第一条 为加强×××设施设备的管理，保证×××在用设施设备的技术性能和安全运行，防止设施设备性能退化及安全隐患，有效防止和减少事故的发生，确保相关操作人员的健康和安全，特制定本规定。

第二条 本管理制度所指的设施设备及重点部位是指各类水文观测的设施设备、水质化验设备及特种设备、生产管理用房、水环境监测实验室用房、水情分中心机房、仓库用房、水文巡测车、备用电源等。

第二章 管 理 职 责

第三条 设施设备及重点部位的管理实行"谁使用，谁负责，谁管理"的原则。水文测站工作实行测站站长（或测站负责人）负责制。测站站长全面负责本站（包括属站）设施设备的管理。水质化验设备及水环境监测实验室用房由××（部门）管理，机房、备用电源等由××（部门）管理。仓库用房由××（部门）负责管理。

各岗位负责管辖区内设施设备的日常检查、维护保养。

第三章 管 理 要 求

第四条 对于正在使用的设施设备应建立台账和档案，其内容包括设施设备的主要性能参数、投用时间和地点、历次检修记录、检测记录和设备更新情况等。

第五条 设施设备及重点部位管理流程。所有在用设施设备均应按照管理流程受控管理。设施设备的购置、验收、维修和报废程序依照《×××固定资产管理办法》执行。

第六条 设施设备使用和维护。按规定设施设备须经验收合格后方可投入使用，设施设备规格、型号、数量等应与合同一致。设施设备有质量检测报告、清单、产品合格证、说明书等，建立验收文字档案，验收人员签字确认。设施设备操作人员必须熟悉检测设施设备的结构、性能、软件、操作规程及维护保养方法。见习人员应在设备管理人员指导下使用设备设施，外单位人员操作设施设备需经管理人员批准，并在该设施设备操作人员的陪同下进行。

第七条 设施设备应按规定定期开展安全鉴定。鉴定合格后方可投入使用。

第八条 定期检查设施设备安全，定期对设施设备进行维护和检修，并做好安全检查记录。经校准（检定）、功能检查后的设施设备，有效期内管理员负责及时加贴计量认证专用标识，使在用设施设备始终处于受控状态。对于发现的问题应及时处理并做好记录；暴雨、暴风雪、台风等极端天气前后必须组织有关人员对安全设施进行检查或重新验收。

第九条 对现有的设施设备存在的问题应根据"三定一不推"原则限期处理。发现设施设备问题及隐患应制定整改方案及时处理，不能处理时应制定出相应的防范措施并做记录，同时上报有关部门。

第十条 重点设施设备的维护和检查应由专人负责，建立完善的安全检查和运行维护台账。对于重点设施设备要缩短检查周期，检查记录要详尽翔实。重点设施设备问题应优先予以处理。

第十一条 设施设备的报废要求。存在下列情形之一的，可申请报废或更换：

1. 超过使用年限，主要结构和零部件磨损严重，设备效能达不到安全要求；

2. 因意外灾害和重大事故而严重损坏无法修复的；

3. 国家明令淘汰的或由于技改等原因淘汰的；

4. 维修后经检测达不到安全使用要求等。

安全设施设备更换、维修、报废或停用，应及时做好记录。

[参考示例2]

×××设施设备验收单

编号：××-AQ-4.1.1-01

名　　称		管理编号	
型号、规格、出厂编号		数量、价格	
生产厂家		安装地点	

主要技术参数：

随机附件及数量：

随机资料：

安装调试情况：

签字：　年　月　日

设备验收结论：

签字：　年　月　日

备注：

移交部门负责人签名：　　　　　　　　验收部门负责人签名：

[参考示例3]

×××设施设备台账

编号：××-AQ-4.1.1-02

序号	管理编号	名称	型号	规格	测量范围	制造厂	单价	出厂编号	数量	验收日期	领用部门	报废日期

登记人：　　　　　　　　　　　　登记日期：

[参考示例4]

×××设施设备维修申请表

编号：××-AQ-4.1.1-03

名称		管理编号	
制造厂家		型号规格	
出厂编号		购置日期	

申请维修原因：

仪器设备管理员或授权使用者：　　　　　　日期：

部门意见：

签名：　　　　　　　　　　日期：

技术负责人意见：

签名：　　　　　　　　　　日期：

办公室主任意见：

签名：　　　　　　　　　　日期：

[**参考示例 5**]

×××设施设备维修记录

编号：××-AQ-4.1.1-04

仪器名称：		型号：		
生产厂家：		出厂编号：	管理编号：	
日期	故障及检修详细情况	检修鉴定情况	维修人	备注

[**参考示例 6**]

×××设施设备报废申请单

编号：××-AQ-4.1.1-05

申请部门			申请日期		
设备名称		型号		管理编号 出厂编号	
生产厂家		购置日期		使用年限	
数量		购置价格/元			
报废后 暂存地点					

报废具体理由：

申请人签字：

年　月　日

技术负责人意见：

签字：

年　月　日

办公室主任意见：

签字：

年　月　日

备注：

◆**评审规程条文**

4.1.2 水位观测设施

水位观测平台、支架、栈桥和水尺桩表面整洁，无明显裂缝、锈蚀、脱落；基础、护坡、观测道路和踏步无松动、塌陷、隆起、倾斜、渗漏、冻胀、沉陷等缺陷；爬梯、扶手和护栏连接牢固无松动、脱落；防雷设施、接地符合规范要求；水位井盖和天井盖结构牢固、开启方便。

◆**法律、法规、规范性文件及相关要求**

SL/T 415—2019《水文基础设施及技术装备管理规范》

SL/T 276—2022《水文基础设施建设及技术装备标准》

◆**实施要点**

1. 水位观测设施主要包括水位观测平台、支架、栈桥和水尺桩以及水位观测设施周围护坡、护岸、挡墙等建筑物。

2. 水位观测设施基础、平台、支架、栈桥、水尺桩、护坡、观测道路、踏步等应定期进行维修，排除隐患，确保安全运行，无裂缝、塌陷、隆起、倾斜、渗漏、冻胀、沉陷等明显缺陷。

3. 爬梯、扶手和护栏连接应定期检查，限期修复，确保运行安全，无松动、脱落等情况。

4. 水位观测设施防雷设施、接地应符合规范要求，水位井盖和天井盖结构应牢固且开启方便。

5. 水文监测单位应按照职责，定期对设施开展检查养护，及时修复好检查中发现的问题，并做好维修养护记录。

[**参考示例**]

×××水位观测设施检查记录

编号：××-AQ-4.1.2-01

测站：

检查人：复核人：

检查时间：

序号	检查项目	检 查 内 容	检查情况	检查周期
1		房屋主体完好，屋面、墙体无破损、渗漏	是□否□	
2		门窗完好，开关灵活，无渗水现象	是□否□	
3		基础、护坡、观测道路、踏步完好、干净	是□否□	
4		爬梯、扶手、护栏连接完好，无松动、脱落	是□否□	
5	测站环境	水位观测平台、支架、栈桥、水尺桩整洁，无明显裂缝、锈蚀、脱落	是□否□	
6		测站站牌、标识牌、二维码、保护和警示标识牌（桩、杆）等牢固、干净醒目，无损坏、缺失	是□否□	
7		测井无淤积、进水管管口无漂浮物、淤泥	是□否□	
8		雷达水位计下方区域无水草杂物	是□否□	
9		周边无乱堆物、乱停船现象	是□否□	
10		水草未影响观测	是□否□	

续表

序号	检查项目	检 查 内 容	检查情况	检查周期
11	设施设备及维护	水尺设置合规、牢固、垂直	是□否□	
12		水尺牌对接准确无间隙，刻度清晰，无缺失、破损	是□否□	
13		水尺编号应标示，报废水尺已清除	是□否□	
14		各类水准点保护完好，铜头无覆盖、破坏，井盖无破坏	是□否□	
15		遥测水位计外表洁净；RTU和传感器水位与水尺水位一致	是□否□	
16		线盘紧固螺母未松动，悬索灵活；连接线缆未松散	是□否□	
17	安全防护及措施	安全防护用具、用品配备齐全并就近、有序放置	是□否□	
18		测站常规测报仪器、配件充足	是□否□	
19		防雷和接地符合规范要求	是□否□	
20	其他			
21				

发现问题（附照片）：

整改情况（附照片）：

◆ **评审规程条文**

4.1.3 流量测验设施

测流堰、槽、涵、闸、工作桥和水文缆道等表面整洁、结构完整，无明显裂缝、锈蚀和脱落；设施基础和护坡无松动、塌陷、隆起、倾斜、渗漏、冻胀、沉陷等缺陷；爬梯、扶手和护栏连接牢固无松动、脱落；水文缆道重要部件（缆道支架、主索、循环索、吊船索、拉偏索、紧固件、滑轮等）无断股、打结、毛刺、裂缝、锈蚀等问题；安全性、垂度符合 SL 622 规范要求；紧固件、滑轮等重要部件规格、数量、形式、材质符合要求。测流铅鱼、绞车应设置存放保护装置。缆道控制台供电及保护装置、安全用品、探照灯、操作按键、缆道及驱动设备定期检查保养，台账表式记录规范；缆道运行极近、极远标识清晰；避雷设施符合规范要求。

◆ **法律、法规、规范性文件及相关要求**

SL/T 415—2019《水文基础设施及技术装备管理规范》

◆ **实施要点**

1. 流量测验设施主要是指流量测验业务用房、水文缆道、测流堰、槽、涵、闸、工作桥、测流铅鱼、吊箱、绞车以及流量测验设施周围护坡、护岸、挡墙等。

2. 流量测验设施安全运行管理工作包括巡视检查、监测环境、养护与修理、安全隐患排查及险情处理等。

3. 流量测验设施的基础、缆道、吊箱、测流堰、槽、涵、闸、工作桥、护坡、观测道路和踏步应无明显缺陷；爬梯、扶手和护栏连接应牢固；缆道支架无明显的裂缝、锈蚀；主索、循环索、吊船索、拉偏索以及紧固件、滑轮等部件应无打结、断股、锈蚀、磨损等现象，垂度、材质、数量应符合规范要求；测流铅鱼应有安全可靠的放置平台，绞车应采取隔离措施。

4. 缆道控制台供电及保护装置应正常工作，操作按键应灵敏无噪音。缆道及驱动设备定期检查保养，测流缆道应有规范的防雷和接地装置，照明设施探照灯工作正常；缆道极近、极远标识设置明显。

5. 测验缆道应定期保养，并建立规范保养记录台账。

6. 水文监测单位应按规范定期组织流量测验设施设备维修养护，做好安全性检查、检测等工作，发现问题、立即整改，并做好记录，及时整理和归档。

[参考示例]

×××流量测验设施检查记录

编号：××-AQ-4.1.3-01

测站：

检查人：　　　　　　　　　　　　　　复核人：

检查时间：

序号	检查项目	检查内容	检查情况	检查周期
1	测站环境	房屋主体完好，屋面、墙体无破损、渗漏	是□否□	
2		门窗完好，开关灵活，无渗水现象	是□否□	
3		测亭、缆道室、办公室、值班室干净整洁，用品摆放有序，无乱堆、乱放、乱停现象	是□否□	
4		基础、观测道路、踏步完好、干净	是□否□	
5		爬梯、扶手、护栏连接无松动	是□否□	
6		护坡完好，非硬质护坡的河岸无异常冲刷、坍塌	是□否□	
7		测站站牌、标识牌、二维码、安全警示牌等安装牢固、清洁醒目，无损坏、缺失	是□否□	
8	设施设备及维护	流速仪、秒表检查（外观、旋转灵敏度等）合格	是□否□	
9		缆道支架无明显裂缝、锈蚀	是□否□	
10		缆道主索、循环索、钢支架、扳线（桩）及地锚、铅鱼支架等无锈蚀	是□否□	
11		铅鱼无变形，铅鱼放置平台安全可靠	是□否□	
12		钢丝绳无锈蚀断丝，钢丝绳与铅鱼之间连接牢固	是□否□	
13		扳线（桩）及地锚、包箍及紧固螺丝无锈蚀松动	是□否□	
14		支架与拉线锚锭附近土壤无雨水冲刷淋沟，无崩塌或人为取土现象	是□否□	
15		支架未倾斜、无锈蚀或遭人为损坏，拉线拉紧度适度	是□否□	
16		钢丝绳入水部分无锈蚀，无滑动、擦边、跳槽等现象	是□否□	
17		钢丝绳在滑轮上未出现滑动、擦边、跳槽等情况	是□否□	
18		绞车外观整洁，无渗油现象	是□否□	
19		绞车运转平稳，无异常声响，电机无异常发热，制动正常	是□否□	
20		操控台液晶显示屏显示正常，水面信号、流速信号、河底信号及停车状态（自动、人为）正常，测流软件运行正常	是□否□	
21		测站两套测洪仪器测具（吊索、铅鱼、秒表、音响器、5号电池及记录夹、铅笔、手套、创口贴等）、走航式ADCP完好	是□否□	
22		探照灯运行正常	是□否□	

续表

序号	检查项目	检 查 内 容	检查情况	检查周期
23	安全防护及措施	安全防护用具、用品配备齐全并就近、有序放置，灭火器在有效期内	是□否□	
24		测站常规测报仪器、配件充足	是□否□	
25		防雷和接地符合规范要求	是□否□	
26	其他			
27				

发现问题（附照片）：

整改情况（附照片）：

◆**评审规程条文**

4.1.4 降蒸及气象观测设施

观测场地面、道路整洁，无明显裂缝；观测场地无塌陷、隆起、冻胀等缺陷；护栏连接牢固无松动、脱落；有拉线的观测设施拉线受力均衡、无松弛；防雷设施、接地符合规范要求。

◆**法律、法规、规范性文件及相关要求**

SL/T 415—2019《水文基础设施及技术装备管理规范》

◆**实施要点**

1. 降蒸及气象观测设施主要包括降蒸观测场地、围栏、踏步、立杆等。

2. 降蒸及气象观测设施安全运行管理工作包括巡视检查、监测环境、养护与修理、安全隐患排查及险情处理等。

3. 降蒸及气象观测地、观测道路和踏步应无明显缺陷；护栏连接应牢固无松动脱落。

4. 降蒸及气象观测设施应有规范的防雷设施和接地装置。

5. 水文监测单位应按规范定期组织对降蒸及气象观测设施进行维修养护，做好定期保养、安全性检查、检测等工作，发现问题、立即整改，并做好记录，及时整理和归档。

［**参考示例**］

×××降蒸观测设施检查记录

编号：××-AQ-4.1.4-01

测站：

检查人： 复核人：

检查时间：

序号	检查项目	检 查 内 容	检查情况	检查周期
1	测站环境	周边环境未影响观测及安全	是□否□	
2		观测道路、踏步完好、安全	是□否□	
3		观测场地平整无积水、无杂物堆放，场地尺寸符合规范要求	是□否□	
4		种草或作物高度未超过20cm	是□否□	
5		栏栅完整牢固无锈蚀；高度符合规范要求	是□否□	
6		测站站牌及安全警示标识齐全、牢固、清洁醒目，无损坏	是□否□	

序号	检查项目	检 查 内 容	检查情况	检查周期
7	设施设备及维护	雨量器无变形，漏斗无裂纹，储水筒无漏水	是□否□	
8		承雨器口直径符合规定，口面水平，无树叶、昆虫等杂物	是□否□	
9		人工雨量器洁净、安装牢固不晃动，桶体和漏斗拆卸灵便、无锈蚀	是□否□	
10		翻斗式雨量计的承雨器内部洁净，套桶与底座间无空隙，连接螺丝紧固；翻斗无泥土污渍；底座水平	是□否□	
11		储水器、量雨杯里无积水、污渍	是□否□	
12		遥测雨量计的信号输出正常	是□否□	
13		蒸发皿完好，测针、固定架未变形松动；高度符合规范要求	是□否□	
14		蒸发皿圈桶缝隙严密，土圈完整、未长草，水体清洁	是□否□	
15		蒸发皿溢流桶内无积水，未见渗漏	是□否□	
16	安全防护及措施	安全防护用具、用品配备齐全并就近、有序放置	是□否□	
17		测站备用仪器配件充足	是□否□	
18		防雷和接地符合规范要求	是□否□	
19	其他			
20				

发现问题（附照片）：

整改情况（附照片）：

◆**评审规程条文**

4.1.5 水土保持观测设施

观测场道路整洁，无明显裂缝、无塌陷、隆起、倾斜、冻胀等缺陷；护栏连接牢固无松动、脱落；集水池盖结构牢固、开启方便；防雷设施、接地符合规范要求。

◆**法律、法规、规范性文件及相关要求**

《中华人民共和国水土保持法》（2010 年修订）

◆**实施要点**

1. 水土保持观测设施主要是指水土保持观测场地、围栏、道路、踏步等。

2. 水土保持观测设施安全运行管理工作包括巡视检查、监测环境、养护与修理、安全隐患排查及险情处理等。

3. 水土保持观测场地、道路应无明显缺陷；护栏连接应牢固无松动脱落。水土保持观测场地内的集水池盖应结构牢固，无松动脱落，且开启方便。

4. 水土保持观测设施应有规范的防雷设施和接地装置。

5. 水文监测单位应按规范定期组织对水土保持观测设施进行维修养护，发现问题、立即整改，做好应定期保养、安全性检查、检测等工作，并做好记录，及时整理和归档。

[参考示例]

×××水土保持观测设施检查记录

编号：××-AQ-4.1.5-01

测站：

检查人：　　　　　　　复核人：

检查时间：

序号	检查项目	检 查 内 容	检查情况	检查周期
1	测站环境	周边环境未影响观测及安全	是□否□	
2		径流小区内坡面横向相对平整，无明显冲刷、沉陷，排水通畅	是□否□	
3		观测场管理用房、基础、道路整洁、完好，无明显裂缝、塌陷、隆起、倾斜、冻胀等缺陷，围梗、边墙无损毁、歪斜、漏水等问题	是□否□	
4		观测场地面平整清洁，无杂物，排水通畅，四周无影响观测的杂草树木枝叶等	是□否□	
5		集水池盖结构牢固、开启方便	是□否□	
6		测站站牌及安全警识标志齐全、牢固、清洁醒目，无损坏	是□否□	
7	设施设备及维护	植被类型满足任务书要求，植被无倒伏、缺损	是□否□	
8		轮式自动泥沙采样器表面清洁，无裂痕、破损、漏水现象，周围无淤泥	是□否□	
9		采样器与导流管连接处无漏水情况	是□否□	
10		翻斗式径流自记仪表面清洁，无裂痕、破损、漏水现象	是□否□	
11		自记仪翻斗翻转正常灵活	是□否□	
12		墒情传感器埋设位置设置显著标识	是□否□	
13		墒情传感器的线缆和流量器件套有PVC线管	是□否□	
14		遥测雨量计器口水平，地脚螺钉紧固	是□否□	
15		遥测雨量计仪器内外清洁，过水部件汇流畅通、无堵塞	是□否□	
16		工作平台水平	是□否□	
17		注水试验结果正常	是□否□	
18		线路连接正常，信号正常	是□否□	
19		蓄电池体表无损伤、漏液，远离火源，引线无松动、锈蚀，导线护套无损伤、压痕	是□否□	
20		太阳能板玻璃表面无损伤，引线盒无损伤、连接牢固，引出线表皮无破损、压伤	是□否□	
21		设备各连接头与连接线接触良好，无破损	是□否□	
22		数据采集系统外观及内部整洁，供电情况良好	是□否□	
23		数据采集器运行正常	是□否□	
24		通信设备外观及内部整洁，无灰尘，远离火源	是□否□	
25		电源、设备数据线接触良好，通信系统运行正常	是□否□	

序号	检查项目	检 查 内 容	检查情况	检查周期
26	安全防护及措施	安全防护用具、用品配备齐全并就近、有序放置	是□否□	
27		测站备用仪器配件充足	是□否□	
28		防雷和接地符合规范要求	是□否□	
29	其他			
30				

发现问题（附照片）：

整改情况（附照片）：

◆**评审规程条文**

4.1.6 生产管理用房

基础无松动、塌陷、隆起、倾斜、渗漏、冻胀、冒水冒沙、沉陷等缺陷；屋、墙面无渗漏水；表面无明显裂缝、脱落；环境卫生整洁；门窗无破损、锁具牢固、插销灵活；按规定配置消防等安全设施设备。

◆**法律、法规、规范性文件及相关要求**

SL/T 415—2019《水文基础设施及技术装备管理规范》

◆**实施要点**

1. 生产管理用房涵盖水文监测单位、监测中心、测站办公用房。

2. 安全运行管理工作包括巡视检查、监测环境、养护与修理、安全隐患排查及险情处理等。

3. 生产管理用房基础及设施周围护坡应无明显缺陷，房屋、墙表面应无裂缝、脱落等明显缺陷，房屋屋面应无漏水现象，环境卫生应整洁。门窗、锁具、插销如有破损，应限期进行维修、排除破损，确保正常安全运行。

4. 水文监测单位应根据生产管理用房可能产生的火灾种类、危险等级，配备完备的消防安全设施设备。安全设施设备应定期检查，确保合格有效。

5. 水文监测单位应按照职责，及时对生产管理用房开展检查养护、安全鉴定等工作。针对检查和鉴定中发现的问题，及时做好维修养护工作，并做好维修养护记录。

[**参考示例**]

×××生产管理用房检查记录

编号：××-AQ-4.1.6-01

单位（部门）：

检查人： 复核人：

检查时间：

序号	检查项目	检 查 内 容	检查情况	检查周期
1	站房基础	房屋主体完好，基础无松动、塌陷、隆起、倾斜、渗漏、冻胀、冒水冒沙、沉陷等缺陷	是□否□	
2	屋顶及墙面	屋顶及墙面无渗水，无明显裂缝、脱落，墙面整洁，无污渍蜘蛛网	是□否□	

续表

序号	检查项目	检 查 内 容	检查情况	检查周期
3	地面	地砖表面及接缝处无污渍积尘	是□否□	
4	门窗	门窗洁净完好，开关灵活、密封，无渗水	是□否□	
5	锁具	锁具牢固，插销灵活，无破损	是□否□	
6	照明	室内照明灯具、各类开关、插座面板清洁、使用正常	是□否□	
7	消防安全设备	灭火器在有效期内，摆放在规定位置	是□否□	
8	防雷接地	接线处无锈蚀、破损，接地符合规范要求	是□否□	

发现问题（附照片）：

整改情况（附照片）：

◆**评审规程条文**

4.1.7 水质实验室

环境卫生整洁、标识清晰；按规定配备水、电、气、排风、化学品存放、放射源防护、应急喷淋和消防专用设备设施，并符合 SL/Z 390 规定；配备必要的个人防护、急救用品并定期更新、建立台账。

◆**法律、法规、规范性文件及相关要求**

GB/T 24777《化学品理化及其危险性检测实验室安全要求》

GB/T 27476.1—2014《检测实验室安全 第 1 部分：总则》

JGJ 91—2019《科学实验建筑设计规范》

SL/Z 390—2007《水环境监测实验室安全技术导则》

《水质监测质量和安全管理办法》（水文〔2022〕136 号）

◆**实施要点**

1. 水质实验室结构、布局、特定环境应符合专用实验室的设计规定，建立环境卫生、安全管理制度，对被授权进入的人员（如采用外包的方式清洗外墙、门窗等），应告知危险源，进行必要的安全教育。

2. 水质实验室的门窗、走道、层高、楼梯、电梯、防盗、报警、防火、疏散等应符合 JGJ 91 的规定。

3. 水质实验室应保持清洁整洁，实验结束后应及时打扫实验室卫生。

4. 水质实验室应根据检测活动类型设置相应安全标识，标识清晰。安全标识格式、内容、位置应符合相关规范（GB 2894—2008《安全标志及其使用导则》、GB 13495—2015《消防安全标志》、GB 15630—1995《消防安全标志设置要求》、GB 7231—2003《工业管道的基本识别色、识别符号和安全标识》）规定，有专人维护、及时更新。新增检测工作场所应及时设置安全标识。

5. 水质实验室应按 SL/Z 390 标准配备必要的安全设施设备（如灭火器、灭火毯、紧急喷淋装置、洗眼器等）并定期检查和维护，必要时更换，确保运行正常。

6. 水质实验室应按规定配备个人防护用品（如眼护具、安全帽、一次性衣物等）和急救用品（如担架、医药箱、急救药品等）。相关用品应配备齐全并建立台账，专人管理、及时更新。

7. 水质实验室放射性物质和同位素试剂管理应严格按国务院颁布的《放射性同位素与射线装置安全和防护条例》（国务院令第 449 号）的规定执行。相应的防护和监测仪器应急措施健全，有明显警示标识。

[参考示例 1]

实验室安全管理制度

一、目的

为加强实验室安全管理工作，确保实验室开展的各项检测工作能在安全、健康的环境条件下运行，保护水环境监测从业人员的人身安全及国家财产安全，根据《危险化学品安全管理条例》（国务院令第 344 号）及 SL/Z 390—2007《水环境监测实验室安全技术导则》等有关法规和文件精神，结合中心实际，制定本制度。

二、适用范围

适用于水环境中心实验室的所有检测区域。

三、工作职责

（一）主任职责

主任是实验室安全工作的第一责任人，对实验室安全工作负总责，全面负责水环境中心安全管理领导工作。具体为贯彻上级安全规定，提供安全方面必要的资源，定期对安全组织管理体系进行评审与检查，以确保体系的持续适宜性、充分性、有效性。

（二）副主任职责

在分管的工作范围内，对实验室安全工作承担领导、监督、检查、教育和管理的职责。

（三）技术负责人职责

实验室技术负责人是安全生产工作的直接责任人。其主要职责为：执行上级安全管理规定，监督检定有关的各项活动，做好安全管理工作，制定本部门安全制度执行细则，组织制定（修改）符合中心实际的、切实可行的作业安全操作规程，积极开展安全生产的宣传教育与培训。

（四）质量保证人职责

负责水环境中心安全管理宣传、资料统计、监督检查及安全汇报等工作。

（五）安全员职责

执行上级安全管理规定，开展安全检查，监督执行安全规章制度，听取实验室工作人员对安全问题的意见与建议。定期和不定期对本实验室安全状况进行检查，发现安全隐患应立即整改，杜绝各类事故的发生。负责做好安全检查记录，建立安全隐患排查整改台账。严格遵守实验室安全管理制度和安全操作规程，及时制止违反本岗位操作规程和安全规定的行为。

（六）监测人员职责

学习掌握实验室安全知识及相关的实验室安全法规，遵守各项安全管理制度，严格按照实验操作规程或实验指导书开展实验，配合各级安全责任人和管理者做好实验室安全工作，排除安全隐患，避免安全事故的发生。正确使用个人防护用品和安全设备，向安全员反映安全方面的问题，参加安全技术培训。

四、管理体系

（一）安全领导小组

根据单位的实际情况及有关法律法规的要求，组建了以单位主要负责人为组长，单位分管安全负责人为副组长，各部门负责人为成员的安全领导小组，水质部门主要负责人负责水质部门的安全管理工作。

（二）安全管理员

水环境中心任命×××为×××水环境中心安全管理员，×××为安全管理员负责人，管理实验室日常安全工作。

［参考示例2］

水质实验室环境卫生管理制度

1. 水质实验室参加实验的人员，必须整洁、文明、肃静。

2. 进入水质实验室的所有人员必须遵守水质实验室的规章制度，水质实验室为无烟水质实验室，严禁在水质实验室内吸烟，不得吃口香糖，不得随地吐痰和乱扔纸张。

3. 参加实验的人员在实验过程中，要注意保持室内卫生及良好的实验秩序。所有实验产生的废物应放入废物箱内，并及时按规定处理，清理好现场。

4. 每次实验结束后，实验人员必须及时做好清洁整理工作，将工作台、仪器设备、器皿等清洁干净，并将仪器设备和器皿按规定归类放好，不能任意搬动和堆放。

5. 水质实验室人员有参加实验室清扫及维护保养仪器设备的义务。按照分工，做好日常的卫生清扫、仪器设备的维护保养工作。

6. 水质实验室内各种仪器设备、药品、物品摆放应合理、整齐，与实验无关的物品禁止存放在水质实验室。

7. 水质实验室为保持室内地面、实验台、设备和工作环境的干净整洁，必须坚持每天一小扫，每周一大扫的卫生制度，每年彻底清扫1～2次。

8. 水质实验室内的仪器设备、个人实验台架、凳和各种设施应摆放整齐，经常擦拭，保持无污渍、无灰尘。

9. 卫生责任人应对水质实验室桌面、地面及时打扫。注意保持室内场地和仪器设备的整洁卫生。

10. 水质实验室内杂物要清理干净，有机溶剂、腐蚀性液体的废液必须盛于废液桶内，贴上标签，统一回收处理。

11. 保持室内地面无灰尘、无积水、无纸屑等垃圾。

12. 水质实验室整体布局须合理有序，地面、门窗等管道线路和开关板上无积灰与蛛网。

13. 每日下班前必须搞好清洁卫生，关好门窗、水龙头，断开电源，清理场地。

［参考示例3］

《外来参观学习人员安全告知记录》同3.2.7［参考示例2］。

◆评审规程条文

4.1.8　机房

环境卫生整洁；按规定配备防盗、防火、防鼠、控温、防静电等安全设施设备，确保运行正常；机房设备整齐上架，规范管理；线路布设整齐、标识清晰。

◆**法律、法规、规范性文件及相关要求**

　　GB 50174—2017《数据中心设计规范》

◆**实施要点**

　　1. 机房安全管理包括环境、防盗、防火、防鼠、控温、防静电等安全设施设备巡视检查、维护、隐患处置。

　　2. 机房巡视检查分为日常巡视检查、季度抽查、特别巡视检查三类。

　　3. 机房应环境卫生整洁，设备摆放整齐、标识清晰，按规定配备防盗、控温、防火、防静电等专用安全设施设备。

　　4. 机房各类设备应上架，固定整齐摆放；各类线路应排列有序，不应杂乱。

　　5. 水文监测单位应定期开展安全检查，对发现的安全隐患，及时维修、排除隐患，检查、维修记录应完整。

[**参考示例 1**]

×××机房管理制度

　　第一条　为加强×××机房的日常管理，保障机房内设备安全和各类系统有效运行，特制定本制度。

　　第二条　机房日常运行维护管理由××（部门）负责，并制定专人为机房管理人员，承担机房维护管理工作。

　　第三条　机房管理人员必须履行机房管理职责，负责机房设备的维护和管理。每日对机房进行常规巡查，做好值班记录。及时发现、报告、解决出现的故障。定期清洁机房。

　　第四条　机房管理人员应定期安排有专业资质的人员检查供电系统、空调系统、门禁系统、环境动力监控系统、消防系统，如发现安全隐患，应及时采取措施加以解决。

　　第五条　机房管理人员需做好机房内各系统及设备相关资料的保管工作。系统的用户名、密码及用户授权等信息必须安全存放、保管，防止失效或丢失。禁止将机房内的相关资料、文档、数据、配置参数等信息以任何形式擅自向外提供、传播。

　　第六条　机房电子感应门卡和出入口令由机房管理人员妥善保管，不得遗失，禁止随意出借（或透露）给他人，未经机房管理人员授权，其他人员不得擅自进入机房，进机房人员须进行登记，做好相关记录。

　　第七条　进入机房人员需穿鞋套，保持机房清洁环境，爱惜使用机房物品。严禁在机房内抽烟、饮食，严禁将危险品、强磁物品或其他与工作无关物品带入机房。机房内严禁堆放杂物。

　　第八条　机房内设备和系统的调试、维护原则上采用远程控制的方式进行。机房内有外来人员时，机房管理人员必须在场。

　　第九条　机房内任何设备的部署、安装、维护、拆卸由××（部门）统一实施安排。严禁在服务器上随意安装、调试软件。禁止在服务器上随意安装硬件及插拔存储介质。严禁擅自对设备进行加断电、更改设备供电或网络线路等操作。

　　第十条　本制度自颁布之日起实施。

[**参考示例 2**]

×××信息系统日常管理日志

检查时间： 月 日 检查人： 编号：××-AQ-4.1.8-01

遥测数据采集平台					
检查时间					
1	测站通信（测站标识圆点绿色为正常）				
2	各测站最后来数时间				
3	对时操作及时间				
水文数据管理系统					
4	前一日入库情况及处理	数据入库			
		处理情况			
机房动环监控系统					
5	机房温湿度				
6	空调运行状态				
7	有无报警信息				
数据转发系统					
8	数据转发系统运行情况	系统进程情况			
		转发数据时间			
9	遥测编报系统运行情况	最新编报时刻			
		编报数量			
10	水情信息交换系统运行情况	发省数据量（400+）		发出时间	
11	墒情记录				
其他管理记录：					

[**参考示例 3**]

×××机房进出维护登记表

编号：××-AQ-4.1.8-02

维护日期	年 月 日
维护起止时间	： ～ ：
需处理事项	

设备类型/编号	
设备详细信息（型号、IP、口令等）	
实施细节	
维护人员签字	
维护人员所属机构	
维护人员联系方式	联系电话：　　　　　QQ：　　　　　E-Mail：
机房管理员签名	

◆**评审规程条文**

4.1.9　仓库

库房、储物架满足结构安全要求；环境整洁，按规定配备专用消防等安全设备设施；物资分类存放、摆放整齐有序，标识清晰；物资出入库管理、维护台账规范、完整。

◆**法律、法规、规范性文件及相关要求**

《中华人民共和国安全生产法》（2021年修订）

《中华人民共和国消防法》（2021年修订）

《危险化学品安全管理条例》（国务院令第645号）

GB 15603—2022《危险化学品仓库储存通则》

◆**实施要点**

1. 仓库安全管理应包括防火、防盗、防破坏、防冻、防虫蛀等工作。

2. 水文监测单位应按要求制定仓库安全管理制度，定期开展巡视检查，每月不少于一次。检查应不留死角，检查记录规范、清晰、完整。

3. 库房、储物架结构应满足安全要求。仓库应按照物资性质进行分库、分区、分类、分品种、分规格保管。对易燃、易爆、易腐蚀的危险品设置专门库房，隔离存放保管。

4. 水文监测单位应规范物资出入库管理，定期开展物资盘点，建立完整的物资管理、维护台账。仓库物资摆放整齐。

5. 水文监测单位应在仓库明显位置设置标识，并按规定配备消防等安全设施设备。

[**参考示例1**]

×××仓库安全管理制度

第一章　总　　则

第一条　为加强仓库安全管理，保障物资安全、人员安全，结合本单位实际情况，制定仓库安全管理制度。

第二条　各部门要认真学习物资储备的相应业务知识，熟悉和掌握所储备物资的性质、易燃程度、保管方法、灭火方法。

第三条　本制度适用于本单位所有仓库安全管理。

第二章　管理细则

第四条　除工作需要外，非工作人员严禁进入库房。

第五条　如因工作需要确需进入库房的应征得办公室同意，在仓库工作人员确认其已熟悉相应的安全事项告知并遵守本仓库安全管理规定的前提下进入。

第六条　非工作人员进入库房时，仓库工作人员必须在现场进行实时监督，发现违章行为及时制止。

第七条　严格用电、用水管理，每日要三查，一查门窗关闭情况，二查电源、火源、消防易燃情况，三查货物堆垛及仓库周围有无异常情况。

第八条　仓库外要保持干净整洁，不准有火种、易燃物品接近。

第九条　库房内严禁烟火，不准吸烟、不准设灶、不准点蜡烛、不准乱接电线、不准带入易燃物品。

第十条　仓库工作人员应提高警惕，防止盗窃。每日上下班前应在库内外四周检查一遍，下班前将门窗紧闭，大门加锁。

第十一条　定期进行物资清洁整理，做到存放到位、清洁整齐、标识齐全，安全高效。私人物件不得存放库内。

第十二条　库存物资必须根据其相应特性进行分类存放、妥善保管，采取相应的防潮、防尘、防光、防霉变、防虫蛀等措施，以免损坏。

第十三条　物品要满足"六距要求"，即：顶距不小于50cm、灯距不小于50cm、墙距不小于50cm、柱距不小于20cm、垛距不小于100cm，距离电源不少于100cm。

第十四条　仓库内要保持干爽，定期通风除湿。易霉变物资及易受潮区域的物资应离地存放（如：货架式存放、托盘式存放），经常性进行检查保养，保障物资状态在可控范围之内。

第十五条　仓库内要保持清洁，精密仪器等易受尘物资的存放应做好包装、覆盖等防尘措施，并经常性进行检查保养。

第十六条　土工布等需防光储存的物资应采取对应遮光措施（如：遮光布覆盖、遮光窗帘、遮阳纸等），并在日常储备管理加强防范。

第十七条　电缆、编织袋等易受虫蛀的物资应离地存放，并采取相应鼠虫治理措施（如适时投放鼠虫治理药物）。

第十八条　仓库内外要保持道路畅通，尤其消防安全通道在任何情况下都不得堵塞，保证人员安全。

第十九条　仓库内涉及高空等危险作业时必须做好相应安全防范措施。

第二十条　仓库内应按规定配备相应灭火安全设施，仓库工作人员应熟练掌握消防知识，确保安全管理。

第二十一条　遇到紧急情况如失火、突发性天灾时应及时采取相应的措施并上报。

第三章　附　则

第二十二条　本制度由××（部门）负责解释。

第二十三条　本制度自发文之日起执行。

[参考示例2]

×××仓库用房检查记录

编号：××-AQ-4.1.9-01

单位（部门）：

检查人：　　　　　　　复核人：

检查时间：

序号	检 查 内 容	检查情况	检查周期
1	结构、储物架、环境满足安全要求	是□否□	
2	按规定配备专用消防等安全设备设施	是□否□	
3	物品存储符合有关规定	是□否□	
4	物资、档案摆放整齐有序，标识清晰	是□否□	
5	物资出入库台账规范、完整，档案使用符合规定	是□否□	
6	建立物品领用、管理、维护台账	是□否□	
7	台账记录完整	是□否□	

发现问题（附照片）：

整改情况（附照片）：

[参考示例3]

×××库房物资出入库台账

编号：××-AQ-4.1.9-02

序号	物资名称	品牌	型号参数	单位	单价	总价	入　库		出　库		入/出库人	备注
							入库时间	数量	出库时间	数量		

◆**评审规程条文**

4.1.10　水文巡测车

水文巡测车辆应车况良好，符合国家车辆安全管理规定；消防器材、警示标志和安全应急设备符合规范要求；车载设备应定置管理；按规定及时保养并记录。

◆**法律、法规、规范性文件及相关要求**

SL 195—2015《水文巡测规范》

SL/T 415—2019《水文基础设施及技术装备管理规范》

◆**实施要点**

1. 水文巡测车是装载水文巡测人员或巡测仪器设备，或拖曳水文巡测船，实施水文要素监测、调查、设施设备巡检的水文专业车。

2. 车辆应为正式在国家注册的成熟、可靠的标准产品，并有国家"3C"认证书。

3. 水文巡测车的车载转动部件或伸出车体部分，应喷涂较为明显警示色。其中，水文绞车吊臂及铅鱼等，应部分喷涂荧光涂料。

4. 按要求制定水文巡测车管理制度，消防器材、警示标识和安全应急设备应配备齐全。

5. 水文巡测车应按规定及时组织维护保养，做好行车、保养记录。

[参考示例]

×××水文巡测车检查表

编号：××-AQ-4.1.10-01

车辆类型			车辆识别代码		
品牌型号			注册日期		
车牌号码			安装/大修日期		
检修保养周期		一年	检修保养日期		
检查人		年 月 日	技术负责人		年 月 日
序号	检查项目	检查内容		检查情况	检查周期
1	人员检查	人员配备满足要求		是□否□	
2		人员持证上岗		是□否□	
3		接受岗前培训		是□否□	
4	外观检查	车辆符合国家标准		是□否□	
5		消防器材配备齐全，整齐摆放于规定位置		是□否□	
6		警示标识清晰、完整		是□否□	
7		安全应急设备配备、正常		是□否□	
8	设备检查	车载转动部件或伸出车体部分，应喷涂较为明显警示色		是□否□	
9		车载设备定置管理		是□否□	
10		车辆按规定保养		是□否□	
11		旋臂旋转伸展正常		是□否□	
12		测流设施设备正常		是□否□	
13	其他				
14					

发现问题（附照片）：

整改情况（附照片）：

◆**评审规程条文**

4.1.11 水文测船

水文测船应符合 SL 338 规范要求，船况良好；配备必要的防滑、消防、救生、助航、通信、照明、太平斧和报警装置等安全设备和安全用品并安全可用；船舶驾驶人员必须持证上岗；船舶的年检、维护保养符合有关规范要求并记录完整。

◆**法律、法规、规范性文件及相关要求**

  SL 338—2006《水文测船测验规范》

  SL/T 415—2019《水文基础设施及技术装备管理规范》

◆**实施要点**

  1. 水文测船是从事水文测验、水下地形测量、水环境监测的专用测验、测量作业船或具有综合和辅助测验、测量作业功能的船。

  2. 水文监测单位应按要求制定水文测船管理制度，建立水文测船档案（含船舶基本技术参数、维护、事故、保险等情况）和船舶驾驶人基本情况档案。驾驶人员应持证上岗。

  3. 水文测船应配齐防滑、消防、救生、助航、通信、照明、太平斧和报警装置等安全设备和安全用品。

  4. 按规定做好船舶的年检、维护保养台账，台账记录应完整。

  5. 水文测船及发电机组的燃油储存场所应符合 SL 338—2006《水文测船测验规范》的规定。

[**参考示例**]

×××水文测船检查表

编号：××-AQ-4.1.11-01

船舶类型		测船用途		
品牌型号		注册日期		
船舶号码		安装/大修日期		
检修保养周期	一年	检修保养日期		
检查人	年 月 日	部门负责人		年 月 日
测船测验设备配置		□绞车　□悬臂　□钢缆　□偏角指示仪　□其他		
序号	检查项目	检查内容	检查情况	检查周期
1	人员检查	人员配备满足要求	是□否□	
2		人员持证上岗	是□否□	
3		接受岗前培训	是□否□	
4	外观检查	船体外板、甲板、舱壁等无明显凹陷、裂痕，船壳、甲板油漆无锈蚀，船体焊缝无脱焊及松动	是□否□	
5		梯口、通道、栏杆等设施安全可靠	是□否□	
6		载重线或水线标识符号清晰准确	是□否□	
7		系缆桩与甲板连接处无脱焊、锈蚀、撕裂	是□否□	
8	动力系统	各部分运转正常，无故障或不正常现象	是□否□	
9		各紧固件、连接件、轴带发电机传动皮带紧密牢固，喷油泵机油存量充足，蓄电池电压正常、电解液比重正常	是□否□	
10		喷油系统、配气系统、冷却系统清洁、运行正常	是□否□	
11		所有运动组件未出现磨损	是□否□	

续表

序号	检查项目	检查内容	检查情况	检查周期
12	动力系统	轴系法兰的跳动量及轴颈与轴承间隙满足规定，尾管密封装置正常	是□否□	
13		螺旋桨各叶片及桨毂（包括键槽）表面无裂纹、缺损、弯曲、腐蚀，螺旋桨的紧固螺母、固定销及导流帽安装牢固	是□否□	
14		舷外机完好	是□否□	
15	操作系统	舵角指示器符合要求	是□否□	
16		机械人力式舵机的舵杆、舵叶、舵柄、舵扇、舵链等部件无裂纹、扭曲、弯曲等缺陷，无松动、脱落、漏水和严重腐蚀	是□否□	
17		锚链环、转环、卸扣蚀耗后的平均直径符合要求	是□否□	
18		锚设备刹车效能和起锚速度、止倒转的棘齿及制链器的工况满足要求	是□否□	
19	救生系统	救生衣、救生圈、救生带配备数量达到规定要求	是□否□	
20		救生衣、救生圈无腐烂、破损、老化及其他引起浮力减小的缺陷	是□否□	
21		救生带牢固，无腐烂、断裂	是□否□	
22	消防系统	消防水系统配备情况符合相应型号测船标准要求，其他消防设施按相关标准配备	是□否□	
23		消防栓启闭灵活，消防栓、水龙带、喷嘴的啮合紧密牢靠，消防枪喷水射程不低于12m	是□否□	
24		手提式灭火器药物有效，储气装置压力正常	是□否□	
25		消防管系外壁、接头无裂纹、腐蚀、变形及其他机械损伤，无漏水或堵塞	是□否□	
26	测验设备	水文测验设备安装位置符合相关要求	是□否□	
27		水文测验设备完好无损，配备齐全，满足水文测验需求	是□否□	
28		测验器皿未变形，无破损、锈蚀、断裂等现象，连接螺母螺丝接线紧固	是□否□	
29		设施设备及器皿刻度清晰，安全标识牌干净牢固，无缺失、破损	是□否□	
30	辅助系统	测船声响信号及扩音机工作正常	是□否□	
31		航行灯、信号灯工作正常	是□否□	
32		高频电话通电后1min内能正常工作	是□否□	
33		雷达正常	是□否□	
34	其他			
35				

发现问题（附照片）：

整改情况（附照片）：

◆**评审规程条文**

4.1.12 专用无人机

配置的无人机应符合国家安全认证标准，维护保养符合专业要求并记录完整。

◆**法律、法规、规范性文件及相关要求**

《中华人民共和国民用航空法》（2018年修订）

◆**实施要点**

1. 专用无人机是从事水文测验、地形测量、水环境监测、水土保持监测的专用测验、测量作业设备。

2. 专用无人机应经安全认证，方可投入水文作业。

3. 专用无人机操作人员应持证上岗。

4. 建立专用无人机仪器设备档案及无人机使用、维护保养记录台账，记录应完整。

[**参考示例**]

×××无人机检查表

编号：××-AQ-4.1.12-01

无人机品牌型号			购买日期		
飞行开始时间：			飞行结束时间：		
操作者：			飞行地点：		
检查人		年 月 日	技术负责人		年 月 日
序号	检查项目	检查内容		检查情况	检查周期
1	人员检查	人员持证上岗		是□否□	
2		接受岗前培训		是□否□	
3		已对相关人员进行安全教育和风险告知		是□否□	
4	外观检查	无人机和遥控器电池数量满足要求，电量充足		是□否□	
5		无人机机身及起落架无损坏，机臂卡扣安装牢固		是□否□	
6		转动电机无卡顿或异常		是□否□	
7		螺旋桨叶片展开正常，无损坏		是□否□	
8		相机卡扣安装牢靠，相机及云台整洁无异常		是□否□	
9		所有部件齐全		是□否□	
10	开机检查	遥控器信号正常，天线展开正常		是□否□	
11		飞行器水平放置，云台落地间隙满足要求		是□否□	
12		网络/RTK/IMU/电池状态/相机状况等模块正常		是□否□	
13		遥控器模式选择正常		是□否□	
14		返航高度及失控行为设置正常		是□否□	
15		相机拍照正常		是□否□	
16		返航点刷新正常		是□否□	
17	飞行检查	航线高度、速度、拍摄模式及完成动作确认正常		是□否□	
18		重叠率及边距可正常设置		是□否□	

续表

序号	检查项目	检 查 内 容	检查情况	检查周期
19	飞行检查	任务范围可确定	是□否□	
20		SD卡总张数大于拍照数	是□否□	
21		调用航线准确无误	是□否□	
22		作业前自检正常	是□否□	
23	其他			
24				

发现问题（附照片）：

整改情况（附照片）：

◆**评审规程条文**

4.1.13 实验室专用设备

压力和加热等涉及操作安全的仪器设备，应建立安全操作规程；仪器设备应安装符合规格的地线，接电设施配件等正常完好；建立仪器设备档案，定期检查仪器设备使用和维护状况，并做好相关档案记录。

◆**法律、法规、规范性文件及相关要求**

GB/T 27476.1—2014《检测实验室安全第1部分：总则》

SL/Z 390—2007《水环境监测实验室安全技术导则》

◆**实施要点**

1. 实验室专用设备是指实验台、通风柜、防爆柜、药品柜、气瓶柜、实验仪器等。专用设备均涉及操作安全问题，应建立完整、操作性强的安全操作规程。

2. 实验室专用设备应按规范设置用电接地保护措施和接地电阻。

3. 实验室专用设备及其安全配件的安装应符合GB/T 27476.2—2014《检测实验室安全 第2部分：电气因素》、GB/T 27476.3—2014《检测实验室安全 第3部分：机械因素》的要求。

4. 实验室专用设备应按照实验室程序文件《检测设备设施管理程序》的要求建立仪器设备档案，并明确专人定期检查仪器设备档案，做好相关档案记录，设备档案应完整。

5. 实验室应建立健全仪器检定、校准、使用、维护和保养台账，并记录完整。

[参考示例1]

×××检测设备设施管理程序

1 目的

为加强中心检测设备设施的管理，保证中心在用检测设备设施的技术性能、量程、准确度、分辨率等满足所开展检测项目标准的要求，使用中的仪器设备始终处于良好状态，防止检测设备设施污染或性能退化，技术性能满足检测要求，制定本程序。

2 范围

适用于中心申请资质认定项目（参数）所需的全部设备设施（标准物质）；中心不采

用租用仪器设备方式开展检测工作。

3 职责

3.1 中心主任负责本中心仪器设备购置、校准（检定）、维修（维护）、报废等申请的审批。

3.2 中心技术负责人负责本中心仪器设备购置、校准（检定）、授权使用、期间核查、维修（维护）、暂停使用、报废等申请的审核。

3.3 分析测试室负责仪器设备购置、使用、维护申请。参与仪器设备安装调试、培训和报废，负责仪器设备的日常维护、保养、校准（检定）。

3.4 监测业务室负责仪器设备的采购、验收、安装调试、培训、管理、报废等。

3.5 仪器设备管理员负责仪器设备的建档、校准（检定）、期间核查、标识管理等。

4 程序内容

4.1 管理流程

中心配备满足申请资质认定项目（参数）所需的全部仪器设备设施，所有在用检测设备设施均受控管理。检测设备设施的购置、验收、维修和报废执行《服务和供应品程序》。

4.2 申购验收

4.2.1 分析测试室提出检测设备设施的采购申请，填写《检测设备设施购置申请表》，说明申请缘由、明确用途，确定检测设备设施技术指标要求、辅助设备器材、软件要求、特殊约定，建议型号、生产厂家等。

4.2.2 监测业务室对采购申请进行复核，必要时组织开展相关仪器设备的调研、试用、比对，提交技术负责人审核，报中心主任批准。

4.2.3 经中心主任批准的检测设备设施采购申请作为设备设施采购依据。监测业务室根据《服务和供应品程序》组织实施采购。

4.2.4 监测业务室负责检测设备设施的查收、保管，组织开箱验货、现场安装调试、软件测试、校准（检定）或功能检查等。验收合格后由仪器设备管理员建立检测设备设施档案、标识；验收不合格由监测业务室按合同（协议）等规定办理。

4.2.5 有培训需要的检测设备设施，监测业务室和分析测试室负责组织检测设备设施的现场培训和厂家培训，培训合格后方能上岗操作，大型仪器设备由技术负责人核发授权使用书。检测设备设施使用人员培训、考核、授权执行《人员培训考核程序》。

4.3 校准（检定）或功能检查

4.3.1 仪器管理员负责落实本中心检测设备设施的校准（检定）、功能检查。校准（检定）、功能检查执行《检测设备设施校准（检定）程序》、《检测设备设施期间核查工作程序》。

4.3.2 经校准（检定）、功能检查后的检测设备设施，有效期内仪器管理员负责及时加贴计量认证专用标识，使中心在用检测设备设施始终处于受控状态。

4.3.3 检测设备设施的计量认证专用标识分为"合格证""准用证"和"停用证"三种，以"绿""黄""红"三种颜色表示，具体标识为：

（1）合格标识（绿色）：经校准（检定）、功能检查合格，确认其符合检测/校准技术规范规定的使用要求。

（2）准用标识（黄色）：检测设备设施存在部分缺陷，但在限定范围内可以使用的（即受限使用的），包括：多功能检测设备，某些功能丧失，但检测所用功能正常，且检定/校准合格者；测试设备某一量程准确度不合格，但检验（检测）所用量程合格者；降等降级后使用的检测设备设施。

（3）停用标识（红色）：检测设备设施目前状态不能使用，但经修复后可以使用的，包括：检测设备设施损坏者；检测设备设施经检定/校准不合格者；检测设备设施性能无法确定者；检测设备设施超过周期未检定/校准者；不符合检测/校准技术规范规定的使用要求者。

（4）状态标识中应包含必要的信息，如管理编号、校准（检定）功能检查日期、有效期、校准（检定）功能检查单位等。

4.4　使用和维护（授权使用）

4.4.1　仪器设备管理员负责组织编制（修订）本中心检测设备设施操作及维护规程，并报本中心技术负责人审批后使用。

4.4.2　中心检测设备设施采取专管共用和专管专用两种形式。仪器管理员根据检测设备设施的使用要求，制定中心检测设备设施的管理责任人员分配方案，经监测业务室复核，技术负责人审核后实施。检测设备设施管理责任人员按检测设备设施操作及维护规程对检测设备设施进行日常维护保养，对检测设备设施所在环境进行监控，防止检测设备设施污染或性能退化，确保使用中的仪器设备始终处于良好状态。

4.4.3　检测设备设施操作人员必须熟悉检测设备设施的结构、性能、软件、操作规程及维护保养方法。见习人员应在持证人员指导下使用检测设备设施，外单位人员操作检测设备设施需经技术负责人批准，并在该检测设备设施操作人员的陪同下进行。

4.4.4　检测设备设施操作人员在开机前，应检查检测设备设施的使用状态，确认正常后方可开机使用；操作人员在检测设备设施使用前后应认真填写检测设备设施使用记录，标明目前设备的运行状态。

4.4.5　检测设备设施使用人员应严格按照检测设备设施操作规程进行操作，使用过程中出现异常情况应按操作规程处置，异常情况不能解决时报请仪器管理员视情况处理，并在检测设备设施使用记录中登记异常情况及处置情况。

4.4.6　检测设备设施不允许超负荷运转和逆程序操作，曾经过载或处置不当、给出可疑结果、已显示出缺陷、超出规定限度的设备，均应停止使用。这些设备应予隔离以防误用，或加贴标签、标记以清晰表明该设备已停用，直至修复并通过校准或核查表明能正常工作为止。

4.4.7　仪器设备管理员应根据检测设备设施的操作规程或使用要求，定期组织检测设备设施使用人员进行仪器设备的保养、维护，填写检测设备设施维护记录。

4.4.8　检测设备设施使用人员负责使用检测设备设施的环境监控、保洁、安全防护。

4.4.9　使用实验室永久控制范围以外的检测设备设施，应遵守本程序的相关要求。

4.4.10　检测设备设施脱离本中心的直接控制，其返回后，仪器管理员和其使用人员需对其功能和检定、校准状态进行核查，得到满意结果后方可投入使用。

4.4.11　大型仪器设备、高温高压仪器及对检验检测结果有影响的设备应经中心授权后方可操作。检测设备的使用和维护说明书、操作规程、自校规程和期间核查方法应便于有关人员的取用。

4.5　期间核查和验证

4.5.1　仪器设备管理员应定期对检测设备设施进行核查和验证，以保证检测设备设施在使用期间处于有效使用状态。执行《检测设备设施期间核查工作程序》。

4.5.2　检测设备设施脱离中心实验室直接控制期间，由于其状态是不确定的，因此这类设备返回后，仪器设备管理员须组织相关人员对其功能和状态等进行检查，检查结果满意，符合本中心使用要求的，方可恢复使用。

4.6　故障处理和报废

4.6.1　检测设备设施使用人员发现检测设备设施出现故障或损坏时，检测人员应立即停止使用，并在检测设备设施使用记录上如实填写故障发生时间、发生过程和故障性质。一般故障或异常情况，应立即排除、处理，记录处置过程及结果。故障或异常情况本中心没有能力处理的，应通知仪器设备管理员填写"检测设备设施维修申请表"，经监测业务室主任复核、技术负责人审查，联系有关生产厂家或维修部门进行检查维修，重大维修项目报请中心主任批准后实施。

4.6.2　仪器设备管理员负责检修和联系修理，对不能马上修复的检测设备设施，应立即办理停用手续，粘贴红色标识，以防止误用。

4.6.3　修复后的检测设备设施由设备管理员组织检测设备设施使用人员等共同验收，记录维修结果，校准（检定）或功能检查合格后方能重新启用。

4.6.4　质量负责人应组织对在检测设备设施故障下可能造成的对检测结果的影响进行追溯核查。当核查发现由于检测设备设施问题已经对结果造成影响时，执行《不符合工作处理程序》《纠正措施程序》《预防措施程序》《检测报告编制和管理程序》。

4.6.5　检测设备设施的部分性能及指标经专业技术人员确认无法满足特定的测试工作需要，但在限定范围内可以使用的（即受限使用的），仪器设备管理员应报技术负责人批准，将其降级使用。

4.6.6　检测设备设施所有功能均已丧失，或对检测工作已无作用，由仪器设备管理员提出申请，经技术负责人审核，中心主任批准后，监测业务室组织人员进行报废处理。

4.6.7　仪器设备管理员负责将批准报废的检测设备设施及时撤出使用场所。

4.7　检测设备设施档案

4.7.1　仪器设备管理员负责对检验检测具有重要影响的检测设备设施及其软件记录的收集、更新、归档。

4.7.2　具有重要影响的设备及其软件的记录至少应包括：

（1）设备及其软件的识别；

（2）制造商名称、型式标识、系列号或其他唯一性标识；

（3）核查设备是否符合规范；

（4）当前的位置（如适用）；

（5）制造商的说明书（如果有），或指明其地点；

（6）所有校准报告和证书的日期、结果及复印件，设备调整、验收准则和下次校准的预定日期；

（7）设备维护计划，以及已进行的维护（适当时）；

（8）设备的任何损坏、故障、改装或修理。

4.7.3 检测设备设施及其软件记录执行《记录和档案管理程序》。

5 相关文件

（1）《服务和供应品程序》

（2）《不符合工作处理程序》

（3）《纠正措施程序》

（4）《预防措施程序》

（5）《检测设备设施期间核查工作程序》

（6）《检测设备设施校准（检定）程序》

（7）《人员培训考核程序》

（8）《检测报告编制和管理程序》

6 质量记录

（1）《检测设备设施购置申请表》

（2）《检测设备设施移交验收单》

（3）《仪器设备授权使用表》

（4）《检测设备设施台账》

（5）《检测设备设施管理要求表》

（6）《检测设备设施维修申请表》

（7）《检测设备设施维修记录》

（8）《检测设备设施维护计划》

（9）《检测设备设施维护记录》

（10）《检测设备设施报废申请单》

（11）《检测设备设施使用记录表》

［参考示例2］

××× 仪器设备安全管理规定

仪器设备的购置、验收、调试、建档、使用、维护、保养等按照《检测设备设施管理程序》执行。仪器设备安全管理需要执行以下规定：

（一）使用仪器的人员在使用之前和使用之后必须登记仪器使用记录。应时时处处爱惜、维护实验室的设备，损坏者需照价赔偿，未经容许不得私自带走仪器或配件。

（二）使用仪器时，如遇到操作困难，应向实验室管理人员或熟悉该仪器操作者求助，不得擅自摸索，以免损坏仪器设备，或被电击或被有毒有害物质所伤。

（三）实验操作中，如发现仪器不能正常工作，应及时向实验室管理人员报告，以便维修，未经容许不得私自拆装。

（四）使用电炉、干燥箱、高压灭菌锅等高功率或发热电器时请务必提前熟悉操作流程，操作中不得远离。遇有异常应及时切断电源。

（五）使用离心机时，离心管要注意配平、锁紧离心转子。冷冻离心机于开机状态时，务必盖紧盖子，以保持离心槽低温并避免结霜。

（六）不得戴手套接触污染区以外的部位，以免自己和他人受到有毒物质的伤害。观测 UV 灯时，不要以眼睛直视 UV 灯，应戴防护镜观察，完毕立即关灯。

（七）实验室管理和仪器操作人员应熟悉实验室配备的灭火器，一旦发生火灾事故，应能快速运用灭火器，火势难以控制时，应立即报告有关部门援助。

（八）夜里或节假日期间，如有需要使用实验仪器的情况，应提前与负责人联系，经批准后方可使用仪器，不得私自进入实验室。

[参考示例 3]

×××通风橱安全操作规程

1　操作步骤

1.1　按下控制面板开关按钮。

1.2　打开照明和风机开关。

1.3　使用时，注意勿将杂物倒入通风橱的水槽，以免造成管道堵塞。

1.4　使用完毕后，及时将通风橱内清洁干净。

1.5　关闭照明，风机开关。

1.6　关闭电源。

2　维护保养

2.1　每次实验前后对通风橱进行一次清洁。

2.2　每月对通风橱进行一次维护保养。

2.2.1　检查控制面板上开关所对应功能是否正常。

2.2.2　检查通风橱内水槽是否堵塞。

2.2.3　检查玻璃活动挡板是否能正常滑动。

2.2.4　对整个通风橱设备进行一次清洁。

2.2.5　冲洗水槽管道，避免有残留溶剂腐蚀管道。

3　安全注意事项

3.1　使用通风橱之前，先开启排风后才能在通风橱内进行操作。

3.2　操作强酸强碱及挥发有害性气体的试剂时，必须拉下通风橱玻璃活动挡板进行操作。严禁在通风橱内进行爆炸性实验，注意保护自身安全。

3.3　操作实验时，切勿用头、手等身体其他部位，或其他硬物碰撞玻璃活动挡板。

3.4　使用通风橱时，必须在通风橱内操作台进行操作。切勿在通风橱外进行危险、有毒害实验，以免有毒气体散发到实验室其他工作区域，造成其他工作人员的健康伤害。

3.5　在通风橱内使用加热设备时，建议在设备下方垫上石棉垫或隔热板。

3.6　实验操作完毕后，不要立即关闭排风。应继续排风 1～2min，确保通风橱内有害气体和残留废气全部排出。

3.7　实验工作完毕后，关闭所有电源，再对通风橱进行清洁。清除在通风橱内的杂物和残留的溶液。切勿在带电或电机运转时作清理。

◆**评审规程条文**

4.1.14　特种设备管理

按规定进行登记、建档、使用、维护保养、自检、定期检验以及报废；有关记录完整、规范；制定特种设备事故应急措施和救援预案；达到报废条件的及时向有关部门申请办理注销；建立特种设备技术档案（包括设计文件、制造单位、产品质量合格证明、使用维护说明等文件以及安装技术文件和资料；定期检验和定期自行检查的记录；日常使用状况记录；特种设备及其安全附件、安全保护装置、测量调控装置及有关附属仪器仪表的日常维护保养记录；运行故障和事故记录；高耗能特种设备的能效测试报告、能耗状况记录以及节能改造技术资料）；安全附件、安全保护装置、安全距离、安全防护措施以及与特种设备安全相关的建筑物、附属设施，应当符合有关规定。

◆**法律、法规、规范性文件及相关要求**

《中华人民共和国安全生产法》（2021 年修订）

《中华人民共和国特种设备安全法》（主席令第 4 号）

《特种设备安全监察条例》（国务院令第 549 号）

◆**实施要点**

1. 水文监测单位的特种设备，主要是指对人身和财产安全有较大危险性的锅炉、压力容器（含气瓶）、压力管道、电梯、起重机械等设备。

2. 国家对特种设备实行目录管理。特种设备目录由国务院负责特种设备安全监督管理的部门制定，报国务院批准后执行。

3. 水文监测单位应严格执行相关操作规程，加强日常检查，未经检测或者检测不合格的特种设备，严禁投入使用。

4. 水文监测单位应严格执行特种设备定期报检制度，按时定期检验，严禁超期使用，检验合格证书固定在相关位置。

5. 水文监测单位应严格执行特种设备的维修保养制度，对特种设备定期进行维修保养。对达到报废条件的设备及时办理注销报废手续，并及时完整规范记录。

6. 水文监测单位严格执行特种设备日常检查、经常检查、定期检查等常规检查制度，检查应当作详细记录，并存档备查。

7. 水文监测单位建立完善特种设备技术档案，内容包括设计文件、制造单位、产品质量合格证明、使用维护说明等文件以及安装技术文件和资料，定期检验记录，日常使用状况记录，特种设备及其安全附件、安全保护装置、测量调控装置及有关附属仪器仪表的日常维护保养记录，运行故障和事故记录，高耗能特种设备的能效测试报告、能耗状况记录以及节能改造技术资料。

8. 水文监测单位应按要求建立特种设备应急处置措施或预案。

9. 特种设备的安全附件、安全保护装置、安全距离、安全防护措施以及与特种设备安全相关的建筑物、附属设施均应符合有关规定。

[参考示例 1]

×××特种设备注册登记台账

编号：××-AQ-4.1.14-01

序号	特种设备名称	内部编号	设备注册代码	使用证编号	制造日期	使用日期	设备所在位置	设备使用状况	设备管理责任人	备注

[参考示例 2]

×××特种设备使用状况记录

编号：××-AQ-4.1.14-02

使用地点					设备名称		
设备编号					规格型号		
日期			时间		使用人	设备运行状况	备注
年	月	日	时	分		异常现象描述	处理结果	

[参考示例 3]

×××运行故障和事故记录

名称：   日期：   编号：××-Q-4.1.14-03

设备名称		设备部位		备注
时间				
原因				
处理情况				

维护、保养者：

◆**评审规程条文**

4.1.15　备用电源

备用电源的准备、启动、运行符合相关规定；及时、定期对备用电源进行维护保养、检测；建立备用电源的运行台账。

◆**法律、法规、规范性文件及相关要求**

GB/T 29328—2018《重要电力用户供电电源及自备应急电源配置技术规范》

JGJ 46—2005《施工现场临时用电安全技术规范》

◆**实施要点**

1. 水文监测单位的备用电源一般指发电机组和 UPS 不间断电源。

2. 备用电源的准备、启动、运行应符合国家相关规定。

3. 水文监测单位应按要求制定备用电源管理制度和运行规程，建立健全备用电源运行台账。

4. 水文监测单位应按要求定期对备用电源检查维护保养、检测，建立完整的维修保养记录。

[**参考示例 1**]

×××备用电源管理制度

第一章　总　　则

第一条　为保证备用电源在市网停电时能正常起动和良好运行，特制定本制度。

第二条　本制度适用于单位内备用电源的管理及使用。

第二章　职　　责

第三条　××（部门）负责备用电源的维护保养、日常检查、操作使用；××（部门）负责备用电源的安全监督管理。

第四条　具体内容

1. 摆放备用电源的门平时应上锁，钥匙由××（部门）管理，未经领导批准，非工作人员严禁拿取钥匙。

2. ××（部门）操作人员必须熟悉备用电源的基本性能和操作方法，备用电源运行时，应作经常性的巡视检查。

3. 平时应经常检查备用电源机油油位、冷却水水位是否符合要求，柴油箱中的储备油量是否满足发电机带负荷运行 8h 用油量，蓄电池电压是否正常。

4. 备用电源每月空载运行一次，运行时间不大于 15min，平时应将发电机置于手动起动状态。

5. 备用电源运行时，操作员应立即前往检查发电机各仪表指示是否正常。

6. 严格执行备用电源定期保养制度，做好发电机运行记录和保养记录。

7. 定期清扫发电机周围场地，保证设备的整洁。发现漏油漏水现象应及时上报领导并处理。

8. 加强防火和消防管理意识，严禁随便移动发电机的消防设施，确保发电机消防设施完好齐备。

9. 备用电源周围严禁堆放杂物，严禁存放其他易燃易爆物品。

第三章　附　　则

第五条　本制度由××（部门）负责解释。

第六条　本制度自颁布之日起实行。

[参考示例2]

×××备用电源检查记录表

编号：××-AQ-4.1.15-01

备用电源型号			购买日期		
检修保养周期		一年	检修保养日期		
检查人		年　月　日	技术负责人		年　月　日
序号	检查项目	检查内容		检查情况	检查周期
1	人员检查	人员持证上岗		是□否□	
2		接受岗前培训		是□否□	
3		已对相关人员进行安全教育和风险告知		是□否□	
4	外观检查	机身、地面、墙面清洁，无损坏		是□否□	
5		柴油油箱油位正常		是□否□	
6		机油、柴油油路、水路正常		是□否□	
7		控制箱电路、电气元件正常		是□否□	
8		通风、排烟系统正常		是□否□	
9		整机振动及固定情况正常		是□否□	
10		蓄电池充电电路检查正常		是□否□	
11		蓄电池电压正常		是□否□	
12	试运行检查	运转声音正常		是□否□	
13		试运行转速、频率、水温、油压、输出电压等符合要求		是□否□	
14		油泵回油正常、无渗漏		是□否□	
15		手动启停机正常		是□否□	
16		得电自动停机		是□否□	
17		完成后合闸处于自动状态		是□否□	
18	其他				
19					

发现问题（附照片）：

整改情况（附照片）：

[参考示例3]

×××柴油发电机运转记录

编号：××-AQ-4.1.15-02

开车起止时间	日　时　分　起　日　时　分　止							
用途								
开车后	冷却温度	机油压力	交流电压	交流电流	直流电压	直流电流	功率因素	频率或转速
时　分								
时　分								
时　分								
时　分								
时　分								
时　分								
本次运转时间	时　分			累计运转时间			时　分	
柴油检查				机油检查				
检查人员				管理人员				
发现问题及处理意见								
监护：				操作：				

◆**评审规程条文**

4.1.16　检修管理

制定并落实综合检修计划，落实"五定"原则（即定检修方案、定检修人员、定安全措施、定检维修质量、定检维修进度），检修方案应包含作业安全风险分析、控制措施、应急处置措施及安全验收标准，落实各项安全措施；大修工程有设计、批复文件，有竣工验收资料；各种检修记录规范。

◆**法律、法规、规范性文件及相关要求**

《中华人民共和国安全生产法》（2021年修订）

SL/T 789—2019《水利安全生产标准化通用规范》

◆**实施要点**

1. 水文监测单位应依据水文行业规定，制定年度综合检修计划，加强日常检维修和定期检维修管理，组织设施设备检修工作。

2. 检修计划内容应齐全，包括定检维修方案、定检维修人员、定安全措施、定检维修质量、定检维修进度的"五定"原则要求。

3. 水文监测单位应根据工作实际制定并落实具体检修方案，方案应内容齐全，包括作业安全风险分析、控制措施、应急处置措施及安全验收标准。

4. 检修前应对检修方案进行安全技术交底，并制定完善的专项安全措施方案；检修中应落实各项安全措施，确保检修质量；检修完成后应及时组织验收，验收合格方可重新投入使用。

5. 水文设施设备大修应符合相关技术规程，大修工程的设计、批复、招标、施工、竣工验收应符合水文监测单位相关要求，大修资料档案要齐全。

6. 设施设备检修记录应完整规范，并建立台账。

[参考示例1]

×××设备检修管理制度

第一章　总　则

第一条　为使设备经常保持良好工作状态，及时消除设备缺陷，保证检修质量，延长设备使用寿命，节约检修时间，降低检修成本，特制定本制度。

第二条　本制度规定了单位日常维修、事故抢修和计划检修等管理办法。

第三条　本制度适用于各测站和各部门的设备检修工作的管理。

第二章　管理细则

第四条　设备检修分为日常维修、事故抢修和计划检修三级。

第五条　实行科学文明检修，认真执行检修技术规程，设备管理部门必须严格控制大修理基金的使用。制定合理的检修定额，提高检修技术水平，逐步延长设备使用周期。

第六条　根据检修间隔期及设备检查中发现和存在的问题编制《检修计划》，落实"五定"原则，即定检修方案、定检修人员、定安全措施、定检维修质量、定检维修进度。设备检修计划与生产计划同时制定，同时下达，同时检查考核。检修项目都必须认真填写检修记录。

第七条　日常检修由设备所在部门提出，经部门领导确认后进行检修。

第八条　事故抢修由设备所在部门提出，根据现场实际情况，制定相关检修方案或措施，经分管领导确认后，由设备所在部门组织实施作业。

第九条　计划检修由设备所在部门提出，各部门应编制详细的检修计划及检修方案，上报单位。检修方案应包含作业安全风险分析、控制措施、应急处置措施及安全验收标准，落实各项安全措施。单位领导或主管部门批准后，方可进行。

第十条　严格认真执行设备检修计划，若确实需要调整，必须办理批准手续。

第十一条　设备所在部门在检修前按照规定与施工单位办理检修任务书等手续。施工单位对检修设备进行处理，合格后交给设备所在部门，设备所在部门派专人协助施工单位处理安全事宜。施工现场应设置安全防护栏杆及标记，以确保安全检修。

第十二条　设备检修要严格执行检修方案和检修规程。若检修项目进度、内容需要变更，质量不符合要求，必须向设备所在部门报告，及时组织有关人员研究解决。

第十三条　设备检修要把好质量关，采取自检、互检和专业检查相结合的办法，并贯穿始终。主要部件要有鉴定合格证。主要设备大修竣工验收由单位组织，一般设备的大修及所有设备的中修竣工验收由所在部门组织；施工单位要做到工完、料完、场地清。

第十四条　检修人员必须做到科学检修、文明施工、采用专用工具，现场要清洁，摆放要整齐，对检修质量要一丝不苟。

第三章　附　则

第十五条　本制度由××（部门）负责解释。

第十六条　本制度自发文之日起执行。

［参考示例2］

×××工作联系单

编号：××-AQ-4.1.16-01

检查部门名称	
存在问题	
完成时限	
拟解决办法	
完成情况	签名：
主办部门（或个人）	部门：　　　签名：　　年　月　日
协办部门（或个人）	部门：　　　签名：　　年　月　日
分管领导（签字）	主要领导（签字）

注：1. 此表一式多份（可在交办后由主办者复印），由主办者交办公室统一编号，分管领导、承办部门（个人）、相关部门各一份（分别按部门集中留存）。

　　2. 完成情况栏由主办部门（或个人）填写，领导签字后，交相关部门留存。

　　3. 涉及经费的另做预算并打请示单。

◆**评审规程条文**

4.1.17　设施设备安装、拆除、报废管理

对新设施设备按规定进行验收，设施设备安装、拆除及报废应办理审批手续，安装、拆除前应制定方案，涉及危险物品的应制定处置方案，作业前应进行安全技术交底并保存相关资料。

◆**法律、法规、规范性文件及相关要求**

《中华人民共和国安全生产法》（2021年修订）

SL/T 789—2019《水利安全生产标准化通用规范》

◆**实施要点**

1. 水文监测单位在新设施设备使用前应按规定组织验收。验收合格后方可投入使用。

2. 水文监测设施设备的安装、拆除和报废，应办理审批手续。设施设备的安装、拆除应制定相应方案，并严格按照方案操作执行。

3. 水文监测单位应及时报废或淘汰不满足安全运行条件的设施设备，防止引发安全事故。

4. 对涉及存储易燃、易爆、有毒、有害物质等危险物品的设施设备，安装、拆除应制定专项方案，并严格按照专项方案操作执行。

5. 水文监测单位应对所有设施设备的安装、拆除、报废以及作业进行安全技术交底，及时整理和归档相应材料，建立完整的技术台账。

[参考示例 1]

《仪器设备报废申请单》同 4.1.1 [参考示例 6]

[参考示例 2]

×××仪器设备使用记录表

编号：××-AQ-4.1.17-01

使用日期	起止时间	使用内容及项目	使用情况	使用人	备注
年.月.日	时：分～时：分				

第二节　作业管理

水文监测作业主要包括涉水、缆道、冰上、易腐蚀易爆、采样等作业行为。作业管理的主要内容包括技术规程、作业方案、作业环境、作业班组与人员、仪器设备、防护设施及安全防护用品等。作业管理目的是规范作业行为，确保水文监测作业安全。

◆**评审规程条文**

4.2.1　一般要求

依据有关规范制定作业方案或规程、应急预案等，应如实告知作业人员危险因素、防范措施且签字确认；作业前应实施作业环境、仪器设备及防护设施及用品检查；监测单位应配备符合国家标准的安全防护用品。

◆**法律、法规、规范性文件及相关要求**

《中华人民共和国安全生产法》（2021 年修订）

SL/T 789—2019《水利安全生产标准化通用规范》

◆**实施要点**

1. 作业管理是指满足现场作业安全需求，落实各项安全措施，实现作业过程安全的一种方法。

2. 水文监测单位应依据有关规定制定规范的方案、规程和应急方案。

3. 水文监测单位作业活动前应组织对环境、仪器设备、防护设施及用品实施检查，将其中的危险因素、防范措施、应急处置措施如实告知作业人员，并签字确认。

4. 水文监测单位应配备合格作业人员安全防护用品，分发到人，发放和领取记录应完整。

［参考示例 1］

×××作业管理制度
第一章 总 则

第一条 为规范单位管理范围内作业管理，控制和消除生产作业过程中的潜在风险，实现安全生产，特制定本制度。

第二条 本制度适用于单位各部门。

第二章 作 业 行 为 范 围

第三条 单位管理范围作业行为有涉水作业、桥测作业、缆道作业、易燃作业、易腐蚀作业、易爆作业、玻璃器皿作业、野外采样作业。

第三章 职 责 与 分 工

第四条 安全生产领导小组负责单位管理范围内各项作业安全管理制度的监督执行和考核。

第五条 有相关作业行为的部门应认真执行本制度，按照相关规程、标准的要求保证作业安全。

第四章 作 业 要 求

第六条 作业人员按相关方案和规程进行操作，防护用品配备符合有关要求。

第七条 各种安全标识、工具、仪表等必须在作业前加以检查，确认完好，作业用具应经检验合格。

第八条 涉水作业：应严格按照涉水作业方案操作；在现场应设置明显的作业警示标识；作业人员应佩戴、使用安全防护用品；在通航河道进行专项水文测验需报海事部门备案。

第九条 缆道作业：应严格按照缆道操作规程进行测验作业，并配备必要的安全用品；作业期间作业人员应佩戴、使用安全保护用品；测验作业前应指定安全员，作业前应对缆道操作系统及安全保护装置进行全面检查，确保安全可用；在通航河道作业要注意避让行船。

第十条 冰上作业：按照冰上作业方案和路径实施冰上作业，并配备必要的安全用品；冰上作业应指定安全员，作业期间作业人员应正确佩戴、使用安全防护用品；作业人员应分散作业，严禁单人作业；上游有冰坝冰塞、封冻初期、解冻初期和断面层水层冰应独立编制安全措施。

第十一条 无人机作业：无人机飞手应持证操作；严格按无人机操作规程作业；在特定空域飞行，应按规定报备审批。

第十二条 易爆作业：严格按易爆作业规程规定作业；使用防爆型电气设备，配备穿戴防静电服装鞋帽，做好通风、防爆、封闭、隔离等措施。配备灭火毯、防火沙等消防用品；做好防爆安全操作检查和记录，确保生产安全。

第十三条 易腐蚀作业：严格按易腐蚀品作业规程规定作业；作业场所应配备有喷淋器和洗眼器，并且操作人员能正确使用；操作人员应全程穿戴防护用品；腐蚀性药品操作应保持安全距离；专用防护用品应及时清洗、更新，记录档案完整，确保安全可用。

第十四条　玻璃器皿作业：应使用无裂痕、无破损和检定合格的玻璃器皿；加热作业的玻璃器皿符合作业环境和规范要求；作业期间作业人员应全程穿戴相应的防护用品；破碎的玻璃器皿置于特定的容器。

第十五条　野外采样作业：采样作业应两人及以上同时进行；涉水采样应穿戴救生设备；在车辆通行的桥梁上作业时应设置车辆避让的警示标识，在通航河道上取样时应注意避让行船；用酸或碱保存水样，采样人员应采取相应的防护措施，并现场记录。

第五章　监 督 与 检 查

第十六条　单位安全生产领导小组定期对各作业场所进行检查，对发现的问题隐患下达整改通知书，责任区域应立即整改，整改结束后填写整改通知意见反馈单，报单位安全生产领导小组复查。

第十七条　任何部门或个人均有权对作业现场安全事故隐患进行检举。

第六章　附　　则

第十八条　本制度由单位安全生产领导小组负责解释。

第十九条　本制度自发文之日起执行。

[参考示例2]

×××安全防护用品发放记录

编号：××-AQ-4.2.1-01

序号	安全防护用品名称	数量	发放日期	发放部门	领用人（签字）	备注

[参考示例3]

×××水位观测作业前检查记录

编号：××-AQ-4.2.1-02

作业单位（部门）：

作业项目：

作业方案：

作业时间：

作业人员名单：

现场检查负责人：

序号	检查项目	检 查 内 容	检查情况
1	作业人员	人员符合上岗要求	是□否□
2		作业方案发放	是□否□
3		作业风险告知	是□否□

续表

序号	检查项目	检 查 内 容	检查情况
4	作业环境	周边无相关的乱堆物、乱停船现象	是□否□
5		水草生长未影响观测	是□否□
6		上游无杂物影响作业	是□否□
7		测井无淤积、进水管管口无漂浮物、淤泥	是□否□
8		雷达水位计下方区域无水草杂物	是□否□
9	仪器设备	水尺牌刻度清晰	是□否□
10		水尺之间衔接完好	是□否□
11		水尺桩竖直、无倾斜开裂	是□否□
12		遥测水位计外表洁净	是□否□
13		RTU 和传感器水位与水尺水位一致	是□否□
14		线盘紧固螺母未松动，悬索灵活，连接线缆未松散	是□否□
15	防护措施	作业前已领用安全用品	是□否□
16		作业时穿戴好防滑雨鞋和救生衣等安全防护用品	是□否□
17	其他		是□否□
18			是□否□

发现问题：

整改情况：（情况填写精确到日期时间）

现场照片：

本检查记录必须如实填写，出现不合格情况必须立即整改。

◆**评审规程条文**

4.2.2 涉水作业

严格按照涉水作业方案或规程作业，并配备必要的安全用品；涉水作业应指定安全人员现场监督，设置明显的作业警示标志；作业期间作业人员应按规定正确佩戴、使用安全防护用品。

◆**法律、法规、规范性文件及相关要求**

SL/Z 390—2007《水环境监测实验室安全技术导则》

SL/T 789—2019《水利安全生产标准化通用规范》

SL 195—2015《水文巡测规范》

SL 257—2017《水道观测规范》

SL 338—2006《水文测船测验规范》

◆**实施要点**

1. 涉水作业是指临水或在水面开展水文监测，如安装水尺、观测水尺水位、水尺水准测量、流量测验、引水槽及测井清淤等。

2. 水文监测单位应制定涉水作业方案或操作规程、配备安全防护用品，确保涉水作业的安全生产。

3. 涉水作业前应按规程或方案组织检查，实施风险告知。应规范设置明显的作业警示标识，标识齐全，并指定现场安全监督人员。

4. 作业人员应正确佩戴、使用安全防护用品。

5. 相关作业检查、风险告知、防护用品领取等应有记录。

[参考示例 1]

×××涉水作业方案

第一条　为规范作业管理，控制和消除涉水作业过程中的潜在风险，实现安全生产，特制定本方案。

第二条　涉水作业包括水位监测作业、测流作业、水边水准测量作业及其他管理范围内的涉水作业。

第三条　水位监测作业方案如下：

（1）作业前应穿戴好救生衣和防滑雨鞋，在作业区域摆放警示标识。

（2）观察前注意观察水尺情况，当直立式水尺发生倾斜、弯曲、破损时，应在记载表备注栏中说明，并及时使用其他水尺观测。

（3）携带好观测记载簿及记录铅笔，提前 5min 到达观测断面。到达观测时间时，应准时观读，并现场记录水尺读数。

（4）观测水尺读数时，观测员身体应蹲下，使视线尽量与水面平行，以减小折光产生的误差。

（5）水面平稳时，直接读取水面截于水尺上的读数；有波浪时，为尽量减小因波浪对水位观测产生的误差，可利用水面的暂时平静进行观读，或者分别观读波浪的峰顶和谷底在水尺上的读数，取其平均值；波浪较大时，可先套好静水箱再进行观测；也可采用多次观读，取其平均值等方法进行观测。

（6）水位观测一般读记至 1cm，以"m"为单位记录，记至两位小数，时间记至 1min。

第四条　测流作业方案如下：

（1）作业前应穿戴好救生衣和防滑雨鞋，在作业区域摆放警示标识。

（2）查看检查流速仪仪器箱上的标识、外观，记录流速仪鉴定书上的流速公式，施测前装配仪尾并进行旋转灵敏度检查。

（3）仪器安装到铅鱼支架上，连接三根信号线（水面信号、流速仪信号、河底信号），并对仪器信号进行检查。铅鱼一入水，音响器即发出一响声，说明缆道信号电路接通，一切正常，水面信号位置与流速仪入水深一致，设备收到水面信号后，计数器自动归零。

（4）根据测流断面情况确定测深垂线、测速垂线、测速垂线上测点数目，测速历时等。具体布设要求参看 GB 50179—2015《河流流量测验规范》。

（5）合上配电箱中的电源开关，再依次按下控制台的空气开关"ON"按钮和"电源"按钮，为缆道控制系统供电。在行车前指定专人在室外观察铅鱼提升是否达到了安全高度；循环索、行车架是否有脱轮现象。

（6）通过操作控制台上的"前进"或"后退"按钮，将铅鱼开到起点距为"0"位置并按下缆道测距仪下方的"置数"按钮，起点距归零。按下"前进"按钮，调节"调速"按钮使铅鱼匀速开至第一条测速垂线位置。在将要到达指定位置前，降低铅鱼前进速度，确保位置准确，铅鱼前后无较大晃动。"向上""向下""前进""后退"这四个动作，每按一个动作，必须先按下"停止"按钮；不允许同时按下两个动作进行操作。

（7）调速时要从慢慢转动调速旋钮，水平移动铅鱼前必须保证铅鱼处于水面之上。

（8）操作人员注意力要集中，不得一心二用，注意观察水面漂浮物的情况以及铅鱼、电机运行情况，如船只或漂浮物，并估计对安全或测速有影响时，要提前升起铅鱼或按紧急脱离按钮；如听到电机运行有异响，要按急停按钮或及时切断电源检查。

（9）测流作业结束，计算并检查数据，将仪器拆解下来，摆放好，关闭电源。

第五条　水边水准测量作业方案如下：

（1）作业前应穿戴好救生衣和防滑雨鞋，在作业区域摆放警示标识。

（2）将三脚架下部架腿捆绑皮带解开，并松开制动螺旋。在三脚架未展开之前，伸展架腿使架头位于眼睛的高度（利用反射镜整平），或位于胸口高度（直接观圆水准器整平）。

（3）分开三脚架架腿，使其与地面呈60°左右的正三角形，架头大致水平，其中两只脚平行与水准路线先踩实，第三脚每站点左右轮换后踩实。除路线拐弯处外，每测站上仪器和前后尺的三个位置应接近于一条直线。

（4）将水准仪安装在架头，并拧紧中心螺丝。利用三颗脚螺旋对水准仪进行预置。利用第三脚对圆水准器进行粗平，踩紧踏脚与地面。在用三颗脚螺旋使圆水准器严密聚中。

注意：在使用自动安平水准仪时，相邻站应交替对准前后视调平仪器。

（5）检查调焦：观察瞄准器，使物镜照准后尺。检查和调整十字丝、物镜成像清晰度。

（6）观测记存：三丝能读，上下丝为视距丝；中丝为高程丝要精确读取。

（7）迁站测量：迁站前应对仪器进行预置，迁站时对仪器进行有效保护。重复上一测站工作。每一测段的往测和返测，其仪器站数应为偶数，由往测转向返测时，两标尺必须互换位置，并应重新安置仪器。

（8）测量结束，摆放好仪器并计算数据。

第六条　在通航河道作业需避让行船。

第七条　其他涉水作业参照上述操作规程，均应指定现场安全监督人员，配备必要的安全用品，检查安全用品是否配备到位，检查警示标识或设置，确保警示标识或设置齐全、摆放规范。涉水作业时作业人员应按规定正确佩戴、使用安全防护用品。

［参考示例 2］

×××涉水作业记录

编号：××-AQ-4.2.2-01

序号	日期	作业人员	作业内容	现场安全员	安全用品配置和佩戴使用情况	警示标识设置情况	作业情况

◆**评审规程条文**

4.2.3　桥测作业

按照桥测作业方案或规程作业，并配备必要的安全用品，作业人员应正确佩戴、使用安全防护用品；桥测车辆应停放规范，并按照规范要求设置水文作业警示标志；在通航河道作业要注意避让行船。

◆**法律、法规、规范性文件及相关要求**

《中华人民共和国水文条例》（国务院令第 676 号）

SL/Z 390—2007《水环境监测实验室安全技术导则》

SL 195—2015《水文巡测规范》

SL/T 276—2022《水文基础设施建设及技术装备标准》

◆**实施要点**

1. 桥测作业主要是指在各类桥上进行水位观测、流量测验、水质采样等操作。

2. 桥测作业前应制定作业方案或操作规程，并对作业人员进行培训。

3. 桥测作业应配备必要的安全用品，包括救生衣、救生圈、救生绳、反光背心、反光跑鞋、反光交通安全锥等。作业人员应按规范佩戴、使用安全防护用品，做好记录。

4. 桥测车辆应停放规范，并按照规范设置警示标识，警示标识应齐全。

5. 在通航河道上作业时应注意避让行船和水中漂浮物等；在公路桥上作业时应注意来往机动车辆和非机动车辆以及行人，作业人员应有足够的安全距离；临边作业应使用安全绳，配备安全人员现场监督。

［**参考示例 1**］

×××桥测作业方案

第一条　为规范单位桥测作业管理，控制和消除桥测作业过程中的潜在风险，实现安全生产，特制定本方案。

第二条　桥测作业是指单位根据工作需要，在桥上进行水位、流量、水质采样等作业。

第三条　桥测作业中流量测验方案如下：

（1）作业前必须穿戴好救生衣（如遇雨雪天还需穿戴防滑雨鞋），在作业区域两端摆放警示标识。

（2）流量测验中按要求安装好测速仪后，检查流速仪的使用情况。

（3）测流前，查看实时水位，并确定测速垂线和测深垂线以及测点深度；如测流时水位变化过快，应及时读取实时水位，并重新计算调整测速垂线和测点深度。

（4）作业时，应有两人以上协同作业，一人操作测速仪，一人记录数据，确保安全。

（5）作业完成后，将测速仪收好，检查数据无误后，离开作业现场。

（6）如遇强雷电天气，应在安全的地带等候，待雷电减弱，方可作业。

第四条　在通航河道作业应注意避让行船和其他影响流量测验的水中漂浮物等。

第五条　现场应设置安全人员，在作业区域两侧放置安全警示标识。

[参考示例 2]

×××桥测作业前检查记录

编号：××-AQ-4.2.3-01

作业单位（部门）：

作业项目：

作业方案：

作业时间：

作业人员名单：

现场检查负责人：

序号	检查项目	检 查 内 容	检查情况
1	作业人员	人员符合上岗要求，配备安全员	是□否□
2		作业方案发放	是□否□
3		作业风险告知	是□否□
4	作业环境	施测水域周边无相关的乱堆物、乱停船现象	是□否□
5		施策路桥周边无影响测流的车辆、过河管道等因素	是□否□
6		上游无杂物影响作业	是□否□
7		道路安全	是□否□
8	仪器设备	流速仪检测合格、正常转动	是□否□
9		秒表、音箱和吊索可正常使用	是□否□
10	防护措施	作业前已领用并检查安全防护用品	是□否□
11		作业时已穿戴好防滑鞋和救生衣等安全防护用品	是□否□
12		作业区域已放置安全警示标识	是□否□
13	其他		是□否□
14			是□否□

发现问题：

整改情况：（情况填写精确到日期时间）

现场照片：

本检查记录必须如实填写，出现不合格情况必须立即整改。

[参考示例 3]

×××桥测作业记录

编号：××-AQ-4.2.3-02

序号	日期	作业人员	作业内容	作业情况	安全用品配置、佩戴使用情况	车辆停放状况	警示标识设置情况	现场安全员

◆**评审规程条文**

4.2.4　缆道作业

按照缆道操作规程进行测验作业，并配备必要的安全用品，作业期间作业人员应正确佩戴、使用安全保护用品，测验作业前应指定安全员，作业前应对缆道操作系统及安全保护装置进行全面检查，确保安全可用；在通航河道作业要注意避让行船。

◆**法律、法规、规范性文件及相关要求**

GB 50179—2015《河流流量测验规范》

SL/Z 390—2007《水环境监测实验室安全技术导则》

SL/T 415—2019《水文基础设施建设及技术装备管理规范》

SL/T 276—2022《水文基础设施建设及技术装备标准》

SL 443—2009《水文缆道测验规范》

◆**实施要点**

1. 缆道作业主要是指利用缆道进行水文监测（包括缆道测流、测沙、采样等作业）和对其维修养护（包括缆索、塔架、绞车、操控系统等维修养护）。

2. 水文监测单位应制定缆道操作规程，作业人员按操作规程规范作业。

3. 缆道作业前应对测控操作系统和安全保护装置进行全面检查，确保操作人员熟悉缆道操作系统及安全保护装置的性能，设施设备安全运行。

4. 缆道作业应配备必要的安全用品，包括但不限于救生衣、救生圈、救生绳、循环索上的反光标识等，作业人员应正确佩戴、使用并做好记录。指定安全员，现场负责缆道作业的安全生产。

5. 在通航河道上作业时应按航道部门的要求配备明显的警示标识，并注意避让来往行船和水中漂浮物等，夜间测流时应配备有效的照明设备等。

[**参考示例 1**]

×××缆道作业规程

一、准备阶段

1. 打开配电箱，把电源插头插入插座，合上三相电源闸刀开关，控制箱上的 AC380V 红色指示灯亮；合上空气开关，观察控制箱上的 AC45V 电压表指示是否正常。

2. 查看检查流速仪仪器箱上的标识、外观，记录流速仪鉴定书上的流速公式，施测前装配仪尾并进行旋转灵敏度检查。

3. 将仪器安装到铅鱼支架上，连接三根信号线（水面信号、流速仪信号、河底信号），并对仪器信号进行检查。铅鱼一入水，音响器即发出一响声，说明缆道信号电路接通，一切正常，水面信号位置与流速仪入水深一致，设备收到水面信号后，计数器自动归零。

4. 根据测流断面情况确定测深垂线、测速垂线、测速垂线上测点数目，测速历时等。具体布设要求参看 GB 50179—2015《河流流量测验规范》。

5. 合上配电箱中的电源开关，再依次按下控制台的空气开关"ON"按钮和"电源"按钮，为缆道控制系统供电。

6. 作业前应穿戴好救生衣和防滑鞋，在作业区域摆放警示标识；在行车前指定专人在室外观察铅鱼提升是否达到了安全高度；循环索、行车架是否有脱轮现象。

二、常规测流阶段

1. 通过操作控制台上的"前进"或"后退"按钮，将铅鱼开到起点距为"0"位置并按下缆道测距仪下方的"置数"按钮，起点距归零。

2. 按下"前进"按钮，调节"调速"按钮使铅鱼匀速开至第一条测速垂线位置。在将要到达指定位置前，降低铅鱼前进速度，确保位置准确，铅鱼前后无较大晃动。

3. "向上""向下""前进""后退"这四个动作，每按一个动作，必须先按下"停止"按钮；不允许同时按下两个动作进行操作。

4. 调速时要从慢慢转动调速旋钮，水平移动铅鱼前必须保证铅鱼处于水面之上。

5. 测深：查看水位，计算测速垂线的水深测点的相对水深，并操作将铅鱼下降到指定位置。下降时测距仪数字为当前垂线水深减去计算时的水深数字时，按下"停止"按钮，将要接近指定位置时，下降速度减慢。

6. 测速：计算测点位置。根据已经算出的测速垂线处的水深乘以系数，得出测点位置。通过上述测深的操作，将铅鱼放至测速垂线上的流速测点处，测记测速历时、转子转数等。当音响器发出第一声声响时，准备计数；当第二声声响刚开始前或刚结束前按下秒表计时；记下仪器的总转数和测速历时，为消除流速脉动的影响，一般情况下要求100s。

7. 检查无误后测量下一测点流速。待该垂线所有测点测完，确认无误后，测船移至下一测速垂线处。

8. 作业时，操作人员注意力要集中，不得一心二用，注意观察水面漂浮物的情况以及铅鱼、电机运行情况，如船只或漂浮物，并估计对安全或测速有影响时，要提前升起铅鱼或按紧急脱离按钮；如听到电机运行有异响，要按急停按钮或及时切断电源检查。

9. 雷电交加时，暂停测流作业，否则容易造成机损人伤事故。

三、结束阶段

1. 测流完毕后，将铅鱼收回缆道平台，关闭操作台电源，关断控制箱的空气开关，然后拉下配电箱三相电源的闸刀开关，拔出电源插头。

2. 卸下流速仪及水下电池筒，取出电池筒里的干电池，对流速仪进行上油维护。

3. 关闭电脑，拔出电脑电源插头；拔出综合信号防雷传输器输出线插头，断开信号闸刀。

4. 关好窗户，拉好窗帘，盖上操作台防尘台布，关好前、后门。

四、吊箱、吊索作业

1. 除参照第三条常规测流阶段内容外，还需要注意上游来水中的漂浮物，防止对流速仪等测验设施设备造成影响，并防止洪水的陡涨陡落对作业人员和仪器设备的冲击，从而产生安全隐患。

2. 在作业前还需对吊箱、吊索进行检查，并根据应急预案做好作业人员的应急救援措施。

五、其他

1. 设置安全员进行现场管理，出现危险情况及时通知施测人员停测。

2. 在通航河道作业需注意避让行船。

[参考示例2]

×××水文吊箱测流安全操作规程

1. 定期对吊箱、缆道绞车、各类缆索维修养护和检测，使缆索不缺油、不断丝、不土埋，滑轮磨损符合要求，绳卡、吊环螺丝不松动，电气设备、电器装置及线路绝缘良好。汛前进行超载试验，运行时不超重。

2．施测前查看吊箱、缆道绞车、各类缆索有无脱槽现象，电压、仪器、操作平台等是否运转正常，在进行无人试运行后，再穿救生衣上吊箱。

3．电机操作人员与施测人员测试通信联络是否正常。经测试正常后，在听到施测人员发出开车指令后，先按"远"键，再缓慢旋转加速钮，靠近河两岸时减速缓慢运行。

4．电机操作人员随时查看仪表、缆道绞车运行情况，保持速度平稳；施测人员密切注视流速仪运转及上游水情变化，如遇涨水或危险漂浮物，提升流速仪和吊箱，避免发生碰撞出现危险。

5．电机操作人员接到停车信号后，将电机缓慢调速至最小，然后再按"停"钮。

6．吊箱行进过程中如需进行方向改变，应先按"停"钮，电机停稳，再按"远"或"近"钮。

7．施测结束，向回开车，靠岸停稳，缓慢下车，严防大幅度晃动，导致缆索脱槽；检查吊箱、绞车、缆索是否正常，确认无误，切断电源，退出操作室。

8．吊箱运行过程中，如遇缆索脱槽、吊箱进水等特殊情况，立即停机，采取应急救援措施，保证施测人员上岸。同时启动应急施测预案，保证测验报汛准确及时。

9．吊箱操作过程前应先领取救生衣等救生设施，并设置安全员进行现场监督，出现危险情况及时通知施测人员停测、通知电机操作人员将施测人员撤至安全地带。

［参考示例3］

×××缆道测流作业前检查记录

编号：××-AQ-4.2.4-01

作业单位（部门）：

作业项目：

作业方案：

作业时间：

作业人员名单：

现场检查负责人：

序号	检查项目	检 查 内 容	检查情况
1	作业人员	人员符合上岗要求	是□否□
2		作业方案发放	是□否□
3		作业风险告知	是□否□
4	作业环境	周边无相关的乱堆物、乱停船现象	是□否□
5		通航河道检查船只往来情况、上下游通视不受阻	是□否□
6		夜间作业探照灯正常	是□否□
7		水草生长未影响观测	是□否□
8		上游无杂物影响作业，无大量漂浮物下行	是□否□

续表

序号	检查项目	检查内容	检查情况
9	仪器设备	电动缆道信号正常	是□否□
10		手动设备完好在位	是□否□
11		手摇缆道音箱和缆道正常运行	是□否□
12		流速仪检测合格、正常转动	是□否□
13		秒表、铅鱼和吊索无明显破损	是□否□
14		循环索无锈蚀或部分断裂	是□否□
15		循环索与滑轮有滑槽	是□否□
16		主索、循环索垂度无明显变化	是□否□
17		平衡锤正常就位	是□否□
18		钢丝绳、吊索和滑轮无明显锈迹	是□否□
19	防护措施	作业前已领用并检查安全防护用品	是□否□
20		作业时穿戴好防滑雨鞋和救生衣等安全防护用品	是□否□
21	其他		是□否□
22			是□否□

发现问题：

整改情况：（情况填写精确到日期时间）

现场照片：

本检查记录必须如实填写，出现不合格情况必须立即整改。

[参考示例 4]

×××缆道作业记录

编号：××-AQ-4.2.4-02

序号	日期	作业人员	作业内容	作业情况

◆**评审规程条文**

4.2.5 冰上作业

按照冰上作业方案和路径实施冰上作业，并配备必要的安全用品；冰上作业应指定安全员，作业期间作业人员应正确佩戴、使用安全防护用品；作业人员应分散作业，严禁单人作业；上游有冰坝冰塞、封冻初期、解冻初期和断面层水层冰应独立编制安全措施。

◆**法律、法规、规范性文件及相关要求**

SL/Z 390—2007《水环境监测实验室安全技术导则》

SL 58—2014《水文测量规范》

SL/T 466—2020《冰封期冰体采样与前处理规程》

◆**实施要点**

1. 冰上作业主要是指在江河湖库冰面上进行水文监测。

2. 冰上作业主要包括日常水位、流速、水质监测，冰期监测冰厚、气温、水温、水位、流速以及相关观测项目等工作内容。

3. 作业前应制定切实可行的操作规程、作业方案和应急处置措施，并配备必要的安全用品和应急救援工具。

4. 冰上作业范围和路径应按作业方案进行，包括估算冰层厚度、验冰、标识路线、上冰作业等。作业人员应正确佩戴、使用安全防护用品并做好记录。

5. 冰上作业应指定安全员。严禁单人冰上作业；作业人员应保持合适的距离分散作业。

6. 水文监测单位应独立编制冰坝冰塞、断面层水层冰、封冻初期和解冻初期的安全措施。

［**参考示例 1**］

×××冰上作业操作规程

为了确保冰上作业安全操作，特制定本操作规程。

1. 本规程的冰上作业是指在江河湖库设立水文测站处的蓄水水面结冰后的冰面以上进行水文测验的作业或者根据现场实际情况临时决定在冰面以上进行水文测验的作业。

2. 冰上作业的监测项目主要包括日常水位、流速、水质监测，冰期监测冰厚、气温、水温、水位、流速以及相关观测项目等工作内容。

3. 冰上作业主要包括上冰前准备工作、冰上作业安全操作、其他人员的冰上操作、应急防护措施等。

4. 上冰前准备工作，主要包括监测设备、安全防护用品等领取、冰层厚度的估算、验冰、工作范围和路径的确定、路线的标识、上冰指令的下达等。

（1）监测设备、安全防护用品主要包括水文监测设备、安全防护用品、应急救援工具、通信设备等，在进行冰上作业前应领取相关设施设备并进行检查。设施设备的领取应有相关记录。

（2）估算冰层厚度。根据近期的气温气候条件以及历年的经验并结合相关经验公式等进行拟作业区的冰层厚度估算。

（3）验冰。验冰需由相关负责人组织进行，验冰人员必须穿戴好救生衣、绑扎好救生绳、携带好铁钩铁锹钢钎破冰器具等应急救援工具。

验冰前应在岸边采用敲击等方法，判断冰层厚度。满足一定厚度条件时方可进行验冰。验冰时应由岸边往河中心延展。间隔一定距离进行冰层厚度检测，并做好检测时间、位置、冰层厚度记录。在完成规定作业范围内的冰层厚度检测后将检测结果及时上报，以便相关负责人下达上冰指令。

（4）根据验冰结果和不同的封冻期要求，对不符合冰层厚度的需改变位置继续进行冰层厚度检测，直至符合要求为止。对符合要求的位置放置醒目符号标记，以此确定工作范围和工作路线。

（5）上冰指令下达。根据验冰结果和不同的封冻期要求，以及验冰现场确定的冰上安全作业范围和路径，下达上冰操作指令。

5. 冰上作业安全操作

（1）在作业前工作人员必须穿戴好救生衣、绑扎好救生绳，携带好铁钩、铁锹、钢钎、破冰器具等应急救援工具。

（2）上冰工作人员严禁饮酒等影响冰上作业的行为。

（3）上冰前，应指定安全人员现场监督，并对上冰工作人员佩戴的器具进行检查，确保设备完好，操作正常。

（4）上冰工作人员和上冰车辆应严格按照验冰标记的路线和范围进行冰上作业，不得越过验冰范围。

（5）步行冰上作业时，必须3人以上，且须拉开距离，走在前边的人员要用钢钎等工具随时检验冰层厚度和冰面安全，以防意外情况发生。

（6）如遇意外情况发生，应按原路返回，不得偏离验冰工作路线范围。如有人员发生意外情况，应立即营救，并同时向有关领导和值班人员汇报。

（7）在冰上作业时，不得玩闹嬉戏，不得影响工作正常进行。

（8）冰上作业时，冰上作业人员间应建立通信联络，时刻保持通信畅通。同时冰上作业人员应每隔一定时间与岸上值班人员联络一次，确认作业位置，并做好通信记录。

（9）冰上作业完成后，在做好作业记录的同时，应与岸上值班人员联系确认返程事宜。在安全返程后应及时归还相关测验设备和安全用具，并做好归还记录。

6. 其他人员的冰上操作

（1）当发现冰上作业人员不能满足作业需要时，一是返回岸上工作场所，重新制定冰上作业方案；二是向有关领导提出申请，在得到批准同意后方可增派调用相关人员，并在事后补写冰上作业人员申请表。

（2）相关人员的冰上操作仍需执行上述"5. 冰上作业安全操作"相关要求，不得单独行动。

7. 应急防护措施

（1）冰上工作人员应穿戴好救生设备，配备应急救援工具。

（2）因冰上作业均为寒冷季节，作业人员均应做好防冻措施。

（3）通信设备应提前充好电，在上冰前由安全员现场检查运行情况。

（4）要准备好落水自救相关装备。包括救生衣、救生绳、救生杆、救生圈、防寒服等。

8. 事故应急处置

（1）应成立事故应急处置领导小组，明确相关人员工作职责。

（2）当事故发生后，应及时分析事故原因和危险程度，以确定应急处置方案。

（3）当冰上作业发生事故时，其他作业人员应及时向值班员和有关领导汇报落水地点、人员数量等情况。并采取应急救援措施，如向水中人员抛救生绳、救生圈、救生杆等，及时营救。必要时可组织水性好的人员下水施救，在下水施救前亦需检查施救人员的安全防护用品是否配备到位，不得盲目施救。

9. 培训及演练

冰上作业属特殊作业环境作业，应每年结合安全生产要求进行培训和演练。特别是要对冰上作业人员进行游泳培训，掌握必需的游泳技能和一定的自我救援能力。

10. 其他

（1）定期对冰上作业救生器具和应急救援工具进行检查、维护，发现超出保质期或影响救生的及时进行更换。

（2）及时调整事故应急处置领导小组人员名单，确保岗位职责明晰。

[参考示例 2]

×××冰上作业申请表

申请日期：　　　　　　　　　　　　　　　　　　　编号：××-AQ-4.2.5-01

作业日期			申请人			
气象条件	（阴晴雨雪）	温度		风力风向		风速	
水文	水位					
监测任务			特殊任务			
上冰人员			安全员			
作业车辆	车牌号			驾驶员姓名		
审批人						

[参考示例 3]

×××验冰记录表

编号：××-AQ-4.2.5-02

作业日期			记录人			
起讫时间			操作人			
气象条件	（阴晴雨雪）	温度		风力风向		风速	
冰眼数量			冰眼形状			
冰眼直径/mm			冰层厚度/mm			
冰眼位置	文字描述		相对位置略图			
验冰目的						
验冰结论						
验冰结果上报	值班领导			值班人员		
备注						

◆ **评审规程条文**

4.2.6 无人机作业

无人机飞手应持证操作；严格按无人机操作规程作业；在特定空域飞行，应按规定报备审批。

◆**法律、法规、规范性文件及相关要求**

《中华人民共和国航空法》（2018 年修订）

AC-91-FS-2015-31《轻小无人机运行规定》

AC-61-FS-2018-20R2《民用无人机驾驶员管理规定》

◆**实施要点**

1. 无人机作业主要是指采用轻、小型民用无人机实现飞行动态实时监控，获得经纬度、高度、地形、地物等信息，进行水文监测调查的作业。

2. 无人机作业飞手应持证操作，禁止无证操作。

3. 作业前应确定飞行空域，并向有关部门报备审批。

4. 无人机作业应制订操作规程并严格执行，操作规程主要包括飞行前的路线制定、飞行空域申报、飞行操作等内容。

5. 无人机作业工作范围和路径应按申报的范围进行，并应制定相应的应急处置措施。

[**参考示例 1**]

××× 无人机操作规程

第一条　为规范无人机的操作应用，实现安全规范飞行，特制定本规程。

第二条　无人机活动及其空中交通管理应当遵守相关法规和规定，其中包括《中华人民共和国民用航空法》《中华人民共和国飞行基本规则》《通用航空飞行管制条例》及相关规章制度等。

第三条　无人机操作人员应当根据其所驾驶的无人机的等级分类，符合 AC-61-FS-2013-20《民用无人驾驶航空器系统驾驶员管理暂行规定》中关于执照、合格证、等级、训练、考试、检查和航空经历等方面的要求，必须熟练掌握无人机驾驶技术。

第四条　无人机操作员对无人机的运行直接负责。在飞行中遇有紧急情况时，无人机操作员必须采取适合当时情况的应急措施。

第五条　飞行前准备如下：

1. 了解任务执行区域限制的气象条件。

2. 无人机使用航程和高度必须在安全遥控范围内，起降点满足安全要求。

3. 飞行前确定飞行路线，必须远离火车站、汽车站、机场等人员密集和交通枢纽地。确保无人机运行时符合有关部门的要求，避免进入限制区域。

4. 检查无人机各组件情况、燃油或电池储备、通信链路信号等满足运行要求。对于无人机云系统的用户，应确认系统是否接入无人机云。

5. 制定出现紧急情况的处置预案，预案中应包括紧急备降地点等内容。

6. 无人机作业前应事先规划飞行空域，在特定空域飞行前，应按规定报备审批。

第六条　视距内运行规定如下：

1. 必须在驾驶员或者观测员视距范围内运行。

2. 必须在昼间运行。

3. 必须将航路优先权让与其他航空器。

第七条 视距外运行规定如下：

1. 必须将航路优先权让与有人驾驶航空器。

2. 当飞行操作危害到空域的其他使用者、地面上人身财产安全或不能按照本咨询通告要求继续飞行，应当立即停止飞行活动。

3. 无人机操作员应当能够随时控制无人机。对于使用自主模式的无人机，无人机驾驶员必须能够随时操控。

第八条 无人机飞行活动时应及时、准确、完整地向民航局实时报送真实飞行动态数据。

第九条 飞行前的检查

1. 外观机械部分

（1）上电前应先检查机械部分相关零部件的外观，检查螺旋桨是否完好，表面是否有污渍和裂纹等。检查螺旋桨旋向是否正确，安装是否紧固，用手转动螺旋桨查看旋转是否有阻力等。

（2）检查电机安装是否紧固，有无松动等现象。用手转动电机查看电机旋转是否有卡涩现象，电机线圈内部是否干净，电机轴有无明显的弯曲。

（3）检查机架是否牢固，螺丝有无松动现象。

（4）检查飞行器电池安装是否正确，电池电量是否充足，电池有无破损、鼓包胀气、漏液、正负极装反等现象。

（5）检查飞行控制螺杆是否转动正常。

2. 电子部分

（1）检查各个接头是否紧密，插头不焊接部分是否有松动、虚焊、接触不良等现象。

（2）检查各电线外皮是否完好，有无刮擦脱皮等现象。

（3）检查电子设备是否安装牢固，应保证电子设备清洁，完整，并做好防护措施。

（4）检查地面站是否正常开机，开机后的屏幕是否良好，各界面操作是否正常。

3. 上电后的检查

（1）上电后，地面站与飞机进行配对，点击地面站设置里的配对前，先插电源负极，点击配对插上正极，地面站显示配对即可。

（2）配对成功以后，先不装桨叶，解锁轻微推动油门，观察各个电机是否旋转正常。

（3）检查电调指示音是否正确，LED指示灯闪烁是否正常。

（4）检查各电子设备有无异常情况。

（5）打开地面站，检查手柄设置的操控模式，飞机的参数设置是否符合要求等。

第十条 飞行过程中的检查

1. 无人机操作员必须时刻关注飞行器的姿态、飞行时间、飞行器位置等重要信息。

2. 必须确保飞行器有足够的电量能够安全返航，发现电池电量不足时应及时返航更换电池后再飞。

第十一条 飞行降落后的检查

1. 飞行器飞行结束降落后，必须确保遥控器已加锁，然后切断飞机电源。

2. 飞行完后检查电池电量，飞行器外观检查，机载设备检查。

第十二条　电池维护注意事项

1. 锂电池长期不使用时应将电池进行放电处理。

2. 锂电池的满电电压不能超过 4.2V，过度的充电有可能导致电池鼓包甚至会有爆炸的危险。

3. 锂电池充电时必须注意充电电流不能太大，不应超过电池规定的充电电流。

第十三条　飞机维护注意事项

1. 飞行任务完成后，必须立即清理飞机及桨叶表面的残留和灰尘，防止影响飞机的飞行安全。

2. 发现无人机有破损部件时应及时更换，确保飞行安全。

第十四条　特别注意事项：

1. 严禁近身起飞，飞行器起飞必须保持距离 5m 以上。

2. 严禁地面突然急推油门起飞，避免飞行器姿态出错不可控撞向人群。

3. 严禁无证驾驶、酒后驾驶，防止误操作导致意外发生。

4. 严禁任何情况下手接降落飞行器。

5. 严禁飞行器降落后，桨未停转或未自锁拿起飞行器，务必保证飞行器自锁后再行移动。

第十五条　五级及以上大风、大雾、雨雪等恶劣天气，禁止使用无人机。

第十六条　严禁将无人机用于非工作用途，严禁在光线不好、照明条件不佳的情况下操作无人机。

第十七条　任何人员在操作无人机时不得粗心大意和盲目蛮干，以免危及他人的生命或财产安全。

第十八条　无人机操作员要爱护设备，轻拿轻放；领取设备时要认真检查，运输途中要确保平稳。

[参考示例 2]

无人机空域申请书

（根据审批单位填写）：

根据工作需要，（受委托），我单位需在地区进行无人机作业。根据国家对无人机管理的相关规定，我单位在上述区域进行无人机测流/测绘等作业，需提前到当地主管部门报备。

在此，特向贵单位提出申请：限时限区域进行无人机测流/测绘等作业任务。恳请批准为盼。

申请人：		性别：	
申请单位：		联系方式：	
联系人身份证号码：			
申请飞行时间：　年　月　日　时　分　至　年　月　日　时　分			
飞行高度/m：		飞行速度/(m/s)：	
飞行空域：			

地方公安局审批意见：	
	审批单位（盖章）：
	审批时间：年 月 日
飞行管理部门意见：	
	审批单位（盖章）：
	审批时间：年 月 日

附件1：申请单位证照（营业执照、事业单位法人证书复印件）（略）
附件2：联系人身份证复印件（略）
附件3：申请作业空域略图（略）
附件4：无人机操作员信息汇总表
附件5：无人机信息一览表

附件4：无人机操作员信息汇总表

无人机操作员信息汇总表

编号：××-AQ-4.2.6-01

序号	姓名	身份证号码	飞行员执照发证编号

附件5：无人机信息一览表

无人机信息一览表

编号：××-AQ-4.2.6-02

序号	无人机规格型号	生产厂家	无人机编号	无人机照片

◆**评审规程条文**

4.2.7 动火作业

严格按动火作业规程作业；作业场所配备灭火毯、灭火器等消防用品；作业期间作业人员应正确穿戴个人防护用品；防护用品应及时清洗、更新，确保安全可用。

◆**法律、法规、规范性文件及相关要求**

《中华人民共和国安全生产法》（2021 年修订）

《中华人民共和国消防法》（2021 年修订）

SL/Z 390—2007《水环境监测实验室安全技术导则》

◆**实施要点**

1. 动火作业主要是指在单位内进行的维修、改造、施工等临时性作业，在禁火区进行焊接与切割作业，在易燃易爆场所使用喷灯、电钻、砂轮等进行可能产生火焰、火花和炽热表面的临时性作业等。

2. 动火作业前应制定切实可行的操作规程和应急处置措施，按操作规程作业。

3. 动火作业主要区域包括临时性的作业区域和长期性生产生活区域。

4. 动火作业前应制定相应的应急处置措施，配备必要的安全防护用品如灭火毯、灭火器等和警示标识，防护用品应及时清洗、定期更新，确保安全可用。

5. 作业人员应正确穿戴防护用品，定期进行消防安全培训。

[**参考示例 1**]

×××动火作业操作规程

1. 在禁火区动火必须办理动火许可证，并执行安全动火管理制度。

2. 动火作业证填写与审批

（1）在固定的动火区动火，由动火人员填写，单位分管负责人批准。

（2）在一类动火区动火，由动火人填写，部门负责人审核，单位分管负责人批准。

（3）在二类动火区动火，由动火部门负责人填写，单位主要负责人批准。

（4）特殊动火，由动火部门主要负责人填写，单位分管负责人审核，单位主要负责人批准后方可施工。

3. 动火人员在接到经批准的动火证后，才能按动火证上写明的地点部位进行动火作业，未经批准的动火证或动火手续不符合安全措施，动火人员有权拒绝进行动火作业。

4. 动火作业方案：

（1）作业前。动火作业前，操作者必须对现场安全确认，明确高温熔渣、火星及其他火种可能或潜在喷溅的区域，该区域周围 10m 范围内严禁存在任何可燃品，确保动火区域保持整洁，无易燃可燃品。对确实无条件移走的可燃品、动火时可能影响或损害无条件移走的设备、工具时，操作者必须用严密的铁板、石棉瓦、防火屏风等将动火区域与外部区域、火种与需保护的设备有效的隔离、隔绝，现场备好灭火器材和水源，必要时可不定期将现场洒水浸湿。

高处动火作业前，操作者必须辨识火种可能或潜在落下区域，明确周围环境是否放置可燃易燃品，按规定确认、清理现场，以防火种溅落引起火灾爆炸事故。

室外进行高处动火作业时，5 级以上大风应停止作业。

凡盛装过油品、油漆稀料、可燃气体、其他可燃介质、有毒介质等化品及带压、高温的容器、设备、管道，严禁盲目动火，经反复确认无危险隐患后，方可动火。

执行部门必须办理《安全作业许可书》，并派人监火，现场备好灭火器材和水源，必要时可不定期将现场洒水浸湿。

（2）动火作业中。氧气瓶、乙烯发生器和动火地点三者之间的距离应保持在 7m 以上，氧气瓶禁止接触油类，高温及太阳曝晒。乙烯发生器不得放在架空电线、电缆下面，应放在开阔的地方。

如附近发生大量跑气、跑料等意外情况，应立即灭火源，以免发生火爆炸事故。

（3）作业结束后。操作人员必须对周围现场进行安全确认，整理整顿现场，在确认无任何火源隐患的情况下，方可离开现场。

5. 动火作业现场除作业人员外，应设置安全员，全程监督动火过程。

6. 动火工作除执行动火管理制度外，还应执行单位有关安全规程制度。

7. 根据单位的实际情况举办动火作业培训、消防安全培训等培训和演练，提升全员安全意识。

[参考示例 2]

×××动火作业前检查记录

编号：××-AQ-4.2.7-01

作业单位（部门）：

作业项目：

作业方案：

作业时间：

作业人员名单：

现场检查负责人：

序号	检查项目	检 查 内 容	检查情况
1	作业人员	人员符合上岗要求	是□否□
2		动火作业规程、作业方案发放	是□否□
3		作业风险告知	是□否□
4	作业环境	配置消防器材和设施，设置消防安全标识	是□否□
5		室外消火栓未被埋压和圈占	是□否□
6		防火间距未被占用	是□否□
7		消防通道不堵塞	是□否□
8	防护措施	配备灭火毯、灭火器等消防用品	是□否□
9		作业期间穿戴好个人防护用品	是□否□
10		防护用品已清洗干净、定期更新	是□否□
11	其他		是□否□
12			是□否□

发现问题：

整改情况：（情况填写精确到日期时间）

现场照片：

本检查记录必须如实填写，出现不合格情况必须立即整改。

◆**评审规程条文**

4.2.8　易腐蚀作业

严格按易腐蚀品作业方案或规程作业；作业场所应配备检定合格的喷淋器和洗眼器，且操作人员能正确使用；作业期间操作人员应全程正确穿戴个人防护用品；腐蚀性药品操作应保持安全距离；专用防护用品应及时清洗、更新，记录档案完整，确保安全可用。

◆**法律、法规、规范性文件及相关要求**

SL/Z 390—2007《水环境监测实验室安全技术导则》

◆**实施要点**

1. 水文监测单位应参照《危险化学品名录》确定实验室所用腐蚀性化学试剂清单，使用此类化学试剂应重点关注腐蚀性及附带的危害，如可燃性、氧化性或毒性。

2. 水文监测单位应制定《危化品安全操作规程》，包括实验室易腐蚀化学试剂使用操作规程，人手一份，培训到位，作业人员应完全掌握和理解。

3. 易腐蚀作业场所应配备合格的喷淋器和洗眼器等防护设施、个人防护用品。作业人员应按照易腐蚀品安全作业规程操作，正确穿戴使用个人防护用品。

4. 专用防护用品应按规定定期分发、清洗、更新，并及时记录，档案完整。

5. 易腐蚀作业前应对作业场所、防护用品进行全面的检查并记录，不满足易腐蚀作业安全条件的不得作业。

[**参考示例1**]

×××危化品安全操作规程

一、使用危化品安全基本操作规程

1. 使用危化品前应细阅危化品的安全技术说明书。熟知化学品的危险特性、健康危害、环境危害、急救措施、应急处理、操作注意事项。

2. 一切发生有毒气体操作、危险品的配制在通风柜内密封操作，开启通风设备。通风装置失效时，禁止操作。

3. 操作时必须穿工作服、戴口罩或面罩、手套，实验后要洗手。

4. 工作人员手、脸、皮肤有破裂时，不许进行有毒物质操作，尤其是氢化物的操作。

5. 配制硫酸时，必须在烧杯和锥形瓶等耐热容器内进行，并必须缓缓将浓硫酸加入水中，配制王水时，应将硝酸缓缓注入盐酸，同时用玻璃棒随时搅拌。不准用相反次序操作。

6. 溶解氢氧化钠、氢氧化钾等发热物时，必须于耐热容器内进行。

7. 一切试剂瓶要有标签，有毒、易腐蚀等危化品要在标签上注明。

8. 严禁试剂入口。如需以鼻鉴别试剂时，必须将试剂瓶远离，用手轻轻煽动，稍闻其气味，严禁鼻子接近瓶口。

9. 易发生爆炸的操作，严禁对人进行。坩埚口严禁对着人，并应事先避免可能发生的伤害。必要时应戴好防护眼镜或设防护挡板。

10. 拿取碱金属及其氢氧化物和氧化物时，必须用镊子夹取或用磁匙采取。

11. 身上或手上沾有易燃物时，应立即洗干净，不得靠近明火。

12. 取下正在沸腾的水或溶液时，需先用烧杯夹子轻轻摇动后才能取下使用，以免使用时突然沸腾溅出伤人。

13. 使用酒精灯时，注意无色火焰烫伤。

二、使用强酸、强碱及腐蚀剂安全操作规程

实验室存有盐酸、硫酸、硝酸、氨水、乙酸、氢氟酸、高氯酸、正磷酸、硼酸、氢氧化钠、氢氧化钾、次氯酸钠溶液、三氯化钛溶液、氯化锌、甲醛溶液氨溶液、苯酚等14种腐蚀性强烈的药品

1. 操作人员必须经过培训，熟知药品性质。

2. 开启通风设备，在通风柜内密封操作，通风柜内无火种、热源、易燃、可燃物。

3. 酸避免与还原剂、碱类、碱金属接触；碱避免与酸类接触。

4. 操作时必须穿工作服、戴口罩或面罩、手套，实验后要洗手。

5. 稀释或制备常用溶液时，应把酸（碱）加入水中，避免沸腾和飞溅。禁止将水注入酸内。尤其是稀释浓硫酸时，应把酸倒入水中而不是把水倒入酸中，减低因高温沸腾使酸溅出的风险。

6. 配备相应的灭火器：干粉、二氧化碳、砂土。

三、使用易燃品安全操作规程

实验室存有二硫化碳、苯、1-丙醇、2-丙醇、硼氢化钠、N-1萘基乙二胺二盐酸、石油醚、正己烷、乙醇、乙酸乙酯、锌粉、甲醇、乙腈等13种易燃的药品。

1. 操作人员必须经过培训，熟知药品性质。

2. 开启通风设备，在通风柜内密封操作，通风柜内无火种、热源、易燃、可燃物。

3. 避免与还原剂、氧化剂、碱类接触。操作时必须穿工作服、戴口罩或面罩、手套，实验后要洗手。

4. 可燃的尤其是易挥发的可燃物，应存放在密闭的容器中，不许用无盖的开口容器贮存。使用时要避开点火源，严禁使用无盖的容器，取用后必须立即将容器上盖封闭，严禁敞开放置。

5. 遇湿遇水易燃的物质（如硼氢化钠、锌粉等）禁止丢入废液桶内。

6. 一旦发生失火事故，首先应撤出一切热源，关闭电源，然后用砂子或灭火毯盖住失火地点或用四氯化碳等灭火机灭火。除酒精外，易燃物品失火，不许用水灭火。

7. 应经常检查防火设备：灭火机、黄沙、石棉及毛毡。

四、使用易爆品、氧化剂安全操作规程

实验室存有高氯酸、铬酸钾、重铬酸钾、溴酸钾、硝酸镧、硝酸银、亚硝酸钠、高锰酸钾、过硫酸钾等9种易爆、氧化剂、助燃的药品。

1. 操作人员必须经过培训，熟知药品性质。

2. 开启通风设备，在通风柜内密封操作，通风柜内无火种、热源、易燃、可燃物。

3. 避免与酸类、碱类、胺类、还原剂、活性金属粉末、醇类接触。

4. 禁止结晶状高锰酸钾和浓硫酸接触。禁止和有机物一起研磨硝盐。

5. 操作时必须穿工作服、戴安全护目境、戴口罩或面罩、手套，实验后要洗手。

五、使用有毒品安全操作规程

实验室存有酒石酸锑钾、丙酮、三氯甲烷、N、N-二甲基甲酰胺、二氯甲烷、氟化

钠、硫酸汞、二碘化汞、碘化钾汞、碘甲烷、四氯化碳、苯酚等12种有毒的药品。

1. 操作人员必须经过培训，熟知药品性质。

2. 开启通风设备，在通风柜内密封操作，通风柜内无火种、热源、易燃、可燃物。

3. 避免与还原剂、氧化剂、醇类、碱类、酸类、活性金属粉末、胺类接触。

4. 操作时必须戴口罩或面罩、手套，实验后要洗手。

[参考示例2]

×××危化品作业前检查记录

编号：××-AQ-4.2.8-01

作业单位（部门）：

作业项目：

作业方案：

作业时间：

作业人员名单：

现场检查负责人：

序号	检查项目	检 查 内 容	检查情况
1	作业人员	人员符合上岗要求	是□否□
2		作业方案发放	是□否□
3		作业风险告知	是□否□
4	作业环境	实验室环境无交叉或外来干扰	是□否□
5		供水与排水正常	是□否□
6		适宜的温度和湿度	是□否□
7		危化品保存正常	是□否□
8	仪器设备	通风换气设备可用；	是□否□
9		紧急喷淋器和洗眼器有效	是□否□
10		常用急救药品有效	是□否□
11	防护措施	作业前已领用并检查安全防护用品	是□否□
12		作业期间穿戴好工作服、防腐手套、保护镜等安全防护用品	是□否□
13	其他		是□否□
14			是□否□

发现问题：

整改情况：（情况填写精确到日期时间）

现场照片：

本检查记录必须如实填写，出现不合格情况必须立即整改。

◆**评审规程条文**

4.2.9 易爆作业

严格按易爆品作业规程规定操作；作业场所应配备检定合格的喷淋器、洗眼器等必要防护用品，操作人员能正确使用；作业期间操作人员应全程穿戴防护用品；防护用品应及时清洗、更新，确保安全可用。

◆**法律、法规、规范性文件及相关要求**

SL/Z 390—2007《水环境监测实验室安全技术导则》

《危险化学品安全管理条例》（国务院令第 645 号）

◆**实施要点**

1. 实验室易爆品是指在外界作用下（如受热、摩擦、撞击等）能发生剧烈的化学反应，瞬间产生大量的气体和热量，使周围的压力急剧上升，发生爆炸，并对周围环境、设备、人员造成破坏和伤害的化学物品。

2. 易爆品包括但不限于高氯酸、二亚硝基苯等，易爆品应放于阴凉干燥、通风良好处，远离火种、热源，避免阳光直射，应与氧化剂、强酸、强碱隔开存储。建立实验室易爆品清单，制定《危化品安全操作规程》（含易爆使用操作规程），做到人手一份，培训到位，使用人员取阅方便、完全掌握和理解。

3. 易爆作业场所应配备检定合格的喷淋器和洗眼器等防护设施。

4. 作业人员应按照易爆安全作业规程操作，正确使用防护用品（安全挡板、手套、保护镜等）。

5. 专用防护用品应按规定分发，及时清洗、更新，确保安全可用，并及时记录，档案完整。

6. 易爆作业前应对作业场所、防护用品进行全面的检查并记录，不满足易爆作业安全条件的不得作业。

[**参考示例 1**]

同 4.2.8 易腐蚀作业参考示例。

◆**评审规程条文**

4.2.10 玻璃器皿作业

应使用无裂痕、无破损和检定合格的玻璃器皿；加热作业的玻璃器皿符合作业环境和规范要求；作业期间作业人员应全程穿戴相应的防护用品；破碎的玻璃器皿置于特定的容器。

◆**法律、法规、规范性文件及相关要求**

SL/Z 390—2007《水环境监测实验室安全技术导则》

◆**实施要点**

1. 实验室新购玻璃器皿经计量部门检定合格方可使用，玻璃器皿无裂痕、破损。

2. 水文监测单位应根据实验室实际和相关规范，制定《实验室玻璃器皿管理制度》或《实验室玻璃器皿安全操作规程》，规范玻璃器皿的加热、洗涤等作业。严格按照制定的玻璃器皿安全操作规程进行。

3. 专用安全防护用品应按规定分发到人、及时清洗、更新，并做好台账记录，台账应完整。使用各种玻璃器皿时，作业人员应全程穿戴相应的防护用品。

4. 水文监测单位应配备一定数量特定的容器（金属容器或胶箱）用于放置有裂痕、破碎等缺陷的玻璃器皿。

5.进行危险的玻璃器皿作业前应对作业场所、防护用品进行全面的检查并记录，不满足作业安全条件的不得作业。

[**参考示例 1**]

×××实验室玻璃器皿管理制度

1　目的

规范实验室玻璃器皿的管理，确保玻璃器皿的正确、安全使用，保证检测结果的可靠性和准确性。

2　适用范围

适用于实验室玻璃器皿的采购、清洁、干燥、灭菌、保管、校准和安全使用的全过程。

3　职责

3.1　实验室仪器管理员负责实验室玻璃器皿管理。

3.2　质量负责人负责对实验室的玻璃器皿管理情况进行监督检查。

4　内容及要求

4.1　玻璃器皿的采购

4.1.1　实验室依据本实验室检测任务或玻璃器皿台账，制定各种玻璃器皿的采购计划，写清品名、单位、数量、规格等。

4.1.2　玻璃器皿购进后，由相关使用人员负责验收，确认质量合格后，方可领回存放，并记录于台账。

4.2　玻璃器皿的分类

4.2.1　容器：包括各种试剂瓶、滴瓶、烧杯、三角烧瓶、碘量瓶、试管、平等。主要用于盛装物品以进行化学反应或细菌培养。

4.2.2　量器：包括各种滴定管、吸管、容量瓶、量筒和量杯等。主要用于液体的计量。

4.2.3　有特定用途的玻璃器皿：包括各种冷凝器、漏斗、干燥器、吸滤瓶、气体干燥器、结晶皿、称量瓶、玻璃研体等。

4.3　玻璃器皿的清洁

4.3.1　新购入的玻璃器皿，因上面粘有灰尘、游离的碱性物质，先用水冲洗干净，然后置3%的盐酸中浸泡12h。取出后用清水冲洗干净，再以蒸馏水冲洗1～2次。

4.3.2　一般的玻璃器皿（如烧瓶、烧杯等）：先用自来水冲洗一下，然后用洗洁精、洗衣粉用毛刷刷洗，再用自来水清洗，最后用蒸馏水冲洗3次（应顺壁冲洗并充分震荡，以提高冲洗效果）。

4.3.3　计量玻璃器皿（如滴定管、移液管、量瓶等）：也可用洗洁精、洗衣粉洗涤，但不能用毛刷刷洗。

4.3.4　精密或难洗的玻璃器皿（滴定管、移液管、量瓶、比色皿等），先用自来水冲洗后，沥干，再用铬酸清洁或根据污垢的性质选择不同的洗涤液进行浸泡或共煮一段时间（一般放置过夜），然后用自来水清洗，最后用蒸馏水冲洗3次。

4.3.5　水蒸气洗涤法：成套的玻璃器皿（如旋转蒸发仪）每次使用前应将整个装置

连同接收瓶用热蒸汽处理 5min，以便去除装置中的空气和前次实验所遗留的污物，从而减少实验误差。

4.3.6　特殊的清洁要求：在某些实验中对玻璃器皿有特殊的清洁要求，如比色皿，用于测定有机物之后，应以有机溶剂洗涤，必要时可用硝酸浸洗。但要避免用重铬酸钾洗液洗涤，以免重铬酸钾盐附着在玻璃上。用酸浸后，先用水冲净，再以去离子水或蒸馏水洗净晾干，不宜在较高温度的烘箱中烘干。

4.3.7　洗刷器皿时，应首先将手用洗洁精洗净，免得手上的油污粘附在仪器壁上，增加洗刷的困难。

4.3.8　洗涤时应按少量多次的原则用水冲洗，每次充分震荡后倾倒干净；洗净的清洁玻璃器皿上应该不挂水珠。

4.3.9　凡能用刷子刷洗的玻璃器皿，应蘸洗洁精进行刷洗，但不能用硬质刷子猛力擦洗容器内壁，以免使容器内壁毛糙，易吸附离子或其他杂质，影响测定结果或者难以清洗而造成污染。

4.3.10　微生物检验用过的带有细菌和培养基的平皿，需高压灭菌刷洗，以免活菌污染环境，如果用洗衣粉或去污粉刷洗，则洗净后应用大量水冲洗 4～5 次，防止残留洗衣粉或去污粉对所培养微生物的抑菌作用。

4.4　玻璃器皿的干燥

用于不同实验的器皿干燥有不同的要求，一般定量分析中的烧杯、锥形瓶等器皿洗净即可使用，而用于有机化学实验或有机分析的器皿很多是要求干燥的，有的要求无水迹，有的要求无水，应根据不同要求来干燥器皿。

4.4.1　晾干：不急用的，要求一般干燥，可在纯水刷洗后，在无尘处倒置控去水分，然后自然干燥。可用有斜钉的漏水架和带有透气孔的玻璃柜放置器皿。

4.4.2　烘干：洗净的器皿控去水分，放在烘箱中烘干，烘箱的温度为 105～120℃，烘 1h 左右。称量用的称量瓶等干燥后要放在干燥器中冷却和保存。带实心的玻璃塞及厚壁器皿烘干时要注意慢慢升温并且温度不可过高，以免烘裂。计量玻璃器皿应自然沥干，不能在烘箱中烘烤。

4.4.3　热（冷）风吹干：对于急于干燥的器皿或不适合放入烘箱的较大器皿可用吹干的办法，通常用少量乙醇、丙酮（或最后再用乙醚）倒入已控去水分的器皿中摇洗控净溶剂（溶剂要收回），然后用电吹风吹，开始用冷风吹 1～2min，当大部分溶剂挥发后吹入热风至完全干燥，再用冷风吹残余的蒸汽，使其不再冷凝在容器内。此法要求通风好，防止中毒，不可接触明火，以防有机溶剂爆炸。

4.5　玻璃器皿的灭菌

微生物检验用的玻璃器皿（平皿、吸管、三角瓶等）需确保无菌，故清洁干净的玻璃器皿需进行灭菌。

4.5.1　湿热灭菌法：一般采用高压蒸汽灭菌法，121℃，30min。

4.5.2　干热灭菌法：利用烘箱，加热 160～180℃，2h。

4.6　玻璃器皿的保管

玻璃器皿要分门别类地存放，并尽可能倒置，以便取用。经常使用的玻璃器皿放在专用柜内，关闭柜门防止落尘。备用玻璃器皿放置在实验柜中，要放置稳妥，高的、大的放在里面。

4.6.1 滴定管用完洗净后可倒置于滴定管架上，或盛满蒸馏水，管口盖上一个塑料帽或小烧杯，使用中的滴定管在操作暂停时也应加套以防灰尘落入。长期不用的滴定管应除掉凡士林后垫纸，牛皮筋拴好活塞保存。

4.6.2 移液管可在洗净后，用滤纸包住两端，置于吸管架上（横式），如为整式管架，可将整个架子加罩防尘，亦可置于防尘的众中。

4.6.3 具塞磨口器皿，如量瓶、碘量瓶、具塞试管、分液漏斗等，使用前应用小绳将塞子拴好，以免打破塞子或互相弄混，需长期保存的磨口器皿，磨口处要垫一张纸条，用皮筋拴好塞好塞子保存。

4.6.4 比色皿用完洗净后，在瓷盘或塑料盘上垫滤纸，倒置晾干后装入比色皿盒或清洁的器皿中。

4.6.5 成套的专用器皿，如旋转蒸发仪、凯式定氮仪，用完后要及时洗涤干净，存放于专用的包装盒中。

4.6.6 小件玻璃器皿，可放在带盖得托盘中，盘内要垫层洁净滤纸。

4.7 玻璃器皿的安全使用

实验室人员在使用各种玻璃器皿时，应注意以下事项：

4.7.1 在橡皮塞或橡皮管上安装玻璃管时，应戴防护手套。先将玻璃管的两端用火烧光滑，并用水或油脂涂在接口处作润滑剂。对粘结在一起的玻璃器皿，不要试图用力拉，以免伤手。

4.7.2 使用玻璃器皿进行非常压（高于大气压或低于大气压）操作时，应当在保护挡板后进行。

4.7.3 破碎玻璃应放入专门的垃圾桶。破碎玻璃在放入垃圾桶前，应用水冲洗干净。

4.7.4 在进行减压蒸馏时，应当采用适当的保护措施（如有机玻璃挡板），防止玻璃器皿发生爆炸或破裂而造成人员伤害。

4.7.5 普通的玻璃器皿不适合做压力反应，即使是在较低的压力下也有较大危险，因而禁止用普通的玻璃器皿做压力反应。

4.7.6 不要将加热的玻璃器皿放于过冷的台面上，以防止温度急剧变化而引起玻璃破碎。

4.8 玻璃器皿的校准

4.8.1 实验中所使用的滴定管、移液管、容量瓶、刻度吸管、比色管等玻璃量器在首次使用前均应按国家有关规定或相关操作规程进行鉴定校准。

4.8.2 校准过程应有记录，内容有量器名称、校准日期、误差值、合格、编号等。校正不合格的玻璃量器不得使用。

4.9 玻璃器皿的台账

4.9.1 实验室玻璃器皿应建立台账（购入、破损）专人管理，定期清点，及时申购，以免影响正常工作。

4.9.2 新增玻璃器皿时,也应在台账上登记,并标注购进日期、数量。记录应与实际种类和数量保持一致。

[参考示例 2]

×××玻璃器皿作业前检查记录

编号:××-AQ-4.2.10-01

作业单位(部门):

作业项目:

作业方案:

作业时间:

作业人员名单:

现场检查负责人:

序号	检查项目	检 查 内 容	检查情况
1	作业人员	人员符合上岗要求	是□否□
2		作业方案发放	是□否□
3		作业风险告知	是□否□
4	作业环境	实验室环境无交叉或外来干扰	是□否□
5		供水与排水正常	是□否□
6		适宜的温度和湿度	是□否□
7		专用的包装盒、管架	是□否□
8	仪器设备	常用急救药品有效	是□否□
9		紧急喷淋器和洗眼器有效	是□否□
10		有保护挡板	是□否□
11		存放破碎玻璃的专用垃圾桶	是□否□
12	防护措施	作业前已领用并检查安全防护用品	是□否□
13		作业期间穿戴好工作服、防护手套、保护镜等安全防护用品	是□否□
14	其他		是□否□
15			是□否□

发现问题:

整改情况:(情况填写精确到日期时间)

现场照片:

本检查记录必须如实填写,出现不合格情况必须立即整改。

◆**评审规程条文**

4.2.11 野外采样

采样作业应两人及以上同时进行;涉水采样应穿戴救生设备;在车辆通行的桥梁上作业时应设置车辆避让的警示标志,在通航河道上取样时应注意避让行船;用酸或碱保存水样,采样人员应采取相应的防护措施,并现场记录。

◆**法律、法规、规范性文件及相关要求**

SL/Z 390—2007《水环境监测实验室安全技术导则》

《水质监测质量和安全管理办法》（水文〔2022〕136号）

◆**实施要点**

1. 应制定《野外采样及现场检测安全管理规定》，内容包括：人员管理、车船管理、采样设备、试剂管理、安全保障工具、事故发生时的急救措施等。

2. 采样小组至少2人以上，携带适宜的采样工具、样品容器、现场固定剂和安全防护用品等。

3. 涉水作业时应穿戴救生设备，在车辆通行的桥梁上作业时应在作业区域两侧摆放车辆避让警示标识，在通航河道作业时应避让行船。

4. 野外采样应配备各类救生设备和防护用品，包括救生衣、救生圈、工作服、安全鞋、手套、安全绳、防护镜、口罩等。

5. 采样人员均应经过野外采样安全培训、持证上岗，能针对不同的作业环境预判可能发生的危险，并采取相应的防范、防护、避让措施。

6. 用酸或碱保存水样时，应采用相应的防护措施，并现场记录。

［**参考示例1**］

×××野外采样及现场检测安全管理规定

1　人员管理

1.1　采样须2人以上同时进行。

1.2　采样出发前：作业组长检查并携带反光背心、救生衣、安全绳、警示标志等。

1.3　采样员到达现场后，采样现场负责人（采样组长）应首先对采样现场的环境及设施进行考察，对采样地点进行危险评估，熟识采样位置的安全环境状况，做好充分的安全防护措施。完成考查后，根据采样场地的不同以及对采样场地的危险评估，佩戴相应的安全装备：如穿戴工作服、安全鞋、手套、安全绳、防护镜、口罩等防护用具。操作采水器的人员必须戴手套，按照规定摆放安全警示标识，人员必须穿戴反光背心。

1.4　在桥上采样时应在人行道上或在桥上设置"水文作业"等显示标识，在通航河流的桥上采样时应有专人观察航行来往船只，防止意外事故的发生。

1.5　如遇作业地点需翻越桥梁、堤坝建筑设施，涉水登船作业等，必须身系安全绳，穿戴救生衣或戴救生圈。

1.6　外业过程中如遇突发状况如极端天气、车船故障等情况，采样组长有权停止作业，不得冒险作业。

1.7　外出采样的采样组长必须坚守工作职责，把安全防范始终放在第一位，监督采样人员的现场安全和工作情况。

2　车船管理

2.1　外出采样原则上首选单位采样车辆，其次是正规运营的出租车辆。乘坐任何位置都必须系安全带。

禁止乘坐无证经营非正规的任何交通工具，如黑车和摩的。乘坐任何车辆，严禁任何时候将人体任何部分伸出车窗外，以防错车时受伤。

2.2　车辆外出前，驾驶员应该充分了解目的地的气候和路况，认真检查车辆制动、转向、灯光、轮胎等主要部件，发现问题应立即维修，禁止带"病"行驶。

2.3　驾驶员应该严格遵照道路交通标识行驶，禁止无证驾驶、酒后驾驶、疲劳驾驶以及超速超限行驶。行驶途中，任何人员不得影响驾驶员正常驾驶，驾驶员对乘车人员的危险行为均应及时予以指出并纠正，乘车人员未做纠正的，驾驶员有权暂停驾驶。

2.4　在船上采样，必须有2人以上才行，船只要有良好的稳定性船只，必须配备足够数量的救生衣。采样过程中船只应悬挂信号旗以示采样工作，防止商船和捕捞船只靠近，采样人员应穿救生衣或戴救生圈。

2.5　采样人员自行划船采样必须经过专门训练，熟悉水性并按照水中安全规则与规定作业，测量船只严禁超载，在较小河流中用橡皮船采样时，应有安全绳，系在河岸坚固的物体上，船上还须有人拉绳随时做好保护。

2.6　酸碱保存剂在运输期间，应妥善储存防止溢出，溢出部分应立即用大量的水冲洗稀释或用化学物质中和。运输过程中注意防振，以免样品瓶损坏而损坏样品。

3　采样设备、试剂管理

3.1　水质采样可选用聚乙烯塑料桶、单层采样器、泵式采样器、自动采样器或自制的其他采样工具和设备。场合适宜时也可以用样品容器手工直接灌装。

3.2　采样携带的器皿和其他设备应采取适当的防护措施防止损坏遗失等；酸碱保存剂在运输期间应妥善储存防止溢出，溢出部分应立即用大量的水冲洗稀释或用化学物质中和。

3.3　采样前，先确定水质采样器上扣绳牢固后再采样，有机玻璃采样器在采样过程中不要碰撞桥墩等建筑物以免采样器受损。

3.4　采样现场测定仪按器皿操作规程操作，检测结束后及时关机放入器皿箱。

3.5　采样需要的酸或碱等腐蚀性试剂应用固定的箱子隔开存放，防止酸、碱试剂产生反应。

3.6　利用酸或碱来保存水样时，应戴上防护手套，穿上实验服小心操作，避免烟雾吸入或直接与皮肤、眼睛及衣服接触。

4　事故发生时的急救措施

4.1　当事故发生时，在场人员应立即对伤员进行现场处置，并联系司机取得急救箱进行救护。

4.2　如果情况严重，立即拨打120，并联系附近村组的医疗部门寻求救助。

4.3　应立即将事故情况汇报单位领导。

［参考示例 2］

×××野外采样作业前检查记录

编号：××-AQ-4.2.11-01

作业单位（部门）：
作业项目：
作业方案：

续表

作业时间：

作业人员名单：

现场检查负责人：

序号	检查项目	检 查 内 容	检查情况
1	作业人员	人员符合上岗要求	是□否□
2		作业方案发放	是□否□
3		作业风险告知	是□否□
4	作业环境	外出采样前，收集当地的天气情报，了解样品采集水域的情况、分析可能发生的危险	是□否□
5		在风力5级（含5级）以上，波高在0.7m（0.7m）以上时，不准进行水上采样作业	是□否□
6		船只作业，水面交通通畅	是□否□
7		夜间作业探照灯正常	是□否□
8		移动监测车出车前对车辆和设备进行安全例行检查	是□否□
9		船只出航前预先检查船只和设备	是□否□
10		缆道采样全面检查梯子、平台、通道及护栏等处	是□否□
11		涉水采样前探明水深和水下地形	是□否□
12		冰上采样前，标识了薄冰层的位置和范围；行走和作业时有专人进行监视	是□否□
13	仪器设备	采样设备检验合格	是□否□
14		水上船只检验合格	是□否□
15		酸碱保存剂运输期间防止溢出	是□否□
16	防护措施	作业前已领用并检查安全防护用品	是□否□
17		作业期间穿戴好安全帽、救生衣、救生圈、安全绳、防滑鞋、防腐手套、保护镜等安全防护用品	是□否□
18	其他		是□否□
19			是□否□

发现问题：

整改情况：（情况填写精确到日期时间）

现场照片：

本检查记录必须如实填写，出现不合格情况必须立即整改。

[参考示例3]

×××水环境监测中心×××分中心水质采样记录表一

采样日期： 年 月 日

采样编号	河流（湖库）	断面（垂线、点位）	经度	纬度	采样时间 时分	水质参数							水文参数			气象参数			备注
						水温/℃	pH	DO/(mg/L)	电导率/(μS/cm)	透明度/m	叶绿素a/(mg/L)	水位、潮位/m	断面流量/(m³/s)	闸门开启	水流方向(∧、∨、×、N)	气温/℃	风向(8方位)	风力(级)	

现场测定仪：（仪器名称、型号、编号：

安全保障工具：作业警示标识□ 救生衣□ 安全绳□ 护目镜□ 手套□ 口罩□ 防护措施：

现场记录： 校核： 审核：

样品箱箱内温度：采样前：℃，运输中：℃，送达实验室后：℃

审核日期： 月 日

注：经度、纬度以及水质、水文、气象参数中的具体参数可根据实际情况选择保留与否。

[参考示例4]

×××水环境监测中心×××分中心水质采样记录表二

项目	原水样	COD、氨氮、TN等	酚	重金属	Cr⁶⁺	BOD₅	溶解氧	石油类	细菌	备注
							溶解氧瓶			污染现象观察
水样体积/mL、容器材质	P	G	G、P	G、P	G、P	—	—	G	G	
固定剂	—	H₂SO₄ pH≤2	NaOH pH≥9	1L水样加10mL HNO₃	NaOH pH=8~9	—	1mL MnSO₄ 2mL碱性KI	HCl pH≤2	—	
采样号	A	B	C	D	E	F	G	H	I	

√：取水样 /：未取水样

收样时间： 月 日 时 分

采样人： 送样人：

注：记录表一和记录表二双面打印；记录表二在采集中无此项目的，在水样体积和固定剂栏目中划"/"。

◆**评审规程条文**

4.2.12　岗位达标

建立水文测验班组安全活动管理制度，明确岗位达标的内容和要求，开展安全生产和职业卫生教育培训、安全操作技能训练、岗位作业危险预知、作业现场隐患排查、事故分析等岗位达标活动，并做好记录。从业人员应熟练掌握本岗位安全职责、安全生产和职业卫生操作规程、安全风险及管控措施、防护用品使用、自救互救及应急处置措施。

◆**法律、法规、规范性文件及相关要求**

SL/T 789—2019《水利安全生产标准化通用规范》

《企业安全生产标准化岗位达标工作的指导意见》（安监总管四〔2011〕82号）

GB/T 27476.1—2014《检测实验室安全　第1部分：总则》

SL/Z 390—2007《水环境监测实验室安全技术导则》

◆**实施要点**

1. 水文监测单位应建立、健全水文测验班组安全活动管理制度，提高全体从业人员的安全生产意识和岗位安全操作技能，保护单位财产和一线作业人员人身安全，保证水文测验工作顺利进行的需要。

2. 水文测验班组安全活动管理制度应明确开展安全生产和职业卫生教育培训、安全操作技能训练、岗位作业危险预知、作业现场隐患排查、事故分析等岗位达标活动的内容和要求。

3. 水文监测单位应按照管理制度的要求开展岗位达标活动，并做好记录。参加对象包括：技术负责人、专兼职安全管理人员、岗位作业人员和新进人员。

4. 班组培训的内容包括：国家、地方及水利、水文行业安全生产的法律法规、规程规范、标准及其他要求、单位规章制度、安全操作规程、防护用品使用、自救互救方案，应急预案等。从业人员应熟悉相关安全知识和技能。

［**参考示例 1**］

《培训实施记录表》同3.2.3［参考示例2］。

［**参考示例 2**］

×××岗位达标考核记录表

被考核部门：　　　　　　　　　　　　　　　　　　　　　　编号：××-AQ-4.2.12-01

序号	项目	考 核 内 容	分值	扣 分 标 准	实际得分
一	岗位安全生产职责（10分）	1. 建立完善的安全生产责任制	5	没有建立完善的生产责任制的扣5分，缺一名从业人员的安全生产责任制扣1分，一项不适用的扣1分，一人次不落实的每项扣1分，一人次不了解本人安全生产责任的扣1分	
		2. 全员安全生产承诺	5	没有开展安全承诺扣5分，一人没有实行承诺扣2分，一人次不了解承诺内容的扣1分	

序号	项目	考 核 内 容	分值	扣 分 标 准	实际得分
二	岗位安全操作（10分）	1. 有完善的安全操作规程或作业指导书并严格执行	4	现场未配备安全操作规程的扣4分，缺一项扣1分，一项不适用的扣1分	
		2. 作业人员按标准规范和操作规程进行操作	3	出现违章操作和违章指挥现象，每一次扣2分，对操作规程和标准规范不熟悉的一人次扣1分	
		3. 严格执行作业许可制度，有效落实施工安全措施	3	未落实作业许可制度，不按规定办理作业许可的扣3分，安全措施未落实的一项扣1分	
三	安全教育（20分）	1. 按安全生产教育培训制度和班组安全活动管理制度要求开展安全教育培训	5	未按制度规定要求开展的培训教育的扣5分，从业人员一人次缺少规定培训教育的扣1分	
		2. 人员持证上岗率100%	5	一人次不持证上岗的扣1分，操作证不在有效期的一人次扣1分	
		3. 新进人员、转岗人员、复岗人员培训教育率达到100%	5	新进人员一人次没有接受三级安全教育的扣1分，转岗和复岗人员一人次没有按规定进行上岗前教育的扣1分	
		4. 新工艺、新技术、新材料、新设备投入使用前，对有关操作岗位人员进行专门安全教育和培训	5	未开展此项工作的扣5分，没有根据实际情况修订操作规程的扣2分，一人次没有接受培训教育的扣1分	
四	现场安全管理（20分）	1. 现场布置符合标准规范和消防安全要求	5	一处不符合要求扣2分	
		2. 设备性能完好，安全设施齐全	5	设备完好，性能符合要求，一项不合格扣1分，安全设施一项不合格扣1分	
		3. 作业环境文明整洁，无杂物，物料工具堆放整齐，安全通道畅通	5	工作环境不整洁、有障碍物，发现一处扣1分，安全通道被阻碍一处扣1分，盖板或防护栏缺一处扣1分	
		4. 工作场所或关键设备设施的危害告知和警示标识醒目、齐全、标准一致	5	无相应危害告知或警示标志的扣5分，缺一处扣1分，内容不符合的一项扣1分，告知或标示不符合规范要求的一处扣1分，不醒目或破损的一处扣1分	
五	职业健康（10分）	1. 按标准配备劳动防护用品，作业人员按规定穿戴劳动防护用品	4	不按规定配备劳动防护用品的扣3分，缺一项扣1分，没有按规定穿戴劳动防护用品的一人次扣1分，没有按规定对劳动防护用品进行维护、检验的，一项扣1分，未建立相关台账的扣1分	
		2. 定期开展职业危害因素监测	3	未定期开展监测的扣3分；未建立监测记录台账的扣1分	
		3. 定期开展从业人员职业健康体检	3	未定期开展职业健康体检的扣3分；一人次未体检的扣1分	

续表

序号	项目	考 核 内 容	分值	扣 分 标 准	实际得分
六	隐患排查治理（10分）	1. 做好巡回检查，严格执行巡检制度和隐患排查治理制度	5	未落实相应制度的扣5分，对巡回检查情况没有详细记录的扣1分	
		2. 对查出问题或隐患进行整改和落实防范措施	5	对发现问题或隐患没有采取措施的，一项扣2分，对没有整改的问题没有上报的扣2分，有关事项记录不清楚的每项扣1分	
七	安全活动（20分）	1. 扎实开展岗位安全风险辨识、隐患排查、等安全活动	5	未按要求开展活动的扣5分，活动开展没有具体内容或不结合实际的扣1分，活动内容没有详细记录的扣1分	
		2. 认真开展班前安全会议	5	未按要求开展班前会议的扣5分，会议内容记录不详细的扣1分	
		3. 按规定开展应急演练、作业人员熟练掌握应急处置程序	5	未配备符合岗位的应急处置方案和应急处置卡的扣5分，未定期组织或参加演练，一项扣1分，从业人员不熟悉相关知识，一人次扣1分	
		4. 完善的交接班记录	5	没有建立相应台账的扣5分，缺一次记录扣1分，一次记录不符合要求的扣1分	
	总计		100		

考核负责人：　　　　　　　考核日期：

说明：1. 考核满分100分，90分以上达标。

2. 发生重伤以上生产安全事故或发生事故后未按要求上报的，本次考核不达标。

3. 提出安全管理方面的合理化建议的，由安全生产领导小组审核后进行加分。

[参考示例3]

×××关于印发《××班组安全活动管理制度》的通知

各部门、各监测中心：

为了切实加强安全生产基层基础工作，提高班组安全生产管理水平，把安全生产责任和措施落实到班组，有效地预防和减少作业现场的生产安全事故，经单位安全生产领导小组讨论通过，现将制定的《××班组安全活动管理制度》印发给你们，望认真贯彻执行。

特此通知。

附件：××班组安全活动管理制度

×××

年　月　日

附件：

××班组安全活动管理制度

第一章　总　　则

第一条　为了切实加强安全生产基层基础工作，提高班组安全生产管理水平，把安全生产责任和措施落实到班组，有效地预防和减少作业现场的生产安全事故，认真贯彻落实《安全生产法》，结合单位的实际情况，特制定本制度。

第二条　本制度包括班组安全组织体系、班组安全生产职责、班组安全会议、班组隐患排查、班组事故处理、班组安全生产奖惩、班组安全教育、班组交接班、班组职业健康等。

第三条　本制度适用于单位所属各测验工作班组。

第二章　班组安全组织体系及安全生产职责

第四条　班组长兼职本班组安全员，是班组安全生产第一责任人，全面负责本班组的安全工作，通过策划、部署、检查、控制、考核，确保上级各项安全管理规章制度和要求的贯彻落实。班组长必须受过本岗位安全培训合格，且具有辨识危险因素、有效控制事故的能力，并经考核合格后上岗。

第五条　班组长安全生产职责：

1. 在部门责任人的领导下，贯彻执行单位和部门对安全生产工作的规章制度和要求，全面负责本班组的作业安全和职业健康。

2. 组织岗位人员学习安全生产各项相关制度、法律法规以及设备设施的操作规程，不断提升从业人员的安全生产意识和水平。

3. 必须坚持带班生产工作，以自身的安全行为引导并监督班组各成员的安全生产工作，做好安全巡查。

4. 组织班组的安全生产和消防安全的检查和自查活动，开好班前会议，并保存会议纪要。

5. 对于可能发生危险的作业行为，必须向作业人员告知，要求其停止相关作业，并立即向有关主管部门报告。对向上级违反安全生产的指令有权拒绝。

6. 发生生产安全事故时，立即组织人员撤离危险区域和科学救助伤员，并立即向上级领导报告。

第六条　班组人员安全生产职责：

1. 按时参加班前会议，做好交接班工作并做好记录。穿戴好劳动防护用品，检查本岗位的设备电器、工具及安全装置，确认安全可靠后，方可开始工作。

2. 了解本岗位的安全生产特点，正确处理安全与生产的关系。自觉性做好安全文明生产，保持作业场所整洁有序。

3. 遵守劳动纪律、规章制度和岗位操作规程，不违章操作，对违章指挥有权拒绝，对他人违章操作加以制止。

4. 正确使用本岗位的设备、工具、消防器材，并定期维护保养，确保其安全运行。不擅自拆除设备上的安全防护装置。

5. 积极参加各项安全教育培训，不断提高安全知识水平；特种作业人员考核培训合格后持证上岗。

6. 认真识别生产过程中的安全隐患，积极采取措施将事故消灭在萌芽状态。一旦事故发生，应保护好现场，通知班组长或上级报告，并协助人员撤离和伤员抢救，配合上级有关部门的事故调查。

第三章　班组安全会议

第七条　班组安全会议包括班前安全会议和月安全例会。

1. 班前安全会议：

（1）由班组长负责召开，当班全体成员要准时参加班前会，按"班前十分钟"程序进行。

（2）班前会上主要结合上一班生产过程中存在的问题，针对生产过程的每一个环节和岗位，布置好当班安全生产和各岗位应协调解决的相关事项。

（3）班组长要加强从业人员的安全意识，强调各岗位、各工种的安全注意事项和安全措施，要求从业人员不违章指挥、不违章作业、不违反劳动纪律。

2. 月安全例会：

（1）由部门负责人主持召开，全体班组长以上人员参加。

（2）部门负责人传达上级有关安全生产的最新指示精神。

（3）各安全主管总结本月安全生产中隐患排查、组织整改、违章违制查处、纠正等情况。

（4）会议内容均应记录在案并形成会议纪要。

第四章　班组安全教育

第八条　在单位和各部门对新上岗人员及转岗、离岗后重新上岗人员进行安全培训教育后，班组要进行岗位安全教育。班组长每年应至少开展一次现场实际操作技能训练。岗位安全教育内容包括：

（1）班组概况和工作范围。

（2）班组安全生产责任制及其他安全管理规章制度。

（3）本岗位、工种或其他对应岗位发生过的事故及原因分析、预防措施。

（4）危险源的危险因素、事故类别、事故模式及控制措施。

（5）岗位安全技术操作规程、作业标准及操作方法要领。

（6）安全防护用品的正确使用方法。

（7）所操作生产设备和工器具的安全使用要求。

（8）事故应急处理程序及紧急状态下的救护知识。

第九条　在新工艺、新技术、新设备、新材料使用前，班组必须组织作业人员进行针对性的安全培训教育和考试。

第十条　班组长严格按单位《安全风险管理制度》规定开展岗位作业风险预知活动，并及时对相关岗位人员进行安全教育。

第十一条　班组须保留所有相关的安全培训教育记录及影像、视频等资料。

第五章　班组安全生产检查

第十二条　班组安全生产检查需应依据单位制定的《生产安全事故隐患排查治理制度》中的相关要求执行。安全生产检查内容包括机器设备、安全设施、安全装置、消防器材、危险源点、现场环境、人员状况、劳保穿戴等。安全生产检查由班组长负责具体实施，检查情况记录在案。

第十三条　对于一般事故隐患，班组长应该立即组织人员进行整改，及时消除隐患，同时对隐患整改情况登记建档。对发现的重大事故隐患，班组长应立即上报综合组及相关部门。

第十四条　在事故隐患无法立即处理的情况下，班组长应立即停止相关设备的作业。必要时，应组织人员撤离危险区域。

第十五条　未认真履行生产安全事故隐患排查治理监督管理职责的各部门及有关责任人员，当年目标责任制考核、评优等"一票否决"。

第六章　班组交接班

第十六条　凡是倒班作业的水文测验班组必须严格执行交接班制度，接班人在班前会上布置完生产任务和安全注意事项后及时接班，交班人必须留在工作岗位上等待接班人接班，交代好工作现场的情况后方可离开。

第十七条　交接班人必须认真对待交接班，必须做到工作地点情况交代不清不交接、安全隐患处理不清不交接、工作安排不到位不接班。

第十八条　班组长要严格检查督促执行，发现有人不按规定交接班的，要按制度严肃处理。

第十九条　对于存在严重问题的，接班人员可以拒绝接班，上报给上级领导处理。

第二十条　交接班要真正做到"交接班手拉手，你不来我不走"，将安全生产工作做到实处，并做好交接班记录。

第七章　班组职业健康

第二十一条　班组严格执行《职业健康管理制度》和《劳动防护用品管理制度》中相关规定。

第二十二条　班组人员上岗前必须经过培训，熟知安全规章制度、操作规程和作业有害因素，特种设备操作人员应考核合格后持证上岗。

第二十三条　作业时按规定佩戴好劳保用品，做好个人的职业健康防护。劳保用品认真保管，防止丢失，并经常清洗保持整洁。

第二十四条　作业前禁止饮酒，作业过程中禁止抽烟，不得随意打闹等。

第二十五条　班组应保持现场环境清洁、卫生，不随地吐痰、不乱扔废料杂物。保持道路通畅。

第八章　班组事故处理

第二十六条　发生生产安全事故后，事故现场班组长应当立即报告本部门负责人，采取有效措施组织抢救，防止事故进一步扩大，减少人员伤亡和事故损失。

第二十七条　各班组发生生产安全事故后，安全生产领导小组必须成立事故调查小组，依法进行调查和处理，任何部门或个人不得阻挠和干涉，不得拒绝提供事故有关情况和资料。

第二十八条　事故处理遵循"四不放过"的原则：事故原因没查清不放过、事故责任者未受到严肃处理不放过、事故相关人员未受到教育不放过、事故后未采取有效安全措施不放过。

第九章　班组安全生产奖惩

第二十九条　根据《安全生产考核奖惩管理办法》的要求，每季度班组长对班组从业人员，各部门负责人对本部门班组长，在安全生产工作中的表现、事故、工伤、违纪情况进行严格的考核，考核结果作为奖励与处罚的依据。

第三十条 认真组织班组立足本岗位学练技能，适时组织岗位练兵、技能竞赛，鼓励各岗位人员勇于创新，掀起岗位技能比、学、赶、帮、超的热潮，对在安全活动中表现优秀的从业人员进行表彰，树立典型，鼓励先进，由此进一步提高班组安全生产水平。

第三十一条 严格执行安全生产一票否决制，对班组和个人发生事故、工伤、违纪的年度内取消评先、晋级、奖励等资格。

第十章 附 则

第三十二条 本制度由单位负责解释。

第三十三条 本制度自发文之日起执行。

第三节 危险物品管理

水文监测单位危险物品是指具有毒害、腐蚀、爆炸、燃烧、助燃等性质，对人体、设施、环境具有危害的剧毒化学品和其他化学品。危险物品管理应根据物品性质，结合其使用、存储、废弃的要求进行。管理行为主要包括制订危险物品安全管理制度，对危险物品进行科学的分类、贮存、使用及处置，配备危险物品管理相关安全设施。实验室"三废"收集应符合当地生态环境部门规定，易制爆、剧毒品、易制毒等危险化学品的管理应符合当地公安部门的管理要求。确保危险物品管理符合法律法规和技术规范要求，实验室运行安全。

◆**评审规程条文**

4.3.1 一般要求

配备符合规范要求的危险物品贮存、使用、处置等安全设施，并定期检查，检查内容符合 SL/Z 390 要求；建立本单位的危险物品分类档案清单，并定期核对更新；剧毒化学品以及储存数量构成重大危险源的其他危险化学品必须在专用仓库内单独存放，实行双人收发、双人保管制度，建立领用审批制度和出入库台账，并定期自查、核对，记录完整。

◆**法律、法规、规范性文件及相关要求**

GB/T 24777—2009《化学品理化及其危险性检测实验室安全要求》

SL/Z 390—2007《水环境监测实验室安全技术导则》

◆**实施要点**

1. 水文监测单位应按照《危险化学品名录》建立危险物品分类档案清单，并定期核对；危险物品分类、贮存、使用及处置应各符合相关规范，并配备相关安全设施，如：耐火、避雷、防爆、排风、喷淋、消防、报警等设施。

2. 水文监测单位应制定《实验室危险化学品安全管理规定》《库房管理规定》等制度，明确危险物品管理过程中单位主要负责人、各级管理者的职责，确保危险物品的采购、验收、仓储、使用等每个环节有人负责、可溯源。

3. 易制爆、剧毒品、易制毒的管理应符合属地公安部门的要求，并设置专人联系属地公安部门。

4. 剧毒品和储存数量构成重大危险源的其他危险化学品应存放于专用柜橱，单独存放，并建立领用审批、双人收发、双人保管制度。

5. 水文监测单位应建立危险物品领用审批制度及出入库台账。台账应完整，并能反映危险物品的购买、出入库、存放、使用、数量变化、销毁的全过程，有专人定期检查、核对、更新；危险物品安全检查应包含 SL/Z 390—2007《水环境监测实验室安全技术导则》附录 A 安全检查表 A.1～表 A.7 的内容。

[参考示例 1]

×××实验室危险化学品安全管理规定

一、适用范围

本规定明确了水质实验室危险化学品安全管理的通用要求，明确了管理制度、贮存场所、安全设施设备、采购管理、储存管理、使用管理和应急管理等方面的要求。

本规定适用于全省水环境监测中心各水质实验室，承担水质采样工作的水文测站可参照执行相应的管理要求和技术条款。各实验室可根据实际情况制定严于本规定的细则，并报省水环境监测中心备案。

二、通用要求

1. 按 GB 13690《化学品分类和危险性公示通则》规定，×××水环境监测中心实验室危险化学品分为 7 类：①压缩气体和液化气体；②易燃液体；③易燃固体、自燃物品和遇湿易燃物品；④氧化剂和有机过氧化物；⑤剧毒品和毒害品；⑥放射性物品；⑦腐蚀品。

2. 实验室对照检验检测机构资质认定证书附表中的检测方法，结合化学试剂购（配）置情况和库存实际，按上述分类原则制定危险化学品名录。当情况发生变化时应及时对名录进行更新。

3. 危险化学品储存应符合 GB 50016《建筑设计防火规范》的规定。

4. 危险化学品库房设计应符合 GB 15603《危险化学品仓库储存通则》的要求。

5. 危险化学品存放和使用区域标识应符合 GB 13690《化学品分类和危险性公示通则》的规定。

6. 剧毒化学品储存应符合 GA 1002《剧毒化学品、放射源存放场所治安防范要求》的规定；易制爆危险化学品储存应符合 GA 1511《易制爆危险化学品储存场所治安防范要求》的规定。

7. 气瓶间内气瓶颜色应符合 GB/T 7144《气瓶颜色标志》的规定。

8. 气瓶应按 GB 16163《瓶装气体分类》和 TSGR 0006《气瓶安全技术监察规程》中气体特性进行分类，并分区存放；气瓶使用应符合 TGSR 0006《气瓶安全技术监察规程》的规定。

9. 实验室编制的危险化学品事故专项应急预案或现场处置方案应符合 GB/T 29639《生产经营单位生产安全事故应急预案编制导则》要求。

10. 贮存危险化学品的库房、气瓶间及相关设施设备的配备情况应符合当地公安、应急等主管部门的管理要求。

三、管理制度要求

实验室应制定安全管理制度，包括但不限于以下内容：

1. 岗位安全责任制度。

2. 危险化学品管理制度，包括采购、储存、发放，领取、使用、退回和危险废弃物回收处置等。

3. 剧毒化学品、放射性物品、易制毒化学品和易制爆危险化学品的特殊管理制度。

4. 实验室安全教育和培训制度。

5. 危险化学品管理制度。

6. 气瓶、气体管路安全管理制度。

四、贮存场所要求

1. 危险化学品贮存地点及建筑结构的设置，除符合国家规定外，还应考虑对周围环境和居民的影响。

2. 危险化学品贮存点的消防用电设备应充分满足消防用电的需求，其输配电线路、灯具、火灾事故照明和疏散指示等标识应符合安全要求。

3. 贮存危险化学品的库房必须安装通风、温度调节设备，设有导除静电的接地装置，并注意设备的防护措施。通风管道应采用非燃烧材料制作，通风管不宜穿过防火墙分隔物，如必须穿过应采用非燃烧材料分隔。

4. 贮存易燃、易爆化学品的建筑必须安装避雷设备。

5. 贮存危险化学品库房必须安装入侵报警装置和监控系统。

6. 剧毒、易制毒、易制爆危险化学品应贮存在专用库房内，不具备条件的，应储存在危险化学品库房专用储存柜内；并采取必要的安全防范措施，配备专用的监控设备，设立明显的安全标识危害警示标识和安全技术说明书（MSDS）。

7. 当采用瓶装气体供气时应集中设置气瓶间，气瓶间宜单独设置或设在无危险性的辅助用房内；确实不具备集中设置气瓶间条件的，应对气瓶采取安全可靠的固定措施。气瓶应竖直摆放，并有效固定，防止倾倒。

8. 气瓶间气体管路应采用不锈钢管道供气，气路管道应明敷，可燃气及助燃气的放散管应引至屋外，并高出屋脊 1m 并有防雷措施。可燃气和助燃器管路严禁穿过生活区和办公区。

9. 气瓶间使用氮气、惰性气体，应设排风设施及氧气浓度报警仪；使用可燃气体的应配备防爆型电气设备，设置可燃气体报警仪。

五、安全设施设备

1. 危险化学品储存柜应避免阳光直射，避免靠近热源，保持通风良好，不应贴邻实验台设置，也不应放置于地下室。

2. 危险化学品存放和使用区域应有显著的标识，标识应保持清晰、完整，包括化学品危险性质的警示标识，消防安全标识，禁止、警告、指令、提示等安全标识。

3. 应在危险化学品使用场所的显著位置张贴或悬挂安全操作规程和现场应急处置方案。

4. 开展实验操作的检测人员应熟悉化学品安全技术说明书（MSDS），掌握化学品的危险特性，使用时做好个体防护。

5. 应在位置明显、便于取用的地点配备与易燃易爆物质、腐蚀性物质、毒害性物质等相适应的以下消防器材：灭火器、砂箱、灭火毯、消防铲以及其他必要的消防器材。

六、采购管理

1. 实验室购置危险物品需经单位主要负责人批准，具体按《程序文件》等质量体系文件要求实施危险化学品采购管理。

2. 实验室应向具有合法资质的生产和经营单位购买危险化学品，购买时应按要求提交相应的材料，并保存采购资料。

3. 剧毒、易制爆和易制毒化学品采购后应保存发票、备案表、入库单等相关材料，并符合公安、应急等相关主管部门的管理要求。

4. 验收时，应对危险化学品品名、成分、浓度、规格、数量、保存期限、生产商信息、产品合格证明等进行核对，检查包装有无变形、泄漏或破损。

5. 实验室应建立危险化学品管理台账，并做好记录。

七、储存管理

1. 危险化学品应储存在专用库房、专用储存室、气瓶间或专柜等专门的储存场所内，不应露天存放。规模较小、危险性化学试剂数量很少的实验室，允许危险化学品与普通化学试剂同库储存，但仍须严格按危险性试剂管理要求进行管理。

2. 危险化学品库房必须配备具有专业知识的技术人员，其库房及场所应设专人管理，管理人员必须配备可靠的个人安全防护用品。

3. 互为禁忌的化学品不应混合存放，常用危险化学品储存禁忌物配存表，灭火方法不同的危险化学品应进行隔离储存。

4. 实验室危险化学品存放应符合以下要求：

（1）危险化学品应储存在专用的通风型储存柜内，或确保储存场所具备通风条件。

（2）需低温存放的易燃易爆的化学品应存放在具有防爆功能的冰箱内。

（3）腐蚀性化学品应单独存放在具有防腐蚀功能的储存柜内，并有防遗撒托盘。

（4）剧毒、易制爆和易制毒化学品的管理应符合公安部门的管理要求，剧毒化学品、放射性物品应单独存放在双锁的保险柜中，剧毒化学品、易制爆化学品实行"双人保管、双人领取、双人使用、双把锁、双本账"的"五双"制度管理；易制毒化学品实行"双专双人"制度，即：专库存放、专人保管，双人双锁、双人发货。

（5）强氧化剂不得与酸类或碱性物质接触，不得接触可燃液体，不得接触还原性物质，不得受热、受潮，无机氧化剂不得与有机氧化剂混放。

（6）危险化学品应标签完整，包装不应泄漏、生锈和损坏，封口应严密，不得使用饮料和生活用品容器盛放化学试剂和样品。

（7）气瓶应按气体特性进行分类，并分区存放；对可燃性、氧化性的气体应分区分柜存放。气瓶存放时应牢固地直立并固定，盖上瓶帽，套好防震圈。空瓶与满瓶应分区存放，并有分区标识。

（8）可燃性气体（氢气、乙炔等）严禁与助燃气混放，要有隔离措施。氧气瓶及管路严禁沾染油脂。乙炔气体管路的阀门和附件不得采用纯铜材质和70%的铜合金。

5. 实验室危险化学品存放限量要求如下：

（1）每个实验室库房存放的除压缩气体和液化气体外的危险化学品总量不宜超过

300L（kg），其中易燃易爆化学品的存放总量不应超过50L（kg）且单一包装容器不应大于25L（kg）。

（2）每个实验室存放的氧气和可燃气体各不宜超过2瓶，空瓶存放在指定区域。

八、使用管理

1. 贮存危险化学品的库房，必须建立严格的出入库管理制度，出入必须登记。

2. 危险化学品的发放、领取与退回应符合以下要求：

（1）危险化学品的发放应有专人负责，并根据实际需要的数量发放，剧毒品发放记录应有保管员、领用人员3人签名。

（2）危险化学品的发放记录应包括品种、规格、发放日期、领取人、经手人、数量以及结存数量。发放剧毒化学品（含毒害品）、易制爆化学品和易制毒化学品还应记载用途。

（3）剧毒化学品（含毒害品）、放射性物品、易制爆化学品应由双人以当日实验的用量领取，如有剩余应在当日由双人退回。其他危险化学品出库时，在外包装瓶上贴上实验室自编号（唯一性），当日未能用完的危化品，送还至危化品中间储存柜，由实验室安全员和库房管理员双人双锁集中管理，并填好配制记录表，便于溯源。

（4）气瓶内气体不应全部用尽，宜留有余压。

九、应急管理

1. 实验室应根据实际情况编制危险化学品事故应急预案或现场处置方案。

2. 实验室每年应至少组织全体人员进行一次应急预案演练，并做好演练记录。

[参考示例2]

×××实验室危险化学品出入库登记表

危化品名称：　　　　　　仓库名称：　　　　　　编号：××-AQ-4.3.1-01

序号	入库							出库					结存	
	入库日期	单位/规格	批号	生产厂家	数量	经手人	验收人	出库日期	数量	领用人	保管员	监督员	数量	备注

◆评审规程条文

4.3.2　购置

购置危险物品需经单位主要负责人批准，并符合当地公安机关相关管理规定；采购应由两人以上专人负责；购置危险物品，应列明名称、规格、数量，并注明危险特征及安全注意事项；对购置的危险物品应及时组织验收，办理登记入库手续。

◆法律、法规、规范性文件及相关要求

《易制爆危险化学品治安管理办法》（公安部令第154号）

GB 15603—2003《危险化学品仓库储存通则》

◆**实施要点**

1. 危险物品的采购、验收、入库、使用及安全注意事项应在《实验室危险化学品安全管理规定》里面明确规定；危险物品的采购应由两人以上专人负责，一人填写申购计划表，另一人审核无误后报单位主要负责人审批；申购计划表除了写清危险物品名称、规格、数量外，备注栏说明该危险物品的危险特征及安全注意事项。

2. 危险物品的采购、审批、验收、入库表应手续齐全，信息完整。危险物品到货后，应由二人以上共同核对验收，验收合格后，由库房管理人同指定人员共同入库。易制爆、易制毒采购审批等相关表格应采用当地公安机关规定的表格，符合当地公安机关的相关管理规定。

3. 危险物品的采购数量应按照实际需求遵循"最少量"的原则，并与其使用量和保存期相对应，避免库房大量存放。

[**参考示例**]

×××实验室化学品采购计划

编号：××-AQ-4.3.2-01

序号	名称	规格	数量	单价/元	合计/元	危险特征及安全注意事项

申请：

年　月　日

审核：

年　月　日

批准：

年　月　日

备注：	1. 危险特征应注明是否是危险化学品、易制爆、易制毒、剧毒品； 2. 安全注意事项应写明化学品的安全防范要求。

◆**评审规程条文**

4.3.3　贮存

贮存场所应符合 GB 15603 等有关安全规定；贮存危险物品应分类存放、标识清楚；定期检查并记录贮存场所通风、防潮、避光、防火、防水、防盗等条件；无关人员不应进入危险品存放仓库；剧毒化学品、放射性元素以及储存数量构成重大危险源的其他危险化学品必须在专用仓库内单独存放，实行双人收发、双人保管制度，并设置专用防护设备，有关应急救援物资配备应符合 GB 30077 等有关规定。

◆ **法律、法规、规范性文件及相关要求**

　　GB 15603—2022《危险化学品仓库储存通则》

　　GB/T 27476.5—2014《检测实验室安全　第 5 部分：化学因素》

　　GB 30077—2013《危险化学品单位应急救援物资配备要求》

　　SL/Z 390—2007《水环境监测实验室安全技术导则》

◆ **实施要点**

　　1. 实验室贮存危险物品的库房应符合 GB 15603—2022《危险化学品仓库储存通则》等有关规定，贮存时按照《危险化学品安全技术资料》中"储运注意事项"中的要求将危险化学品与禁忌物分开存放。按类存放、不相容的危化品隔离存放，安全标签齐全，标识正确。并有防挥发、防泄漏、防潮、防火、防爆炸等预防设施。

　　2. 库房中应配置合适的灭火器、搬运小车以及面罩、防护眼镜、手套和防护服等个人防护用品。

　　3. 存储柜中危险化学品存储量按最小使用量存储，腐蚀性试剂应配有托盘类的二次泄漏防护容器。

　　4. 水文监测单位应定期检查库房中视频监控、通风、防火、调温等设备，有合适的环境检查表，检查记录齐全。

　　5. 剧毒化学品、放射性元素以及储存数量构成重大危险源的其他危险化学品贮存在专用库房或专用柜橱里，并设置防火、防盗、防泄漏等安全防护措施，实行双人双锁管理。同时，还应当设置明显的放射性标识和中文警示说明。

　　6. 库房管理规范，无关人员不得进入危险品存放仓库。作业人员进出库房应填写人员出入登记表，至少两人签名。

　　7. 为防危险化学品意外事故，库房应配备一些符合 GB 30077—2013《危险化学品单位应急救援物资配备要求》等有关规定的应急救援物资，如：化学防护服、过滤式防毒面具等。

[**参考示例 1**]

×××实验室环境条件记录表

库房（危化品暂存间）　　　　　　　　　　　　　　　　　编号：××-AQ-4.3.3-01

检查时间 （月.日时.分）	环境状况［是、否避光、阴凉、干燥、冷藏（标准物质）］通风是否正常，视频监控是、否正常	温度/℃	湿度/%	检查人	备注

[参考示例2]

×××实验室危险化学品库房人员进出登记表

年.月.日	进入时间 （时：分）	进 库 事 由	离开时间 （时：分）	签 名	备 注

◆**评审规程条文**

4.3.4　领用

危险物品按需领用，应以使用最小量为原则，并按要求履行领用程序；剧毒品经审批同意，领用时持有保险柜钥匙、保险柜密码及领用人员三人同时在场；领用记录应分类清晰、档案完整并定期核对，确保账物相符；危险物品（含剧毒化学品）使用后有剩余量时，应严格按规定程序及时缴存，并办理缴存手续。

◆**法律、法规、规范性文件及相关要求**

SL/Z 390—2007《水环境监测实验室安全技术导则》

◆**实施要点**

1. 危险物品的领用应按照实验室制定的《危险物品管理与使用制度》的要求执行，明确领用人员、库房管理员、安全员的职责。

2. 危险化学品的领用需经批准，易制爆、易制毒等危险化学品的领用应单独执行公安部门的领用审批要求。

3. 领用时需领用人员、库房管理员、安全员3人同时在场，3人在领用记录上签名。未用完的剧毒品和放射性物品应及时放回存储柜，缴存手续齐全。

4. 出库后的某种危险化学品未用完，不允许相同的危险化学品再出库，剧毒品使用余量应有缴存手续，一次领用量与实验操作的最小量相一致，领用需有完整的记录。

5. 为确保库房账物相符、档案完整，结合上级相关部门的危险物品管理要求，应有专人定期（每月至少一次）核对领用记录、盘点库存。

[参考示例1]

×××实验室危险化学品领用审批表（年度）

序号	试剂名称 （出库编号）	领 用 量	领 用 人	保 管 员	审 批 人	申请、批准时间	备注
						月　日 时　分	
						月　日 时　分	

[**参考示例 2**]

×××易制爆危险化学品领用审批单

单位（班组）：　　年　月　日　时　分　　　　　　　编号：××-AQ-4.3.4-02

品　　名	领用量（单位）	退库量（单位）
领导审批：	保管员：	领用人：
双人	双人	

◆ **评审规程条文**

4.3.5　处置

实验室应具有"三废"收集、临时存储装置；"三废"应严格按规范处置，建立处置台账，不应污染环境。

◆ **法律、法规、规范性文件及相关要求**

《中华人民共和国安全生产法》（2021 年修订）

GB 16297《大气污染物综合排放标准》

GB/T 27476.1—2014《检测实验室安全　第 1 部分：总则》

GB/T 31190—2014《实验室废弃化学品收集技术规范》

HJ 1259—2022《危险废物管理计划和管理台账制定技术导则》

SL/Z 390—2007《水环境监测实验室安全技术导则》

◆ **实施要点**

1. "实验室三废"指实验过程中产生的废气、废液、固体废弃物。实验室应对实验过程中产生的废液、固体废弃物分类，制定实验废弃物收集、临时存储规定。废液存储装置及贮存场所应符合 GB/T 31190—2014《实验室废弃化学品收集技术规范》的要求。

2. 实验室配备足量的废弃物临时存储容器，收集的废弃物标识清楚，容器符合有关规定、贴有标签。

3. 实验室危险废物贮存设施应是独立房间或隔断的房间，应有排风、控温、消防等安全设施，配有个人安全防护服装等应急防护工具。

4. 实验室应建立危险废弃物收集、存储、处置台账，有专人负责管理。台账的记录频次、记录内容、记录保存时间及危险废物申报信息应符合国家生态环境标准 HJ 1259—2022《危险废物管理计划和管理台账制定技术导则》的要求。

5. 水文监测单位应委托持有危险废物经营许可证的资质单位对实验室危险化学品废物进行处置，不可自行处理。

6. 实验室排风系统应配备处理（净化）废气的装置，确保废气满足排放标准 GB

16297《大气污染物综合排放标准》。

[参考示例]

×××实验室危险废物处置指南

1　适用范围

本指南规定了水质实验室危险废物的源头控制、分类、投放、暂存（收集）、贮存及委托处置利用活动应遵循的技术要求。

本指南适用于水质实验室的危险废物环境管理。承担水质采样工作的水文测站、水质自动监测站、移动监测车等产生危险废物的过程时可参照执行。

2　规范性引用文件

GB/T 31190—2014《实验室废弃化学品收集技术规范》

GB/T 27476.1—2014《检测实验室安全　第1部分：总则》

SL/Z 390—2007《水环境监测实验室安全技术导则》

GB 18597—2001《危险废物贮存污染控制标准》

GB 15603—2022《危险化学品仓库储存通则》

GB 15562.2—2020《环境保护图形标志-固体废物贮存（处置）场》

GB 18191—2008《包装容器危险品包装用塑料桶》

HJ 2025—2012《危险废物收集贮存运输技术规范》

《国家危险废物名录》（2021年版）

3　源头控制

3.1　实验室应按需购买化学药品、试剂，尽量减少其闲置及报废量；尽可能采用无毒无害或低毒低害的实验材料，最大限度减少实验室危险废物的产生。

3.2　实验人员应按规范或标准要求开展实验，减少由于操作不当而产生的实验室危险废物。

4　危险废物分类

4.1　分类原则：实验室危险废物分类应遵循安全性、可操作性和经济性原则。

4.2　危险废物：指在水质检测活动中，实验室产生的废物。包括无机废液、有机废液、固态废弃化学试剂，以及含有或直接沾染危险废物的实验室检测样品、废弃包装物、废弃容器、清洗杂物、防护用品和过滤介质等。清洗沾染危险废物实验仪器时，第一遍振荡冲洗废水纳入实验室危险废物管理与处置。

4.3　危险废物分类：危险废物分类主要是满足危险废物的暂存、投放、贮存和委托处置的需要，本指南将实验室危险废物按其物相分为液态废物、固态废物。凝胶、果冻状等其他形态废物纳入固态废物进行管理。危险废物分类参考《水环境监测实验室安全技术导则》的要求，可以根据实际增加危险废物分类种类。

废液分类：①卤代有机类、②其他有机废液、③汞砷氰六价铬有毒类、④无机酸及一般无机盐类、⑤碱类及一般无机盐类、⑥重金属（不含汞）共六类。

固体废物分类：①废固态化学试剂、②废弃包装物、容器及其他固态废物共二类。

实验室危险废物的判定。

4.4　危险废物收集范围：根据水质实验室分析项目，实验过程中产生的以下液体和固体属于危险废物，须回收分类存储，收集范围包括但不限于：

（1）采用重铬酸钾法测定化学需氧量，消解后的高浓度重铬酸钾废液。

（2）采用纳氏试剂比色法测定氨氮，含碘化汞的废液。

（3）阴离子表面活性剂测定过程中产生的含有氯仿相的液体。

（4）氰化物、氟化物、挥发酚、石油类、六价铬、铜、锌、铅、镉、铁、锰、砷、汞、硒，以及 GB 3838—2002《地表水环境质量标准》中特定项目 80 项的标准物质、配置标准曲线的中间液及加标样品。

（5）实验过程中需废弃的所有有机试剂（常用的如正乙烷、甲醇、异辛烷、丙酮等）。

（6）pH 值超过 2.0～12.5 范围的酸性废液、碱性废液。

（7）用完试剂的空瓶或其他容器（如塑料袋等）。

（8）其余依据《国家危险废物名录》判定且无法实行豁免管理的危险废物。

5　贮存场所要求

5.1　实验室危险废物贮存设施应是独立房间或隔断的房间（以下简称危险废物存储间或危险废物贮存间），储存间地面宜硬质化。

5.2　危险废物存储间应按照 GB 15562.2—2020《环境保护图形标志-固体废物贮存（处置）场》设置警示标识。

5.3　存储间须配备应急照明灯、消防设施、安全防护服装等应急防护工具。

5.4　存储间应设有排风、控温、消除静电装置，能定时排风换气，夏日能降温、调湿，搬运时，能预防静电放电引起易燃废液燃烧的危险。如有必要，可设置相应的防爆、泄压、防雷、防晒、防盗、防护围堤等安全设施。

5.5　安装视频监控，能清晰记录仓库内部所有位置危险废物情况，能清晰记录危险废物入库、出库行为，并与中控室联网，视频至少保留 1 个月。仓库内部全景，清晰记录仓库内部所有位置危险废物情况。仓库出入口全景视频监控，清晰记录。

5.6　存储间内至少划分废液存储、固体废物存储二个区域，划分的存储区域应有标识，域外边界地面应施划 5cm 宽的黄色实线。

5.7　废液贮存容器下应设置防渗漏托盘或防溢容器作为防渗漏措施。

6　投放管理

6.1　容器要求

（1）实验室危险废物与容器的材质应满足化学相容性（不相互反应）。不同危险废物种类与一般容器的化学相容性。

（2）实验室危险废物贮存容器应保持完好，破损或污染后须及时更换。

（3）贮存容器外部须粘贴标签，用中文全称（不可简写或缩写）标识内部危险废物种类和主要成分等信息。

（4）液态废物应使用密封式容器收集贮存，不应使用玻璃器具、烧杯、长颈瓶等长期存放废物。一般为高密度聚乙烯桶（HDPE 桶）用于无机类废液贮存，不锈钢桶、搪瓷桶和玻璃容器用于有机废液贮存。使用的聚乙烯桶应符合 GB 18191—2008《包装容器危险品包装用塑料桶》的要求，容量应为 5L、10L、25L、50L、100L，推荐使用容量为 25L 的塑料容器。

（5）固态废物的收集容器应满足相应强度要求，且可封闭。废化学试剂应存放在原包装容器中，确保原标签完好，否则应粘贴新标签。

（6）无法装入常用容器的危险废物可用防漏胶袋等盛装。

6.2　登记要求

（1）每一贮存容器应随附一份投放登记表，投放登记表应符合附件5的要求。贮存容器使用前，在投放登记表上填写编号、类别。投放登记表的编号应与实验室危险废物贮存容器标签的编号一致。推荐使用实验室代号＋日期的编码方式。危险废物类别应为4.3危险废物分类的一种。

（2）每一次投放危险废物时，应在投放登记表上填写投放废物的分类、投放日期、主要有害成分、称重（kg）或体积（mL）、投放人等信息。

（3）投放登记表中主要有害成分的名称应按照《中国现有化学物质名录》中的化学物质中文名称或中文别名填写，不应使用俗称、符号、分子式代替。

6.3　投放要求

（1）根据4.3危险废物分类要求，将实验室危险废物投放到6.1容器要求规定的容器中。

（2）在常温常压下易爆、易燃、高反应活性及排出有毒气体的危险废物应进行预处理，使之稳定后再投放，否则应按易燃、易爆危险品进行贮存管理。

（3）同一收集容器中不应含有不相容物质，部分不相容的实验室危险废物，常见实验室危险废物收集贮存要求。

（4）投放废液后，应及时密闭容器；废液不宜盛装过满，应保留容器约10%的剩余容积，或容器顶部与液面之间保留10cm以上的空间。

（5）危险废物贮存量不得超过贮存设施最大贮存能力，贮存时间原则上不得超过1年，且符合属地环境保护部门的管理要求。

（6）废弃试剂瓶（含空瓶）应瓶口朝上码放于包装容器中，确保稳固，防止泄漏、磕碰，并在容器外部标注朝上的方向标识。

（7）实验室应配备专用运输工具，贴有安全警示标识。使用前应确保专用运输工具状态完好，运输后应及时清洁。

（8）室内转运废物时，携带必要的个人防护用具，应低速慢行，避免遗撒，尽量避开办公区。

7　暂存区（收集区）要求

7.1　实验室应设置危险废液暂存区（以下称危险废液收集区），其外边界应施划3cm宽黄色实线，应设置危险废物警示标识（尺寸可缩小），废液收集容器见6.1容器要求，贴上标签。

7.2　危险废液收集区应设置在地面或橱柜内，工作台面不宜设置危险废液收集区，可临时放置容积小于4L的废液收集瓶用于化验期间的废液收集。每一间产生废液的化学实验室应设置一个废液收集区。

7.3　实验室管理人员应对收集区收集容器和防溢容器密封、破损、泄漏情况、标签粘贴、暂存期限等定期督查。

7.4　存放两种及以上不相容危险废液时，应分类分区存放，间隔距离至少 10cm。

7.5　废液收集区可结合实际设置防渗漏设施。

7.6　收集区须保持良好的通风条件，并远离火源，避免高温、日晒。

7.7　收集区危险废液原则上应日产日清（指收集区危险废液应于当日运至暂存间），最长不应超过 3 个月。有机废液按批次投放至暂存间相应的容器中。收集区危险废液暂存量不宜超过暂存容器容积的 80％。

8　处置要求

8.1　实验室应委托具有危险废物经营许可证及相应资质的单位及时对实验室危险废物进行处置、利用。严禁擅自倾倒、排放或交由未取得经营资格的单进行处理处置。

8.2　实验室危险废物贮存台账应随联单保存至少 5 年，并按《程序文件》的要求归档。

9　其他要求

9.1　对实验室危险废物进行分类、收集、贮存操作时应做好个体防护，防护用品应符合产品适用条件。

9.2　处理会释放出烟和蒸气的实验室危险废物时，应在通风柜内操作，操作后应立即盖紧容器。

9.3　《实验室安全事故应急救援预案》应包含实验室危险废物意外事故的防范措施和应急预案，并按要求配置必要的应急装备及物资，定期组织演练，做好演练记录。

9.4　发生危险废物污染环境事件时，应及时采取措施消除或减轻污染和危害，并及时向属地环保部门汇报。

9.5　应定期对实验室危险废物相关管理人员及实验人员进行培训，并做好培训记录。

9.6　实验室应至少配备 1 名相应管理人员，负责组织、协调、监督、检查实验室危险废物管理工作的落实情况。

第四节　监测环境管理

水文监测环境管理涵盖消防、安保、监测环境保护、交通安全和临时用电等方面。管理行为主要包括组织机构和相关制度建设、安全设施设备和防护用品配备管理、定期培训演练等。目的是规范和保护水文监测环境，控制和消除监测环境的潜在风险。

◆评审规程条文

4.4.1　消防安全管理

建立消防管理制度，建立健全消防安全组织机构，落实消防安全责任制；防火重点部位和场所配备足够的消防设施、器材，并完好有效；建立消防设施、器材台账；严格执行动火审批制度；开展消防培训和演练；建立防火重点部位或场所档案。

◆法律、法规、规范性文件及相关要求

《中华人民共和国消防法》（2021 年修订）

《机关、团体、企业、事业单位消防安全管理规定》（公安部令第 61 号）

◆**实施要点**

1. 消防安全管理主要包括涉及火灾预防和扑救的各有关事项。内容包括制度建设、组织机构建立、消防设施的配备、台账管理、培训演练等，以及操作流程的制定、执行。

2. 水文监测单位应建立消防管理制度，明确消防管理重点事项，落实消防安全责任和作业流程。内容包括组织机构的明确，消防应急演练方案的落实和执行，消防器材的配备、检查、整改、更新、操作等，防火重点部位和场所的名单确定、检查、更换等，档案的建立、更新等，动火作业的审批及执行，应急处置措施的制定与落实等。

3. 防火重点部位和场所按规定配备足够的消防设施、器材并规范放置，安排专人定期巡检，做好记录，确保完好有效。根据消防安全检查结果制定整改措施，建立消防设施、器材台账。

4. 水文监测单位应严格执行动火审批制度。

5. 水文监测单位应聘请相关专家开展消防知识培训，参加培训人员应实现部门全覆盖。在掌握一定消防知识的基础上，定期组织开展消防演练，消防演练可分部门组织开展。

6. 水文监测单位应根据本单位的实际情况，建立防火重点部位或场所档案。

[**参考示例1**]

×××关于成立消防安全办公室的通知

各部门、各监测中心：

为贯彻落实××省火灾防控专项整治工作组办公室《省火灾防控专项整治实施方案》，强化消防安全工作组织领导，健全单位消防安全工作责任体系，加强对单位内消防安全工作指导和监管，经研究，成立消防安全办公室，组成人员名单如下：

组　长：

副组长：

成　员：

×××

年　　月　　日

[**参考示例2**]

《消防安全培训实施记录表》同 3.2.3［参考示例2］。

[**参考示例3**]

《培训效果评估表》同 3.1.2［参考示例1］附件3。

[**参考示例4**]

×××消防应急演练方案

年　　月　　日

一、演练目的

为了贯彻落实"预防为主，防消结合"的消防方针，进一步强化全体从业人员的消防安全教育，提高火灾防控能力和突发事件应变能力，学会正确使用灭火器和消防设备设施，定于××××年××月××日举行"安全生产应急演练活动"。特制定消防演练计划。

二、演练范围：

本单位范围内人员、应急救援小组及救援人员。

三、演练类型

疏散、消防等实地演练。

四、演练所需物资

灭火器 10 个、废铁箱 2 个、废柴油 3kg、燃料、自制点火棒 1 支、喊话器 1 个、消防水带 2 条。

五、演练地点

单位办公楼前空地

六、演练时间

　　年　月　日 14：00—16：00

七、应急演练组织体系和职责划分

1. 消防演练指挥中心

总指挥：

职责：负责根据事故的性质、程度决定是否启动应急救援程序和启动级别。负责应急演练期间总体工作的安排。

分项指挥：

职责：与总指挥一起负责应急演练期间总体工作的安排或受总指挥委托行使总指挥职责。

技术负责人：××

职责：具体负责应急现场结构物评估以及应急措施技术性决策和协助灭火指挥工作。

信息联络负责人：××

职责：应急预案期间保证通讯的正常。

安全负责人：××

职责：对应急预案演练期间各项灭火方案的安全性进行分析、评估，保证各项应急工作的安全、有序进行。

2. 参演人员

全体单位人员（包含物业人员、食堂人员）。

职责：参加消防应急演练。

3. 消防物资准备组

职责：负责演练期间消防器材和物资准备。

八、应急演练实施步骤

1. 消防物资准备组检查仓库消防器材和物资，并上报消防演练指挥中心。

2. 下午 14 时，消防演练开始，演练总指挥发布紧急疏散通知，参演人员进行紧急疏散集合，各部门人员 5min 内到达指定安全区域集合。

3. 参加紧急疏散演练人员集合完毕后，各班组清点人数，由演练总指挥讲述演习的目的和内容。

4. 由消防安全专家为大家讲述手提式干粉灭火器及消防水带的使用方法，并进行现场操作演示。

5. 参演人员对灭火器的使用进行实际操作，具体操作步骤如下：

（1）使用前要将瓶体颠倒几次，使筒内干粉松动。

（2）除掉铅封，拔掉保险销。

（3）左手握着喷管，右手提着压把，在距火焰两米的地方，右手用力压下压把，左手拿着喷管左右摇摆，喷射干粉覆盖燃烧区，直至把火全部扑灭。

6. 参演人员进行"抛水带"的实际操作，具体操作步骤如下：

（1）水带连接。

（2）水带的使用。使用消防水带时，应将耐高压的水带接在离水泵较近的地方，充水后的水带应防止扭转或骤然折弯，同时应防止水带接口碰撞损坏。

（3）水带铺设。铺设水带时，要避开尖锐物体和各种油类。

7. 总指挥对消防演练进行点评，请观摩的领导讲话，最后由总指挥宣布演练结束。

8. 消防演练结束后，由本次演练的安全负责人组织人员进行现场整理。安全生产领导小组根据演练情况写出演练总结，并根据实际情况对预案进行优化、补充完善。

×××

年　月　日

[参考示例5]

×××应急预案演练记录

编号：××-AQ-4.4.1-01

演练名称	消 防 应 急 预 案		演练地点	
组织部门	办公室	总指挥	演练时间	
参加单位 （部门）	各部门30人			
演练类别	□实际演练　□桌面演练　□提问讨论式演练 □全部预案　□部分预案		实际演练部分： 灭火器及抢险器材使用， 初期火灾扑灭	
物资准备和人员培训情况	25kg、8kg干粉灭火器各4台，25kg二氧化碳灭火器2台；消防桶8个，消防钩2只。警报器1只，扩音器1部。 进入现场前，由安全员讲解灭火器使用要领和个人安全防护要求			
演练过程描述	利用2只废汽油桶，中间剖开后分为4段，分别加入柴油10kg，另外准备100kg，编织袋8只，装满泥土后放置在油桶周围。同时点燃4只油桶，拉响警报器，人员从周围200m处跑向着火点，在100m处取得灭火器和抢险器材，25kg灭火器两人使用，其他1人使用，人员自动抢占上风口，进行灭火和抢险。 人员分工：各部门指定2人进行灭火，其他人员抢险物资和现场警戒			
存在问题和改进措施	有1人没有穿工作服，有2人灭火时没有在上风口。 改进措施：由安全员现场讲评，指出演练中的错误做法，要求责任人所在部门监督学习应急预案和消防相关知识			

编制：　　　　　　　　批准：

[参考示例6]

×××消防应急预案演练总结报告

　　××年×月×日，×××组织了一次消防应急预案实战演练。整个演练共分为消防演练知识培训、初起火灾灭火器实射演练两个过程，培训及整个演练历时4h，涉及人员30余人。

　　×××针对本次应急预案演练，做了充分的准备，成立了消防演练指挥中心。本次应急预案演练共使用3kg手提式干粉ABC灭火器共4只。消防物资准备组在模拟火源、准备消防器具、现场展示器具、后勤补给等方面，准备齐全，资源充分，为本次应急预案的演练，真正做到了保障到位。

　　本次应急预案演练，从火情发生到疏散解救、扑灭火源共历时20min，及时、有效地控制了火情的扩大、保障了人身安全，避免了财产损失。真正做到了分工明确，责任到人，在火情发生的第一时间，要冷静、沉着，每个职工应该做什么，如何正确报警，如何正确扑救，如何疏散，如何自救和逃生。

　　××参加培训讲座并亲自参加灭火器使用实战演练。通过本次应急预案的演练，加深了广大职工对消防安全知识的理解和消防器材正确使用的实战技能，使职工清晰地认识到如何面对突发的紧急情况，为安全生产工作的开展，起到了积极作用。实现了"科学、安全、有序、快速"应对火灾事故的目标，强化了职工对于初期火灾处置的方法，提高了各部门应对突发事件的指挥处置能力，取得了预期的演练效果。

　　减少事故给带来的损失是每个职工义务和责任。各级人员都必须密切配合处理突发事件，一旦接到处理突发事件的指令后，在确保自身安全的情况下要义不容辞地快速执行。不得以任何借口推脱责任或拒绝执行。同时我们希望在下次的演习中，大家能够更为积极主动。

×××

年　月　日

[参考示例7]

×××灭火器检查表

编号：××-AQ-4.4.1-02

序号	存放位置	数量	灭火级别	灭火剂	充装量/kg	使用温度/℃	水压试验压力/MPa	驱动气体	电绝缘性	出厂日期	检查日期	检查人	是否高于最低有效压力

[参考示例8]

×××消防安全责任体系统计表

填报单位：　　　　　　　　　　年　月　日　　　　　　　　编号：××-AQ-4.4.1-03

序号	消防安全办公室人员名单	联系电话（手机号）	基层水文站及重要部门负责人		重点岗位操作员（电、气、油、危化品等）		备注
			单位、重要部位	负责人	岗位	操作员	
1							
2							
3							
4							
5							
6							
说明	单位按照管理层级将消防安全工作责任分解落实到具体人员，基层单位负责人、操作员可单立成行。						

[参考示例9]

×××食堂火灾防控有关情况统计表

编制单位：　　　　　　　　　时间：　　年　月　日　　　　　编号：××-AQ-4.4.1-04

序号	单　　位	面积/m²	是否使用罐装液化气	是否与操作间隔离	是否安装报警器	是否使用管道燃气	是否安装泄漏阻隔装置
				—	—	是	已安装
备注	1. "单位"统计到各单位、部门、中心、测站，只要有饭堂的必须统计，确保无遗漏； 2. 全面排查确认后，设置饭堂的单位必须按照火灾防控要求进行管理，设置必要的设施设备和消防器材，并确保完好、有效。						

[参考示例10]

消防安全自查承诺书

　　我单位（单位名称：　　　　　　　　　　　　，地址：　　　　　　　　　　　；
消防安全责任人姓名：　　　　　，身份证号码：　　　　　　　　，电话：　　　　　　；
消防安全管理人姓名：　　　　　，身份证号码：　　　　　　　　，电话：　　　　　）已
按照省消防安全委员会办公室《全省消防安全执法检查专项行动工作方案》要求，全面进

行了自查，具体自查情况如下：

序号	检查内容	发现的具体问题	整改责任、措施、资金、时限、预案落实情况
1	平面布置 符合要求		
2	是否违规使用易燃可燃材料装修装饰		
3	防火分隔是否到位		
4	疏散通道是否畅通		
5	是否违规存放易燃易爆危险品		
6	消防设施是否损坏停用		
7	电动自行车是否违规停放充电		
8	重点岗位人员责任是否落实		
9	日常管理机制是否健全		
10	宣传教育培训是否深入		

　　针对上述自查发现的问题，我单位承诺于年月日前完成整改。同时，将举一反三，依据《中华人民共和国消防法》和《××省消防条例》等相关消防法律法规要求做好消防安全工作。若有违反，我单位将自觉承担相关法律责任，切实做到安全自查、隐患自除、责任自负，主动接受监督。（单位自行确定科学合理的整改期限，由单位法定代表人将上述内容抄写至横线处）

（单位公章）
承诺人（法人代表）：　　　　　承诺时间：

　　注：此承诺书一式3份，由单位负责人填写并加盖公章，1份张贴于该单位醒目位置，1份报当地消防部门，1份报当地行业主管部门。

[参考示例11]

×××应急灯、疏散指示标识检查表

检查时间：　　年　月　日　　　　　　　　　　　　　编号：××-AQ-4.4.1-05

序号	名称	安装位置	型号	安装日期	检查状况	检查人	损坏更换整改	整改落实情况	落实人

注：每季度检查记录一次。

[参考示例12]

关于印发《×××消防安全管理办法》的通知

各部门、各监测中心：

为了加强和规范×××的消防安全管理，预防火灾和减少火灾危害，经安全生产领导小组讨论通过，现将制定的《××消防安全管理办法》印发给你们，望认真贯彻执行。

特此通知！

附件：×××消防安全管理方法

×××

年　月　日

附件：

×××消防安全管理办法

第一章　总　　则

第一条　为了加强和规范××的消防安全管理，预防火灾和减少火灾危害，根据《中华人民共和国消防法》和公安部《机关、团体、企业、事业单位消防安全管理规定》，结合实际情况制定本规定。

第二条　本规定适用于××的消防安全管理。

第三条　××应当遵守消防法律、法规、规章（以下统称消防法规），贯彻"预防为主、防消结合"的消防工作方针，履行消防安全职责，保障消防安全。

第四条　单位主要负责人是本单位的消防安全第一责任人，对本单位的消防安全工作全面负责。

第五条　单位应当落实逐级消防安全责任制和岗位消防安全责任制，明确逐级和岗位消防安全职责，确定各级、各岗位的消防安全责任人。

第二章　消防安全责任

第六条　单位消防安全责任人应当履行下列消防安全职责：

（一）贯彻执行消防法规，保障本单位消防安全符合规定，掌握本单位的消防安全情况；

（二）将消防工作与本单位的生产、经营、管理等活动统筹安排；

（三）为本单位的消防安全提供组织保障：

（四）确定逐级消防安全责任，批准实施消防安全制度和保障消防安全的操作规程；

（五）组织防火检查，督促落实火灾隐患整改，及时处理涉及消防安全的重大问题；

（六）根据消防法规的规定建立义务消防队；

（七）组织制定符合本单位实际的灭火和应急疏散预案，并实施演练。

第七条　单位分管安全的领导为本单位的消防安全管理人。消防安全管理人对本单位的消防安全责任人负责，实施和组织落实下列消防安全管理工作：

（一）组织实施日常消防安全管理工作；

（二）组织制订消防安全制度和保障消防安全的操作规程并检查督促其落实：

（三）拟订消防安全工作的组织保障方案；

（四）组织实施防火检查和火灾隐患整改工作：

（五）组织实施对本单位消防设施、灭火器材和消防安全标识的维护保养，确保其完好有效，确保疏散通道和安全出口畅通；

（六）组织管理义务消防队；

（七）在从业人员中组织开展消防知识、技能的宣传教育和培训，组织灭火和应急疏散预案的实施和演练；

（八）消防安全责任人委托的其他消防安全管理工作。

消防安全管理人应当定期向消防安全责任人报告消防安全情况，及时报告涉及消防安全的重大问题。

第八条　单位在项目实施前应当与施工单位在订立的合同中明确各方对施工现场的消防安全责任。

第三章　消防安全管理

第九条　单位运行控制室、配电房、发电机房等处是单位消防安全重点部位，应按照本规定的要求，设置明显的防火标识，实行严格管理。

第十条　单位应当确定兼职消防管理人员（安全员）；兼职消防管理人员在消防安全责任人或者消防安全管理人的领导下开展消防安全管理工作。

第十一条　各部门应当对动用明火实行严格的消防安全管理。禁止在具有火灾、爆炸危险的场所使用明火；因特殊情况在易燃等危险场所需要进行电、气焊等明火作业的，动火部门的用火应按相关管理制度办理审批手续，落实现场监护人，在确认无火灾、爆炸危险后方可动火施工。动火施工人员应当遵守消防安全规定，并落实相应的消防安全措施。

在单位档案室、办公室等场所动用电、气焊等明火作业的必须报请办公室审批。

第十二条　各部门应当保障疏散通道、安全出口畅通，并设置符合国家规定的消防安全疏散指示标识和应急照明设施，保持防火门、消防安全疏散指示标识、应急照明等设施处于正常状态。

严禁下列行为：

（一）占用疏散通道或消防通道；

（二）在安全出口或者疏散通道上安装栅栏等影响疏散的障碍物；

（三）在生产、会务、工作等期间将安全出口上锁、遮挡或者将消防安全疏散指示标识遮挡、覆盖；

（四）其他影响安全疏散的行为。

第十三条　单位应当根据消防法规的有关规定，建立义务消防队，配备相应的消防装备、器材，并组织开展消防业务学习和灭火技能训练，提高预防和扑救火灾的能力。

第十四条　发生火灾时，各部门应当立即实施灭火和应急疏散预案，务必做到及时报警，迅速扑救火灾，及时疏散人员。任何人员都应当无偿为报火警提供便利，不得阻拦报警。

火灾扑灭后，起火室组应当保护现场，接受事故调查，如实提供火灾事故的情况，协助公安消防机构调查火灾原因，核定火灾损失，查明火灾事故责任。未经公安消防机构同意，不得擅自清理火灾现场。

第四章　防　火　检　查

第十五　条单位应当每月对消防重点部位进行一次防火巡查，巡查的内容应当包括：

（一）用火、用电有无违章情况；

（二）安全出口、疏散通道是否畅通，安全疏散指示标识、应急照明是否完好；

（三）消防通道是否畅通，有无占用消防通道停泊车辆；

（四）消防设施、器材和消防安全标识是否在位、完整；

（五）常闭式防火门是否处于关闭状态；

（六）消防安全重点部位的人员在岗情况；

（七）其他消防安全情况。

防火巡查人员应当及时纠正违章行为，妥善处置火灾危险，无法当场处置的，应当立即报告。

发现初起火灾应当立即报警并及时扑救。防火巡查应当填写巡查记录，巡查人员及其主管人员应当在巡查记录上签名。

第十六条　单位安全生产领导小组每季度组织进行一次防火检查，检查的内容应当包括：

（一）火灾隐患的整改情况以及防范措施的落实情况；

（二）安全疏散通道、疏散指示标识、应急照明和安全出口情况；

（三）消防车通道、消防水源情况；

（四）灭火器材配置及有效情况；

（五）用火、用电有无违章情况；

（六）重点工种人员以及其他员工消防知识的掌握情况；

（七）消防安全重点部位的管理情况；

（八）易燃易爆危险物品和场所防火防爆措施的落实情况以及其他重要物资的防火安全情况；

（九）消防（控制室）值班情况和设施运行、记录情况；

（十）防火巡查情况；

（十一）消防安全标识的设置情况和完好、有效情况；

（十二）其他需要检查的内容。

防火检查应当填写检查记录。检查人员和被检查部门负责人应当在检查记录上签名。

第十七条　办公室应当按照建筑消防设施检查维修保养有关规定的要求，对建筑消防设施的完好有效情况进行检查和维修保养。

第十八条　办公室应当按照有关规定定期对灭火器进行维护保养和维修检查。对灭火器应当建立档案资料，记明配置类型、数量、设置位置、检查维修人员、更换药剂的时间等有关情况。

第五章　火　灾　隐　患　整　改

第十九条　各部门对存在的火灾隐患，应当及时予以消除。

第二十条　对下列违反消防安全规定的行为，各部门应当责成有关人员当场改正并督促落实：

（一）违章进入储存易燃易爆危险物品场所的；

（二）违章使用明火作业或者在具有火灾、爆炸危险的场所吸烟、使用明火等违反禁令的；

（三）将安全出口上锁、遮挡，或者占用、堆放物品影响疏散通道畅通的；

（四）消火栓、灭火器材被遮挡影响使用或者被挪作他用的；

（五）常闭式防火门处于开启状态；

（六）消防设施管理、值班人员和防火巡查人员脱岗的；

（七）违规关闭消防设施、切断消防电源的；

（八）其他可以当场改正的行为。

违反前款规定情况以及改正情况应当有记录并存档备查。

第二十一条 对不能当场改正的火灾隐患，各部门应及时将存在的火灾隐患向单位安全生产领导小组报告，提出整改方案，明确整改的措施、期限。在火灾隐患未消除之前，各部门应当落实防范措施，保障消防安全。不能确保消防安全，随时可能引发火灾或者一旦发生火灾将严重危及人身安全的，应当将危险部位停产停业整改。

第二十二条 火灾隐患整改完毕，负责整改的部门或者人员应当将整改情况记录报送安全生产领导小组，单位负责人签字确认后存档备查。

第六章 消防安全宣传教育和培训

第二十三条 安全生产领导小组通过多种形式开展经常性的消防安全宣传教育。宣传教育和培训内容应当包括：

（一）有关消防法规、消防安全制度和保障消防安全的操作规程；

（二）本单位、本岗位的火灾危险性和防火措施；

（三）有关消防设施的性能、灭火器材的使用方法；

（四）报火警、扑救初起火灾以及自救逃生的知识和技能。

第二十四条 下列人员应当接受消防安全专门培训：

（一）消防安全责任人、消防安全管理人；

（二）兼职消防管理人员（安全员）；

（三）消防控制室的值班、操作人员；

（四）其他依照规定应当接受消防安全专门培训的人员。

第七章 灭火、应急疏散预案和演练

第二十五条 单位编制的灭火和应急疏散预案应当包括下列内容：

（一）组织机构；

（二）报警和接警处置程序；

（三）应急疏散的组织程序和措施；

（四）扑救初起火灾的程序和措施；

（五）通信联络、安全防护救护的程序和措施。

第二十六条 单位安全生产领导小组应当按照灭火和应急疏散预案，至少每年进行一次演练，并结合实际，不断完善预案。

消防演练时，应当设置明显标识并事先告知演练范围内的人员。

第八章 附 则

第二十七条 本办法由安全生产领导小组负责解释。

第二十八条 本办法自发文之日起执行。

[参考示例13]

×××消防重点部位安全检查表

编号：××-AQ-4.4.1-06

序号	名 称	检 查 内 容	检查结果	整改人	完成情况
1	档案室	1. 灭火器是否放置到位，有无失压，数量是否足够； 2. 消防栓枪头、水带是否完好，水压是否正常； 3. 禁烟禁火制度执行情况； 4. 危险作业是否执行安全作业票； 5. 消防水泵房有无异常，电气系统是否运行正常，水压是否正常，有无水管及接头漏水现象			
2	配电房				
3	仓库				
4	机房				
5	化验室				
6	食堂				
7	实验室				
8					
9					
10					

检查人：

检查日期： 年 月 日

◆**评审规程条文**

4.4.2 安全保卫管理

建立或明确安全保卫机构，制定安全保卫制度；重要设施和作业场所的保卫方式按规定设置；定期对防盗报警、监控等设备设施进行维护，确保运行正常；出入登记、巡逻检查、治安隐患排查处理等内部治安保卫措施完善；制定单位内部治安突发事件处置预案，并定期演练。

◆**法律、法规、规范性文件及相关要求**

《企业事业单位内部治安保卫条例》（国务院令第421号）

SL/T 772—2020《水利行业反恐怖防范要求》

◆**实施要点**

1. 安全保卫管理是指为了加强单位的内部管理工作，确保单位的安全，维护正常的工作和生产生活秩序而进行的所有活动。

2. 安全保卫管理的内容包括组织机构建立、制度建设、安全设施设备的配备、台账管理、培训演练等，以及操作流程的制定、执行。

3. 水文监测单位应根据安全保卫管理的内容制定安全保卫制度，包括组织机构的明确，突发事件处置预案及演练方案的落实和执行，安全保卫设施设备的配备，隐患排查，应急处置措施等。目的是建立或明确安保机构，加强安全保卫组织领导，落实相关人员责任，加强安保措施，开展演练和培训活动。

4. 重要设施和作业场所须按规定设置相应的安全保卫设施设备。如实验室易制毒、易制爆药品仓库应安装安防监控设施设备，并与当地公安机关联网。

5.水文监测单位应根据安全保卫检查结果建立整改台账,逐项落实整改措施。

6.水文监测单位应定期对防盗报警、监控等设施设备进行检查、维护,确保正常运行。

7.水文监测单位应制定单位内部治安突发事件处置预案,并定期组织演练,确保单位安保工作无死角、无漏洞。

[参考示例]

×××单位安全保卫工作应急预案

为了更好地提升和发挥自身的能力,实现自防自救;有力保障单位的人身、财产安全,特拟制定本安保应急预案。

一、指导思想

全面防范、快速反应、妥善处理、确保安全、准确汇报。

二、应急工作原则

坚持以人为本、预防为主、群防群治的方针,按照"统一指挥、分工负责,反应迅速、措施落实、安全有序"的原则,在单位应急领导小组的统一指挥下,按照各自职责,实行分级管理和分级处置。

三、应急组织机构

1.建立由分管安全的领导担任组长的应急领导小组,下设一个应急工作小组,由办公室组成。明确各类突发事件的处置流程、工作职责和责任人。应急电话:××-××××。

2.日常安保工作以分管领导为组长,负责安全生产的部门主要负责人为副组长,全体保安员和现场人员为组员的安防工作小组,成员如下:

组长: 电话:

副组长: 电话:

组员:全体安保人员和现场人员 电话:

突发情况下的应急安全保卫组织机构同日常安保工作小组。

3.加强对员工的教育和培训,了解各类事件的应急处置流程。特别是安保人员必须熟悉各类消防和安防设施系统的功能和应用,行政值班人员也应全面了解和掌握各类突发事件的应急处置流程;义务消防员能熟练使用各类消防灭火器材及设施,能够扑救火灾苗子和初级火灾,全面熟悉火灾事件的应急处置流程;对外来车辆和人员强化验证和登记制度,确保单位的安全。

四、日常防范

1.确保报警装置和监控设施的工作情况良好正常运行、无缺陷和隐患。

2.办公区域各类门窗,锁具良好。

3.每日下班后,应对办公区内的治安、消防情况进行一次检查,包括围墙、门窗、消防栓、灭火器等是否完好、工作是否正常。

4.加强对办公场所、生产生活区域内及周边情况的观察,发生违章、人员聚集等要及时处置,必要时经批准可拨打110请求警方协助。

5.对发现的问题和隐患,应及时落实专人负责整改,并做好记录。

6. 重点要害部位防范，对仓库、食堂、柴油机房、危险品仓库的重点防范、定时巡查并做好记录。

五、安保工作应急措施：

1. 发生火警时的处置

防火是安防工作的主要任务之一，要严格贯彻"预防为主、防消结合"的方针，做到防患于未然。

安防人员应熟知消防器材的使用方法、数量和位置，熟悉和贯彻有关消防法规。一旦发生火灾安防人员应做到：

（1）应立即启动警报并报告上级领导和自行组织扑救，若发现无法控制应立即拨打119向公安消防部门报警。报警时，要清楚讲明火警单位、地点、路名、门牌和电话号码，燃烧物是危险品还是一般物品，还要派安防人员在路口迎接消防车辆进入现场，并介绍火场和水源情况。

（2）报警同时，要切断电源、煤气、天然气气源（有自动喷淋设施的不能切断电源），转移易燃爆等危险品和贵重物品，启用灭火器材控制火势。

（3）维护好火场秩序，保证消防车辆和抢救通道畅通，看管好抢救出的贵重物品，防止坏人趁火打劫，疏散危险区群众，保证消防人员实施灭火措施。

（4）火灾发生后即注意观察情况，尽可能记住火灾发生、发展和现场变动情况以及最初在现场人员姓名或体貌特征，在火灾扑灭后及时向公安消防提供情况，协助查明火灾原因。

2. 发生刑事、治安案件和治安灾害事故的处置

在保卫目标范围内发生刑事案件和治安灾害事故后，安防人员要做到：

（1）迅速向公安机关报案，并同时报告上级领导。

（2）根据情况，采取适当方法把整个现场严密封锁起来，禁止任何人进入现场，安防人员也不得无故进入现场，以免破坏现场原貌遗留的痕迹、物证，影响收集证据和案件、事故分析定性。如遇大雨大雪气候条件变化时应采取妥实保护某些痕迹、物证。遇到受伤或人命危机时，应及时送往医院抢救或采取其他措施。但在采取保护措施或抢救人员进入现场时，应选择适当路线，不能使痕迹和物证收受破坏，尽量减少现场变动情况，并记明变动前伤者躺卧的位置、姿势和其他现场变动情况。注意从生命垂危者口中了解案件和事故的有关情况。

（3）抓紧时间向发现人或周围群众了解案件和事故发生发现的经过，收集群众的反映和议论，了解更多的情况，并认真记录。

（4）公安人员到达现场后，安防人员应及时向公安人员汇报案件、事故发生、发现经过和现场保护、人员抢救等情况，积极协助抓获犯罪分子或分析事故原因。

3. 遇到哄抢、滋事等群众性治安事件的处置

安防人员在日常保卫工作中，可能会遇到群众哄抢保卫目标财物或寻衅滋事等群众性治安事件。遇到这类情况时，安防人员应采取以下措施：

（1）立即报告单位负责人和公安机关，必要时报请单位负责人赶赴现场。

（2）在有关领导没有赶到现场前，安防人员应积极向群众做劝解和说服工作。若了解到事件是由经济或其他纠纷引起的，或者由单位的过错引起的，应当宣传哄抢和滋事是违法的，有问题可以通过协商解决，采用武力解决不了问题，尽量劝阻群众不要采取暴力行为。若确能判定是属于个别无事生非或借故蛊惑煽动群众，应对其予以揭露，使广大群众明白真相，争取多数，制止事态。当阻止不了事态发展时，要尽量避免与群众发生正面冲突，但应注意组织者和骨干人员的行为、特征等事后为有关部门提供材料。

（3）有关单位和领导到达现场后，应主动介绍有关情况。若因经济纠纷引起的，且未构成违法犯罪，应由单位出面解决；若已构成违法犯罪，应由公安机关依法处理，安防人员应积极协助。

4. 在执行任务范围内，发生群众斗殴时的处置

群众斗殴是扰乱社会治安的行为，若在保卫目标范围内发生此类事件，不但影响单位的安全，也影响社会治安秩序。遇此类事件时，应采取：

（1）积极劝阻斗殴双方离开现场，缓解矛盾。如能认定属违反治安管理行为或犯罪行为，应及时报告公安机关，或将行为人扭送公安机关处理。

（2）说服、劝导围观群众离开保卫目标。

（3）提高警惕，防止坏人利用混乱之机进行破坏活动或偷拿财物。

5. 遇到犯罪嫌疑人进行盗窃和抢劫时的处置

安防人员在执勤和巡逻时，特别是在夜间巡逻中，要保持高度警惕，随时注意发现可疑人和可疑情况，对可疑人要进行盘查，如果疑点不能排除，应将可疑人带往公安机关处理，途中要时刻防止可疑人逃跑或行凶。如遇犯罪嫌疑人正在进行盗窃活动或进行抢劫时，安防人员要做到：

（1）思想保持冷静，根据犯罪嫌疑人情况（人数多少、体魄、是否携带凶器等），设法通知安防备勤人员或周围职工、群众进行支援，对于正在进行盗窃的，应立即抓获，并及时扭送到公安机关处理。对于抢劫的犯罪嫌疑人，特别是持有凶器的，安防人员首先思想上要保持镇静，智勇双全，可以使用防卫器械和一切必要的手段，将犯罪分子制服，并扭送公安机关处理。

（2）如犯罪嫌疑人逃跑，又追赶不上时，要看清和记住犯罪嫌疑人人数、衣着、面貌、身体特征。使用交通工具的要记住交通工具的型号、特征并及时报告上级领导及公安机关。

（3）有固定现场的要保护好现场。对于运动中没有固定现场的，犯罪分子有遗留物，如犯罪工具和其他物品，应用钳子将遗留物提取放在白纸内，交公安机关处理，切不可将自身或其他人员指纹留在遗留物上。

6. 发现危险物品和爆炸物品的处置

如发现犯罪嫌疑人利用危险物品和爆炸物品进行破坏时，安防人员应：

（1）发扬不怕牺牲的精神，及时抓获犯罪嫌疑人。

（2）要及时将围观群众疏散开。

（3）要保护好现场。

（4）要立即报告单位。

7. 安防人员在执勤中遇到涉外问题的处置

安防人员在执勤中遇到外国人和涉外问题时，应该做到既要提高警惕，保证国际友人的安全，又要服从我国政治形势和外交斗争的需要。做到不卑不亢，有理、有利、有节，维护国家的尊严和主权。对外国人与我国人民群众进行握手、询问、交谈等正常的友好活动，执勤人员不予干涉；遇到外国人要求拍照或合影时，一般应婉言谢绝。谢绝不了时，应保持良好的姿态与风纪，凡国家允许拍照的地方，即可与其拍照；遇外国人赠送礼品时，应婉言谢绝，不得随意接收，更不得向外国人索要物品；对外国人礼节性文化，应以礼相待，落落大方；对外国人的请求一般不随意答复，外国人故意挑衅，无理取闹等不友好行为应据理驳斥，但不予纠缠，事后要报告单位和客户保卫部门；对外国人违反我国政策，法令或有关规定，应劝告制止，并迅速报告上级，请示外事部门处理。

◆**评审规程条文**

4.4.3 监测环境保护范围管理

管理和保护范围内无法律、法规规定的禁止性行为；水法规等标语、标牌设置符合规定；在授权范围内对水文监测设施及监测环境进行有效管理和保护。

◆**法律、法规、规范性文件及相关要求**

《中华人民共和国水文条例》（国务院令第 676 号）

《水文监测环境和设施保护办法》（水利部令第 43 号）

◆**实施要点**

1. 水文监测环境保护范围是指为确保准确监测水文信息所必需的区域构成的立体空间。

2. 水文监测设施是指水文站房、水文缆道、测船、测船码头、监测场地、监测井（台）、水尺（桩）、监测标识、专用道路、仪器设备、水文通信设施以及附属设施等。

3. 监测环境管理目的在于规范和保护水文监测环境，控制和消除监测环境保护范围内的潜在安全风险。

4. 监测环境保护范围内应无法律法规规定的禁止性行为，相关标语标牌的设置应符合规定。

5. 定期检查水文监测设施和监测环境，发现问题及时整改，确保水文监测设施和监测环境完好无损。

［**参考示例**］

×××监测环境保护范围检查记录

编号：××-AQ-4.4.3-01

测站名称： 测站类型：

检查人：

检查时间：

序号	检查项目	检 查 内 容	检查情况
1	侵权现象	是否存在单位和个人侵占、毁坏水文站房、水文缆道、测船码头、监测场地、监测井、专用道路、水文通信设施等水文监测设施的情况	
2		是否存在单位和个人擅自使用、移动水文监测设施的情况	

续表

序号	检查项目	检 查 内 容	检查情况
3	水文监测环境保护范围	是否存在种植农作物，堆放物料等情况	
4		是否存在取土、挖砂、采石、爆破和倾倒废弃物等情况	
5		是否存在在监测断面取水、排污的情况	
6		是否存在在观测场、监测断面的上空架设线路的情况	
7		是否存在坝埂、网箱、鱼罾、鱼簖等阻水障碍物的情况	
8		其他影响水文监测的活动	

发现问题：

后续处置：

◆**评审规程条文**

4.4.4　交通安全管理

建立交通安全管理制度；定期对车船进行维护保养、检测，保证其状况良好；严格安全驾驶行为管理。

◆**法律、法规、规范性文件及相关要求**

《中华人民共和国道路交通安全法》（2021 年修订）

《中华人民共和国内河交通安全管理条例》（国务院令第 709 号）

◆**实施要点**

1. 交通安全管理是指为了预防和减少交通违法行为和事故的发生，保护从业人员的生命和财产安全，依据相关法律法规而进行的各种活动的总和。

2. 交通安全管理的对象包括相关车船和司乘人员，管理的内容包括建立交通安全管理制度，车船定期检查维护保养制度，组织开展交通安全培训学习等。从业人员应熟知本岗位安全职责、车船定期检查维护保养制度和安全驾驶、乘车船行为等。

3. 水文监测单位应根据交通安全管理的内容制定相应的制度、规范安全驾驶行为，降低事故风险。

4. 水文监测单位应按规定对车辆进行定期维护保养、检测，降低因车辆自身存在的安全隐患导致事故发生的概率。

5. 水文监测单位应加强教育培训，落实奖惩措施，对发现的各种苗头性倾向性问题及时处置，最大限度地减少事故发生的概率，杜绝违规驾驶行为。

[参考示例1]

××××车辆维修保养情况统计表

编号：××－AQ－4.4.4－01

序号	车　辆	维修保养日期	维修保养项目内容	费用报销凭证号
1				
2				
3				
4				
5				
6				
7				
8				
9				
10				
⋮				

[参考示例2]

《培训实施记录表》同3.2.3[参考示例2]。

[参考示例3]

关于印发《××××交通安全管理制度》的通知

各部门、各监测中心：

　　为加强××××交通安全管理工作，预防和减少交通事故，保护职工人身安全，保障交通车辆运输设备的财产安全，经安全生产领导小组讨论通过，现将《××××交通安全管理制度》印发给你们，望认真贯彻执行。

　　特此通知！

　　附件：××××交通安全管理制度

×××

年　月　日

附件：

××××交通安全管理制度

第一章　总　　则

　　第一条　为加强××××交通安全管理工作，预防和减少交通事故，保护职工人身安全，保障交通车辆、运输设备的财产安全，制定本制度。

　　第二条　本制度适用于××××所属机动车辆的交通运输安全管理。

第二章　组　织　机　构

　　第三条　单位安全生产领导小组为单位交通安全管理组织机构，组长由单位主要负责人担任，副组长由分管负责人担任，成员由各部门负责人组成。

第三章 交通安全管理职责

第四条 办公室负责交通安全管理的监督、检查,负责定期组织对机动车驾驶员的安全教育,定期对机动车辆检测和检验,保证车辆车况良好。负责建立单位所属机动车辆及专职驾驶员档案。参加道路交通事故的调查与处理。

第五条 安全生产领导小组负责单位交通安全警示标志、标识的维护管理,监督检查工程项目实施交通运输的现场管理及进出单位车辆的登记、停放管理。

第六条 工程项目实施部门负责项目施工现场交通安全防护措施、临时警示标志设置以及大型设备运输和搬运安全措施的制定。

第七条 租赁外部车辆的安全职责由用车部门负责。租赁车辆应与有资质的租赁公司签订租赁协议,明确车辆安全管理双方职责。

第四章 交通驾驶安全管理

第八条 上路行驶的机动车辆必须证件齐全,保险、年检有效。驾驶员负责车辆和驾驶员的年检年审工作,车辆保险由办公室统一办理。

第九条 驾驶员负责车辆的日常例行保养和清洁工作,出车前检查方向、制动、灯光等安全设施是否正常,发现问题及时维修处理。

第十条 驾驶员出车时必须证照齐全有效,遵守交通安全管理规定,不得超载、不超速、不闯红灯、不违章停车、不抢占道路、不强行超车,不疲劳驾驶,做到遵章守纪,"礼让三先",文明行车。

第十一条 严禁无证驾驶、驾驶与准驾车型不符、酒后驾驶或把机动车辆交给非单位专职驾驶员的。一经发现,严肃处理,情节严重的按有关规定解除劳动合同。

第十二条 发生行车事故,由办公室和驾驶员负责事故处理和保险理赔,财务协助办理有关事项。

第十三条 因违反交通规则,被交通监管部门处罚的,由驾驶员个人承担。违章行车造成事故的,根据公安部门的确定的责任,按次要、同等、全部责任分别记入驾驶员的季度和年度考核中,按××水文监测单位考核规定和安全责任状规定处理。

第五章 单位管理区交通安全管理

第十四条 单位管理区内车辆应按指定地点有序、整齐停放。

第十五条 运输设备车辆进入施工现场前,应对设备的完好状况进行检查,检查合格后方可进场。

第十六条 用车部门应对进入单位管理区施工的车辆驾乘进行必要的安全提示。对新聘驾驶员,应按教育培训规定进行岗前安全教育,教育培训合格后方可上岗。

第十七条 单位管理区域车辆应按照指定的线路和速度(5km/h)进行安全行驶。

第十八条 根据单位管理区道路情况,对进出载货车辆的载货量、高度作出规定,严禁超载、超宽、超高、超长汽车强行进入单位管理区。装载散装、粉状和易滴漏的物品的车辆通过电缆沟、排水沟、有管线的道口必须采取安全措施方能行驶。履带车不得在单位区域内行驶,如确有必要应得到相关部门批准并铺设基垫。

第十九条 车辆在单位管理区域内发生交通事故时,应及时向办公室报告,办公室负责交通事故处理或按有关规定上报公安交警部门，进行事故处理。

第六章 附 则

第二十条 本制度由单位办公室负责解释。

第二十一条 本制度自发文之日起执行。

◆**评审规程条文**

4.4.5 临时用电管理

按有关规定编制临时用电专项方案或安全技术措施，并经验收合格后投入使用；供用电配电系统、配电箱、开关箱、配电线路符合相关规定；自备电源与网供电源的联锁装置安全可靠，电气设备等按规范装设接地或接零保护系统；现场内起重机等起吊设备与相邻建筑物、外供电线路等的距离符合规定；定期对施工用电设备设施进行检查。

◆**法律、法规、规范性文件及相关要求**

JGJ 46—2005《施工现场临时用电安全技术规范》

◆**实施要点**

1. 水文监测单位应按照 JGJ 46—2005《施工现场临时用电安全技术规范》，编制临时用电专项方案及安全技术措施，控制和消除临时用电各环节过程中的潜在风险，实现临时用电安全。

2. 施工现场临时用电设备在 5 台及以上或设备总容量在 50kW 及以上者，应编制用电组织设计。

3. 临时用电工程或设施必须经编制、审核、批准部门和使用单位共同验收，合格后方可投入使用。

4. 供用电配电系统、配电箱、开关箱、配电线路，自备电源与网供电源，电气设备，现场施工机械与用电设备设施等应符合三级配电、二级漏电保护、接地或接零保护系统等相关规范要求。配备的自备电源与网供电源的联锁装置应可靠安全。

5. 起重机等起吊设备与相邻建筑物、外供电线路等的距离符合安全规定。

6. 水文监测单位应定期检查临时用电设备设施，做好检查记录并建立相关台账。

[**参考示例 1**]

×××临时用电管理制度

第一章 总 则

第一条 为加强临时用电安全管理，保障临时用电安全，防止发生触电事故，特制定本制度。本制度适用于×××管理范围内的水文作业、设施设备维修养护、建设项目施工等现场临时用电的生产活动。

第二条 ×××所属各部门应严格履行临时用电安全管理，加强临时用电安全措施和技术要求的检查监督。临时用电区域的管理单位（部门）承担临时用电安全管理责任。

第二章 临时用电的审批

第三条 现场临时用电设备在 5 台及以上或设备总容量在 50kW 及以上的应编制用电组织设施设计，临时用电工程图纸单独绘制。经用电管理部门审核及单位负责人批准后方可实施。

第四条　临时用电工程应经编制、审核、批准部门和使用单位共同验收合格后方可投入使用。

第五条　本单位内部的一般性临时用电，由用电部门到所属临时用电管理区域单位办理临时用电作业许可。

第六条　外单位需一般性临时用电时，由联系部门持临时用电项目施工许可批准、项目施工人员的电工作业证等到所属临时用电管理区域单位办理临时用电作业许可。

第七条　临时用电必须严格确定用电时限，超过时限要重新办理临时用电作业许可的延期手续，同时办理继续用电作业许可手续。

第八条　用电结束后，临时施工用的电气设备和线路应立即拆除，由用电执行人所在生产区域的技术人员、供电执行部门共同检查验收签字。

第九条　安装或拆除临时用电线路的作业人员，必须持有效的电工操作证并有专人监护方可施工。

第三章　临时用电管理要求

第十条　现场临时用电技术要求遵循 JGJ 46—2005《施工现场临时用电安全技术规范》、GB 50194—2014《建设工程施工现场供电安全规范》、GB/T 3787—2006《手持式电动工具的管理、使用、检查和维修安全技术规程》、GB/T 3805—2008《特低电压（ELV）限值》、GB 13955—2005《剩余电流动作保护装置安装和运行》、GB 6829—1995《剩余电流动作保护器的一般要求》、JGJ 59—2011《建筑施工安全检查标准》。

第十一条　临时用电设备在 5 台及以上或设备总容量在 50kW 及以上的工程，应编制《施工现场临时用电施工组织设计》并编制安全用电技术措施及电气防火措施。

第十二条　从事电气作业的电工、技术人员必须持有特种行业操作许可证，方可上岗作业。安装、维修、拆除临时用电设施必须由持证电工完成，其他人员禁止接触电源。

第十三条　相关方应遵守各种用电管理规定。使用电气设备时，服从单位相关部门技术人员及管理人员的管理。

第十四条　相关方应做好用电安全技术交底工作，确保施工过程中各项安全措施落实到位。

第十五条　相关方临时用电期间，单位相关部门管理人员采取定期检查和不定期抽查方式加强临时用电安全监督检查。

第十六条　发生触电和火灾事故后，相关方和单位相关部门应立即组织抢救，确保人员和财产的安全，并及时报告单位，必要时请求公安、消防等部门支援。

第十七条　现场对配电箱、开关箱的要求

（一）配电箱、开关箱应采用铁板或优质绝缘材料制作，门（盖）必须齐全有效，安装符合要求，并保持有 2 人同时工作通道并接地。配电箱及开关箱均应标明其名称、用途，并做出分路标记。

（二）对配电箱、开关箱进行定期维修、检查时，必须将其前一级相应的电源隔离开关分闸断电，并悬挂"禁止合闸、有人工作"停电标志牌，严禁带电作业。

（三）移动式配电箱和开关箱的进、出必须采用橡皮绝缘电缆。

（四）总、分配电箱门应配锁，配电箱和开关箱应指定专人负责。现场停止 1h 以上时，应将动力开关箱上锁。各种电气箱内不允许放置任何杂物，并应保持清洁。箱内不得挂接其他临时用电设备。

第十八条　现场对配电线路的要求

（一）现场的设备用电与照明用电线路必须分开设置。

（二）临时用电线路必须安装有总隔离开关，总漏电开关、总熔断器（或空气开关）。

（三）架空电线、电缆必须设在专用电杆时，严禁设在树木或脚手架上，架空线的最大弧垂与地面的距离不小于3.5m，跨越机动车道时不小于6m。

（四）电缆线路应采用埋地或架空敷设，严禁沿地面明设，并应避免损伤和介质腐蚀。埋地电缆路径应设方位标识。

（五）现场用电设备必须是"一机、一闸、一漏、一箱"。现场严禁一闸多机。

第十九条　现场对电动建筑机械或手持电动工具的要求

（一）电动建筑机械或手持电动工具的负荷线，必须按其容量选用无接头的多股铜芯橡皮护套电缆，手持电动工具的原始电源线严禁接长使用并且不得超过3m。

（二）每台电动机械或手持电动工具的开关箱内除装设过载、短路、漏电保护装置以外，还必须装设隔离开关。

（三）焊接机械应放置在防雨和通风良好的地方，交流弧焊机变压器的一次侧电源进线处必须设置防护罩。焊接现场不准堆放易燃易爆物品。

（四）手持式电动工具的外壳、手柄、负荷线、插头、开关等必须完好无损，使用前必须作空载检查，运转正常方可使用。

（五）各电动工具、井架等以用电设备相连接的金属外壳必须采用不小于2.5mm² 的多股铜芯线接地或接零。

第二十条　现场对照明的要求

（一）对下列特殊场所应使用安全电压照明器：

1. 隧道、人防工程、有高温、导电灰尘或灯具离地面高度低于2.4m等场所的照明，电源电压不大于36V。

2. 在潮湿和易触及带电体场所照明电源电压不得大于24V。

3. 在特别潮湿的场所、导电良好的地面、锅炉或金属容器内工作的照明电源电压不得大于12V。

（二）照明变压器必须使用双绕组型，严禁使用自耦变压器。

第二十一条　现场对自备电源的要求

（一）凡有备用电源（发电机）或配电房应设置防止向电网反送电措施及装置。

（二）凡有备用电源（发电机）或配电房应设置砂箱和灭火器等灭火设施。

（三）凡高于周边建筑的金属结构应设置防雷设施。

第二十二条　相关方应制定预防火灾等安全事故的预防措施，用电人员认真执行安全操作规程，单位相关部门做好监督检查工作。

第二十三条　相关方应制定的电气防火措施

（一）施工组织设计时根据设备用电量正确选择导线截面。

（二）现场内严禁使用电炉，使用草坪灯时，灯与易燃物间距要大于30cm，室内不准使用功率超过 100W 的灯泡。

（三）配电室的耐火等级要大于三级，室内配置砂箱和绝缘灭火器，严格执行变压器的运行检修制度，现场中的电动机严禁超载使用，电机周围无易燃物，发现问题及时解决，保证设备正常运行。

（四）现场的高大设备和有可能产生静电的电器设备要做好防雷接地和防静电接地，以免雷电及静电火花引起火灾。

（五）电气操作人员要认真执行规范，正确连接导线，接线端要压牢、压实。各种开关触头要压接牢固，铜铝连接时要有过渡端子。多股导线要用端子或涮锡后再与设备安装，以防加大电阻引起火灾。

（六）配电箱、开关箱内严禁存放杂物及易燃物体，并派专人负责定期清扫。

（七）现场应建立防火检查制度，强化电气防火组织体系，加强消防能力建设。

第四章　奖　惩　措　施

第二十四条　如有违反本制度规定的，×××将视情况的严重情况对责任单位和责任人处以罚款。

第二十五条　严禁擅自接用电源，对擅自接用的按严重违章和窃电处理，造成事故的由相关方和施工人员负全部责任。施工用电完毕后，用电单位必须通知单位相关部门，由管理人员和相关方的维修电工一起抄表、拆线及拆除预防措施。如果没有通知单位相关部门私自拆线给予罚款。

第二十六条　对于及时制止违反临时用电制度的行为，避免造成安全事故的人员给予表扬和奖励。

第五章　附　　　则

第二十七条　本制度由×××办公室负责解释。

第二十八条　本制度自发布之日起施行。

[**参考示例 2**]

×××现场临时用电作业检查表

编号：××-AQ-4.4.5-01

作业单位（部门）：	
作业项目：	
作业地点：	
作业时间：	
作业方案：	
负责人：	现场检查负责人：
安全负责人：	监护人：
作业人员名单：	
作业证号：	
高压带电体电压等级：	
危害识别：	

续表

序号	检查项目	检 查 内 容	检查情况
1	作业人员	作业人员持证上岗，身体条件符合要求	是□否□
2		专业技术方案或作业指导书发放	是□否□
3		安全技术交底、作业风险告知、安全急救教育	是□否□
4	作业环境	作业时现场的气象情况符合作业要求	是□否□
5	仪器设备	临近带电体作业的设备必须装设可靠的接地装置	是□否□
6		配备通信联络工具	是□否□
7		现场内起重机等起吊设备与相邻建筑物、供电线路等距离符合规定	是□否□
8	防护措施	临时搭设的脚手架、防护围栏符合安全规程	是□否□
9		作业前已领用并检查安全防护用品	是□否□
10		作业时穿戴好安全帽等安全防护用品	是□否□
11		作业区域已放置安全警示标识	是□否□
12	其他		是□否□
13			是□否□

发现问题：

整改情况：（情况填写精确到日期时间）

现场照片：

本检查记录必须如实填写，出现不合格情况必须立即整改。

[参考示例3]

×××临时用电审批表

工程项目：   编号：××-AQ-4.4.5-02

申请部门			
联系人		联系电话	
开工日期		预计工期	
主要用电设备			

申请理由：

项目经理：   日期：

项目实施部门意见：

专业工程师：   日期：

项目负责人：   日期：

［参考示例 4］

×××现场临时用电作业安全监护记录

编号：××-AQ-4.4.5-03

工程内容：

单位（部门）：

监护人：

监护时段：年月日时分至年月日时分

序号	检　查　内　容	检查情况
1	有批准的安全施工作业票	是□否□
2	电工持证上岗，其他人员禁止接触电源	是□否□
3	已发放临时用电专项方案或安全技术措施	是□否□
4	已对作业人员进行安全教育和风险告知	是□否□
5	劳保用品配备齐全、符合要求，作业人员已按规定正确佩戴	是□否□
6	现场配备具有安全性的配电箱、开关柜，用电配电系统符合相关规定	是□否□
7	现场内起重机等起吊设备与相邻建筑物、供电线路等的距离符合规定	是□否□
8	自备电源与网供电源的联锁装置安全可靠	是□否□
9	施工机械及施工使用的金属平台可靠接地，电气设备装设接地或接零保护	是□否□
10	接驳电源时先切断电源	是□否□
11	带电接驳时防护措施规范有效，并有专人在场监护	是□否□
12	临时用电，执行三级配电，二级保护	是□否□
13	临时用电线路使用护套线或海底线，架设牢固并架空，不得绑在管道或金属物上	是□否□
14	无使用花线、钢芯线乱拉乱接现象	是□否□
15	电气开关一闸一用	是□否□
16	所有插头及插座完好无损	是□否□
17	所有施工机械和电气设备无带病运转和超负荷使用情况	是□否□
18		

发现问题（附照片）：

整改情况（附照片）：

填表日期：年月日分

注：1. 作业前，由监护人检查一次，作业工程中，监护人员发现情况应及时做好记录。作业结束后，补全该记录。
监护人需佩戴好监护标识。

2. 本监护记录必须如实填写，如出现" "的情况必须停止施工，整改完成后，才能继续施工。

3. 本监护记录应由监护人随身携带。

［参考示例 5］

×××现场临时用电设备明细表

工程名称：　　　　　　施工（作业）单位：　　　　　编号：××-AQ-4.4.5-04

序号	设备名称	数量/台	设备数据					总容量/kW	备　注
			容量/(kW/台)	相数/相	功率因素	电压/V	暂载率/%		

续表

序号	设备名称	数量/台	设 备 数 据					总容量/kW	备 注
			容量/(kW/台)	相数/相	功率因素	电压/V	暂载率/%		

[参考示例 6]

×××现场临时用电验收记录表

编号：××-AQ-4.4.5-05

施工（作业）单位			工程名称		
序号	验收项目	验收内容			结果
1	临时用电施工组织设计	是否按临时用电组织设计要求实施总体布设			
2	场地临近高压线防护	场地临近高压线要有可靠的防护措施，防护要严密，达到安全要求			
3	支线架设	配电箱引入引出线要采用套管和横担； 进出电线要排列整齐，匹配合理； 严禁使用绝缘差、老化、破皮电线，防止漏电； 应采用绝缘子固定，并架空敷设； 线路过道要有可靠的保护； 线路直接埋地，敷设深度不小于 0.6m，引出地面从 2m 高度至地下 0.2m 处，必须架设防护套管			
4	现场照明	手持照明灯应使用 36V 以下安全电压； 危险场所用 36V 安全电压，特别危险场所采用 12V； 照明导线应固定在绝缘子上； 现场照明灯要用绝缘橡套电缆，生活照明采用护套绝缘导线； 照明线路及灯具距地面不能小于规定距离，严禁使用电炉； 严禁用碘钨灯取暖			
5	架设低压干线	不准采用竹质电杆，电杆应配横担和绝缘子； 电线不能架设在脚手架或树上； 架空线离地按规定有足够的高度			
6	电箱配电箱	配电箱制作要统一，做到有色标、有编号； 电箱制作要内外油漆，有防雨措施，门锁安全； 金属电箱外壳要有接地保护，箱内电器装置齐全可靠； 线路、位置安装要合理，有地排、零排			
7	开关箱熔丝	开关箱要符合一机一闸一保险，箱内无杂物，不积灰； 配电箱与开关箱之间距离 30m 左右，用电设备与开关箱超过 3m 应加随机开关，配电箱的下沿离地面不小于 1.2m； 箱内严禁动力、照明混用； 严禁用其他金属丝代替熔丝，熔丝安装要合理			

续表

施工（作业）单位		工程名称		
序号	验收项目	验收内容		结果
8	接地或接零	严禁接地接零混接，接地体应符合要求，两根之间距离不小于 2.5m，电阻值为 4Ω，接地体不宜用螺纹钢		
9	变配电装置	露天变压器设置符合规范要求，配电间安全防护措施和安全用具、警告标识齐全； 配电间门要朝外开，高处正中装 20cm×30cm 玻璃		

验收意见：

参加验收人员：　　　　　　　　日期：

注：验收栏目内有数据的，在验收栏目内填写实测数据，无数据用文字说明。

第五节　相关方管理

相关方管理是指水文监测单位按合同约定对委托外包的工程建设施工、设施设备检修维修等相关单位的安全监管。水文监测单位应将相关方的安全生产管理纳入本单位的安全生产管理体系。相关方管理的行为包括签订安全生产协议、实施过程监督、做好相关记录。目的是规范水文管理范围内的相关方安全行为，减少相关方在单位区域内发生生产安全事故的风险。

◆**评审规程条文**

4.5.1　一般要求

严格审查检修、施工等单位的资质和安全生产许可证，并在发包合同中明确安全要求；与进入管理范围内从事检修、施工作业的单位签订安全生产协议，明确双方安全生产责任和义务；对进入管理范围内从事检修、施工作业过程实施有效的监督管理，并进行记录。

◆**法律、法规、规范性文件及相关要求**

《中华人民共和国安全生产法》（2021 年修订）

《水利安全生产监督管理办法（试行）》（水监督〔2021〕412 号）

◆**实施要点**

1. 水文监测单位应建立相关方安全管理制度，对相关方进行资格审查，对作业人员培训，作业过程进行检查监督等管理。

2. 水文监测单位应按规定事先审查相关方的资质和安全生产许可证。不应将维修养护项目委托给不具备相应资质或安全生产、职业病防护条件的承包商、供应商等相关方。

3. 项目施工作业前应与相关方就存在的危险因素、防护措施等进行充分的告知。应在发包合同中明确安全要求，在安全生产协议中明确双方在安全生产及职业病防护的责任与义务。对涉及特种设备作业和特种作业的人员必须取得特种作业操作证及特种作业许可证，方可参加作业。

4. 水文监测单位应对相关方作业进行有效的安全监督管理。安全监督管理的内容包括对检修、施工等单位的资质和安全生产许可证的事前审查和安全生产协议签订，对进入管理范围内从事检修、施工作业过程的监督管理，并做好安全监督管理台账记录。

[参考示例 1]

×××相关方管理制度
第一章　总　　则

第一条　为了确保相关方人员的安全，有效控制相关方在单位的有关活动，对可能产生环境污染、职业健康、安全危险的相关方进行管理，维护单位管理体系的正常运行，特制订本制度。

第二条　适用于一切与单位签订合同协议的合同方、承包方、协作方、对外租赁单位以及进入工作现场、作业区域的来单位参观学习、实习人员；向外单位借用的人员；外单位来单位进行基建、安装、维修施工人员以及临时招聘的民工等所有外来人员。

第二章　职　责　分　工

第三条　安全生产领导小组负责监督检查各部门对相关方、外来人员管理的情况；负责处理相关方、外来人员有关安全方面的投诉。

第四条　对相关方和外来人员实行"谁主管，谁负责"的原则，由签订合同的部门指定专人进行安全监督管理，并负责相关方和外来人员的安全教育管理，建立教育档案。

第五条　相关方和外来人员的作业现场安全，由所在部门进行监督管理，发现问题必须立即制止。

第六条　对于进入单位进行业务洽谈、送货的个人或单位由联系人负责告知安全须知和陪同。

第七条　对于来单位参观、学习人员的教育及安全管理，由××（部门）负责。

第八条　临时工、实习人员视同正式职工进行安全管理。

第三章　管　理　内　容

第九条　参观、学习人员由××（部门）负责介绍安全注意事项，同时做好全过程的安全管理工作，确保参观、学习人员的安全。

第十条　××（部门）应向外来参观、学习人员提供相应的安全用具，安排专人带领并做好监护工作。

第十一条　××（部门）应填写并保留对外来参观、学习人员进行安全教育培训记录和劳动保护用品领用记录。

第十二条　对外签订劳务、协作、承包、租赁合同前必须严格审查单位的资质和安全生产许可证。签订合同时，必须同时签订一份安全生产合同，明确双方的责任，以及安全管理、防火管理、设备使用、人员教育与培训、安全检查与监督等方面的管理要求，同时应将危险源、生产特点及安全注意事项告知对方。

第十三条　与建筑工程承包方签订合同时必须规定工程承包方进行危险源辨识和环境因素调查，并制订预防控制措施。同时监督、检查施工方做好安全监护工作，督促其遵守单位相关安全生产管理制度；发包部门还应督促承包方对进场作业人员进行安全教育培训，考核合格后方可进入现场作业；需持证上岗的岗位，不得安排无证人员上岗作业。

第十四条　单项工程的安全生产管理协议书有效期为一个施工周期，长期在单位从事零星项目施工的承包方，安全生产合同签订的有效期不得超过一年。

第十五条　外来施工（作业）方应有相应的安全资质、项目负责人和安全负责人，并建立安全责任制和管理制度，具备安全生产的保障条件。责任部门应对外来施工（作业）方的上述资质进行审查。

第十六条　采购人员应依据供货合同规定对物资供应方进行管理，向供方索要材料或设备必要的资质证书、环境、安全性能指标和运输、包装、贮存条件说明等信息、并发放相关部门。

第十七条　对招聘的短期合同人员、临时人员和实习人员必须纳入"新进人员三级安全教育"，进行安全教育培训，告知安全操作规程、作业区域的危险源和控制方法。同时要加强对其安全监督和检查，杜绝违章作业和违规行为。

第十八条　接到相邻单位及相关方的投诉和意见后，相关部门应负责登记、整理并予以答复，处理不了的应向上级部门和领导反映，直到问题解决。

第四章　附　　则

第十九条　本制度由单位安全生产领导小组负责解释。

第二十条　本制度自发文之日起执行。

[参考示例2]

《安全协议》同 3.2.6 [参考示例1]。

[参考示例3]

×××监督检查记录表

编号：××-AQ-4.5.1-01

项目名称：

检查区域：

记录人		日期	

项目情况：

发现的问题：

采取措施：

◆**评审规程条文**

4.5.2 高处作业

高处作业人员必须经体检合格后上岗作业，登高架设作业人员持证上岗；杆塔、吊桥等危险边沿进行悬空高处作业时，临空面搭设安全网或防护栏杆，且安全网随着建筑物升高而提高；登高作业人员正确佩戴和使用合格的安全防护用品；有坠落危险的物件应固定牢固，无法固定的应先行清除或放置在安全处；雨雪天高处作业，应采取可靠的防滑、防寒和防冻措施；遇有六级及以上大风或恶劣气候时，必须停止露天高处作业；高处作业现场监护应符合相关规定。

◆**法律、法规、规范性文件及相关要求**

SL 714—2015《水利水电工程施工安全防护设施技术规范》

JGJ 59—2011《建筑施工安全检查标准》

◆**实施要点**

1. 高处作业指凡在坠落高度基准面2m以上（含2m）有可能坠落的高处进行的作业。根据水文作业特点，对建筑物和构筑物结构范围以内的各种形式的洞口与临边性质的作业、悬空与攀登作业、操作平台与立体交叉作业，以及在结构主体以外的场地上和通道旁的各类洞、坑、沟、槽等工程的施工作业，均作为高处作业对待，并做好防护。

2. 高处作业人员应体检合格，方可上岗。登高作业人员应持证上岗。

3. 高处作业临空面应搭设安全网或防护栏杆，安全网或防护栏杆搭设应符合规范要求。高处作业人员应配备符合要求的安全防护用品，未配备或未正确的使用安全防护用品的不得作业。

4. 水文监测单位应按要求建立高处作业区域作业检查制度，高处作业现场应安排专人监护，防止存在有坠落危险的物件，消除安全隐患。

5. 雨雪天高处作业，应采取可靠的防滑、防寒和防冻措施，防止事故发生。

6. 在六级及以上大风或恶劣气候条件下必须停止从事露天高处作业。

[**参考示例1**]

×××高处作业规程

1 目的

规范从业人员行为，实现作业标准化，确保人身设备安全。

2 范围

本规程适用于各类高空检修作业。

3 风险辨识

物体打击、高处坠落。

4 防护用品

安全帽、工作服、安全鞋、安全带、安全绳。

5 操作流程

5.1 作业前

5.1.1 高处作业（指作业处高度离地面2m以上并有坠落危险的作业）必须执行《高处作业安全管理规定》，作业前进行风险分析并办理《危险作业审批许可证》，经批准后方可作业。

5.1.2 高处作业现场负责人必须对作业人员的身体状况进行评估,严禁有职业禁忌症(如:高血压、心脏病、低血糖、精神病、深度近视、恐高症等)的人从事高处作业。

5.1.3 按规定穿戴合格的劳动保护用品和安全保护用具。

5.1.4 高处作业前应检查脚手架、作业平台、吊架、梯子(包括软梯)、脚手板、安全带、安全绳、防护围栏和踢脚板等,确保牢固、完好。

5.2 作业中

5.2.1 高处作业全程保持正确佩戴和使用安全带,严禁上下投掷工具、材料和杂物等,各种工具要使用防掉绳固定,工具放入工具袋(套)内;所用材料要堆放平稳。

5.2.2 作业点下方要设安全警戒区,要有明显警戒标识;设专人监护,不得离开监护岗位。

5.2.3 高处作业人员不得坐在平台、孔洞边缘和躺在通道或安全网内休息,不得倚靠边缘防护栏。

5.2.4 高处作业人员必须走专用通道,严禁沿着绳索、立杆或栏杆攀登。

5.2.5 特殊高处作业必须配备通信装置,保持联络畅通。

5.2.6 有六级以上大风,大雨雷电等情况严禁登高作业。

5.2.7 严禁垂直方向上的立体交叉作业,如需分层进行作业,中间必须有牢靠的隔离层或其他有效的防护措施,必须办理交叉作业许可。

5.2.8 高处作业使用的各种梯子要完好无缺陷,使用时应有人扶掌,直梯顶部要高出平台 1m 左右,并进行固定,梯子与地面的夹角以 60°~75°为宜。

5.3 作业后

5.3.1 作业完毕清理现场,确认所有工具、物品都已安全撤离高处作业现场方可离开。

5.3.2 解除现场安全警戒。

6 应急措施

6.1 发生物体打击事故后,应马上组织抢救伤者,根据伤害情况进行处置。

6.2 发生高处坠落时,对伤员进行必要的包扎、止血、固定措施,根据伤害情况进行处置并将情况汇报给上级。

[参考示例 2]

×××高处作业检查记录表

作业类型:高处作业　　　　　　　　　　　编号:××-AQ-4.5.2-01

作业单位:	
作业项目:	
作业方案:	
作业时间:	
作业人员名单:	
现场检查负责人:	

续表

序号	检查项目	检查内容	检查情况
1	作业人员	作业人员持证上岗、身体条件符合要求，有专人监护	是□否□
2		作业方案发放	是□否□
3		作业风险告知	是□否□
4	作业环境	大风等级不超过 6 级	是□否□
5		夜间施工有足够的照明	是□否□
6		安全标识、工具、仪表、电气设施和各种设备，施工前检查合格	是□否□
7		高空作业物料堆放平稳，工具放入工具袋	是□否□
8		有坠落危险的物件固定牢固，或先行清除，或放置在安全处	是□否□
9		板与墙、尺寸小于 50cm 的洞口，设置牢固的盖板	是□否□
10		边长 50～150cm 的洞口，设置以扣件接钢管而成的网格	是□否□
11		边长在 150cm 以上的洞口，四周设防护栏杆，洞口下张安全平网	是□否□
12		对临近的人与物有坠落危险性的其他竖向洞口，予以设盖板或加以防护，并固定其他位置的措施	是□否□
13	仪器设备	移动式梯子梯脚底部坚实，不得垫高使用	是□否□
14		立梯工作角度以 75°±5°为宜，踏板上下间距以 30cm 为宜，不得有缺档	是□否□
15		梯子接长使用时，必须有可靠的链接措施，且接头不得超过 1 处	是□否□
16		折梯使用时上部夹角以 35°～45°为宜，并有可靠支撑	是□否□
17	防护措施	作业期间必须挂安全带，高挂低用	是□否□
18		阳台、料台与平台周边等设置防护栏杆	是□否□
19		平台口设置安全门或活动防护栏杆	是□否□
20		雨雪天气采取可靠的防滑、防寒、防冻措施	是□否□
21		作业期间穿戴好安全防护用品	是□否□
22		作业区域已放置安全警示标识	是□否□
23	其他		是□否□
24			是□否□

发现问题：

整改情况：（情况填写精确到日期时间）

现场照片：

本检查记录必须如实填写，出现不合格情况必须立即整改。

◆**评审规程条文**

4.5.3 起重吊装工作

起重吊装作业应编制施工方案；起重吊装作业前按规定对设备、工器具进行认真检查并做好记录，确保满足安全要求；指挥和操作人员持证上岗、按章作业，信号传递畅通；吊装作业应按规定办理审批手续，并有专人现场监护；不以运行的设备、管道等作为起吊重物的承力点，利用构筑物或设备的构件作为起吊重物的承力点时，应经核算；照明不足、恶劣气候或风力达到六级以上时，严禁进行吊装作业。

◆**法律、法规、规范性文件及相关要求**

《中华人民共和国安全生产法》（2021年修订）

JGJ 59—2011《建筑施工安全检查标准》

◆**实施要点**

1. 应编制起重吊装作业施工方案和专项方案，规范起重吊装作业的作业流程，并对起重吊装作业从仪器设备、作业人员、施工方案等方面进行安全管理。

2. 相关方起重吊装作业前，应按规定对设备、工器具进行功能检查，功能满足安全要求后，按照起重吊装作业施工方案进行施工。检查记录应完整。

3. 起重吊装作业前应加强操作规程和注意事项的学习，按操作规程作业。

4. 起吊重物的承力点应有符合相关规定，利用构筑物或设备的构件作为起吊重物的承力点应经核算，满足要求后方可使用。

5. 起重吊装作业人员应按规定持证上岗，严禁无证上岗。起重吊装作业时应安排专人现场监护，防止意外事故发生。

6. 起重吊装作业信号传递应畅通，确保信息传递及时。

7. 应按规定办理作业审批手续，禁止未审批即作业。

[**参考示例1**]

×××起重吊装安全操作规程

1. 起重吊装作业必须持《特种作业人员操作证书》方可上岗作业，严禁酒后作业。

2. 起重吊装作业人员应健康，两眼视力均不得低于1.0，无色盲、听力障碍、高血压、心脏病、癫痫病、眩晕、突发性昏厥及其他影响起重吊装作业的疾病与生理缺陷。

3. 工作前应接受技术交底和安全技术交底后，方可开始工作。工作中必须执行施工技术措施。

4. 作业前必须检查作业环境、吊索具、防护用品；吊装区域无闲散人员，障碍已排除。吊索具无缺陷，其技术性能和完好情况必须符合规定，捆绑正确牢固，被吊物与其他物件无连接。确认安全后方可作业。

5. 司索人员在起重作业中应执行下列规定：

（1）对使用的吊索、吊链、卡扣等工器具进行检查合格后方可使用。

（2）必须按照施工技术措施规定的吊点、吊运方案司索。

（3）严禁对埋在地下的重物司索、起吊。

（4）在吊运零碎散件物品时，应使用吊筐，不得使用无栏杆的平板散装。

（5）捆绑边棱角锋利的物体，应用软物包垫，以免割断吊索。

（6）严禁将锚固在地上的附着物和其他杂物与重物捆绑在一起。

（7）重物必须绑扎牢固，吊索夹角不得大于60°。

（8）吊钩应在重物的重心线上，严禁在倾斜状态下拖拉重物。

（9）起吊大件或体形不规则的重物时，应在重物上拴牵引绳，防止部件摇晃旋转。

（10）起吊重物离地面10cm时，应停机检查绳扣、吊具和绑扎的可靠性，确认无问题后，始可继续起吊。

（11）重物吊至指定位置后，应放置平稳、确认无误后，方可松钩解索。

6. 大雨、大雪、大雾及风力六级以上（含六级）等恶劣天气，必须停止露天起重吊装作业。严禁在带电的高压线下或一侧作业。

7. 在高压线路或带电体附近工作时，起重臂、钢丝绳、吊钩、重物应按表 3 要求与高压线路或带电体保持相应安全距离。

表 3　　　　起重臂、钢丝绳、吊钩、重物与带电导线的安全距离

输电导线电压/kV	<1	1～15	20～40	60～110	220
允许沿输电导线垂直方向最小距离/m	1.5	3	4	5	6
允许沿输电导线水平方向最小距离/m	1	1.5	2	4	6

8. 吊钩应在重物的重心线上，严禁在倾斜状态下拖拉重物。

9. 起吊重物离地面 10cm 时，应停机检查吊车的刹车可靠性，周围有无障碍物。确认无问题后，始可继续起吊。

10. 已吊起的重物作水平方向移动时，应使重物高出最高障碍物 0.5m。

11. 严禁任何人在吊件下停留或工作。

12. 起吊大件或体形不规则的重物时，应在重物上拴牵引绳，防止部件摇晃旋转。

13. 起重作业中，未经批准，不得对起重机的各部件进行改装或更换。

14. 安装卷扬机时，应使卷筒与钢丝绳工作方向相垂直。第一个导向滑轮至卷筒的水平距离不应小于 6m。

15. 钢丝绳在卷筒上要排列整齐防止重叠。工作时卷筒上至少留有 3 圈。

16. 开动卷扬机前的准备和检查工作，应遵守下列规定：

（1）清除工作范围内的障碍物。

（2）指挥人员和司机应预先确定联系信号，并熟悉记牢，以便工作协调。

（3）重物或指挥人员应在司机视线之内，否则，应设置逐级指挥。

（4）用手动卷扬机提升重物时，棘轮卡子片应在棘轮轮齿上。

（5）手动卷扬机工作完毕后，必须取下手柄。

［参考示例 2］

×××作业检查记录表

作业类型：　　　　　　　　　　　　　　　　起重吊装编号：××-AQ-4.5.3-01

作业单位：

作业项目：

作业方案：

作业时间：

作业人员名单：

现场检查负责人：

序号	检查项目	检 查 内 容	检查情况
1	作业人员	作业人员体检合格、身体条件符合要求	是□否□
2		指挥人员和操作人员持证上岗，有专人监护	是□否□
3		作业方案发放	是□否□
4		作业风险告知	是□否□

续表

序号	检查项目	检查内容	检查情况
5	作业环境	大风等级不超过 6 级，气象条件满足作业要求	是□否□
6		雨雪天气采取可靠的防滑措施	是□否□
7		夜间施工有足够的照明	是□否□
8		信号传递畅通，按规定设置作业警戒区	是□否□
9		作业设施设备、器械器具满足安全要求	是□否□
10		有坠落危险的物件固定牢固，或已清除，或放置在安全处	是□否□
11		吊装设备地基无沉陷、松动现象，基础牢靠，支腿有垫木且垫实垫平	是□否□
12	机械设备	起重机械按规定安装荷载限制器及行程限位装置	是□否□
13		荷载限制器、行程限位装置灵敏可靠	是□否□
14		起重拔杆组装符合设计要求	是□否□
15		钢丝绳磨损、断丝、变形、锈蚀在规范允许范围内，规格符合起重机产品说明书要求	是□否□
16		吊钩、卷筒、滑轮磨损在规范允许范围内，并安装钢丝绳防脱装置	是□否□
17		起重拔杆的缆风绳、地锚设置符合设计要求	是□否□
18		索具安全系数符合规范要求，吊索规格互相匹配，机械性能符合设计要求	是□否□
19		不以运行的设备、管道等作为起吊重物等承力点，利用构筑物或设备的构件作为起吊重物的承力点时，需经核算	是□否□
20		吊装卡具、吊钩、钢丝绳、制动器、安全防护装置符合安全要求	是□否□
21		软物包垫捆绑边棱锋利的物体	是□否□
22		地上的附着物和其他杂物未与重物捆绑在一起	是□否□
23		雨雪天气采取可靠的防滑、防寒、防冻措施	是□否□
24		作业期间穿戴好安全防护用品	是□否□
25		作业区域已放置安全警示标识	是□否□
26	其他		是□否□
27			是□否□

发现问题：

整改情况：（情况填写精确到日期时间）

现场照片：

本检查记录必须如实填写，出现不合格情况必须立即整改。

[参考示例 3]

××× 起重吊装作业安全监护记录

编号：××-AQ-4.5.3-02

工程内容：

施工单位：

监护人：

监护时段： 年 月 日 时 分至 年 月 日 时 分

续表

序号	检 查 内 容	检查情况
1	已办理审批手续，有批准的安全施工作业票	是□否□
2	起重吊装作业人员持证上岗	是□否□
3	劳保用品配备齐全、符合要求，作业人员已按规定正确佩戴	是□否□
4	已对作业人员进行安全教育、风险告知	是□否□
5	起重机特种设备制造许可证、产品合格证、安装说明书等材料齐全	是□否□
6	吊装设备地基无沉陷、松动现象，基础牢靠，支腿有垫木且垫实垫平	是□否□
7	吊装设备与架空电线、固定建筑物之间的距离满足安全距离要求	是□否□
8	吊装卡具、吊钩、钢丝绳、制动器、安全防护装置符合安全要求	是□否□
9	信号装置正常，现场已布置安全警示标识	是□否□
10	气象条件良好，满足吊装作业要求	是□否□
11	吊物重心重量估计准确，吊点位置、吊钩、捆绑或诱导方式安全可靠	是□否□
12	吊钩与物品保持垂直，起吊前已试吊，无斜拉歪吊	是□否□
13	吊装未超载，两台或多台吊装同一重物时钢丝绳保持垂直、运行同步且未超过各自的额定起重能力	是□否□
14	无带载检查维修、调整起升、增大作业幅度等情况	是□否□
15		

发现问题（附照片）：

整改情况（附照片）：

填表日期：　　年　月　日　时　分　检查情况：是（√），否（×），无（O）

填表说明：1. 作业前由监护人检查一次，作业过程中，监护人员发现情况应及时做好记录。作业结束后，补全该记录。监护人需佩戴好监护标识。
　　　　　2. 本监护记录必须如实填写，出现"×"的情况必须停止施工，整改完成后才能继续施工。
　　　　　3. 本监护记录应由监护人随身携带。

◆**评审规程条文**

4.5.4　水上水下作业

从事水上水下作业，按规定取得作业许可；制定应急预案；安全防护措施齐全可靠；作业船舶安全可靠，作业人员按规定持证上岗，并严格遵守操作规程。

◆**法律、法规、规范性文件及相关要求**

《中华人民共和国水上水下作业和活动通航安全管理规定》（交通运输部令第24号）

《中华人民共和国内河避碰规则》（交通部令第30号）

◆**实施要点**

1. 水文监测单位应制定水上水下作业应急预案，规范单位水上水下作业安全管理，加强安全防护措施和人员、船舶的维护管理。

2. 水上水下作业应取得作业许可证，作业人员应按规定持证上岗。

3. 水上水下作业前应落实好安全防护措施，严格按操作规程作业。

4. 水上水下作业船舶应安全可靠，各项配备符合相关规定。

[参考示例 1]

×××水上作业前检查记录

编号：××-AQ-4.5.4-01

作业单位（部门）：

作业项目：

作业方案：

作业时间：

作业人员名单：

现场检查负责人：

危害辨识：

序号	检查项目	检 查 内 容	检查情况
1	作业人员	作业人员持证上岗	是□否□
2		作业方案发放	是□否□
3		作业风险告知、安全教育	是□否□
4	作业环境	在风力5级（含5级）以上，波高在0.7m(0.7m)以上时，不准进行水上测量作业	是□否□
5		作业前，事先了解施工水域的水深、水流、浅滩、礁石等情况，并选好避风锚地	是□否□
6		在港池或航道附近作业的船舶，要挂慢车旗	是□否□
7		夜间挂灯或其他明显标识，夜间临水作业有足够的照明	是□否□
8		禁止单人独自临水作业	是□否□
9		在开闸泄洪期间，严禁在机组进水口和泄水闸附近停船、行船和进行水上作业	是□否□
10	仪器设备	水上船只检验合格	是□否□
11		作业设备检验合格	是□否□
12		上下船只的跳板必须宽搭稳架，保证安全使用	是□否□
13	防护措施	作业前对救生衣进行检查，确认其安全有效	是□否□
14		作业现场配备安全值班船，制定事故应急救援预案或救护措施	是□否□
15		作业期间穿戴好安全帽、救生衣、救生圈、安全绳、防滑鞋等安全防护用品	是□否□
16		施工现场上游和下游必须按规定距离设置通航警示标识	是□否□
17	其他		是□否□
18			是□否□

发现问题：

整改情况：（情况填写精确到日期时间）

现场照片：

本检查记录必须如实填写，出现不合格情况必须立即整改。

[参考示例2]

×××水上作业工作记录

编号：××－AQ－4.5.4－02

编号		申请单位		申请人	
作业时间		自年月日时分始至年月日时分止			
作业范围		作业天气			
作业内容					
作业人员					
危害辨识	现场负责人				
序号	水上作业确认事项			确认人签字	
1	作业人员作业前须经专业培训及安全教育、无证人员严禁上岗				
2	作业前对救生衣进行检查，确认其安全有效				
3	作业人员未佩戴安全帽、穿救生衣、系安全带、穿防滑鞋，不准上船				
4	水上船只及设备必须检验合格后方可作业				
5	上下船只的跳板必须宽搭稳架，保证安全使用				
6	作业前，应事先了解施工水域的水深、水流、浅滩、礁石等情况，并选好避风锚地，应有遇风浪突变的安全抢救措施				
7	作业现场配备安全值班船，制定事故应急救援预案或救护措施				
8	施工现场上游和下游必须按规定距离设置通航警示标识				
9	在港池或航道附近作业的船舶，要挂慢车旗，夜间挂灯或其他明显标识，并随时注意过往船舶，如与他船相遇时应安全避让，并做好防碰撞的措施				
10	夜间临水作业需要有足够的照明				
11	禁止单人独自临水作业				
12	在开闸泄洪期间，严禁在机组进水口和泄水闸附近停船、行船和进行水上作业				
13	在风力5级（含5级）以上，波高在0.7m（含0.7m）以上时，不准进行水上测量作业				
14	其他安全措施：				
作业单位意见			签字：　　年　月　日　时　分		
审批部门意见			签字：　　年　月　日　时　分		
完工验收人			签字：　　年　月　日　时　分		

[参考示例3]

×××水下作业前检查记录

编号：××－AQ－4.5.4－03

作业单位（部门）：

作业项目：

作业方案：

续表

作业时间：

作业人员名单：

现场检查负责人：

危害辨识：

序号	检查项目	检 查 内 容	检查情况
1	作业人员	作业人员资质资格证书已通过审核	是□否□
2		作业人员身体条件、精神状态符合要求，未酒后上岗	是□否□
3		作业方案已制定并审批	是□否□
4		安全技术交底、作业风险告知、安全教育已开展	是□否□
5	作业环境	作业水域水文、气象、水质和地质环境适合潜水作业	是□否□
6		潜水作业点的水面上未进行起吊作业或有船只通过	是□否□
7		潜水作业点 2000m 半径内未进行爆破作业	是□否□
8		潜水作业点 200m 半径内不存在抛锚、振动打桩、锤击打桩、电击鱼类等作业	是□否□
9		潜水工作船抛锚在潜水作业点上游	是□否□
10		潜水作业时，潜水作业船已按规定显示号灯、号型	是□否□
11	仪器设备	潜水及加压前已对潜水设备进行检查并确认良好，呼吸用的气源纯度符合国家有关规定	是□否□
12		潜水作业员的头盔面罩、潜水鞋、信号绳及其他潜水附属设备均已确定状况良好	是□否□
13	防护措施	下潜员必须使用安全带，套在下潜导绳上下潜或上升	是□否□
14	其他		是□否□
15			是□否□

发现问题：

整改情况：（情况填写精确到日期时间）

现场照片：

本检查记录必须如实填写，出现不合格情况必须立即整改。

[参考示例 4]

×××水下作业工作记录

编号：××-AQ-4.5.4-04

编号		申请单位		申请人	
作业时间	自年月日时分始至年月日时分止				
作业范围		作业天气		潜水深度	
作业内容				作业类别	
作业人员				作业班组	
危害辨识				现场负责人	

序号	潜水作业确认事项	确认人签字
1	作业单位及作业人员资质资格证书已通过审核、作业人员身体条件符合要求且未酒后上岗	
2	作业水域水文、气象、水质和地质环境适合潜水作业	
3	潜水及加压前已对潜水设备进行检查并确认良好，呼吸用的气源纯度符合国家有关规定	
4	潜水作业点的水面上未进行起吊作业或有船只通过在2000m半径内未进行爆破作业；200m半径内不存在抛锚、振动打桩、锤击打桩、电击鱼类等作业	
5	潜水员的头盔面罩、潜水鞋、信号绳及其他潜水附属设备均已确定状况良好	
6	下潜员必须使用安全带，套在下潜导绳上下潜或上升；在水底时，不得抛开导向绳，应减少用气量，行走时应面向上游	
7	潜水员进行潜水作业前已参加班前会议，并已被告知相关注意事项	
8	潜水员下潜和上升过程中严格按照《潜水减压方案》进行潜水	
9	潜水工作船抛锚在潜水作业点上游；潜水作业时，潜水作业船已按规定显示号灯、号型	
10	潜水员在进行潜水作业前精神状态佳，休息充足，熟知潜水作业相关规范，并已参加过安全培训及安全技术交底	
11	其他安全措施	

作业单位意见

　　　　　　　　　　　　　　签字：　　　　年　月　日　时　分

审批部门意见

　　　　　　　　　　　　　　签字：　　　　年　月　日　时　分

完工验收人

　　　　　　　　　　　　　　签字：　　　　年　月　日　时　分

◆**评审规程条文**

4.5.5　焊接作业

焊接前对设备进行检查，确保性能良好，符合安全要求；焊接作业人员持证上岗，按规定正确佩戴个人防护用品，严格按操作规程作业；进行焊接、切割作业时，有防止触电、灼伤、爆炸和引起火灾的措施，并严格遵守消防安全管理规定；焊接作业结束后，作业人员清理场地、消除焊件余热、切断电源，仔细检查工作场所周围及防护设施，确认无起火危险后离开。

◆**法律、法规、规范性文件及相关要求**

《中华人民共和国安全生产法》（2021年修订）

《中华人民共和国消防法》（2021年修订）

JGJ 46—2005《施工现场临时用电安全技术规范》

GB 50661—2011《钢结构焊接规范》

◆**实施要点**

1. 水文监测单位应制定焊接安全操作规程，加强对焊接作业安全管理，焊接前对设备进行检查，确保性能良好，符合安全要求。

2. 焊接、切割作业人员应持证上岗，配备相应的安全防护用品，落实安全防护措施，正确佩戴防护用品，按照焊接安全操作规程作业。

3. 作业结束后应仔细检查确保安全，并做好记录台账。

[参考示例1]

×××动火作业申请表

编号：××-AQ-4.5.5-01

动火单位		动　火　须　知		
动火原因		1. 动火人员必须持有特种作业人员操作证、动火证，按操作规程动火。 2. 配有灭火器材，动火前清除5m内易燃易爆物品。 3. 遇有无法清除的易燃物，必须采取防火措施。 4. 结束后必须对现场进行检查，确认无火灾隐患，方可离开。 5. 监护人员在作业前应察看现场，消除隐患；作业中，应跟班看护；作业后，督促做好清理工作。 6. 此表须提前一天上报审批		
动火部位				
动火时间	年　月　日　时　分— 年　月　日　时　分			
动火人员				
特种作业证号				
监护人员				
动火方式	□电气焊作业　□现场明火作业　□切割机作业　□食堂明火作业 □其他（注明动火方式）			
防火措施	□灭火器　□水桶　□隔离挡板　□其他（注明防火措施）			
施工负责人： 年　月　日		项目负责人： 年　月　日		安全负责人： 年　月　日

注：1. 动火证只限动火人员本人在规定地点使用，动火人员需要随身携带此证以备检查。

　　2. 本表一式两份，管理处、施工单位各一份。

[参考示例2]

×××电焊作业检查表

编号：××-AQ-4.5.5-02

作业单位（部门）：

作业项目：

作业方案：（引用前置的作业方案/规程）

作业时间：

作业人员名单：

现场检查负责人：

序号	检查项目	检　查　内　容	检查情况
1	作业人员	焊接作业人员必须持有效操作证上岗	是□否□
2		作业方案发放	是□否□
3		作业风险告知、安全培训教育	是□否□

序号	检查项目	检 查 内 容	检查情况
4	作业环境	在易燃易爆场所焊接动火，进入危险、危害环境的设备和登高焊接等作业按规定办理动火作业证，并落实安全措施	是□否□
5		焊工使用的工具袋（包）、桶完好无孔洞	是□否□
6		电焊机工作环境符合焊机技术说明书的要求	是□否□
7		电焊机放在平稳和通风良好、干燥的地方，不得靠近热源、易燃易爆危险场所	是□否□
8		气象条件良好，符合作业要求	是□否□
9	仪器设备	电焊机必须采用防触电的安全措施，交流电焊机配装防二次侧触电保护器	是□否□
10		电焊机装有独立的专用电源开关，容量符合要求	是□否□
11		禁止多台焊机共用一个电源开关	是□否□
12		电源控制装置在焊机附近便于操作之处，周围留有安全通道	是□否□
13		采用启动器启动电焊机，先合上电源的开关，再启动电焊机	是□否□
14		交流弧焊机变压器的一次测电源线长度不大于5m，其电源进线处必须设置防护罩	是□否□
15		电焊机接地装置保持良好	是□否□
16		禁止将金属构件和设备作为电焊机电源回路，禁止使用氧气或乙炔管道等易燃易爆气体管道作为接地装置的自然接地极	是□否□
17		禁止在电焊机上放置物件或工具	是□否□
18		启动电焊机前，焊钳与焊件不能短路	是□否□
19		电焊机保持干燥、清洁	是□否□
20		检修电焊机必须切断电源	是□否□
21		工作完毕或离开现场时，必须及时切断电源，仔细检查工作场所周围及防护设施，确认无起火危险后离开	是□否□
22		电焊机电缆外皮完整，绝缘良好、柔软，绝缘电阻不小于1MΩ	是□否□
23		电焊机的二次线采用防水橡皮护套铜芯软电缆，电缆长度不大于30m，不得采用金属结构件或结构钢筋替代二次线的地线	是□否□
24		严禁将电缆搭在气瓶、乙炔发生器易燃物品的容器和材料商；电缆过马路时，必须采取保护措施	是□否□
25		禁止使用金属构架、轨道、管道、暖气设备、金属物体等搭起来作为电焊机导线电缆	是□否□
26		电焊钳绝缘、隔热性能良好，手柄有良好的绝缘层	是□否□
27		电焊钳与电缆的链接牢靠，接触良好	是□否□
28		电焊钳操作灵便，能夹紧焊条，更换焊条安全方便	是□否□
29		不得将过热的电焊钳浸在水中冷却后使用	是□否□
30	防护措施	焊工各类护具和护品符合国家有关标准，护目镜和面罩符合规定要求	是□否□
31		工作服无潮湿、破损，无空洞和缝隙，未沾有油脂	是□否□
32		焊工手套无破损、潮湿，手套、防护鞋符合安全要求	是□否□
33		焊接现场设置弧光辐射、熔渣飞溅的预防设施	是□否□

续表

序号	检查项目	检 查 内 容	检查情况
34	其他		是□否□
35			是□否□

发现问题：

整改情况：（情况填写精确到日期时间）

现场照片：

本检查记录必须如实填写，出现不合格情况必须立即整改。

［参考示例3］

×××气焊作业检查表

编号：××－AQ－4.5.5－03

作业单位（部门）：

作业项目：

作业方案：

作业时间：

作业人员名单：

现场检查负责人：

序号	检查项目	检 查 内 容	检查情况
1	作业人员	气焊、气割作业人员持证上岗	是□否□
2		作业人员作业前经专业培训及安全教育	是□否□
3		作业方案发放	是□否□
4		作业风险告知	是□否□
5	作业环境	在易燃易爆场所气焊、气割动火，进入危险、危害环境的设备作业和登高焊割等作业，均按规定办理动火作业许可证，并落实安全措施	是□否□
6		焊工使用的工具袋（包）、桶完好无孔洞	是□否□
7	仪器设备	氧气瓶符合国家颁布《气瓶安全监察规程》，定期进行技术检查，不使用过期气瓶	是□否□
8		采用氧气汇流排（站）供气，执行标准 TJ 30《氧气站设计规范》，氧气汇流排输出的总管上装有防止可燃气体进入单向阀	是□否□
9		禁止带有油、脂的棉纱、手套或工具等同氧气瓶、瓶阀、减压器等接触	是□否□
10		禁止用氧气代替压缩空气吹净工作服、乙炔管道或用作试压、气动工具的气源	是□否□
11		禁止用氧气对半封闭场所焊接部位通风换气	是□否□
12		氧气瓶未停放在人行道或不安全地方	是□否□
13		禁止用手托瓶帽移动氧气瓶	是□否□
14		禁止使用未经检验合格的减压器	是□否□
15		减压器在气瓶上安装牢固	是□否□
16		禁止用棉、麻绳或一般橡胶等作为减压器的密封垫圈	是□否□
17		减压器压力显示正确，试压正常	是□否□

序号	检查项目	检查内容	检查情况
18		不准在减压器上挂放任何物件	是□否□
19		焊、割炬气路顺畅、射吸能力、气密性等符合技术性能要求	是□否□
20		禁止在使用中将焊、割炬的嘴头与平面摩擦。焊、割炬零件烧（磨）损后，要选用合格零件更换	是□否□
21		大功率焊、割炬，采用安全点火器，禁止用普通火柴点火	是□否□
22		焊接与切割使用的氧气胶管为黑色，乙炔胶管为红色。氧气胶管与乙炔胶管不能互换使用	是□否□
23		氧气、乙炔气胶管与回火防止器、汇流排等导管连接时，管径必须相互吻合，并用关卡严密固定	是□否□
24		胶管外观良好。禁止使用被火烧损过的胶管	是□否□
25		乙炔气瓶竖立放稳，严禁卧放使用。一旦要使用已卧放的乙炔瓶，必须先直立后静止20min，再连接乙炔减压器使用	是□否□
26		缓慢开启乙炔气瓶阀，一般开启3/4，不准超过一转半	是□否□
27		禁止在乙炔瓶上放置物件、工具或杂物	是□否□
28	仪器设备	气瓶室内平整，通风换气良好，室内采用防爆型灯具和开关，胶管爆破工作压力不小于平常工作压力的4倍。胶管长度尽量短	是□否□
29		乙炔最高工作压力严禁超过0.15MPa	是□否□
30		容器、气瓶、管道、仪表、阀门等链接部件采用涂抹肥皂水方法检漏	是□否□
31		禁止使用电磁吸盘、钢丝绳、链条等吊运各类焊割用气瓶。气瓶、溶解乙炔瓶等稳固竖立或装在专车上使用	是□否□
32		气瓶涂色禁止改动，严禁充装与气瓶颜色标识不符的气体	是□否□
33		工作完毕、工作间隙、工作地点转移前关闭瓶阀。留有余气重新罐装的气瓶，关闭瓶阀、旋紧瓶帽，标明空瓶字样或标记	是□否□
34		禁止使用气瓶做登高支架或支撑重物的衬垫	是□否□
35		氧气瓶与明火或热源的距离不大于10m，乙炔瓶放置在通风良好的场所，与氧气瓶的距离不少于5m。胶管长度每根不小于10m，以15～20m为宜	是□否□
36		氧气瓶、乙炔发生器、减压器、焊割炬、胶管等必须按规定认真维护保养，及时排除故障	是□否□
37		容器、气瓶、管道、仪表、阀门等链接部件采用涂抹肥皂水方法检漏	是□否□
38		禁止使用电磁吸盘、钢丝绳、链条等吊运各类焊割用气瓶。气瓶、溶解乙炔瓶等均稳固竖立或装在专车上使用	是□否□
39		气瓶涂色禁止改动，严禁充装与气瓶颜色标识不符的气体	是□否□
40		焊工各类护具和护品符合国家有关标准，护目镜和面罩符合规定要求	是□否□
41	防护措施	按规定穿戴个人防护用品，加强焊割保护，严防火、爆、毒、烫	是□否□
42		焊工手套无破损、潮湿，手套、防护鞋符合安全要求	是□否□
43		焊接现场设置弧光辐射、熔渣飞溅的预防设施	是□否□

续表

序号	检查项目	检 查 内 容	检查情况
44	其他		是□否□
45			是□否□

发现问题：

整改情况：（情况填写精确到日期时间）

现场照片：

本检查记录必须如实填写，出现不合格情况必须立即整改。

［参考示例 4］

×××焊接作业安全监护记录

编号：××-AQ-4.5.5-04

工作内容：

施工单位：

监护人：

监护时段： 年 月 日 时 分至 年 月 日 时 分

序号	检 查 内 容	检查情况
1	已办理审批手续，有批准的安全施工作业票	是□否□
2	焊工持证上岗	是□否□
3	已对焊工进行安全教育和风险告知	是□否□
4	护目镜和面罩等防护用品符合要求，作业人员已按规定正确佩戴	是□否□
5	焊机上已安装防触电装置	是□否□
6	附近易燃物品已清除或采取安全措施	是□否□
7	焊接作业过程中无乱扔焊条头的现象	是□否□
8	焊接切割过程中无触电、灼伤、爆头、火灾和因此而造成的二次伤害	是□否□
9	焊接切割作业结束后，切断电源，并将焊接切割设备及工具摆放在指定地	是□否□
10	清理工作场所，消除焊件余热，确认工作场所已灭绝余火	是□否□
11		

发现问题（附照片）：

整改情况（附照片）：

填表日期：年月日时分

填表说明：1. 作业前由监护人检查一次，作业过程中，监护人员发现情况应及时做好记录。作业结束后，补全该记录。监护人需佩戴好监护标识。

2. 本监护记录必须如实填写，出现"×"的情况必须停止施工，整改完成后才能继续施工。

3. 本监护记录应由监护人随身携带。

◆**评审规程条文**

4.5.6 其他危险作业

涉及临近带电体作业，作业前按有关规定办理安全施工作业票，安排专人监护；交叉作业应制定协调一致的安全措施，并进行充分的交底；应搭设严密、牢固的防护隔离措施；有（受）限空间作业等危险作业按有关规定执行。

◆**法律、法规、规范性文件及相关要求**

《中华人民共和国安全生产法》（2021年修订）

GB 30871—2022《危险化学品企业特殊作业安全规范》

◆**实施要点**

1. 其他危险作业是指临近带电体作业、交叉作业、有（受）限空间作业等危险施工作业。加强其他危险作业管理是控制作业中产生的危险，减少损害发生的概率。

2. 其他危险作业前，应制定作业操作规程，并对作业人员进行安全培训、安全交底。作业现场应安排专人监护。

3. 临近带电体作业应办理作业票，并按作业票执行。

4. 交叉作业施工前应制定满足要求的安全防护措施。

5. 有（受）限空间作业施工前应按规定采取安全防护措施。

6. 其他危险作业应执行相关规定。

［参考示例1］

×××交叉作业安全管理协议

监督单位：　　　　　　　　　　　　　发包单位：

作业方一：　　　　　　　　　　　　　作业方二：

为了认真执行国家"安全第一，预防为主"的安全生产方针、政策法令、法规和有关规定，明确各自的安全生产责任，确保江都管理处工程现场施工安全作业，依据《中华人民共和国安全生产法》《工伤事故的认定》有关规定，就工程项目的交叉作业安全防护等相关事宜，按照安全第一，平等互利的原则，订立本协议。

一、交叉作业的管理原则

1. 施工各方在同一区域内施工，因互相理解，互相配合，建立联系机制，及时解决可能发生的安全问题，并尽可能为对方创造安全施工条件、作业环境。干扰方应向被干扰方提前做出通知，被干扰方据此提前做好施工安排，以减少干扰所带来的损失；如双方无法协调一致，则应报请业主帮助协商解决。

2. 在同一作业区域内施工应尽量避免交叉作业，在无法避免交叉作业时，应尽量避免立体交叉作业。双方在交叉作业或发生相互干扰时，应根据该作业面的具体情况共同商讨制定安全措施，明确各自的职责。

3. 因施工需要进入他人作业场所，必须以书面形式向对方申请：说明作业性质、时间、人数、动用设备、作业区域范围、需要配合事项。其中必须进行告知的作业有：土方开挖、起重吊装、高处作业、模板安装、脚手架搭设拆除、焊接（动火）作业、施工用电、材料运输等。

4. 双方应加强从业人员的安全教育和培训，提高从业人员作业的技能，自我保护意识，预防事故发生的应急措施和综合应变能力，做到"三不伤害"。

5. 双方在交叉作业施工前，应当互相通知和告知对方本单位施工作业的内容、安全注意事项。当施工工程中发生冲突和影响施工作业时，各方要先停止作业，保护相关方财产，周边建筑物及水、电、气、管道等设施的安全；由各自的负责人或安全管理负责人进行协商处理。施工作业中各方应加强安全检查，对发现的隐患和可预见的问题要及时协调解决，消除安全隐患，确保施工安全和工程质量。

二、具体落实事项

1. 双方单位在同一区域内进行高处作业、模板安装、脚手架搭设拆除时：应在施工作业前对施工区域采取全封闭、隔离措施，应设置安全警示标识、危害警示标识，警戒线或派专人警戒指挥，防止高空落物、施工用具，用电危及下方人员和设备的安全。

2. 在同一区域内进行土石方开挖时：必须按设计规定坡比放坡，做好施工现场的防护，设置安全警示标识：做好现场排水措施，并及时清理边坡浮渣，不准堵塞作业通道，确保畅通，弃渣堆放应安全可靠（必须有防石头滚落措施，如防护网、挡渣墙、滚石沟等）。

3. 在同一作业区域内进行起重吊装作业时，应充分考虑对各方工作的安全影响，制定起重吊装方案和安全措施。指派专业人员负责统一指挥，检查现场安全和措施符合要求后，方可进行起重吊装作业。与起重作业无关的人员不准进入作业现场，吊物运行路线下方所有人员因无条件撤离：指挥人员站位应便于指挥和瞭望，不得与起吊路线交叉，作业人员与被吊物体必须保持有效的安全距离。索具与吊物应捆绑牢固、采取防滑措施，用钩应有安全装置：吊装作业前，起重指挥人通知有关人员撤离，确认吊物下方及吊物行走路线范围无人员及障碍物，方可起吊。

4. 在同一区域内进行焊接（动火）作业时：施工单位必须事先通知对方做好防护，并配备合格的消防灭火器材，消除现场易燃易爆物品。无法清除易燃易爆物品时，应与焊接（动火）作业保持适当的安全距离，并采取隔离和防护措施。上方动火作业（焊接、切割）应注意下方有无人员、易燃、可燃物质，并做好防护措施，遮挡落下焊渣，防止引发火灾。焊接（动火）作业结束后，作业单位必须及时、彻底清理焊接现场，不留安全隐患，防止焊接火花死灰复燃，酿成大祸。

5. 各方应自觉保障施工道路、消防通道畅通，不得随意占道或故意发难。凡因施工需要进行交通封闭或管制的，必须报项目部审批，且一般应在 30min 内恢复交通。运输超宽超长物资时必须确定运行路线，确认影响区域和范围，采取防范措施（警示标识、引导人员监护），防止碰撞其他物件与人员。车辆进入施工区域，须减速慢行，确认安全后通行，不得与其他车辆、行人争抢道。

6. 同一区域内的施工用电：应各自安装用电线路。施工用电必须做好接地（零）和漏电保护措施，防止触电事故发生。各方必须做好用电线路隔离和绝缘工作，互不干扰。敷设的线路必须通过对方工作面，应事先征得对方同意；同时，应经常对用电设备和线路进行检查维护，发现问题及时处理。

7. 施工各方应共同维护好同一区域作业环境，切实加强施工现场消防、保卫、治安，文明施工管理；必须做到施工现场文明整洁，材料堆放整齐、稳固、安全可靠（必须有防垮塌，防滑、滚落措施）。确保设备运行、维修、停放安全；设备维修时，按规定设置警示标识，必要时采取相应的安全措施（派专人看守、切断电源等），谨防误操作引发事故。

监督单位： 发包单位：

（签字盖章） （签字盖章）

作业方一： 作业方二：

（签字盖章） （签字盖章）

年 月 日

［参考示例2］

×××交叉作业安全技术交底单

日期： 年 月 日 编号：××-AQ-4.5.6-01

施工单位		建设单位	
工程名称		作业范围	
作业时间	自 年 月 日 时始至 年 月 日 时止		
危害辨识	物体打击、高处坠落、机械伤害	交底人	
安全负责人		现场负责人	
接受交底人员			
交底内容			

　因××××和××××同时进行，为了确保交叉作业施工安全，自你单位进入××（场所）起，必须严格遵守安全生产规章制度。结合现阶段交叉作业施工特点，特告知如下。

本表一式三份。交底人一份、安全负责人一份、现场负责人一份。

［参考示例3］

×××交叉作业安全监护记录

编号：××-AQ-4.5.6-02

工程内容：

施工单位：

监护人：

监护时段： 年 月 日 时 分至 年 月 日 时 分

序号	检 查 内 容	检查情况
1	已办理审批手续，有批准的安全施工作业票	是□否□
2	已对作业人员进行安全教育和风险告知	是□否□
3	各交叉作业层的作业人员已正确穿戴使用劳动防护用品，存在高处坠落危险的人员已系好安全带	是□否□
4	安全防护设施已经验收合格	是□否□
5	各层间的指挥号令无影响，指挥信号及时、清晰、有效	是□否□
6	支模、粉刷、砌墙等各工种未在同一垂直方向上进行操作	是□否□
7	下层作业位置处于依上层高度确定的可能坠落范围半径之外	是□否□
8	同一垂直方向上作业或下层作业位置不满足要求的设置安全防护层	是□否□
9	上下层间无材料、边角余料投掷，工具放入袋中，不在吊物下方接料或逗留情况	是□否□
10	设有机械伤害、触电、火灾等相关应急措施	是□否□

续表

发现问题（附照片）：	
整改情况（附照片）：	
填表日期：　　年　月　日　时　分	

填表说明：1. 作业前由监护人检查一次，作业过程中，监护人员发现情况应及时做好记录。作业结束后，补全该记录。监护人需佩戴好监护标识。

2. 本监护记录必须如实填写，出现"×"的情况必须停止施工，整改完成后才能继续施工。

3. 本监护记录应由监护人随身携带。

[参考示例 4]

×××临近带电体作业许可证

编号：××-AQ-4.5.6-03

工程名称		工作地点	
施工单位		项目负责人	
技术负责人		安全负责人	
监护人员		带电体电压等级	
作业内容			
作业时间	自年月日时分至年月日时分		

序号	主 要 安 全 措 施	打√
1	作业人员的防护用品配备符合有关要求并且按规定穿戴和使用	
2	带电作业所使用工具、装置和设备经检验合格	
3	有批准的安全施工作业票	
4	现场搭设的脚手架、防护围栏符合安全规程，划定警戒区域，设置警示标识	
5	现场有负责人和监护人	
6	对作业人员进行风险告知、技术交底等	
7	组织现场查勘，做出是否停电的判断	
8	临近带电体作业设备有接地装置	
9	带电作业应在良好天气下进行	
10	复杂、难度大的带电作业项目应编制操作工艺方案和安全措施，经批准后执行	
11	30m 以上进行高处作业应配备通信联络工具	
12	当与带电线路和设备的作业距离不能满足最小安全距离的要求时，向有关电力部门申请停电，否则严禁作业	
13	其他	

危害识别：高处坠落、物品打击、机械伤害、触电、火灾

监护人：	
	年　　月　　日　　时　　分
技术负责人：	
	年　　月　　日　　时　　分
项目负责人：	
	年　　月　　日　　时　　分

[参考示例 5]

×××临近带电体作业安全监护记录

编号：××-AQ-4.5.6-04

工程内容：

施工单位：

监护人：

监护时段：　　　　　　　　　　　年　月　日　时　分至　　年　月　日　时　分

序号	检 查 内 容	检查情况
1	有批准的安全施工作业票	是□否□
2	作业人员持证上岗	是□否□
3	已对作业人员进行风险告知、技术交底等	是□否□
4	防护用品配备齐全，作业人员已按规定佩戴	是□否□
5	现场搭设的脚手架、防护围栏符合安全规程，已划定警戒区域，并设置警示标识	是□否□
6	天气状况良好，满足作业要求	是□否□
7	已组织现场查勘，与带电线路和设备的作业距离满足最小安全距离要求，如不满足，已向有关电力部门申请并已停电	是□否□
8	带电作业工具、装置和设备经检验合格	是□否□
9	30m以上高处作业配备通信联络工具	是□否□

发现问题（附照片）：

整改情况（附照片）：

填表日期：　　　年　月　日　时　分

填表说明：1. 作业前，由监护人检查一次，作业过程中，监护人员发现情况应及时做好记录。作业结束后，补全该记录。监护人需佩戴好监护标识。

2. 本监护记录必须如实填写，出现"×"的情况必须停止施工，整改完成后，才能继续施工。

3. 本监护记录应由监护人随身携带。

第六节　职　业　健　康

　　职业健康是对工作场所内产生或存在的职业性有害因素及其健康损害进行识别、评估、预测和控制。水文监测单位应建立职业健康管理制度，提供合适的工作环境和防护设施用品，组织健康检查，告知职业病危害及其后果，设置警示标识和警示说明，进行职业病申报、场所检测及危害整改等。其目的是预防和保护劳动者免受职业性有害因素所致的健康影响和危险。

◆**评审规程条文**

4.6.1　基本要求

　　职业健康管理制度应明确职业危害的管理职责、作业环境、"三同时"、劳动防护品及职业病防护设施、职业健康检查与档案管理、职业危害告知、职业病申报、职业病治疗和康复、职业危害因素的辨识、监测、评价和控制等内容。

◆**法律、法规、规范性文件及相关要求**

《中华人民共和国安全生产法》（2021修订版）

《中华人民共和国职业病防治法》（2018年修订）

《用人单位职业健康监护监督管理办法》（国家安全生产监督管理总局令第49号）

◆**实施要点**

1. 职业健康监护应以预防为目的，根据劳动者的职业接触史，通过定期或不定期的医学健康检查和健康相关资料的收集，连续性地监测劳动者的健康状况，分析劳动者健康变化与所接触的职业病危害因素的关系，并及时地将健康检查和资料分析结果报告给用人单位和劳动者本人，以便及时采取干预措施，保护劳动者健康。

2. 水文监测作业存在职业健康危害因素的主要有：化学因素（汞、砷、苯、甲苯、乙基苯、苯乙烯等毒物）、非电离辐射、放射性、钉螺（在存在钉螺的水域涉水作业）、高温、高湿、低温等。

3. 单位是水文从业人员职业健康监护工作的责任主体，其主要负责人对本单位职业健康监护工作全面负责。

4. 水文监测单位应建立职业健康管理制度，并以正式文件发布。制度应内容全面，包括：职业危害防治责任制度、职业危害告知制度、职业危害申报制度、职业健康宣传教育培训制度、职业危害防护设施维护检修制度、从业人员防护用品管理制度、职业危害日常监测管理制度、从业人员职业健康监护档案管理制度、岗位职业健康操作规程，法律、法规、规章规定的其他职业危害防治制度。

［参考示例］

关于印发《×××职业健康管理制度》的通知

各部门、各监测中心：

为了预防、控制和消除职业危害，预防职业病，保护全体从业人员的身体健康和相关权益，经研究，现将《×××职业健康管理制度》印发给你们，请遵照执行。

特此通知。

附件：×××职业健康管理制度

×××

年　　月　　日

附件：

×××职业健康管理制度

第一章　总　　则

第一条　为了预防、控制和消除职业危害，预防职业病，保护全体从业人员的身体健康和相关权益，根据《中华人民共和国职业病防治法》《用人单位职业健康监护监督管理办法》《工作场所职业卫生监督管理规定》等有关法律法规、规定，结合我单位水文工作管理实际，特制定本制度。

第二条　职业卫生管理和职业病防治工作坚持"预防为主、防治结合"的方针，实行分类管理，综合治理的原则。

第三条　本制度适用于单位范围内职业危害的辨识、监测、评价和控制。

第二章　职业病防治责任制度

第四条　安全生产领导小组负责单位职业健康管理工作，安全生产领导小组兼职安全员负责协调职业健康管理日常工作。

第五条　安全生产领导小组负责保证职业健康管理资金投入，负责制定职业健康相关规章制度，职业危害申报，建立健全从业人员健康监护档案，健康体检及职业卫生档案保管、工伤保险、培训等工作。

第六条　各部门落实职业健康管理的具体实施，做好职业病的日常防控工作。

第三章　职业病危害警示与告知制度

第七条　岗前告知

（一）单位与职工签订合同（含聘用合同）时，应将工作过程中可能产生的职业病危害及其后果、职业病危害防护措施和待遇等如实告知，并在劳动合同中写明。

（二）未与在岗人员签订职业病危害劳动告知合同的，应按国家职业病危害防治法律、法规的相关规定与相关人员进行补签。

（三）在已订立劳动合同期间，因工作岗位或者工作内容变更，从事与单位订立劳动合同中未告知的存在职业病危害的作业时，应向相关人员如实告知，现所从事的工作岗位存在的职业病危害因素，并签订职业病危害因素告知补充合同。

第八条　现场告知

（一）在有职业危害告知需要的工作场所醒目位置设置公告栏，公布有关职业病危害防治的规章制度、操作规程、职业病危害事故应急救援措施以及作业场所职业病危害因素检测和评价的结果。各有关部门及时应提供需要公布的内容。

（二）在产生职业病危害的作业岗位的醒目位置，设置警示标识和中文警示说明。警示说明应当载明产生职业病危害的种类、后果、预防和应急处置措施等内容。

第九条　检查结果告知

如实告知从业人员职业卫生检查结果，发现疑似职业病危害的及时告知本人。从业人员离开本单位时，如索取本人职业卫生监护档案复印件，应如实、无偿提供，并在单位提供的复印件上签章。

第十条　安全生产领导小组定期对各项职业病危害告知事项的实行情况进行监督、检查和指导，确保告知制度的落实。

第十一条　存在职业病危害的部门应对接触职业病危害的从业人员进行上岗前和在岗定期培训和考核，使每位从业人员掌握职业病危害因素的预防和控制技能。

第十二条　因未如实告知职业病危害的，从业人员有权拒绝作业。不得以从业人员拒绝作业而解除或终止与从业人员订立的劳动合同。

第十三条　发生职业病危害事故时，部门负责人要在4h内报单位主要负责人，若险情或事故严重的应在30min内上报单位主要负责人，并在最短时间内以书面形式向上级有关部门汇报情况。

第四章　职业病危害项目申报制度

第十四条　由办公室负责职业病危害的申报工作，其他部门根据需要及时提供相关资料。

第十五条　职业病危害项目申报后，因技术、工艺、设备或材料发生变化而导致原申报的职业病危害因素及其相关内容发生改变时，应自发生变化之日起 15 日内向原申报机关变更内容。

第十六条　经过职业病危害因素检测、评价，发现原申报内容发生变化的，应自收到有关检测、评价结果之日起 15 日内向原申报机关进行申报。

第十七条　工作场所、名称、主要负责人发生变化时，应自发生变化之日起 15 日内向原申报机关进行申报。

第五章　职业病防治宣传教育培训制度

第十八条　职业健康宣传教育培训应纳入安全生产培训计划。

第十九条　工作内容

（一）培训计划：各部门根据岗位特点每年 1 月负责向办公室申报培训需求，办公室根据申报的培训需求制定年度职业健康宣传教育培训计划。

（二）培训时间：对接触职业危害因素的作业人员进行上岗前和在岗期间的职业卫生培训每年累计培训时间不得少于 8h。

（三）培训内容：单位内相关岗位职业健康知识、岗位危害特点、职业危害防护措施、职业健康安全岗位操作规程、防护措施的保养及维护注意事项、防护用品使用要求、职业危害防治的法律、法规、规章、国家标准、行业标准等。

第二十条　培训形式：内部培训、外部委托培训

（一）内部宣传教育培训：

1. 新进人员进单位：结合安全"三级教育"，介绍单位作业现场、岗位存在的职业危害因素及安全隐患，可能造成的危害。

2. 从业人员在岗期间：通过定期培训或公告栏宣传，学习职业健康岗位操作规程、相关制度、法律法规及新设备、新工艺的有关性能、可能产生的危害及防范措施，了解工作环境检测结果及个人身体检查结果。

3. 转换岗位：由岗位班组负责人讲解新岗位可能产生的危害及防范措施。

4. 单位按培训计划组织的职业健康知识及法律法规、标准等知识。

（二）外部委托培训

为提高职业健康知识，外部培训一般情况是参加安全生产监督管理部门组织的职业健康培训，参加人员一般是单位主要负责人和安全管理人员。

第二十一条　培训效果评定

（一）新进人员或转岗人员经考核、评定具备与本岗位相适应的职业卫生安全知识和能力方可上岗。未经培训或者培训不合格的人员，不得上岗作业。

（二）无正当理由未按要求参加职业健康安全培训的人员评定为不合格。

第六章　职业病防护设施维护检修制度

第二十二条　告知卡和警示标识应至少每半年检查一次，发现有破损、变形、变色、图形符号脱落、亮度老化等影响使用的问题时应及时修整或更换。

第二十三条　自行或委托有关单位对存在职业病危害因素的工作场所设计和安装非定型的防护设施项目的，防护设施在投入使用前应当经具备相应资质的职业卫生技术服务机

构检测、评价和鉴定。

第二十四条　未经检测或者检测不符合国家卫生标准和卫生要求的防护设施，不得使用。

第二十五条　各部门应当对从业人员进行使用防护设施操作规程、防护设施性能、使用要求等相关知识的培训，指导从业人员正确使用职业病防护设施。

第七章　职业病防护用品管理制度

第二十六条　现场作业人员在正常作业过程中，必须规范穿戴和使用本岗位规定的各类特种防护用品，不得无故不使用劳动防护用品。

第二十七条　特种劳动防护用品每次使用前应由使用者进行安全防护性能检查，发现其不具备规定的安全、职业防护性能时，使用者应及时提出更换，不得继续使用。

第二十八条　办公室根据岗位需求，采购、配发劳动防护用品。

第二十九条　防护用品管理要求。

（一）办公室按规定建立个人防护用品登记卡，由仓库保管员按规定发给个人防护用品。

（二）实习人员，进入施工作业区参观人员等，应提供必要的个人防护用品。

第三十条　项目实施前应与施工方签订安全生产协议，协议中应注明对劳动防护用品的要求，单位在项目实施过程中应经常检查相关方人员的执行情况。

第八章　职业病危害监测及评价管理制度

第三十一条　安全生产领导小组负责组织、监督、指导全单位作业场所职业危害因素的分布、监测和分级管理。

第三十二条　监测点的设定和监测周期应符合相关规程规范的要求，由安全生产领导小组和具有相关资质的职业卫生技术服务机构共同确定。办公室委托具有相应资质的职业卫生技术服务机构，每年至少进行一次职业病危害因素检测。

第三十三条　安全生产领导小组办公室接到《职业病危害因素日常检测结果告知书》后应立即组织对监测结果异常的作业场所采取切实有效的防护措施，落实专人进行整改。对暂时不能整改或整改后仍不能达标的，应向安全生产领导小组申请立项，进行整改。

第三十四条　监测结果应在单位给予公示。

第九章　建设项目职业卫生"三同时"管理制度

第三十五条　本制度适用于在单位范围内有内可能产生职业危害的新建、改建、扩建和技术改造、技术引进建设项目职业病防护设施建设及其监督管理。

第三十六条　建设项目职业病防护设施必须与主体工程同时设计、同时施工、同时投入生产和使用。职业病防护设施所需的经费应当纳入建设项目工程预算。

第三十七条　建设工程处为"三同时"管理制度的执行部门。

第三十八条　建设项目职业卫生"三同时"工作完成后应及时将资料整理归档。

第十章　劳动者职业健康监护及其档案管理制度

第三十九条　办公室建立职业卫生档案，个人职业健康监护档案，并设立档案专柜。

第四十条　职业病诊断，鉴定单位需提供有关"两档"资料时，办公室应如实地提供。

第四十一条　档案室对各部门移交来的职业卫生档案，要认真进行质量检查，归档的案卷要填写移交目录，双方签字，及时编号登记，入库保管。

第四十二条　档案工作人员对档案的收进、移出、销毁、管理、借阅利用等情况要进行登记，档案工作人员调离时必须办好交接手续。

第四十三条　存放职业卫生档案的库房要坚固、安全，做好防盗、防火、防虫、防鼠、防高温、防潮、通风等各项工作，并有应急措施。职业卫生档案库要设专人管理，定期检查清点，如发现档案破损、变质时要及时修补复制。

第四十四条　利用职业卫生档案的人员应当爱护档案，职业卫生档案室严禁吸烟，严禁对职业卫生档案拆卷、涂改、污损、转借和擅自翻印。

第十一章　职业病危害事故处置与报告制度

第四十五条　安全生产领导小组负责对职业病危害事故进行处置和报告。

第四十六条　职业病危害事故发生后，相关部门应立即向安全生产领导小组报告，不得以任何借口瞒报、虚报、漏报和迟报。

第四十七条　职业病危害事故发生部门应配合安全生产领导小组采取临时控制和救援措施，并停止导致危害事故的作业，控制事故现场，防止事故扩大，把事故危害降到最低。

第四十八条　职业病危害事故发生部门应保护事故现场，保留导致事故发生的材料、设备和工具，配合上级进行事故调查。

第四十九条　事故调查中任何单位和个人不得拒绝、隐瞒或提供假证据，不得阻碍、干涉调查组的现场调查和取证工作。

第十二章　职业病危害应急救援与管理制度

第五十条　安全生产领导小组负责监督、检查、指导单位职业病危害应急救援与管理工作。

第五十一条　办公室负责对职工进行职业病救援的培训、演练工作。

第五十二条　安全生产领导小组办公室负责对职业病应急救援物资管理和维护保养工作。

第五十三条　职业病危害应急救援时，救援人员应首先保证自身安全，严禁无防护措施进行救援。

第十三章　岗位职业卫生操作规程

第五十四条　岗位职业卫生操作规程

（一）作业时必须严格遵守劳动纪律，坚守岗位，服从管理，正确佩戴和使用劳动防护用品。

（二）对工作现场经常性进行检查，及时消除现场中跑、冒、滴、漏现象，做到文明生产，降低职业危害。

（三）按时巡回检查水文设施设备的运行情况，不得随意拆卸和检修设备，发现问题及时找专业人员修理。

（四）在噪声较大区域连续工作时，应佩戴耳塞，并分批轮换作业。

（五）对长时间在噪声环境中工作的人员应定期进行身体检查。

第十四章 附 则

第五十五条 本制度未包括的其他职业病防治应符合相关法律、法规、规章规定的要求。

第五十六条 本制度由×××负责解释，自颁布之日起施行。

◆ **评审规程条文**

4.6.2 工作环境和条件

为从业人员提供符合职业健康要求的工作环境和条件，应确保使用有毒、有害物品的作业场所与生活区、辅助生产区分开，作业场所不应住人；将有害作业与无害作业分开，高毒工作场所与其他工作场所隔离。

◆ **法律、法规、规范性文件及相关要求**

《中华人民共和国安全生产法》（2021年修订）

《中华人民共和国职业病防治法》（2018年修订）

◆ **实施要点**

1. 水文监测单位应当依法为劳动者创造符合国家职业卫生标准和卫生要求的工作环境和条件。

2. 实验室应当符合下列要求：作业场所与生活场所分开，作业场所不得住人；职业危害因素的强度或者浓度符合法律、法规、规章、国家标准、行业标准和其他规定。

3. 实验室布局应当合理，有害与无害作业分开，高毒工作场所与其他工作场所隔离。

（1）化学药品应分类存放。

（2）压力气瓶必须存放于通风、阴凉干燥、隔绝明火、远离热源的房间内，并分类存放，使用时需直立放置并加装固定环。

（3）实验室应设置单独的危废暂存间，与检测区域有效隔离。废液收集后统一处理，联系有废液处理资质的厂家集中处置。

（4）实验室有与职业危害防治工作相适应的有效防护设施，如：有配套的更衣间、洗眼器、除尘器、隔声罩、通风系统等设施设备。

[**参考示例**]

实验室安全风险告知牌

危险点名称：实验室	风险等级：一般	应急电话：火警119 急救120 报警110
危险因素	**事故诱因**	**防范措施**
腐蚀、中毒、灼伤、火灾爆炸、其他伤害 当心火灾 注意腐蚀 禁止烟火 必须加锁	1.室内通风不畅，可能导致员工中毒或火灾爆炸； 2.化验员操作不当，接触有腐蚀性的危险化品，造成腐蚀； 3.化验员错误使用药剂，可能造成中毒； 4.不同品种或性质相抵触的危险化学品混放，可能引发自燃； 5.爆炸性、剧毒化学品管理不善丢失，可能造成意外伤害事故。	1.化验员应经相应的培训合格后上岗； 2.严格遵守安全操作规程； 3.操作时应正确穿戴劳保防护用品； 4.化验员每年必须接受一次职业健康体检，并建立职业病监护档案； 5.化验员应熟练掌握应急器材和药物使用方法； 6.室内不应存放过量的危险化学品； 7.遇水燃烧的活泼金属起火时，不应用CO_2灭火器灭火； 8.完善危险化学品安全技术说明书（MSDS）。
本区域责任人：		联系电话：

◆**评审规程条文**

4.6.3 报警与应急处置

在可能发生急性职业危害的有毒、有害工作场所，设置检测、报警装置，制定应急处置方案，现场配置急救用品、设备，并设置应急撤离通道。

◆**法律、法规、规范性文件及相关要求**

《中华人民共和国安全生产法》（2021 年修订）

《中华人民共和国职业病防治法》（2018 年修订）

◆**实施要点**

1. 产生职业病危害的场所是指可能发生急性职业损伤的有毒、有害的工作场所，如使用乙炔、氢气的实验室、使用燃气的职工食堂等。

2. 水文监测单位应制定应急处置方案，在产生职业病危害的场所设置检测、报警装置，配置现场急救用品、设备，并设置应急撤离通道和告知卡。

3. 检测、报警装置应设置齐全，不得擅自拆除或者停止使用。水文监测单位应对检测、报警装置进行定期检测和经常性维护、保养，确保其正常工作。维护、保养、检测应当作好记录，并由有关人员签字。

4. 急救用品、设备、应急撤离通道应设置齐全。应急撤离通道不得占用或堵塞，应设专人定期检查，并做好记录。如发生险情时，现场操作人员能按照疏散指示标识快速撤离至室外。

◆**评审规程条文**

4.6.4 防护设施及用品

产生职业病危害的工作场所应设置相应的职业病防护设施，为从业人员提供适用的职业病防护用品，并指导和监督从业人员正确佩戴和使用。各种防护用品、器具定点存放在安全、便于取用的地方，建立台账，指定专人负责保管防护器具，并定期校验和维护，确保其处于正常状态。

◆**法律、法规、规范性文件及相关要求**

《中华人民共和国安全生产法》（2021 修订版）

《中华人民共和国职业病防治法》（2018 年修订）

GB/T 27476.1—2014《检测实验室安全 第 1 部分：总则》

GB 39800.1—2020《个体防护装备配备规范 第 1 部分：总则》

《劳动防护用品配备标准（试行）》（国经贸安全〔2000〕189 号文件）

◆**实施要点**

1. 劳动防护用品，是指在劳动过程中为保护劳动者的安全和健康，由用人单位提供的必需物品。

2. 职业健康保护设施、工具和用品应符合《劳动防护用品配备标准（试行）》（国经贸安全〔2000〕189 号文件）、GB 39800.1—2020《个体防护装备配备规范 第 1 部分：总则》等规定。

3. 产生职业病危害的工作场所应设置相应的满足要求的职业病防护设施。实验室应配备以下防护设施：

（1）消防设施：配备足够的不同类型的灭火器、灭火毯、沙箱等。

（2）用电安全设施：电力配置应符合仪器使用要求，电源插座布设合理，不得使用裸露或老化的电源线，其型号规格应保证安全的电流载荷，需要接地保护的，应有接地保护装置。精密仪器应根据需要配置稳压稳流装置，接地保护。

（3）通风排风设施：实验室应安装排风装置（通风橱、排风罩），其目的是防止挥发性的有毒有害气体对实验人员造成伤害。排风系统的电机功率应与所设计的排风罩吻合，试剂柜应接入通风排风设施或安装吸附装置。一般仪器上方的通风罩方向、高度、风力设计为可调的，有尾气排放的直接接到排风管。

（4）消毒洁净设施：微生物检验实验人员洗手消毒、风淋装置、紫外线环境空气杀菌、烘箱、高压灭菌锅、生物安全柜等。

（5）用气安全及防爆、报警设施：气体钢瓶应有固定的支架，或装入安全柜放置在安全的位置。气体钢瓶应按气体类型采用不同颜色的标贴并标注检定日期。气体管路布局应合理尽量不要扭曲和直角弯头多，要用符合要求的不锈钢管路，使用橡胶或塑料管路要应期检查更换。氢气，氧气和乙炔气等应安装检测、报警装置。

（6）喷淋装置：应接通符合规定压力的市政自来水，地面设置相应的排水口。

4. 每个从业人员均应配备适用的劳动防护用品。如测流、采样应配备防护手套、绝缘靴、安全带、救生衣等；实验室应根据需要配备安全帽、护目镜、耳罩、呼吸防护装备、防毒面罩、防护服等。

5. 水文监测单位应当指导和监督从业人员正确佩戴劳动防护用品，对从业人员正确使用劳动防护用品进行培训。

6. 防护用品、器具要按规定存放，存放在安全、便于取用之处。

7. 各种防护用品应建立台账，指定专人保管，定期校验和维护，确保其完好有效。

［参考示例1］

×××劳动防护用品使用培训
培训实施记录表

组织部门：　　　　　　　　　　　　　　　　　　　　编号：××-AQ-4.6.4-01

培训主题	劳动防护用品使用培训		主讲人	
培训地点		培训时间	培训学时	
参加人员				
培训内容	一、呼吸器官防护用品及其使用常识 　呼吸器官防护用品是为防御有害气体、蒸气、粉尘、烟、雾从呼吸道吸入，直接向使用者供氧或清洁空气，保证尘、毒污染或缺氧环境中作业人员正常呼吸的防护用品。 　呼吸器官防护用品主要有防尘口罩和防毒口罩（面罩）。 　（一）防尘口罩、面罩的使用 　（1）作业场所除粉尘外，还伴有有毒的雾、烟、气体或空气中氧含量不足18％时，应选用隔离式防尘用具，禁止使用过滤式防尘用具。 　（2）淋水、湿式作业场所。选用的防尘用具应带有防水装置。 　（3）劳动强度大的作业，应选用吸气阻力小的防尘用具。有条件时，尽量选用送风式口罩或面罩。 　（4）使用前应检查部件是否完整，如有损坏必须及时整理或更换。此外，应注意检查各连接处的气密性，特别是送风口罩或面罩，看接头、管路是否畅通。 　（5）佩戴要正确，系带和头箍要调节适度，对面部应无严重压迫感。 　（6）复式口罩和送风口罩头盔的滤料应定期更换，以免增大阻力。电动送风口罩的电源要充足，按时充电。

培训内容	（7）各式口罩的主体（口鼻罩）脏污时，可用肥皂水洗涤。洗涤后应在通风处晾，切忌曝晒、火烤，避免接触油类、有机溶剂等。 （8）防尘用具应专人专用。使用后及时装塑料袋内，避免挤压、损坏。 （9）对于长管面具，在使用前应对导气管进行查漏，确定无漏洞时才能使用。导气管的进气端必须放置在空气新鲜、无毒无尘的场所中。所用导气管长度以 10m 内为宜，以防增加通气阻力。当移动作业地点时，应特别注意不要猛拉、猛拖导气管，并严防压、戳、拆等。 （二）防毒口罩、面具的使用 防毒面具、口罩可分为过滤式和隔离式两类。过滤式防毒用具是通过滤毒罐、盒内的滤毒药剂滤除空气中的有毒气体再供人呼吸。因此劳动环境中的空气含氧量低于 18％时不能使用。通常滤毒药剂只能在确定了毒物种类、浓度、气温和一定的作业时间内起防护作用。所以过滤式防毒口罩、面具不能用于险情重大、现场条件复杂多变和有两种以上毒物的作业；隔离式防毒用具是依靠输气导管将无污染环境中的空气送入密闭防毒用具内供作业人员呼吸。它使用于缺氧、毒气成分不明或浓度很高的污染环境。 （1）使用防毒口罩时，严禁随便拧开滤毒盒盖，避免滤毒盒剧烈震动，以免引起药剂松散；同时应防止水和其他液体滴溅到滤毒盒上，否则降低防毒效能。 （2）使用防毒口罩过程中，对有臭味的毒气，当嗅到轻微气味时，说明滤毒盒内的滤毒剂失效。对于无味毒气，则要看安装在滤毒盒里的指示纸或药剂的变色情况而定。一旦发现防毒药剂失效，应立刻离开有毒场所，并停止使用防毒口罩，重新更换药剂后方可使用。 （3）佩戴防毒口罩时，系带应根据头部大小调节松紧，两条系带应自然分开套在头顶的后方。过松和过紧都容易造成漏气或感到不舒服。 （4）防毒面具使用中应注意正确佩戴，如头罩一定要选择合适的规格，罩体边缘与头部贴紧。另外，要保持面具内气流畅通无阻，防止导气管扭弯压住，影响通气。 （5）当在作业现场突然发生意外事故出现毒气而作业人员一时无法脱离时，应立即屏住气，迅速取出面罩戴上；当确认头罩边缘与头部密合或佩戴正确后，猛呼出面具内余气，方可投入正常使用。 （6）防毒面具某一部件损坏，以致不能发挥正常作用，而且来不及更换面具的情况下，使用者可采取下列应急处理方法，然后迅速离开有毒场所： ①头罩或导气管发现孔洞时，可用手捏住。若导气管破损，也可将滤毒罐直接与头罩连接使用，但应注意防止因罩体增重而发生移位漏气。 ②呼气阀损坏时，应立即用手堵住出气孔，呼气时将手放松吸气时再堵住。 ③发现滤毒罐有小孔洞时，可用手、黏土或其他材料堵塞。 （7）使用后的防毒面具，要清洗、消毒、洗涤后晾干，切勿火烤、曝晒，以防材料老化。滤毒罐用后，应将顶盖、底塞分别盖上、堵紧，防止滤毒剂受潮失效。对于失效的滤毒罐，应及时报废或更换新的滤毒剂和做再生处理。 （8）一时不用的防毒面具，应在橡胶部件上均匀撒上滑石粉，以防黏合。现场备用的面具，放置在专用的柜内，并定期维护和注意防潮。 记录人：
培训评估方式	□考试　□实际操作　□事后检查　□课堂评价
培训效果评估及改进意见	评估人：　　　　　　　　　　　　　　　　　　　　　年　月　日

[参考示例2]

×××劳动防护用品购买验收登记表

填表人（签字）：   编号：××-AQ-4.6.4-02

序号	防护用品（具）名称	规格	数量	生产厂家	购置时间	验收情况	备　注

[参考示例3]

《×××劳动防护用品发放记录》同4.2.1［参考示例2］

[参考示例4]

×××劳动防护用品管理台账

编号：××-AQ-4.6.4-03

序号	品　名	规　格	数　量	保管位置	保管人
1	安全帽				
2	救生衣				
3	绝缘手套				
4	绝缘鞋				

[参考示例5]

×××劳动防护用品检查维护记录

编号：××-AQ-4.6.4-04

序号	品　名	规　格	数　量	检查情况	备　注

维护情况：

检查人：   检查日期：

[参考示例6]

×××职业病危害防治设备、器材登记表

编号：××-AQ-4.6.4-05

序号	设备器材名称	规格型号	数量	使用地点	起用日期	防治内容	责任人	备注

登记人：　　　　　　　　　　　　　　　　　　　　登记日期：

◆**评审规程条文**

4.6.5　健康检查

对从事接触职业病危害的作业人员应按规定组织上岗前、在岗期间和离岗时职业健康检查，建立健全职业卫生档案和员工健康监护档案。

◆**法律、法规、规范性文件及相关要求**

《中华人民共和国职业病防治法》（2018年修订）

GBZ 188—2014《职业健康监护技术规范》

◆**实施要点**

1. 水文监测单位应按规定及时组织从事接触职业病危害的作业人员开展上岗前、在岗期间和离岗时职业健康检查。相关人员主要包括实验室全体人员以及在有钉螺的区域从事涉水作业的全体人员。

2. 上岗前健康检查的主要目的是及时发现职业禁忌症，建立接触职业病危害因素人员的基础健康档案。上岗前健康检查应为强制性职业健康检查，并应在开始从事有害作业前完成。

3. 在岗期间职业健康检查：对长期从事有职业病危害因素作业的从业人员应开展健康监护，在岗期间定期健康检查。定期健康检查的目的主要是早期发现职业病病人或疑似职业病病人或劳动者的其他健康异常改变；及时发现有职业禁忌的劳动者；通过动态观察劳动者群体健康变化，评价工作场所职业病危害因素的控制效果。定期健康检查的周期应根据不同职业病危害因素的性质、工作场所有害因素的浓度或强度、目标疾病的潜伏期和防护措施等因素决定。

4. 离岗时职业健康检查：从业人员在准备调离或脱离所从事的职业病危害作业或岗位前，应进行离岗时健康检查；主要目的是确定其在停止接触职业病危害因素时的健康状况。如最后一次在岗期间的健康检查是在离岗前的90d内，可视为离岗时检查。

5. 水文监测单位应建立健全职业卫生档案和从业人员健康监护档案。完整的职业卫生档案是区分职业健康损害责任和职业病诊断、鉴定的重要依据之一。从业人员职业健康监护档案包括：从业人员职业史、既往史和职业病危害接触史，职业健康检查结果及处理情况，职业病诊疗等健康资料。

[**参考示例1**]

实验室常见危害因素健康检查周期

编号：××-AQ-4.6.5-01

序号	职业病危害因素	职业健康检查周期（在岗期间）
1	铅及其无机化合物（CASNo：7439-92-1）	a) 血铅 400～600μg/L，或尿铅 70～120μg/L，每 3 个月复查血铅或尿铅 1 次；b) 血铅＜400μg/L，或尿铅＜70μg/L，每年体检 1 次
2	汞及其无机化合物（CASNo：7439-97-6）	a) 作业场所有毒作业分级Ⅱ级及以上：1 年 1 次；b) 作业场所有毒作业分级Ⅰ级：2 年 1 次
3	锰及其无机化合物（CASNo：7439-96-5）	1 年
4	铍及其无机化合物（CASNo：7440-41-7）	1 年
5	镉及其无机化合物（CASNo：7440-43-9）	1 年
6	铬及其无机化合物（CASNo：7440-47-3）	1 年
7	砷（CASNo：7440-38-2）	a) 肝功能检查：每半年 1 次；b) 作业场所有毒作业分级Ⅱ级及以上：1 年 1 次；c) 作业场所有毒作业分级Ⅰ级：2 年 1 次
8	磷及其无机化合物（CASNo：7723-14-0）	a) 肝功能检查：每半年 1 次；b) 健康检查：1 年 1 次
9	钡化合物（氯化钡.硝酸钡.醋酸钡，CASNo：7440-39-3）	3 年
10	钒及其无机化合物（CASNo：7440-62-2）	3 年
11	铊及其无机化合物（CASNo：7440-28-0）	1 年
12	氟及其无机化合物（CASNo：7782-41-4）	1 年
13	苯（接触工业甲苯、二甲苯参照执行，CASNo：71-43-2）	1 年
14	甲醇（CASNo：67-56-1）	3 年
15	正己烷（CASNo：110-54-3）	1 年
16	联苯胺（CASNo：92-87-5）	1 年
17	氨（CASNo：7664-41-7）	1 年
18	甲醛（CASNo：50-00-0）	1 年
19	三氯乙烯（CASNo：79-01-6）	a) 上岗后前 3 个月：每周皮肤科常规检查 1 次；b) 健康检查 3 年 1 次
20	氯丁二烯（CASNo：126-99-8）	a) 肝功能检查：每半年 1 次；b) 健康检查：1 年 1 次
21	氰及腈类化合物（CASNo：460-19-5）	3 年

续表

序号	职业病危害因素	职业健康检查周期（在岗期间）
22	酚（酚类化合物如甲酚、邻苯二酚，间苯二酚、对苯二酚等参照执行，CASNo：108－95－2）	3 年
23	五氯酚（CASNo：87－86－5）	3 年
24	丙烯酰胺（CASNo：79－06－1）	a）工作场所有毒作业分级Ⅱ级及以上：1 年 1 次；b）工作场所有毒作业分级Ⅰ级：2 年 1 次
25	酸雾或酸酐	2 年
26	微波	2 年
27	压力容器作业	2 年

[参考示例 2]

×××职业卫生档案

×××
职业卫生档案

单位：

建档时间：　　　年　月　日

档案负责人：

一、单位基本情况

单位名称					
单位地址					
法定代表人			电话		
单位类别		单位性质		成立时间	
职工总数		专（兼）职人员		职业病防治经费（万元）	―　接触有害因素人数　男 / 女
劳动者培训情况	经过安全三级培训，每年继续教育				
主要职业病危害因素					

二、职业病危害因素及防护措施

序号	职业病危害因素名称	职业病危害因素来源	作业方式	作业场所浓（强）度	职业病防护设施名称	应急预案		备注
						有	无	
1	噪声	机房	自动化		耳塞		√	

续表

序号	职业病危害 因素名称	职业病危害 因素来源	作业方式	作业场所浓 （强）度	职业病防护设施名称	应急预案 有	应急预案 无	备　注
2	危化品	化验室	敞开式		护目镜、防毒面具等	√		

注：1.［职业病危害因素来源］产生或存在职业病危害因素的工序或装置。2.［作业方式］指产生或存在职业病危
害因素的设备或工序的密闭化、自动化程度。可按全密闭、半密闭、敞开式、自动化、手工操作、隔离操
作等情况填写。

三、作业场所职业病危害因素检测情况表

序号	职业病危害 因素名称	作业场所	检测日期	检测结论	检测机构	检测报告编号	备注
1	噪声	机房	年月	合格	××检测中心	职检字××××	
2	苯	化验室理化一室	年月	合格	××检测中心	职检字××××	

四、接触有害因素职工基本情况表

年度	职工总人数	生产工人数	职工数			接触各类有害因素职工数												
						粉尘			毒物			物理			其他		
			计	男	女	计	男	女	计	男	女	计	男	女	计	男	女

注：在岗位的临时人员、合同工、外包内做工、退休聘用工等非编制职工均需一并统计。

五、职工健康监护及职业病情况统计表

有害因素 名称	工种	应检 人数	实检 人数	上岗前体 检人数 应检数	上岗前体 检人数 实检数	在岗期间 体检人数 应检数	在岗期间 体检人数 实检数	离岗时体 检人数 应检数	离岗时体 检人数 实检数	检出职业 禁忌人数	现有职业 病人数	年度新增 职业病 例数	体检或职业 病诊断机构
噪声	发电机 运行工	4	4	—	—	4	4			0	0	0	××医院
	化验员	8	8	—	—	8	8	—	—	0	0	0	××医院

六、接触职业危害因素职工名单

序号	姓　名	性别	出生年月	岗位 （工种）	危害因素分类	危害因 素名称	进入单 位时间	在岗状态	备注
				机房	物理因素	噪声		在岗	
				化验室	化学因素	危化品		在岗	

［参考示例 3］

×××

职业健康监护档案

单位：

姓名：

建档日期：

一、劳动者基本情况表

部门	××	姓名	××	性别	×	出生日期	
参加工作时间		民族		学历		身份证号	
岗位		工种		接触危害因素		危化品	婚否
职业健康检查表编号		号		联系电话			

职业史	起止日期	工作单位	部门	工种	有害因素	防护措施
			××	化验员	危化品	防毒面具、手套等

既往史	无

职业病危害接触史	无

急慢性职业病史	病名	诊断日期	诊断单位	是否治愈	
	无				

二、职业健康检查情况表

上岗前检查情况			
检查日期	结论	检查机构	是否有职业禁忌
	正常	×××医院	无

在岗期间检查情况					
检查日期	结论	检查机构	复查项目	复查结论	复查机构

续表

检查日期	结论	检查机构	复查项目	复查结论	复查机构

离岗时检查情况		
检查日期	结论	检查机构

三、职业病诊疗情况表

诊断情况		
诊断日期	职业病种类	诊断机构
无		

治疗情况				
治疗日期	病情	处方	治疗机构	主治医师
无				

四、岗位变迁情况登记表

变更前岗位	变更后岗位	变更时间	变更原因	备注
无				

◆**评审规程条文**

4.6.6 治疗及疗养

按规定给予职业病患者及时的治疗、疗养；患有职业禁忌症的员工，应及时调整到合适岗位。

◆**法律、法规、规范性文件及相关要求**

《中华人民共和国职业病防治法》（2018 年修订）

《用人单位职业健康监护监督管理办法》（国家安全生产监督管理总局令第 49 号）

◆**实施要点**

1. 《中华人民共和国职业病防治法》规定职业病病人依法享受国家规定的职业病待遇。水文监测单位应按照国家有关规定，安排职业病病人进行治疗、康复和定期检查。

2. 职业禁忌证是指从业人员从事特定职业或者接触特定职业病危害因素时，比一般职业人群更易于遭受职业病危害和罹患职业病或者可能导致原有自身疾病病情加重，或者在作业过程中诱发可能导致对他人生命健康构成危险的症病的个人特殊生理或病理状态。例如慢性阻塞性肺病、支气管哮喘、支气管扩张对于接触氨气、联氨工作人员；红绿色盲、Ⅱ期及Ⅲ期高血压、癫痫、晕厥病、双耳语言频段平均听力损失＞25dB、心脏病及心电图明显异常（心律失常）对于压力容器作业人员等均属职业禁忌症。

3. 水文监测单位应严格按照规定对疑似职业病的病人及时检查诊断，对已确诊患职业病的病人及时治疗、疗养，对未进行离岗前职业健康检查的从业人员不得解除或者终止与其订立的劳动合同。

4. 对患职业病和职业禁忌证的职工要妥善安置，及时调整到合适的岗位，做好有关记录并及时归档。

5. 单位无职业病患者，可出具无职业病患者的声明。

[参考示例]

×××关于无职业病患者的声明

声明：

××—××年度，我单位共有职工×××人，无职业病患者，无职业禁忌症的职工。

×××

年 月 日

◆ **评审规程条文**

4.6.7 危害告知

与从业人员订立劳动合同时，应告知并在劳动合同中写明工作过程中可能产生的职业病危害及其后果和防护措施。应当关注从业人员的身体、心理状况和行为习惯，加强对从业人员的心理疏导、精神慰藉，严格落实岗位安全生产责任，防范从业人员行为异常导致事故发生。

◆ **法律、法规、规范性文件及相关要求**

《中华人民共和国安全生产法》（2021修订版）

《中华人民共和国职业病防治法》（2018年修订）

◆ **实施要点**

1. 水文监测单位与从业人员订立劳动合同（含聘用合同）时，应当将工作过程中可能产生的职业病危害及其后果、职业病防护措施和待遇等如实告知从业人员，并在劳动合同中写明。

2. 水文监测单位应明确职业病危害因素辨识清单，告知内容应全面。

3. 水文监测单位应定期对从业人员进行职业健康体检，关注从业人员的身体、心理状况和行为习惯。加强对从业人员的心理疏导、精神慰藉，严格落实岗位安全生产责任，防范从业人员行为异常导致事故发生。

[参考示例1]

×××职业病危害因素辨识清单

名称	健 康 危 害	急 救 措 施
盐酸	接触其蒸气或烟雾，可引起急性中毒，出现眼结膜炎，鼻及口腔黏膜有烧灼感，鼻衄、齿龈出血，气管炎等。误服可引起消化道灼伤、溃疡形成，有可能引起胃穿孔、腹膜炎等。眼和皮肤接触可致灼伤。其强腐蚀性、强刺激性，可致人体灼伤	皮肤接触：立即脱去污染的衣着，用大量流动清水冲洗至少15min，可涂抹弱碱性物质（如碱水、肥皂水等），就医。 眼睛接触：立即提起眼睑，用大量流动清水或生理盐水彻底冲洗至少15min，就医。 吸入：迅速脱离现场至空气新鲜处，保持呼吸道通畅；如呼吸困难，给输氧；如呼吸停止，立即进行人工呼吸；就医。 食入：用大量水漱口，吞服大量生鸡蛋清或牛奶（禁止服用小苏打等药品），就医

续表

名称	健 康 危 害	急 救 措 施
硫酸	对皮肤、黏膜等组织有强烈的刺激和腐蚀作用。蒸气或雾可引起结膜炎、结膜水肿、角膜混浊，以致失明；引起呼吸道刺激，重者发生呼吸困难和肺水肿；高浓度引起喉痉挛或声门水肿而窒息死亡。口服后引起消化道烧伤以致溃疡形成；严重者可能有胃穿孔、腹膜炎、肾损害、休克等。皮肤灼伤轻者出现红斑、重者形成溃疡，愈后瘢痕收缩影响功能。溅入眼内可造成灼伤，甚至角膜穿孔、全眼炎以致失明。慢性影响：牙齿酸蚀症、慢性支气管炎、肺气肿和肺硬化	皮肤接触：应用大量水冲洗，再涂上 3%～5%碳酸氢钠溶液，迅速就医。 溅入眼睛：应立即提起眼睑，用大量流动清水或生理盐水彻底冲洗至少 15min，迅速就医。 吸入蒸气：应迅速脱离现场至空气新鲜处。保持呼吸道通畅。如呼吸困难，给输氧；如呼吸停止，立即进行人工呼吸，迅速就医。 误服：应用水漱口，给饮牛奶或蛋清，迅速就医

辨识人： 审核人： 辨识日期：

[参考示例 2]

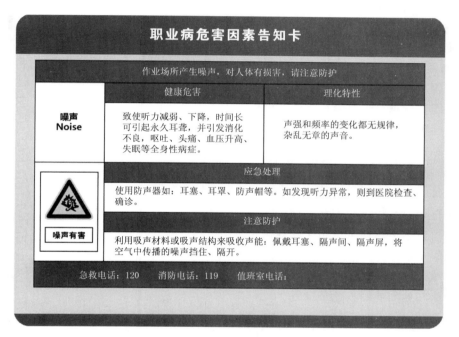

职业病危害因素告知卡

◆**评审规程条文**

4.6.8　警示教育与说明

对接触严重职业危害的作业人员进行警示教育，使其了解作业过程中的职业危害、预防和应急处理措施；在严重职业危害的作业岗位，设置警示标识和警示说明，警示说明应载明职业危害的种类、后果、预防以及应急救治措施。

◆**法律、法规、规范性文件及相关要求**

《中华人民共和国安全生产法》（2021 年修订）

《中华人民共和国职业病防治法》（2018 年修订）

GBZ 158—2014《工作场所职业病危害警示标识》

《用人单位职业病危害告知与警示标识管理规范》（安监总厅安健〔2014〕111 号）

◆**实施要点**

1. 职业危害是指对从事职业活动的从业人员可能导致职业病的各种危害。职业病危害因素包括：职业活动中存在的各种有害的化学、物理、生物因素以及在作业过程中产生的其他职业有害因素。

2. 加强对职工的宣传与培训。对从业人员进行职业危害预防和应急处理措施的宣传和培训可以提高他们对职业危害的认识，掌握基本的处理技能，起到预防和减少职业危害的作用。

3. 对可能存在职业危害的作业岗位，在醒目位置设置公告栏，公布有关职业病防治的规章制度、操作规程、职业病危害事故应急救援措施和工作场所职业病危害因素检测结果。对产生严重职业病危害的作业岗位，应当在其醒目位置，设置警示标识和中文警示说明。警示说明应当载明产生职业病危害的种类、后果、预防以及应急救治措施等内容。警示标识应符合 GBZ 158—2014《工作场所职业病危害警示标识》的要求。

4. 在工作场所设置可以使劳动者对职业病危害产生警觉，并采取相应防护措施的图形标识、警示线、警示语句和文字。

（1）图形标识：分为禁止标识、警告标识、指令标识和提示标识。

禁止标识——禁止不安全行为的图形，如"禁止入内"标识。

警告标识——提醒对周围环境需要注意，以避免可能发生危险的图形，如"噪声有害"标识。

指令标识——强制做出某种动作或采用防范措施的图形，如"必须戴护耳器"标识。

提示标识——提供相关安全信息的图形，如"救援电话"标识。

图形、警示语句和文字均应设置在作业场所入口处或作业场所的显著位置。

（2）警示线。

警示线是界定和分隔危险区域的标识线，分为红色、黄色和绿色三种。按照需要，警示线可喷涂在地面或制成色带设置。

（3）警示语句。

警示语句是一组表示禁止、警告、指令、提示或描述工作场所职业病危害的词语。警示语句可单独使用，也可与图形标识组合使用。

设备警示标识的设置：在可能产生职业病危害的设备上或其前方醒目位置设置相应的警示标识。

5. 有毒物品作业岗位职业病危害告知卡：根据实际需要，由各类图形标识和文字组合成《有毒物品作业岗位职业病危害告知卡》（以下简称告知卡）。《告知卡》是针对某一职业病危害因素，告知劳动者危害后果及其防护措施的提示卡。《告知卡》设置在使用有毒物品作业岗位的醒目位置。

6. 使用有毒物品作业场所警示标识的设置：在使用有毒物品作业场所入口或作业

场所的显著位置，根据需要，设置"当心中毒""当心有毒气体"等警告标识，"戴防毒面具""穿防护服""注意通风"等指令标识和"紧急出口""救援电话"等提示标识。

依据《高毒物品目录》，在使用高毒物品作业岗位醒目位置设置《告知卡》。在高毒物品作业场所，设置红色警示线。在一般有毒物品作业场所，设置黄色警示线。警示线设在使用有毒作业场所外缘不少于30cm处。

在高毒物品作业场所应急撤离通道设置紧急出口提示标识。在泄险区启用时，设置"禁止入内""禁止停留"警示标识，并加注必要的警示语句。

可能产生职业病危害的设备发生故障时，或者维护、检修存在有毒物品的生产装置时，根据现场实际情况设置"禁止启动"或"禁止入内"警示标识，可加注必要的警示语句。

7. 职业病危害事故现场警示线的设置：在职业病危害事故现场，根据实际情况，设置临时警示线，划分出不同功能区。红色警示线设在紧邻事故危害源周边，将危害源与其他的区域分隔开来，限佩戴相应防护用具的专业人员可以进入此区域。黄色警示线设在危害区域的周边，其内外分别是危害区和洁净区，此区域内的人员要佩戴适当的防护用具，出入此区域的人员必须进行洗消处理。绿色警示线设在救援区域的周边，将救援人员与公众隔离开来。患者的抢救治疗、指挥机构设在此区内。

[参考示例1]

《安全培训实施记录表》同3.2.3[参考示例2]。

[参考示例2]

《有毒物品作业岗位职业病危害告知卡》同6.1.2[参考示例5]。

◆评审规程条文

4.6.9 职业病申报

工作场所存在职业病目录所列职业病的危害因素，应按规定及时、如实向所在地有关部门申报职业病危害项目，并及时更新信息。

◆法律、法规、规范性文件及相关要求

《中华人民共和国职业病防治法》（2018年修订）

《工作场所职业卫生管理规定》（卫健委令第5号 2021年修订）

《职业病危害项目申报办法》（国家安全生产监督管理总局令第48号）

◆实施要点

1. 职业病是指水文监测单位的从业人员在水文作业活动中，因接触粉尘、放射性物质和其他有毒、有害因素而引起的疾病。

2. 职业病危害因素按照《职业病危害因素分类目录》确定。

3. 职业病危害项目申报工作实行属地分级管理的原则。部、省属水文监测单位的职业病危害项目，向其所在地设区的市级人民政府安全生产监督管理部门申报。前款规定以外的其他水文监测单位的职业病危害项目，向其所在地县级人民政府安全生产监督管理部门申报。

4. 依据《职业病危害项目申报办法》(国家安全生产监督管理总局令第 48 号),申报时应当提交《职业病危害项目申报表》及下列文件、资料:

(1) 单位基本情况。

(2) 工作场所职业病危害因素的种类、分布情况以及接触人数。

(3) 法律法规和规章规定的其他文件、资料。

5. 职业病危害项目申报同时采取电子申报和纸质文本两种方式。水文监测单位应首先通过"职业病危害项目申报系统"进行电子数据申报,同时将《职业病危害项目申报表》加盖公章并由本单位主要负责人签字后,连同有关文件、资料一并向所在地设区的市级、县级安全生产监督管理部门申报。

6. 因技术、设备或者所使用试剂等耗材发生变化导致原申报的职业病危害因素及其相关内容发生重大变化的,自发生变化之日起 15 日内进行重新申报,及时更新信息。

[参考示例]

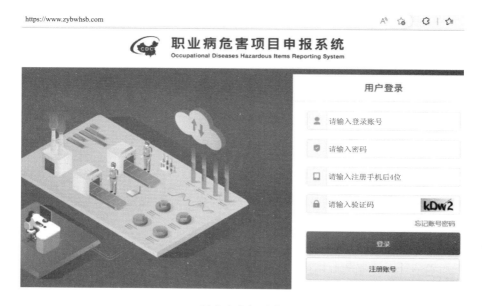

职业病申报平台

◆ **评审规程条文**

4.6.10　危害场所检测

按相关规定制定职业危害场所检测计划,定期对职业危害场所进行检测,并将检测结果存档。

◆ **法律、法规、规范性文件及相关要求**

《中华人民共和国职业病防治法》(2018 年修订)

《用人单位职业病危害因素定期检测管理规范》(安监总厅安健〔2015〕16 号)

◆**实施要点**

1. 水文监测单位应根据《用人单位职业病危害因素定期检测管理规范》（安监总厅安健〔2015〕16 号）第四条，制定检测计划，委托具有相应资质的职业卫生技术服务机构对实验室等职业危险场所每年进行一次有害因素检测及职业病危害因素检测评价，并向从业人员公布检测结果。

2. 职业病危害因素检测、评价由依法设立的取得国务院卫生行政部门或者设区的市级以上地方人民政府卫生行政部门按照职责分工给予资质认可的职业卫生技术服务机构进行。职业卫生技术服务机构所作检测、评价应当客观、真实。

3. 检测结果应放入职业卫生档案，作为将来职业病诊断、鉴定的依据。除此之外，还应保留中介技术服务机构的资质复印件。

◆**评审规程条文**

4.6.11　危害整改

职业病危害因素浓度或强度超过职业接触限值的，制定切实有效的整改方案，立即进行整改。

◆**法律、法规、规范性文件及相关要求**

《中华人民共和国职业病防治法》（2018 年修订）

《用人单位职业病危害因素定期检测管理规范》（安监总厅安健〔2015〕16 号）

GB/T 27476.1—2014《检测实验室安全　第 1 部分：总则》

GBZ 2.1—2019《工作场所有害因素职业接触限值　第 1 部分：化学有害因素》

GBZ 2.2—2019《工作场所有害因素职业接触限值　第 2 部分：物理因素》

◆**实施要点**

1. 职业接触限值是指从业人员在作业活动过程中长期反复接触，对绝大多数接触者的健康不引起有害作用的容许接触水平，是职业性有害因素的接触限制量值。

2. 实验室空气中化学有害因素的职业接触限值不能超过 GBZ 2.1—2019《工作场所有害因素职业接触限值　第 1 部分：化学有害因素》所规定的限值；微波辐射职业接触限值、紫外辐射职业接触限值不能超过 GBZ 2.2—2019《工作场所有害因素职业接触限值第 2 部分：物理因素》所规定的限值。

3. 如果发现实验室区域空气中危害因素的浓度超过职业接触限值时，水文监测单位应结合本单位的实际情况，认真查找超标原因，制定切实有效的整改方案，立即进行整改。

第七节　警　示　标　识

警示标识是警示水文监测单位工作场所或周围环境危险状况的特定安全信息的标识，目的是提醒人员预防危险，引导人员采取合理行为，从而避免事故发生。警示标识管理包括建立管理制度、规范警示标识设置、定期检查维护。

◆**评审规程条文**

　　4.7.1　管理制度

　　安全警示标志管理制度应明确现场安全和职业病危害警示标志、标牌的采购、制作、安装和维护等内容。

◆**法律、法规、规范性文件及相关要求**

　　《中华人民共和国安全生产法》（2021 年修订）

　　GB 2893.5—2020《图形符号安全色和安全标志　第 5 部分：安全标志使用原则与要求》

　　GB 2894—2008《安全标志及其使用导则》

　　GB 5768《道路交通标志和标线》

　　GBZ 158—2003《工作场所职业病危害警示标识》

◆**实施要点**

　　1. 警示标识是安全生产的重要组成部分，用以表达特定安全信息，由图形符号、安全色、几何形状（边框）或文字构成。

　　（1）警示标识分为禁止标识、警告标识、指令标识和提示标识四大类型。

　　（2）禁止标识是禁止人们不安全行为的图形标识。

　　（3）警告标识是提醒人们对周围环境引起注意，以避免可能发生危险的图形标志。

　　（4）指令标识是强制人们必须做出某种动作或采用防范措施的图形标识。

　　（5）提示标识是向人们提供某种信息（如标明安全设施或场所等）的图形标识。

　　（6）安全色是传递安全信息含义的颜色，包括红、蓝、黄、绿四种颜色；对比色是使安全色更加醒目的反衬色，包括黑、白两种颜色。

　　2. 警示标识的安全色和安全标识应分别符合 GB 2893.5—2020《图形符号安全色和安全标志　第 5 部分：安全标志使用原则与要求》和 GB 2894—2008《安全标志及其使用导则》的规定，道路交通标识和标线符合 GB 5768《道路交通标志和标线》的规定，消防标识应符合 GB 13495.1—2015《消防安全标志　第 1 部分：标志》的规定，工作场所职业病危害警示标识应符合 GBZ 158—2003《工作场所职业病危害警示标识》的规定。安全警示标识和职业病危害警示标识应标明安全风险内容、危险程度、安全距离、防控办法、应急措施等内容。

　　3. 水文监测单位应制定安全警示标识管理制度，规范单位安全和职业病危害警示标识管理，加强标识的采购、制作、使用和维护，充分发挥安全警示标识在安全生产中的作用，避免事故的发生。

　　4. 安全警示标识管理制度，应符合相关法律法规的规定，内容应全面，且有可操作性，并以正式文件发布，做到有据可依。

［**参考示例**］

×××安全警示标识管理制度

第一章　总　　则

　　第一条　为规范单位安全警示标识管理，加强标识的采购、使用、维护和管理，充分发挥安全警示标识在安全生产中的作用，避免事故的发生，结合单位实际情况，制订本制度。

第二条　本制度适用于×××管理范围内的生产、生活、办公场所的安全标识的管理。

第二章　职　责

第三条　安全警示标识必须符合国家标准。单位各部门应根据实际需要，向××（部门）提交使用计划，由××（部门）负责审批，并上报批准后统一购置。采购的安全标识必须符合国家标准GB 2894—2008《安全标志及其使用导则》的要求。

第四条　单位各部门应结合生产、生活、办公场所具体情况悬挂标识。并填写《安全标识标牌统计表》。做好安全警示标识使用、维护和管理，并列入日常检查内容；如发现有变形、破损、褪色等不符合要求的标识应及时上报××（部门）修整或更换。

第五条　××（部门）负责对安全标识的使用情况进行监督与检查。

第六条　安全标识牌未经办公室负责人允许，任何人不得随意移动或拆除。

第三章　安全警示标识的分类

第七条　在不准或制止人们的某种行为的场所必须设置禁止标识。其含义是禁止人们不安全行为的图形标识。禁止标识的基本形式是带斜杠的圆边框，白底红字。

第八条　在提示注意可能发生危险的场所必须设置警告标识。其含义是提醒人们对周围环境引起注意，以避免可能发生危险的标识。其基本形状为正三角形边框，黄底黑字。

第九条　在必须遵守的场所必须设置指令标识。其含义是强制人们必须做出某种动作或采取防范措施的图形标识。其基本形状为圆形边框。蓝底白字。

第十条　在示意目标方向的场所必须设置提示标识。其含义是向人们提供某种信息（如表明安全设施或场所）的图形标识。基本形状为正方形边框，绿底白字。

第四章　安全警示标识设置原则

第十一条　安全警示标识应按照能够起到提示、提醒的目的，安全警示标识、危害警示标识应设置在醒目的地方和它所指示的目标物附近（如易燃、易爆、有毒、高压等危险场所），使进入现场人员易于识别，引起警惕，预防事故的发生。

第十二条　在设置安全警示标识的同时，根据公共场所和生产环境的不同，设置相应的公共信息标识，如紧急出口、注意安全等。

第十三条　安全警示标识的设置要与环境相谐调，应设置在醒目的地方，并保证标识有足够的亮度和照明；有灯光的，其照明不应是有色光。

第十四条　安全警示标识的设置应避免滥设和不规范使用，在同一地域内，要避免设置内容相互矛盾和内容相近的标识。用适量的标识达到提醒人们注意安全的目的，设置图形符号必须符合国家标准的规定。

第十五条　安全警示标识设置应牢固可靠，不宜设在门窗等可移动的物体上，不得妨碍正常作业和避免造成新的隐患。

第五章　安全警示标识的设置方式

第十六条　附着式：将标识直接附着在建筑物等设施上。

第十七条　悬挂式：将标识悬挂在固定牢靠的物体上。

第十八条　柱式：将标识固定在柱杆上。

第六章　其　他　要　求

第十九条　安全警示标识是单位公有财产，每位从业人员都有义务加以爱护，有责任对损坏其行为加以制止。

第二十条　安全警示标识的配置使用应列入各级安全检查的内容，按照其安装位置所属部门负责日常维护，保持整洁，防止玷污和损伤。

第二十一条　安全警示标识的使用、发放、回收由××（部门）负责并做好发放记录，作废回收的标识，尽可能地再利用，不能利用，可作废品处理。

第七章　附　　则

第二十二条　本规定由××（部门）负责解释。

◆**评审规程条文**

4.7.2　标志设置

按照规定和场所的安全风险特点，存在重大危险源、较大危险因素和严重职业病危害因素的场所及危险作业现场应设置明显的安全警示标志和职业病危害警示标识，告知危险的种类、后果及应急措施等，危险处所夜间应设红灯示警；在危险作业现场设置警戒区、安全隔离设施，并安排专人现场监护。

◆**法律、法规、规范性文件及相关要求**

《中华人民共和国安全生产法》（2021 年修订）

《中华人民共和国职业病防治法》（2018 年修订）

《用人单位职业病危害告知与警示标识管理规范》（安监总厅安健〔2014〕111 号）

◆**实施要点**

1. 水文监测单位应按照规定和场所的安全风险特点，在存在重大危险源、较大危险因素和严重职业病危害因素的场所及危险作业现场设置明显的安全警示标识和职业病危害警示标识，目的是告知危险的种类、后果及应急措施等，让现场工作人员心中有数。

2. 危险处夜间应设红灯示警，危险作业现场除了按规定设置安全警戒区或安全隔离设施外，还应安排专人监护。

［**参考示例 1**］

×××安全警示标识标牌安装统计表

编号：××-AQ-4.7.2-01

序号	标 识 标 牌 名 称	规　　格	安 装 位 置	数量	管理责任人
1	办公大楼及附楼逃生线路图、消防设施布置图	900mm×600mm			
2	安全生产领导小组网络图	1.8m×1.0m			
3	办公楼楼道安全文化宣传牌（室内）	900mm×600mm			
4	安全文化宣传牌（室外）	0.5m×1.0m			

序号	标 识 标 牌 名 称	规　格	安 装 位 置	数量	管理责任人
5	弱点井、强电井、消防控制箱等张贴标识	150mm×80mm			
6	岗位安全职责、应急救援领导小组网络图	A5			
7	岗位安全风险告知卡、应急处置卡	A5			
8	食堂管理制度牌	900mm×600mm			
	……				

[**参考示例 2**]

×××警示牌统计表

编号：××-AQ-4.7.2-02

序号	警 示 牌 名 称	警示牌类别	设 置 部 位	图　片
1	禁止毁坏水文监测设施	禁止标识	水文设施附近	
2	当心表面高温	警告标识	备用电源房	
3	必须戴防护手套	指令标识	配电房	
4	安全出口	提示标识	各楼层	

[**参考示例 3**]

危险源告知牌汇总表

编号：××-AQ-4.7.2-03

序号	危 险 源 名 称	危 险 源 等 级	危险源告知牌悬挂位置	责任人

[参考示例4]

职业危害告知牌登记表

编号：××-AQ-4.7.2-04

序号	职 业 危 害	放 置 位 置

◆**评审规程条文**

4.7.3 检查维护

定期对警示标志进行检查维护，确保其完好有效。

◆**法律、法规、规范性文件及相关要求**

GB 2894—2008《安全标志及其使用导则》

◆**实施要点**

1. 警示标识应定期检查维护，发现不符合要求的警示标识以及缺少的警示标识进行更换和安装，确保作业场所和设施设备上设置有对应的警示标识标牌。

2. 警示标识应按规定设置齐全、规范、清晰，无破损、变形、褪色，确保完好有效。

3. 安全标识牌至少每半年检查一次，暴雨、台风等恶劣天气后应及时组织人员增加一次检查。发现有不符合要求者，应及时修整或更换。

[参考示例]

×××安全标识标牌检查记录表

检查原因：　　　　　检查日期：　　　　　编号：××-AQ-4.7.3-01

序号	内　容	规　格	位　置	数量	检查情况	处理情况
1	办公大楼及附楼逃生线路图、消防设施布置图	900mm×600mm		1		
2	安全生产领导小组网络图	1.8m×1.0m				
3	办公楼楼道安全文化宣传牌（室内）	900mm×600mm				
	………					
	存在的其他问题					
	参加检查人员					

注：1. 每半年至少组织一次安全警示标识标牌检查，遇暴雨、台风等恶劣天气后及时组织人员增加一次检查。

2. 各项检查正常时在检查情况栏打"√"，存在问题时详细说明问题情况并记录处理措施。

第七章　安全风险分级管控及隐患排查治理

安全风险分级管控及隐患排查治理是安全生产法律要求。安全风险管理包括制度制定、危险源辨识、风险评价、分级分类差异化动态管理、从业人员培训、变更管理等内容。隐患排查治理包括相关制度、排查方案、举报奖励、建档监控、治理方案组织实施、结果通知等内容。预测预警体系包括制度制定、定期预警等。

第一节　安全风险管理

安全风险及分级管控是指水文监测单位通过科学的手段对本单位的危险源进行全面辨识并评价其风险等级，危险源辨识应覆盖本单位的所有生产活动、人员行为、设备设施、作业场所、安全管理和变更管理等方面。辨识和评价的结果应对相关从业人员进行培训和交底，使其掌握现场存在的危害以及防控措施。

◆**评审规程条文**

5.1.1　安全风险及分级管控制度的内容应包括危险源辨识及风险评价的职责、范围、频次、方法、准则和工作程序等，并以正式文件发布实施。

◆**法律、法规、规范性文件及相关要求**

《中华人民共和国安全生产法》（2021 年修订）

SL/T 789—2019《水利安全生产标准化通用规范》

《水利部关于开展水利安全风险分级管控的指导意见》（水监督〔2018〕323 号）

《水利安全生产监督管理办法（试行）》（水监督〔2021〕412 号）

《构建水利安全生产风险管控"六项机制"的实施意见》（水监督〔2022〕309 号）

◆**实施要点**

1. 安全风险及分级管控是科学辨识与评价本单位危险源及其风险等级，有效防范生产安全事故的重要控制措施。

2. 水文监测单位应建立安全风险及分级管控制度，制定危险源辨识和风险评价程序，明确要求和方法，全面开展危险源辨识和风险评价，强化安全风险管控措施，切实做好安全风险管控各项工作，并以正式文件发布实施。

3. 安全风险及分级管控制度应与单位人员、设施设备、危险物品、环境和组织架构结合。

4. 制度内容应全面，不应存在辨识漏项，包括危险源辨识及风险评价的职责、范围、频次、方法、准则和工作程序等。

5. 制度内容应符合《中华人民共和国安全生产法》《水利安全生产标准化通用规范》《水利部关于开展水利安全风险分级管控的指导意见》等相关法律法规和本单位安全生产

管理的工作实际。

[参考示例]

关于印发《×××安全风险及分级管控制度》的通知

各部门、各监测中心：

根据《中华人民共和国安全生产法》《水利部关于开展水利安全风险分级管控的指导意见》（水监督〔2018〕323号）等，经单位党委暨安全生产领导小组研究，我单位制定了《×××安全风险及分级管控制度》，现予印发，请认真贯彻执行。

附件：×××安全风险及分级管控制度

×××

年　月　日

附件：

×××安全风险及分级管控制度
第一章　总　则

第一条　为科学辨识与评价本单位危险源及其风险等级，有效防范生产安全事故，根据《中华人民共和国安全生产法》《水利部关于开展水利安全风险分级管控的指导意见》（水监督〔2018〕323号）等，制定本办法。

第二条　本办法适用于各部门、各监测中心开展危险源辨识与风险评价。

第三条　本单位危险源（以下简称危险源）是指在水文监测、管理等过程中存在的，可能导致人员伤亡、健康损害、财产损失或环境破坏，在一定的触发因素作用下可转化为事故的根源或状态。

第四条　各部门、各监测中心是危险源辨识、风险评价的责任主体。各部门（中心）应结合本部门实际，根据水文监测工作情况和管理等特点，科学、系统、全面地开展危险源辨识与风险评价，严格落实相关管理责任和管控措施。

第五条　各部门、各监测中心应组织开展危险源辨识与风险评价管理，明确有关部门的人员职责、辨识范围、流程、方法、频次。对危险源进行登记，及时掌握危险源的状态及其风险的变化，更新危险源及其风险等级，实施动态管理。

第六条　单位及其上级主管单位（部门）依据有关法律法规、技术标准和本制度对危险源辨识与风险评价管控工作进行技术培训、监督与检查。

第二章　危险源类别、级别与风险等级

第七条　水文监测单位危险源分五个类别，分别为建筑物类、设施设备类、作业活动类、管理类和环境类，各类别辨识与评价的对象主要有：

（一）建筑物类：生产管理用房、水质实验室、仓库、机房等。

（二）设施设备类：水位观测设施、流量观测设施、降蒸及气象观测设施、水土保持观测设施、管理设施、电气设备、特种设备、专用设备、化验设备等。

（三）作业活动类：涉水作业、桥测作业、缆道作业、无人机作业、易燃作业、易腐蚀作业、易爆作业、易致毒作业、玻璃器皿作业、加热作业、野外取样、车辆和船只行驶、设施设备维护保养、高处作业、起重吊装作业、水上水下作业、焊接作业、交叉作业、受限空间作业和临近带电体作业等。

（四）管理类：机构组成与人员配备，安全管理规章制度与操作规程，安全用品储备，维修养护物资储备，安全生产费用落实，管理、作业人员教育培训，应急预案编制、备案、演练，仪器设备报废处置和警示标识设置等。

（五）环境类：野外作业环境，斜坡、通道、观测梯、作业场地，临边、临水部位，食堂食材，电源插座和大功率电器使用等。

第八条　水文监测单位危险源分两个级别，分别为重大危险源和一般危险源。

其中重大危险源是指在水文监测、管理过程中存在的，可能导致人员重大伤亡、健康严重损害、财产重大损失或环境严重破坏，在一定的触发因素作用下可转化为事故的根源或状态。

第九条　危险源的风险评价分为四级，由高到低依次为重大风险、较大风险、一般风险和低风险，分别用红、橙、黄、蓝四种颜色标示。各级风险管控措施原则如下：

（一）重大风险：极其危险，由单位主要负责人组织管控，上级主管部门重点监督检查。必要时报请上级主管部门或与当地应急、海事、公安部门沟通，协调相关单位共同管控。

（二）较大风险：高度危险，由单位分管业务部门的负责人组织管控，分管安全负责人协助单位主要负责人监督。

（三）一般风险：中度危险，由有关部门负责人组织管控，安全生产领导小组办公室主任协助其分管领导监督。

（四）低风险：轻度危险，由各部门和各监测中心负责人自行管控。

第三章　危险源辨识

第十条　危险源辨识是指对有可能产生危险的根源或状态进行分析，识别危险源的存在并确定其特性的过程，包括辨识出危险源以及判定危险源类别与级别。

危险源辨识应考虑相关人员发生危险的可能性，水文监测设施设备受到的损失破坏程度，危化品及药品储存物质的危险特性，以及水文监测环境危险特性等因素，综合分析判定。

第十一条　危险源辨识应由各部门、各监测中心经验丰富的水文监测和安全管理方面专业人员及基层管理人员（技术骨干），采用科学、有效及相适应的方法进行辨识。对其进行分类和分级，制定危险源清单，并确定危险源名称、类别、级别、事故诱因、可能导致的事故等内容，必要时集体研究或专家论证。

第十二条　危险源辨识应优先采用直接判定法，不能用直接判定法辨识的，应采用其他方法进行判定。符合《水文监测单位重大危险源清单》和达到或超过《水文监测单位实验室危化品危险源判定表》中临界量的任何一条的，直接判定为重大危险源。

第十三条　相关法律法规、规范规程、技术标准发布（修订）后，或者建筑物、设备设施、作业活动、管理、环境等相关要素发生变化，或发生生产安全事故后，应及时组织危险源辨识。

第四章　危险源风险评价

第十四条　危险源风险评价是对危险源在一定触发因素作用下导致事故发生的可能性及危害程度进行调查、分析、论证等，以判断危险源风险程度，确定风险等级的过程。危险源风险评价方法采用直接评定法、作业条件危险性评价法（以下称 LEC 法）等。

第十五条　对于重大危险源，其风险等级应直接评定为重大风险；对于一般危险源，其风险等级可结合实际采用 LEC 法确定。重大危险源和风险等级评定为重大的一般危险源应建立专项档案，并报省级主管单位备案。危化品类相关危险源应按照规定同时报所在地管理部门备案。

第十六条　对于危险化学品一般危险源，应由不同管理层级以及水环境监测中心实验人员（技术骨干），依据《水环境监测实验室安全技术导则》《危险化学品储存通则》《危险化学品重大危险源辨识》独立评价，单独编制风险评价报告。

第十七条　对于水文设施工程建设、维修养护等相关方作业活动可能影响人身安全的一般危险源，评价方法参照《水利水电工程施工危险源辨识与风险评价导则（试行）》（办监督函〔2018〕1693 号）。

第十八条　一般危险源的 L、E、C 值（作业条件危险性评价法）参考取值范围及风险等级范围见《水文监测单位一般危险源风险评价赋分表（指南）》，各部门、各监测中心可依据工作实际适当调整赋分制。

第五章　危险源辨识及风险评价报告

第十九条　各部门、各监测中心应定期组织专业技术人员开展危险源辨识和风险评价，至少每个季度开展 1 次危险源辨识与风险评价，绘制危险源四色空间分布图，编制危险源辨识与风险评价报告。

第二十条　危险源辨识与风险评价报告应经安全生产领导小组办公室、分管安全负责人以及单位主要负责人签字确认，必要时应组织专家进行审查。

第二十一条　各部门、各监测中心相关危险源应于每季度最后一个月月底前，通过水利安全生产信息系统报送信息。

第六章　附　　则

第二十二条　本制度由安全生产领导小组办公室负责解释。

第二十三条　本制度自发布之日起施行。

◆**评审规程条文**

5.1.2　组织开展全面、系统的危险源辨识，确定一般危险源和重大危险源。危险源辨识应采用适宜的程序和方法，覆盖本单位的所有生产活动、人员行为、设备设施、作业场所和安全管理等方面。应对危险源辨识及风险评价资料进行统计、分析、整理、归档。

◆**法律、法规、规范性文件及相关要求**

《中华人民共和国安全生产法》（2021 年修订）

《危险化学品重大危险源监督管理暂行规定》（2015 年修订）

SL/T 789—2019《水利安全生产标准化通用规范》

《水利部关于开展水利安全风险分级管控的指导意见》（水监督〔2018〕323 号）

《水利安全生产信息报告和处置规则》（水监督〔2022〕156 号）

《构建水利安全生产风险管控"六项机制"的实施意见》（水监督〔2022〕309 号）

◆**实施要点**

1. 危险源是指在水文作业、管理过程中存在的可能导致人员伤亡、健康损害、财产损失或环境破坏，在一定的触发因素作用下可转化为事故的根源或状态。

2. 开展危险源辨识的目的是有效、系统、全面地辨识危险源，落实危险源相关管理责任和管控措施，有效防范和减少生产安全事故。

3. 水文监测单位应建立安全风险辨识管理制度，组织全员对本单位的危险源及安全风险进行全面、系统的辨识，实现对本单位所有生产活动、人员行为、设施设备、作业场所和安全管理等方面的全覆盖，同时充分辨识复杂气象、地质、交通、通信条件下的危险源及安全风险，并持续更新完善。

4. 一般危险源辨识应包括建筑物、设施设备、作业、管理和环境等五类。

（1）建筑物类一般危险源主要分为生产业务用房、水质实验室、仓库等。

（2）设施设备类一般危险源主要分为水位观测设施、流量测验设施、降蒸及气象观测设施、水土保持观测设施、管理设施、电气设备、特种设备、专用设备、化验设备等。

（3）作业类一般危险源主要存在于作业活动中，包括涉水作业、桥测作业、缆道作业、无人机作业、易燃作业、易腐蚀作业、易爆作业、易致毒作业、玻璃器皿作业、加热作业、野外采样、车辆和船只行驶、设施设备维护保养、高处作业、起重吊装作业、焊接作业、交叉作业、受限空间作业和临近带电体作业等。

（4）管理类一般危险源主要存在于管理体系中，包括机构组成与人员配备，安全管理规章制度与操作规程，安全用品储备，维修养护物资储备，安全生产费用落实，管理、作业人员教育培训，应急预案编制、备案、演练，仪器设备报废处置和警示标识设置等。

（5）环境类一般危险源主要存在于工作环境中，包括野外作业环境，斜坡、通道、观测梯、作业场地，临边、临水部位，食堂食材，电源插座和大功率电器使用等。

5. 重大危险源辨识应包括建筑物和作业活动等两类。重大危险源辨识应全面完整，并逐项建档。

（1）建筑物类重大危险源主要分为生产用房和机房两项。其中，生产用房项目的重大危险源是 D 级危房（经鉴定、尚未整改未"五落实"），事故诱因有超期使用、自然灾害、不良地质等；机房项目的重大危险源是机房，事故诱因有高温、漏电、漏水、安全检查不到位等。

（2）作业活动类的重大危险源主要存在于水文监测中，重大危险源包括高洪、大江大河和海上，事故诱因有恶劣天气、碰撞、作业人员违反相关操作规程等。

6. 水文监测单位应定期组织专业技术人员开展危险源辨识和风险评价，编制危险源辨识与风险评价报告，对危险辨识及风险评价资料进行统计、分析、整理、归档。

7. 水文监测单位应建立危险源档案。归档资料应齐全，不得缺漏，包括危险源辨识登记表、危险单元划分、危险因素分析、危险源管理分级等方面的结果和依据材料。归档时，应列明档案中有关资料的清单，辨识负责人、审查负责人及归档经办人均应在档案上签字。

［参考示例 1］

危险源辨识登记表

部门：　　　　　　　　辨识时间：　　年　月　日　　　　　　编号：××-AQ-5.1.2-01

序号	类别	项目	危险源	可能导致的后果	危险源详细位置	危险源现状	是否重大危险源	责任人

审查负责人：　　　　　　归档经办人：　　　　　　辨识负责人：

［参考示例 2］

重大危险源登记表

辨识时间：　　年　月　日　　　　　　　　　　　　编号：××-AQ-5.1.2-02

序号	类别	项目	危险源	可能导致的后果	危险源详细位置	危险源现状	责任部门	责任人

审查负责人：　　　　　　归档经办人：　　　　　　辨识负责人：

◆ 评审规程条文

5.1.3　对危险源进行风险评价时，应至少从影响人员、财产和环境 3 个方面的可能性和严重程度进行分析，并对现有控制措施的有效性加以考虑，确定风险等级。

◆ 法律、法规、规范性文件及相关要求

《危险化学品重大危险源监督管理暂行规定》（2015 年修订）

SL/T 789—2019《水利安全生产标准化通用规范》

水利部办公厅关于转发《水利行业涉及危险化学品安全风险的品种目录》的通知（办安监函〔2016〕849 号）

《水利部关于开展水利安全风险分级管控的指导意见》（水监督〔2018〕323 号）

《水利水电工程施工危险源辨识与风险评价导则（试行）》（办监督函〔2018〕1693 号）

《构建水利安全生产风险管控"六项机制"的实施意见》（水监督〔2022〕309 号）

◆ 实施要点

1. 水文监测单位应对危险源进行风险评价，风险因素应至少包含人员、财产和环境等 3 个方面。风险评价必须重点对危险发生的可能性和发生后造成损失的严重程度展开分析，并综合考虑现有控制措施的有效性。风险评价必须明确风险等级。

2. 危险源风险评价的目的是系统地找出建筑物、设施设备、作业、管理、环境中潜在的危险因素，对风险进行定性、定量分析和预测，评价现有控制措施的有效性，实现安全技术与安全管理的标准化和科学化。

3. 水文监测单位应建立安全风险评估管理制度，明确安全风险评估的目的、范围、

频次、准则和工作程序等，并以正式文件发布。

4. 水文监测单位应按规定开展危险源风险评价，并通过定量或定性的方法确定危险等级。建议采用作业条件危险性评价法（LEC 法）进行风险评价。

LEC 评价法是对具有潜在危险性作业环境中的一般危险源进行半定量的安全评价方法，用于评价操作人员在具有潜在危险性环境中作业时的危险性、危害性。该方法用与系统风险有关的 L、E、C 三种因素指标值的乘积值 D 来评价操作人员伤亡风险大小，其中 L 指事故发生的可能性、E 指人员暴露于危险环境中的频繁程度、C 指一旦发生事故可能造成的后果、D 指危险程度。危险程度分为四级：重大风险（D＞320），较大风险（160＜D≤320），一般风险（70＜D≤160），低风险（D≤70）。

5. 风险等级的确立应合理，水文监测单位应对全部危险源进行归类、评估和确定危险等级，并对需上报的危险源辨识及初评等级组织审核，必要时可委托具备安全评价资格的评价机构进行。

[参考示例]

危险源辨识及风险评价一览表

部门：　　　　　　辨识时间：　　年　月　日　　　　　编号：××-AQ-5.1.3-01

序号	类别	项目	危险源	可能导致的后果	风险评价				风险等级	备注
					L	E	C	D		
1										
2										

批准人：　　　　　　部门负责人：　　　　　　　　编制人：

注：风险等级分为四级：重大风险（D＞320）；较大风险（160＜D≤320）；一般风险（70＜D≤160）；低风险（D≤70）。

◆**评审规程条文**

5.1.4　实施风险分级分类差异化动态管理，及时掌握危险源及风险状态和变化趋势，适时更新危险源及风险等级，并根据危险源及风险等级制定并落实相应的安全风险控制措施，（包括工程技术措施、管理措施、个体防护措施等），对安全风险进行控制。重大危险源应制定专项安全管理方案和应急预案，明确责任部门、责任人、管控措施和应急措施，建立应急组织，配备应急物资，登记建档并及时将重大危险源的辨识评价结果、风险防控措施及应急措施向上级主管部门报告。

◆**法律、法规、规范性文件及相关要求**

《中华人民共和国安全生产法》（2021 年修订）

《危险化学品重大危险源监督管理暂行规定》（2015 年修订）

SL/T 789—2019《水利安全生产标准化通用规范》

《水利部关于开展水利安全风险分级管控的指导意见》（水监督〔2018〕323 号）

《构建水利安全生产风险管控"六项机制"的实施意见》（水监督〔2022〕309 号）

◆**实施要点**

1. 水文监测单位应根据危险源风险等级评估结果，适时更新危险源及风险等级，实施分级分类差异化动态清单化管理。按安全风险等级实行分级管理，落实各级单位、部门、岗位的管控责任；高度关注危险源风险的变化情况，动态调整危险源、风险等级和管控措施，确保安全风险始终处于受控范围内。

2. 水文监测单位应制定并落实相应的安全风险控制措施（包括工程技术措施、管理控制措施、个体防护措施等），对安全风险进行控制。

3. 重大危险源的安全状况应实时监控，严密监视可能导致这些危险源的安全状态向事故临界状态转化的各种参数（含危险物质的量或浓度）的变化趋势，及时给出预警信息或应急控制指令，使重大危险源始终处于受控状态。

4. 重大危险源应进行定期检测、评估、监控，制定专项管理方案和应急预案，告知从业人员和相关人员在紧急情况下应当采取的应急措施。

5. 重大危险源专项安全管理方案和应急预案应符合《中华人民共和国安全生产法》《水利安全生产标准化通用规范》《生产经营单位生产安全事故应急预案编制导则》等相关法律法规和水文监测单位安全管理制度的有关规定。

6. 重大危险源专项安全管理方案和应急预案应明确责任部门、责任人、管控措施和应急措施，建立应急组织，配备应急物资，并定期进行应急演练。

7. 应急组织及物资配备应符合相关法律法规和水文监测单位安全管理制度的有关规定。

8. 重大危险源应登记建档，并制定应急预案，重大危险源档案应包括下列文件、资料：

（1）辨识、分级记录。

（2）重大危险源基本特征表。

（3）涉及的所有化学品安全技术说明书。

（4）区域位置图、平面布置图、工艺流程图和主要设备一览表。

（5）重大危险源安全管理规章制度及安全操作规程。

（6）安全监测监控系统、措施说明、检测、检验结果。

（7）重大危险源事故应急预案、评审意见、演练计划和评估报告。

（8）安全评估报告或者安全评价报告。

（9）重大危险源关键装置、重点部位的责任人、责任机构名称。

（10）重大危险源场所安全警示标识的设置情况。

（11）其他文件、资料。

9. 水文监测单位应及时将重大危险源的辨识评价结果、风险防控措施及应急措施向上级主管单位（部门）报告，为重大危险源监控、应急救援及事故调查处理提供资料和依据。报告内容应齐全并符合有关规定。

10. 水文监测单位应按照有关规定定期对安全防范设施和安全监测监控系统进行检测、检验，组织进行经常性维护、保养并做好记录。

[参考示例 1]

重大危险源登记报告表

编号：××-AQ-5.1.4-01

序号	分类	名称	数量	单位（部门）	地点	安全责任人	安全管理制度和安全操作规程情况	安全防护措施	应急预案与演练情况	备注
1										
2										

批准人：　　　　　　部门负责人：　　　　　　编制人：

[参考示例 2]

重大危险源动态监控表

编号：××-AQ-5.1.4-02

危险源名称		风险等级	
危险源地点		确认时间	
责任单位（部门）		责任人	
可能存在的主要危险因素			
预防事故的主要措施			

动态监控情况

序号	检查日期	存在问题及整改意见	总体受控状况			检查人
			失控	受控	良好	

批准人：　　　　　　部门负责人：

注：本表一式 2 份，由责任部门填写，用于存档和备案，责任部门和办公室各 1 份。

[参考示例 3]

重大危险源监控记录汇总表

编号：××-AQ-5.1.4-03

序号	名称	级别	地点	确认时间	可能存在的主要危险因素	受控状况			责任单位	责任人
						失控	受控	良好		
1										
2										

批准人：　　　　　　部门负责人：　　　　　　编制人：

注：本表一式 2 份，由责任部门填写，用于存档和备案，责任部门和办公室各 1 份。

［参考示例 4］

安全风险分级管控清单

日期：　　年　月　日　　　　　　　　　　　　　　　　　编号：××-AQ-5.1.4-04

风险点				风险等级	管控措施					管控责任人			
序号	类型	项目	危险源		技术措施	管理措施	教育培训措施	个体防护措施	应急措施	水文系统	单位	部门	岗位

批准人：　　　　　　　　　部门负责人：　　　　　　　　　编制人：

［参考示例 5］

危险源辨识、风险评价和控制措施方案表

部门：　　　　　　　辨识时间：　　年　月　日　　　　　　编号：××-AQ-5.1.4-05

序号	类别	项目	危险源	可能导致的后果	风险评价				风险等级	是否重大风险	现有控制措施	拟采取控制措施
					L	E	C	D				

批准人：　　　　　　　　　部门负责人：　　　　　　　　　编制人：

注：风险等级分为四级：重大风险（D＞320）；较大风险（160＜D≤320）；一般风险（70＜D≤160）；低风险（D≤70）。

◆ **评审规程条文**

5.1.5　将风险评价结果及所采取的控制措施告知相关从业人员，使其熟悉工作岗位和作业环境中存在的安全风险，掌握和落实相应控制措施。

应对重大危险源的管理人员进行专项培训使其了解重大危险源的危险特性，熟悉重大危险源安全管理规章制度，掌握安全操作技能和应急措施。

◆ **法律、法规、规范性文件及相关要求**

《中华人民共和国安全生产法》（2021 年修订）

《危险化学品重大危险源监督管理暂行规定》（2015 年修订）

SL/T 789—2019《水利安全生产标准化通用规范》

《水利部关于开展水利安全风险分级管控的指导意见》（水监督〔2018〕323 号）

《构建水利安全生产风险管控"六项机制"的实施意见》（水监督〔2022〕309 号）

◆ **实施要点**

1. 水文监测单位应建立安全风险公告制度，及时将风险评价结果及所采取的控制措施告知相关从业人员，使其熟悉工作岗位和作业环境中存在的危险源及安全风险，并掌握相关控制措施。

2. 风险告知的内容应包括安全风险名称、等级、所在位置、可能引发的事故隐患类别、事故后果、管控措施、应急措施及报告方式等。重大危险源风险告知牌内容应包括重大危险源名称、责任部门、责任人、危险源级别、检查周期、伤害类型、控制措施、防护措施、危险处置方法、急救措施等。

3. 水文监测单位应对重大危险源管理相关人员进行安全教育和专项培训，使其了解重大危险源的危险特性，熟悉重大危险源安全管理规章制度，掌握安全操作技能和应急措施，有效防范重大危险源引发的生产安全事故。培训记录应内容齐全。

4. 重大危险源安全告知牌和警示标识牌应设置在进入重大危险源区域的道路入口一侧或醒目处。有多个入口或区域范围较大的，应设置多个重大危险源安全告知牌和警示标识牌。多个警示标识牌在一起设置时，应按警告、禁止、指令、提示类型的顺序，先左后右、先上后下地排列。在检查工作制度中明确警示标识牌巡查内容，确保标识牌无损坏、表面清洁、字迹清楚。

5. 水文监测单位应在重大危险源现场设置明显的风险告知牌，提醒管理人员及相关人员注意危险以及安全事项，确保本单位从业人员和进入风险工作区域的外来人员掌握安全风险的基本情况及防范、应急措施。

6. 警示标识牌的设置应执行 GB 2984—2008《安全标志及其使用导则》、GB 2893—2008《安全色》或水利行业相关规定，使标识牌的设置符合规定要求的尺寸、颜色等。

[参考示例 1]

《重大危险源管理人员培训记录表》同 3.2.3[参考示例 2]。

[参考示例 2]

《重大危险源管理人员培训记录（培训效果评估表）》同 3.1.2[参考示例 1] 附件 3。

[参考示例 3]

重大危险源警示标识牌

编号：××-AQ-5.1.5-01

液化石油气	责任部门		责任人	
贮存地点		贮存最大量		kg
易燃易爆 危险				
理化特性			泄漏处理	
●介质：丙烷、丙烯、丁烷、丁烯 ●特性及可能导致伤害：闪点 −74℃，蒸汽与空气混合物爆炸极限 5%～33%，遇高热能、明火引起燃烧爆炸，与氧化剂、氯等接触能发生强烈反应，蒸汽比空气重，能在较低处扩散到相当远的地方，遇火源会着火回燃			●撤离现场无关人员至上风处 ●进行隔离，严格限制出入 ●切断泄漏源 ●合理通风，加速扩散 ●喷雾状水稀释、溶解	
健康危害			应急处理	
●健康危害：本品有麻醉作用 ●急性中毒：有头晕、头痛、兴奋或嗜睡、恶心、呕吐、脉缓等；重症者可突然倒下，尿失禁，意识丧失，甚至呼吸停止；可致皮肤冻伤 ●慢性影响：长期接触低浓度者，可出现头痛、头晕、睡眠不佳、易疲劳、情绪不稳及其植物神经功能紊乱等 ●环境危害：对环境有危害，对水体、土壤和大气可造成污染 ●燃爆危险：本品易燃，易爆，具麻醉性			●皮肤接触：若有冻伤，就医治疗 ●吸入：迅速脱离现场至空气新鲜处。保持呼吸道畅通。如呼吸困难，给输氧。如呼吸停止，立即进行人工呼吸，就医	

续表

储运要求	灭火方法
●储存阴凉、通风仓间内，仓温≤30℃ ●远离火种、热源，防止阳光直射 ●应与易燃或可燃物分开储运，搬运时要轻装轻卸	●有害燃烧产物：一氧化碳、二氧化碳 ●灭火方法：切断气源。若不能切断气源，则不允许熄灭泄漏处的火焰。喷水冷却容器可能的话将容器从火场移至空旷处 ●灭火剂：雾状水、泡沫、二氧化碳
防护措施	

◆**评审规程条文**

5.1.6 变更管理制度应明确组织机构、人员、工艺、技术、作业方案、设备设施、作业过程及环境发生变化时的审批程序等内容。

◆**法律、法规、规范性文件及相关要求**

SL/T 789—2019《水利安全生产标准化通用规范》

◆**实施要点**

1. 变更是指机构、人员、工艺、技术、作业方案、设备设施、作业过程及环境等永久性或暂时性的变化。

2. 变更管理是对以上永久性或暂时性的变化进行有计划的控制，以避免或减轻生产安全事故。

3. 水文监测单位应制定符合水文监测工作实际和有关规定的变更管理制度，明确变更管理组织机构，确定变更审批程序等全部内容，并以正式文件发布。

4. 变更管理制度内容应完整齐全，包括管理职责分工，工作流程和管理要求，变更后的危害分析和风险控制措施等。

[**参考示例**]

关于印发《×××安全变更管理制度》的通知

各部门、各监测中心：

为对组织机构、人员、工艺、技术、作业方案、设备设施、作业过程及环境永久性或暂时性的变化及时进行控制，规范相关程序，对变更过程及变更所产生的风险进行分析和控制，防止因为变更因素发生事故，根据《水利安全生产标准化通用规范》，经单位党委暨安全生产领导小组研究，我单位制定了《×××安全变更管理制度》，现予印发，请认真贯彻执行。

附件：×××安全变更管理制度

×××

年 月 日

附件：

×××安全变更管理制度

一、目的

为对组织机构、人员、工艺、技术、作业方案、设备设施、作业过程及环境永久性或暂时性的变化及时进行控制，规范相关程序，对变更过程及变更所产生的风险进行分析和控制，防止因为变更因素发生事故，制定本制度。

二、适用范围

适用于本单位在组织机构、人员、工艺、技术、作业方案、设备设施、作业过程及环境等方面出现永久性或暂时性重大变更过程的管理。

（一）组织机构变更管理

组织机构变更包括政策法规和标准的变更、部门机构的变更和管理体系的变更等。由变更部门和办公室共同就变更事项在全单位范围内开展培训、学习。

（二）人员变更管理

1.负责人变更，应及时补充责任制，签订责任状，进行上岗培训教育。

2.安全员变更，应及时补充责任制，签订责任状，并到办公室报名参加业务培训，获取安全员资格证书，方能上岗。

3.技术人员变更，应进行技能考核和岗前培训教育。

4.新进人员上岗，应进行"三级教育"培训考核。

5.换岗复工人员，应重新进行岗前培训教育。

（三）工艺和技术变更管理

对变更环节进行评估、评价，组织建立管理档案，注重完善安全的工艺流程和技术标准。由工艺变更的技术负责部门制定所需的新规程、制度，并对使用部门、人员进行工艺变更培训教育。教育内容包括变更的内容、使用注意事项、新的规程制度等，确保使用者掌握变更后的安全操作技能。

（四）设备设施变更管理

严格执行设备设施验收和设备设施拆除、报废管理制度，建立档案，完善手续，新设备安装验收，必须安全设施齐全，状态良好，达到标准操作环境状态。同时由变更负责部门制定新的技术操作规程、制度等，并对使用人员进行变更培训教育，教育内包括更的内容、使用注意事项、新的规程制度等，确保使用者掌握安全操作的技能。

（五）作业过程变更管理

制定翔实操作规程，建立危险辨识与控制措施，建立管理档案，对作业全过程进行安全状态评估评价，保障作业过程安全。

（六）环境变更管理

1.环境变更必须要严格执行新、改、扩、建项目"三同时"管理制度，合理布局，定量管理，保证事故应急、安全救护、疏散条件，通道、设施标准规范。

2.变更前做好申报、审批工作，不能随意违建、改建。

3.充分调查了解周边环境影响状态，落实评估评价程序，以免造成建后变更，财产损失。

三、所有变更前，均应对变更过程及变更后可能产生的危险源及安全风险进行辨识、评价，制定相应控制措施，履行审批及验收程序，并对作业人员进行交底和培训。

　四、本制度自发布之日起施行。

◆**评审规程条文**

　5.1.7 变更前，应对变更过程及变更后可能产生的危险源及安全风险进行辨识、评价，制定相应控制措施，履行审批及验收程序，并对作业人员进行交底和培训。

◆**法律、法规、规范性文件及相关要求**

　SL/T 789—2019《水利安全生产标准化通用规范》

◆**实施要点**

　1. 在机构、人员、工艺、技术、设备设施、作业方案及环境等变更前，对变更可能产生的风险进行辨识、评价工作，目的是对变更过程及变更所产生的风险进行分析和控制，防止因为变更因素发生事故。

　2. 水文监测单位应对变更过程及变更后可能产生的危险源及安全风险进行一次全面的评价，分析变更过程及变更后可能产生的危险源及安全风险。

　3. 变更前应根据辨识、评价结果制定相应的控制措施，防止因为变更产生安全风险。

　4. 变更前应根据变更管理制度，履行审批程序。未经允许不得擅自变更。变更完成后，应按相关要求履行变更验收手续。

　5. 变更前应对所有作业人员进行交底和培训，交底和培训项目不得缺漏、人员不得缺少。交底和培训应形成完整的台账资料。

[**参考示例 1**]

变 更 申 请 表

编号：××-AQ-5.1.7-01

建议变更的项目		申请单位（部门）			
申请人姓名		职务		日期	

变更类别：
　□管理组织机构变更　□人员变更　□工艺变更　□技术变更
　□作业方案变更　□设备设施变更　□作业过程变更　□环境变更　□其他

变更说明及其技术依据：

危害识别风险评估结果：

申请单位（部门）意见：

签字：

主管单位（部门）意见：

签字：

主管领导意见：

签字：

[参考示例 2]

变 更 实 施 计 划

变更实施日期：　　年　月　日　　　　　　　　　　　　　编号：××-AQ-5.1.7-02

变更项目		主管部门	

变更内容及原因：

变更后内容：

受此影响引起的其他变更项目：

变更通知单位		接收单位	
变更申请单位		接收人	
变更申请表编号		接收日期	

[参考示例 3]

变 更 验 收 表

编号：××-AQ-5.1.7-03

验收变更的项目		变更所在单位（部门）	
组织验收单位（部门）		日期	

	姓名	工作单位	职务
验收组成人员			

验收意见：（附验收报告）

验收负责人签字：

主管单位（部门）审查意见：

签字：

需要沟通的部门（变更结果）			
单位（部门）	签字	单位（部门）	签字

313

第二节　隐患排查治理

隐患排查治理是指水文监测单位建立事故隐患排查等相关制度，定期开展隐患排查工作，排查发现的事故隐患，应进行分类分级，实行隐患排查、治理、验收、报告、销号等闭环管理。隐患排查治理情况应进行统计、分析和公示，并及时报送，及时消除生产安全事故隐患。

◆**评审规程条文**

5.2.1　事故隐患排查制度应包括隐患排查目的、内容、方法、频次和要求等内容。

◆**法律、法规、规范性文件及相关要求**

《中华人民共和国安全生产法》（2021年修订）

《安全生产事故隐患排查治理暂行规定》（国家安全生产监督管理总局令第16号）

SL/T 789—2019《水利安全生产标准化通用规范》

《水利安全生产监督管理办法（试行）》（水监督〔2021〕412号）

《水利部关于进一步加强水利生产安全事故隐患排查治理工作的意见》（水安监〔2017〕409号）

《水文监测监督检查办法（试行）》（水文〔2020〕222号）

◆**实施要点**

1. 事故隐患是单位违反安全生产相关法律、法规、规章、标准、规程和安全生产管理制度的规定，或者因其他因素在生产管理活动中存在可能导致事故发生的人的不安全行为，水文作业场所、设施设备的不安全状态和管理上的缺陷。

2. 开展隐患排查是为了对单位范围内存在的隐患进行排查、梳理，及时掌握隐患风险情况，更全面、更及时进行事故隐患消除、治理和防控。

3. 水文监测单位应根据法律法规、方针政策、季节变化、水文监测等实际情况，有针对性地制定事故隐患排查制度，并以正式文件发布。

4. 事故隐患排查制度应明确隐患排查目的、排查区域内容或作业范围、排查方法和组织方式、排查时间、排查频次、排查过程中的具体要求、资源配置、信息通报报送、台账管理和隐患排查治理的责任部门及主要责任人等，制度内容应全面且有操作性。水文监测单位应逐级建立并落实从主要负责人到相关从业人员的隐患排查治理和防控责任制。

5. 事故隐患排查制度应符合单位地理、区位和水文工作实际，以确保隐患排查工作有针对性。

［**参考示例**］

关于印发《×××事故隐患排查治理制度》的通知

各部门、各监测中心：

为落实"安全第一、预防为主、综合治理"的安全生产方针，强化生产安全事故隐患排查治理工作，有效防止和减少事故发生，建立单位生产安全事故隐患排查长效机制，经单位党委暨安全生产领导小组研究，我单位制定了《×××安全隐患排查治理制度》，现予印发，请认真贯彻执行。

附件：×××事故隐患排查治理制度

×××

年　月　日

附件：

×××事故隐患排查治理制度
第一章　总　　则

第一条　为强化生产安全事故隐患排查治理工作，有效防止和减少事故发生，建立单位生产安全事故隐患排查长效机制，依据国家《安全生产事故隐患排查治理暂行规定》《××省生产经营单位安全生产事故隐患排查治理工作规范》等文件规定，结合单位实际，制定本制度。

第二条　本制度所称生产安全事故隐患（以下简称事故隐患），是指各部门（中心）违反安全生产法律、法规、规章、标准、规程和安全生产管理制度的规定，或者因其他因素在生产经营活动中，存在可能导致事故发生的物的危险状态、人的不安全行为和管理上的缺陷。

第三条　事故隐患分为一般事故隐患和重大事故隐患。一般事故隐患，是指危害和整改难度较小，发现后能够立即整改排除的隐患。

重大事故隐患是指危害和整改难度较大，可能致使全部或者局部停产作业，并经过一定时间整改治理方能排除的隐患，或者因外部因素影响致使单位自身难以排除的隐患。具体指可能造成3人以上死亡，或者10人以上重伤，或者1000万元以上直接经济损失的事故隐患。

第四条　本制度适用于单位范围内所有场所、环境、人员、设施设备和活动的隐患排查与治理。

第二章　职　　责

第五条　单位主要负责人负责组织全单位安全生产检查，对重大事故隐患组织落实整改，保证检查、整改项目的安全投入，单位分管安全负责人是直接责任人，其他单位负责人协助单位主要负责人和分管安全负责人履行安全生产管理职责，各部门、中心主要负责人是安全生产的第一责任人，对其分管工作涉及的安全生产工作负领导责任。

第六条　各部门（中心）组织定期或不定期的安全检查，及时落实、整改事故隐患，使设备、设施和生产秩序处于可控状态。

第七条　各部门（中心）做好管辖的生产设施、设备检查维护等工作，使其经常保持完好和正常运行，发现事故隐患应及时上报。

第八条　兼职安全人员对检查发现的事故隐患提出整改意见并及时报告安全生产负责人，督促落实整改。做好日常的检查工作。

第三章　隐患排查的组织方式

第九条　事故隐患排查应与安全生产检查相结合，与环境因素识别、危险源识别相结合。

第十条　安全生产检查分日常检查、定期综合检查、节假日检查、季节性检查和专项检查。

第十一条 安全生产检查组织：安全生产领导小组办公室负责全单位的安全生产及隐患排查治理工作，对排查出的隐患提出整改意见并监督整改实施及效果验证。

第四章 日 常 检 查

第十二条 检查目的：发现生产和作业现场各种隐患，包括运行管理、各类作业、危险化学品、机械电气、消防设备等，以及现场人员有无违章指挥，违章作业和违反劳动纪律，对于重大隐患现象责令立即停止作业，并采取相应的安全保护措施。

第十三条 检查内容：

（一）作业前安全措施落实情况；

（二）作业过程中的安全情况，特别是检查动火、高处作业等危险作业管理情况；

（三）各种安全制度和安全注意事项执行情况，如安全操作规程，岗位责任制和劳动纪律等；

（四）设备装置开启、停工安全措施落实情况和相关方施工执行情况；

（五）安全设备、消防器材及劳动防护用具的配备和使用情况；

（六）检查安全教育和安全活动的工作情况；

（七）设施设备、仪器用具、作业场所的安全设施和防护用具管理维护及保养情况；

（八）作业人员思想情绪和劳逸结合的情况；

（九）根据季节特点制定的防雷、防火、防台、防洪、防暑降温等安全防护措施的落实情况。

第十四条 检查要求：各部门（中心）负责各自管理范围内的日常隐患排查工作，对现场检查发现的问题应有记录；发现隐患，应立即制定整改措施组织整改，不能立即整改到位的应制定好事故防范措施。

第十五条 检查周期：每月至少检查一次。

第五章 定 期 综 合 检 查

第十六条 检查目的：及时发现单位管理范围内所有设施设备、作业活动及管理存在的事故隐患，防止重大事故发生。

第十七条 检查内容：安全生产管理制度及安全操作规程的执行情况、现场环境状况、安全警示标识、安全设施和消防设施的完好情况、各岗位的指标执行情况、各类设备设施的完好情况和现场隐患的整改落实情况等。

第十八条 检查要求：定期综合检查由单位主要负责人或分管安全负责人组织，相关部门负责人、专业技术人员和安全管理人员共同参加。对发现的隐患由安全生产领导小组办公室对责任部门下发整改通知书，制定整改措施，明确责任人和整改时限。

第十九条 检查周期：每季度至少开展一次。

第六章 专 项 安 全 检 查

第二十条 检查目的：及时发现作业现场、施工作业、机械电气、消防设备、危险化学品事故隐患，防止重大事故发生。

第二十一条 检查内容：

（一）电气设备安全检查内容：绝缘板、应急灯、防小动物网板、绝缘手套、绝缘胶鞋、绝缘棒、作业现场电气设备接地线、电气开关等；

（二）机械设备检查内容：转动部位润滑及安全防护罩情况，操作平台安全防护栏、设备地脚螺丝、设备刹车、设备腐蚀情况、设备密封部件等；

（三）消防安全检查内容包括：灭火器、消火栓、消防安全警示标识、应急灯、消防火灾自动探测报警系统、劳保用品佩戴、岗位操作规程的执行情况等；

（四）危险化学品检查内容包括：危险化学品购买、领用、储存、处置过程中各类制度及规程的执行情况，各类防护用品、安全设施的配置和维护情况，现场各类警示标签、报警装置的完好情况等；

（五）其他专业性检查。

第二十二条　检查要求：各类专项检查由单位分管安全负责人组织，相关部门负责人、专业技术人员和安全管理人员共同参加。对发现的隐患由安全生产领导小组办公室对责任部门下发整改通知书，制定整改措施，明确责任人和整改时限。

第二十三条　检查周期：各类专项检查结合工作实际适时开展。

第七章　季 节 性 检 查

第二十四条　检查目的：及时发现由于夏季台风、暴雨、雷电、高温，冬季低温、寒风雨雪等季节性天气因素对建筑物、设施设备、人员造成的危害，以便制订防范措施，避免、减少事故损失。

第二十五条　检查内容：

（一）夏季检查内容：

1.每年夏季来临前，即"五一"左右，检查建筑物结构的牢固程度，抗台风及暴雨能力；

2.电气设备情况；

3.机械设备的润滑情况；

4.消防设施（防汛设施）；

5.夏季劳动保护用品的准备工作；

6.雷雨季节前检查防雷设施安全可靠程度，包括防雷设施导线牢固程度及腐蚀情况，电阻值、防雷系统可保护范围。

（二）冬季检查内容

1.每年冬季来临前，检查建筑物的牢固程度，抗击冬季寒风及雨雪的能力；

2.电气设备及电气线路；

3.机械设备润滑情况；

4.冬季劳动保护用品及防寒保暖的准备工作。

第二十六条　检查要求：由单位分管安全负责人组织，各部门（中心）负责人、安全管理人员参加。检查应详细做好安全检查记录，包括文字资料、图片资料。对于检查发现的事故隐患，立即制订整改方案，落实整改措施。

第二十七条　检查周期：每年夏季及冬季来临前，各检查一次。

第八章　事 故 隐 患 治 理

第二十八条　各部门（中心）对排查出的各类事故隐患要及时上报安全生产领导小组办公室并登记建档。

第二十九条 对一般事故隐患，由隐患所在部门立即组织整改。对重大事故隐患、整改难度较大必需一定数量的资金投入，应编制隐患整改方案，经安全生产领导小组审核批准后组织实施。

第三十条 在事故隐患未整改前，应当采取相应的安全防范措施，防止事故发生。事故隐患排除前或者排除过程中无法保证安全的，应当从危险区域内撤出作业人员，并疏散可能危及的其他人员，设置警戒标识。

第三十一条 对排查出的重大事故隐患，应立即向单位安全生产领导小组报告，组织技术人员和专家或委托具有相应资质的安全评价机构进行评估，确定事故隐患的类别和具体等级，并提出整改建议措施。

第三十二条 对评估确定为重大事故隐患，应及时上报上级主管单位（部门）。

第三十三条 对重大事故隐患，单位安全生产领导小组应及时组织编制重大事故隐患治理方案。方案应包括以下内容：

（一）隐患概况；

（二）治理的目标和任务；

（三）采取的方法和措施；

（四）经费和物资的落实；

（五）负责治理的机构和人员；

（六）治理的时限和要求；

（七）安全措施和应急预案。

第三十四条 严格按重大事故隐患治理方案，认真组织实施，并在治理期限内完成。

第三十五条 治理结束后，组织技术人员和专家或委托具备相应资质的安全生产评价机构对重大事故隐患治理情况进行评估，出具评估报告。

第三十六条 每月月底，各部门（中心）将安全隐患排查治理情况上报安全生产领导小组办公室，安全生产领导小组办公室汇总后上报上级主管单位（部门）。

第三十七条 各部门（中心）定期将本部门（中心）事故隐患排查治理的报表、台账、会议记录等资料分门别类进行整理归档。

第九章 附 则

第三十八条 本制度由安全生产领导小组负责解释。

第三十九条 本制度自发文之日起执行。

◆**评审规程条文**

5.2.2 根据事故隐患排查制度开展事故隐患排查，排查前应制定排查方案，明确排查的目的、范围和方法；排查方式主要包括定期综合检查、专项检查、季节性检查、节假日检查和日常检查等；对排查出的事故隐患，应及时书面通知有关责任部门，定人、定时、定措施进行整改，并按照事故隐患的等级建立事故隐患信息台账。相关方排查出的隐患统一纳入本单位隐患管理。至少每季度自行组织一次安全生产综合检查。

◆**法律、法规、规范性文件及相关要求**

《中华人民共和国安全生产法》（2021 年修订）

《安全生产事故隐患排查治理暂行规定》（国家安全生产监督管理总局令第 16 号）

SL/T 789—2019《水利安全生产标准化通用规范》

《水利部关于进一步加强水利生产安全事故隐患排查治理工作的意见》（水安监〔2017〕409 号）

◆ **实施要点**

1. 水文监测单位应制定事故隐患排查方案。事故隐患排查的方法主要有定期综合检查、专项检查、季节性检查、节假日检查和日常检查等。

2. 综合检查是以落实岗位安全责任制为重点，各部门共同参与的全面检查。专项检查主要是对水文设备、机房设施、机械设备、安全防护设施、危险化学品、运输车辆、避雷设施、仪器仪表等分别进行的专业检查。水文监测单位每季度至少组织一次安全生产综合检查。

季节性检查是根据各季节特点开展的专项检查，包括岁末年初、汛前、汛期、汛后等时期进行的专项安全检查。

节假日检查主要是节前对安全、保卫、消防、水文测报设施设备、机房、实验室、应急预案等进行检查，特别对节日各级管理人员、检修队伍的值班安排和安全措施、消防设施、应急预案的落实情况等进行重点检查。

日常检查包括班组、岗位作业人员的交接班检查和班中巡回检查，以及基层单位领导和水文设备、机房、消防、实验室安全管理等专业技术人员的经常性检查。

3. 开展事故隐患排查的目的是有效防范和遏制水文监测活动中安全事故的发生。

4. 每次事故隐患排查前应制定切实可行、有针对性的隐患排查工作方案，明确排查目的、范围、排查方法和组织方式、排查时间、排查具体要求等。

5. 隐患排查的范围应包括所有与水文监测相关的生产工艺、人员行为、设施设备、作业场所和安全管理活动，还应包括为水文监测服务的承包商和供应商等相关方的服务范围。

6. 事故隐患排查方式应结合水文监测工作或季节变化，采取综合检查、专项检查、季节性检查、节假日检查和日常检查等不同方式。

7. 事故隐患排查结果应如实反映现场事故隐患情况，与排查现场实际相符合。

8. 隐患排查中发现事故隐患应形成书面材料，并以书面形式通知有关责任部门，定人、定时、定措施进行整改。整改的措施大体上分为工程技术措施、管理措施、教育措施、个体防护措施、重大事故隐患采取的临时性防护和应急措施等。

9. 水文监测单位应建立事故隐患信息台账，包括隐患发现时间、内容、存在部位、等级、整改时限、责任人等信息内容。

10. 相关方排查出的事故隐患应统一纳入本单位事故隐患排查治理信息台账，与本单位隐患排查治理一同管理。

11. 重大事故隐患不及时治理的，不应评为安全生产标准化达标单位。水文监测单位重大事故隐患参照《水文监测单位安全生产标准化评审规程》表 D.1《水文监测单位重大事故隐患直接判定清单》。

［参考示例1］

生产安全事故隐患排查治理情况统计表

填报单位（盖章）：　　　　　　　　统计时段：　　年　　月　　　编号：××-AQ-5.2.2-01

	一 般 事 故 隐 患				重 大 事 故 隐 患			
	隐患排查数/项	已整改数/项	整改率/%	整改投入资金/万元	隐患排查数/项	已整改数/项	整改率/%	整改投入资金/万元
本月数								
1月至本月累计数								

单位主要负责人（签字）：　　　　　　填表人：　　　　　　　　　填表日期：

［参考示例2］

事故隐患排查方案表

编号：××-AQ-5.2.2-02

序号	事故隐患排查类型	事故隐患排查层级	频 次	范 围	检查负责人
1	定期综合检查	单位级	每季度	全单位	单位主要负责人或分管安全负责人
2	专项检查	单位级	不定期	全单位	分管安全负责人或办公室主任
3	季节性检查	单位级	夏季6月前、冬季12月前	全单位	单位主要负责人或分管安全负责人
4	节假日检查	单位级	元旦、春节等重大节假日前	全单位	办公室主任
5	日常检查	单位级	每月	单位范围内抽查	办公室主任
6		部门级	每月	部门管理区域	各部门、监测中心负责人
7		测站级	每周	测站管理区域	各测站站长

◆**评审规程条文**

　　5.2.3　建立事故隐患报告和举报奖励制度，鼓励、发动职工发现和排除事故隐患，鼓励社会公众举报。对发现、排除和举报事故隐患的有功人员，应给予物质奖励和表彰。

◆**法律、法规、规范性文件及相关要求**

　　《中华人民共和国安全生产法》（2021年修订）

　　《安全生产事故隐患排查治理暂行规定》（国家安全生产监督管理总局令第16号）

　　AQ/T 9005—2008《企业安全文化建设评价准则》

◆**实施要点**

　　1. 事故隐患报告和举报奖励是为了鼓励全员、全社会参与隐患排查和治理工作，有助于提高全员安全生产意识，最大限度降低事故发生的可能性。

　　2. 水文监测单位应建立健全事故隐患报告和举报奖励制度，并以正式文件发布。

　　3. 事故隐患报告和举报奖励制度的内容应符合安全生产相关法律法规的要求。

　　4. 事故隐患报告和举报奖励制度应明确举报受理办法、举报奖惩保护措施等，内容应齐全、规范。

5. 水文监测单位应鼓励任何集体或个人对水文监测活动范围内发现的生产安全事故隐患进行举报，并给予一定奖励，同时应建立事故隐患报告和举报奖励台账。

6. 水文监测单位应重视事故隐患举报材料，对如实的事故隐患应及时治理消除，不对外泄露举报人的任何信息。

[参考示例]

生产安全事故隐患举报奖励制度

为了认真贯彻落实《中华人民共和国安全生产法》，进一步拓宽安全事故隐患排查的广度和深度，从系统、设备、设施、制度等方面严格排查、及时消除事故隐患，杜绝各类事故的发生，充分发挥全体人员和社会的监督作用，切实消除各类生产安全事故隐患，确保安全生产，特制定本制度。

一、举报联系方式

举报电话：

传真电话：

电子邮箱：

书信地址：

邮编：

二、举报受理办法

（一）举报人可以书信、电话、口头和委托他人转告等方式举报事故隐患。举报人应提供线索或者必要的证据，提倡实名公开举报，以便于及时核实、查处和实施奖励；对举报人不愿提供姓名、身份、班组以及不愿公开自己举报行为的应尊重举报人的权力并给予保密。

（二）接到举报时，安全生产领导小组应认真填写《安全事故隐患举报受理登记表》，并立即上报领导，在1h内对举报情况进行核实；举报情况基本属实的，提出处理意见并实施，同时在24h内给予实名举报人答复。

（三）经初查核实属于生产安全重大事故隐患的，将立即向隐患部门（班组）发出隐患整改指令书，责令其停产整顿、限期整改，并进行跟踪复查。

（四）举报受理登记表以及核查材料等基础资料由安全生产领导小组负责整理汇总并按规定登记建档。

三、举报奖惩保护

（一）为充分调动从业人员举报生产安全事故隐患的积极性、主动性，经调查核实后，将分别给予实名举报人如下奖励：

1. 发现、检举、揭发偷盗财物者，故意破坏水文设施设备、安全设施者，奖励200元。

2. 发现"三违"人员者，奖励200元。

3. 发现重大隐患知情早报者，奖励300元。

4. 发现一般隐患知情早报者，奖励100元。

（二）为了维护生产安全事故隐患举报工作的严肃性，对个别举报人无中生有、捏造情况、多次恶意进行举报，试图利用举报来达到某种目的或以举报名义故意干扰安全生产正常秩序的，要给予相应处理；情节严重的，要通过司法机关追究刑事责任。

（三）依法保护举报人的合法权益。有关团伙或者个人对生产安全事故隐患举报者进行打击报复的，应根据有关规定严肃查处；构成犯罪的，移送司法机关追究刑事责任。

◆**评审规程条文**

5.2.4 单位主要负责人组织制定重大事故隐患治理方案，其内容应包括重大事故隐患描述；治理的目标和任务；采取的方法和措施；经费和物资的落实；负责治理的机构和人员；治理的时限和要求；安全措施和应急预案等。

◆**法律、法规、规范性文件及相关要求**

《中华人民共和国安全生产法》（2021年修订）

《安全生产事故隐患排查治理暂行规定》（国家安全生产监督管理总局令第16号）

《水利部关于进一步加强水利生产安全事故隐患排查治理工作的意见》（水安监〔2017〕409号）

◆**实施要点**

1. 重大事故隐患是指危害和整改难度较大，应全部或者局部停产停业，并经过一定时间整改治理方能排除的隐患，或者因外部因素影响致使单位自身难以排除的隐患。

2. 水文监测单位应由单位主要负责人根据排查出的重大事故隐患组织制定符合安全生产相关法律法规的事故隐患治理方案和应急预案。

3. 重大事故隐患治理方案内容包括治理目标和任务、采取的方法和措施、经费和物资的落实、负责治理的机构和人员、治理的时限和要求、安全措施和应急预案，做到整改措施、责任、资金、时限和预案的"五落实"。内容应具体翔实齐全。

4. 重大事故隐患治理由单位主要负责人按制定的事故隐患治理方案组织实施。

[**参考示例**]

重大事故隐患治理方案（提纲）

一、重大事故隐患概况

详细描述重大事故隐患类型、所在作业场所、作业类型、环境条件以及诱发事故的因素、可能发生的事故的损害范围、损害程度等。

二、治理的目标和任务

通过重大隐患治理，确保安全生产。

三、采取的方法和措施

根据重大事故隐患实际情况，提出切实可行的治理方法和纠正措施。

四、经费和物资保障

编制治理经费预算，落实资金渠道；明确行政、后勤、物资保障。

五、责任部门和人员

明确负责治理的部门、负责人和工作组成员并分工负责。

六、治理时限和要求

制订治理计划，明确具体要求和完成时限。

七、安全措施和应急预案

制定重大事故隐患治理过程中的安全防护措施、应急预案，有效防范治理过程中事故的发生。

八、治理情况评估

治理工作结束后，组织相关技术人员和专家或委托具备相应资质的安全评价机构对重大事故隐患的治理情况进行评估。

◆ **评审规程条文**

5.2.5　建立事故隐患治理和建档监控制度，逐级建立并落实隐患治理和监控责任制。

◆ **法律、法规、规范性文件及相关要求**

《生产安全事故隐患排查治理暂行规定》（国家安全生产监督管理总局令第 16 号）

SL/T 789—2019《水利安全生产标准化通用规范》

◆ **实施要点**

1. 水文监测单位应建立事故隐患治理和建档监控制度，逐级建立并落实从主要负责人到每个从业人员的隐患排查治理和监控责任制。

2. 制度应符合安全生产相关法律法规，并以正式文件发布。

3. 制度内容应全面、有可操作性，包括隐患排查、隐患发现、隐患跟踪、隐患监控、隐患治理、隐患验收、隐患销号等闭环管理环节。

4. 水文监测单位每个部门、每个从业人员都有本部门隐患排查、治理和监控的责任。

[**参考示例**]

事故隐患排查治理和建档监控制度

第一条　为了建立生产安全事故隐患排查治理长效机制，加强事故隐患监督管理，防止和减少事故发生，保证全体从业人员生命安全和单位财产安全，根据《中华人民共和国安全生产法》等法律和行政法规，制定本制度。

第二条　本制度只适用于本单位事故隐患排查治理方面的工作。

第三条　制度所称安全事故隐患（以下简称事故隐患）是指违反安全生产法律、法规、规章、标准、规程和安全生产管理制度的规定，或者因其他因素在水文生产活动中存在可能导致事故发生的物的危险状态，人的不安全行为和管理上的缺陷。

第四条　事故隐患分类

根据危害和整改难度，把事故隐患分为一般事故隐患和重大事故隐患。一般事故隐患，是指发现后能够立即整改排除的隐患。重大事故隐患，是指危害和整改难度大，需全部或局部停工停产，并经过一定时间整改治理方能排除的隐患，或者因外部四因素影响致使自身难以排除的隐患。

第五条　各部门（中心）对本部门排查治理事故隐患工作实施监督管理。各部门（中心）的主要负责人对本部门事故隐患排查治理工作负责。

第六条　任何部门（中心）从业人员发现事故隐患者，均有权向事故隐患排查治理安全生产领导小组办公室和有关部门报告，事故隐患排查领导小组成员接到事故隐患报告后，应当按照责任分工立即组织核查并予以处理。

第七条　事故隐患排查治理领导小组每月结合综合性安全检查，组织安全生产管理人员、技术人员及其他相关人员排查事故隐患，对查出的隐患，应尽快制定及落实下发《隐患整改通知单》。各被排查单位（部门）针对查出的事故隐患，应尽快制定及落实隐患治理方案。

第八条 隐患治理

一般事故隐患，由隐患发生部门负责人立即组织整改。重大事故隐患，应立即上报单位有关部门，报送内容包括：

（一）隐患的现状及其产生的原因。

（二）隐患的危害程度和整改难易程度分析。

（三）隐患的治理方案。

1. 方法和措施：隐患治理所采取的方法及治理过程中所采取的防护措施；

2. 经费和物资：概算隐患治理所需经费及物资需求；

3. 人员需求：针对应治理的事故隐患情况，确定相应人员的落实需求；

4. 治理时限：根据事故隐患治理的难易程度，在假定物质与人员到位情况下，确定隐患治理的时限；

5. 安全措施和应急预案：隐患未得到治理前及在治理过程中所采取的安全防范措施及相应的应急预案。

第九条 安全生产领导小组会同本月参加事故隐患排查相关人员，按规定隐患治理期限，对事故隐患部门治理工作完成情况进行复查验收。若隐患治理未按期完成或治理不彻底，对事故隐患发生部门主要负责人或相关人员按《×××安全生产管理办法》予以经济上的处罚，并责令限期完成。

第十条 各部门（中心）应在各自管辖范围内组织相关人员进行经常性的事故隐患排查。各当班人员作为执行隐患排查最基础的环节，要求当班人员加强隐患排查巡检力度。对于一般事故隐患应立即组织人员整改。对于重大事故隐患，应按本制度第八条规定报送单位有关部门。

第十一条 各部门（中心）在事故隐患治理过程中，应当采取相应的安全防范措施，防止事故发生。事故隐患排除前或者排除过程中无法保证安全的，应当从危险区域内撤离工作人员，并疏散可能危及的其他人员，设置警戒标识，暂时停产停业或者停止使用；对暂时难以停产或者停止使用的相关生产储存装置、设施、设备，应加强维护和保养，防止事故发生。

第十二条 安全生产领导小组会同各有关部门及相关人员组织开展季节性事故隐患排查、专项事故隐患排查及法定长假前事故隐患排查治理工作。

第十三条 各部门（中心）应与相关方签订安全生产管理协议，明确各方对事故隐患排查、治理和防控职责。

第十四条 奖罚

（一）对于发现、排除和报告事故隐患有功人员，给予物质奖励和表彰。

（二）对于事故隐患不按期治理或治理不彻底的部门，按《×××安全生产管理办法》处理。

第十五条 本制度自××年×月×日起施行。

◆评审规程条文

5.2.6 一般事故隐患应立即组织整改。

◆**法律、法规、规范性文件及相关要求**

《生产安全事故隐患排查治理暂行规定》（国家安全生产监督管理总局令第 16 号）

◆**实施要点**

1. 一般事故隐患是指危害和整改难度较小的隐患。

2. 隐患排查中发现的一般隐患事故，应由单位（部门）负责人或者有关人员立即组织整改。

3. 对难以做到立即整改的一般隐患，应及时下达书面整改通知书，限期整改。限期整改应进行全过程监督管理，解决整改中出现的问题，对整改结果进行"闭环"确认。

4. 整改通知书中应明确列出隐患发现时间和地点、隐患情况的详细描述、隐患整改责任的认定、隐患整改负责人、隐患整改的措施和要求、隐患整改完毕的时间、整改回复及整改效果验证等。

5. 整改记录应完整记录整改全过程，应有照片等相关纸质或电子记录文件。

［参考示例 1］

安全隐患检查记录表

检查类别：　　　　　　检查日期：　年　月　日　　　　编号：××-AQ-5.2.6-01

被查单位（部门）		检查区域	
检查内容			

隐患情况：

治理与防范措施：

检查人员：
（签名）

检查负责人：

被查单位（部门）负责人：

说明：本表一式 2 份，办公室填写，被查单位（部门）、办公室分别留存 1 份。

［参考示例 2］

安全隐患整改通知单
×××〔××〕×号

编号：××-AQ-5.2.6-02

×××：

　　××年×月×日，省水利厅督察组对我单位进行了安全生产检查，发现你部门存在下列安全隐患，现提出如下整改意见。

隐患情况	水环境分中心实验室制定了应急预案，无应急演练。		
建议措施	组织开展实验室突发事件应急演练。		
整改负责人		要求完成期限	年月日
签收人		签收日期	年月日

续表

接此通知后，请你部门拟定具体演练方案，请示分管领导后，按方案实施。请做好相应安全防范措施，按整改期限开展应急演练整改到位，并将应急演练完成情况及时反馈。

通知人：

年　月　日

整改后效果验证：

验证人：　　　　　　　　　　　　　　　　验证日期：　　年　月　日

说明：本表一式 2 份，办公室填写，被查单位（部门）、办公室分别留存 1 份。

◆ **评审规程条文**

5.2.7　事故隐患整改到位前，应采取相应的安全防范措施，防止事故发生。

◆ **法律、法规、规范性文件及相关要求**

《生产安全事故隐患排查治理暂行规定》（国家安全生产监督管理总局令第 16 号）

◆ **实施要点**

1. 在事故隐患排除到位前，应符合《安全生产事故隐患排查治理暂行规定》（国家安全生产监督管理总局令第 16 号）的要求，采取相应的安全防范措施，防止事故发生。

2. 事故隐患排除前或者排除过程中无法保证安全的，应从危险区域内撤出水文作业人员，并疏散可能危及的其他人员，设置警戒标识，暂时停止作业和使用。

3. 安全防范措施包括从危险区域内撤出作业人员、疏散可能危及的人员、设置警戒标识、降低标准使用或者停止使用相关设施设备和暂停水文作业等。

［**参考示例**］

《安全隐患整改通知单》同 5.2.6［参考示例 2］。

◆ **评审规程条文**

5.2.8　重大事故隐患治理完成后，对治理情况进行验证和效果评估。一般事故隐患治理完成后，对治理情况进行复查，并在隐患整改通知单上签署明确意见。

◆ **法律、法规、规范性文件及相关要求**

《安全生产事故隐患排查治理暂行规定》（国家安全生产监督管理总局令第 16 号）

SL/T 789—2019《水利安全生产标准化通用规范》

◆ **实施要点**

1. 对重大事故隐患治理情况进行验证和效果评估，是全面消除重大事故隐患和隐患整改的"闭环"处理的需要。

2. 重大事故隐患治理验证就是检查治理措施实施情况，是否按照方案计划的要求逐项落实。重大事故隐患治理效果评估是检查完成的措施是否起到了隐患治理和整改的作用，是否彻底解决了问题，是否真正满足了"预防为主"的要求。

3. 对隐患治理情况进行验证时，应注意防止在隐患治理过程中带来或产生新的隐患。

4. 一般事故隐患治理完成后，检查单位（部门）应组织本单位（部门）对治理情况进行复查，并在隐患整改通知单上签署明确意见。

5. 重大事故隐患治理完成后，应组织验证评估，如无条件自行组织评估的，可委托具备相应资质的安全评价机构对重大事故隐患的治理情况进行评估，并签字确认、出具评估报告。

［**参考示例**］

安全隐患整改回复单

（回复×××〔××〕×号）

隐患名称：	部门负责人：	编号：××-AQ-5.2.8-01

致：×××

　　事由：我部门收到（×××〔××〕×号）通知后，已按通知要求进行了整改，现回复如下：

　　（整改后图片）

单位（部门）负责人签字：

年　月　日

今已收到关于×××〔××〕×号的回复单共贰份。

办公室签收人：

日期：　　年　月　日

说明： 本表一式 2 份，被查单位（部门）填写，被查单位（部门）、办公室分别留存 1 份。

◆**评审规程条文**

5.2.9　定期对隐患排查治理情况进行统计分析，形成书面报告，经单位主要负责人签字后，并通过职工大会、职工代表大会或者公示栏等形式，向从业人员通报。

◆**法律、法规、规范性文件及相关要求**

《安全生产事故隐患排查治理暂行规定》（国家安全生产监督管理总局令第 16 号）

SL/T 789—2019《水利安全生产标准化通用规范》

《水利部关于进一步加强水利生产安全事故隐患排查治理工作的意见》（水安监〔2017〕409 号）

◆**实施要点**

1. 隐患排查治理情况定期通报的目的是使从业人员全面了解作业过程或场所存在的安全隐患及治理情况，举一反三，预防生产安全事故的发生。

2. 定期对隐患排查治理情况进行统计分析，并形成书面分析报告。

3. 统计分析报告内容应符合《安全生产事故隐患排查治理暂行规定》（国家安全生产监督管理总局令第 16 号）的要求。

4. 书面分析报告经单位主要负责人签字后，通过职工大会、职工代表大会或者公示栏等形式向单位全员进行通报。

[参考示例]

×××20××年度隐患排查治理统计表

编号：××－AQ－5.2.9－01

序号	隐患内容	排查时间	整改措施	责任部门	整改意见	隐患治理效果评估	治理完成时间

登记人：　　　　登记日期：

◆**评审规程条文**

5.2.10　运用水利安全生产信息系统，通过信息系统对隐患排查、报告、治理、销账等过程进行管理和统计分析，并按照有关要求报送隐患排查治理情况。

◆**法律、法规、规范性文件及相关要求**

《水利安全生产信息报告和处置规则》（水监督〔2022〕156号）

《水利部关于进一步加强水利生产安全事故隐患排查治理工作的意见》（水安监〔2017〕409号）

◆**实施要点**

1. 水文监测单位应充分利用水利安全生产信息系统，通过信息管理系统对事故隐患排查、治理、销号等过程进行管理和统计分析。

2. 水文监测单位应利用信息系统及时掌握动态安全状况及发展趋势，建立安全生产的排查、治理、预测、预警体系，提高安全生产管理水平和工作效率。

3. 水利安全生产信息系统除安全信息处理系统外，还应有安全生产预测预警系统，能对安全状况发展趋势进行预测。

4. 水文监测单位应实时填报隐患信息，发现隐患应及时登入信息系统，制定并录入整改方案信息，及时将隐患整改进展情况录入信息系统。隐患治理完成应及时填报完成情况信息。

5. 水文监测单位运用水利安全生产信息系统生成的隐患排查治理情况等相关资料，应按要求及时报送相关单位。

第三节　预　测　预　警

预测预警是指水文监测单位结合安全风险管理、隐患排查治理及事故等情况，建立安全生产预测预警体系，进一步预防和控制潜在的事故，并在安全突发事件发生时能做出应急准备和响应，最大限度地减轻可能产生的事故后果。

◆**评审规程条文**

5.3.1　根据本单位特点，结合安全风险管理、隐患排查治理及事故等情况，运用定量或定性的安全生产预测预警技术，建立体现水文单位安全生产状况及发展趋势的水文安全生产预测预警体系。

◆法律、法规、规范性文件及相关要求

《安全生产事故隐患排查治理暂行规定》（国家安全生产监督管理总局令第 16 号）

SL/T 789—2019《水利安全生产标准化通用规范》

《国务院关于进一步加强企业安全生产工作的通知》（国发〔2010〕23 号）

◆实施要点

1. 安全生产预测预警就是结合安全风险管理、隐患排查治理及事故等情况，采用 LEC 等方法，建立风险评估模型，量化表示安全生产现状和发展趋势。

2. 水文监测单位应根据单位四色安全风险空间分布图和量化安全生产发展趋势，建立预测预警管理办法、程序和措施。

3. 安全生产预测预警的途径主要包括及时收集、分析、汇总可能影响单位生产运行及人员安全的各类灾害信息，预测可能发生的情况对单位的潜在威胁。

4. 水文监测单位应根据安全风险管理、隐患排查治理及事故等情况，结合水文测报实际，建立体现单位安全生产状况及发展趋势的水文安全生产预测预警体系。预测预警体系内容应全面适用，满足安全生产"四预"要求。

5. 安全生产预测预警信息应及时向单位主要负责人汇报，有关部门接到预警后应开展特别巡视检查，根据预警级别启动相应的应急预案。

［参考示例］

×××安全生产预警预报和突发事件应急管理制度

第一章　总　　则

第一条　为进一步规范单位安全生产预警预报和应急管理工作，预防和控制潜在的事故，安全突发事件发生时，能做出应急准备和响应，最大限度地减轻可能产生的事故后果，特制订本制度。

第二条　安全生产预警预报和突发事件应急管理工作，遵循"统一领导、分级负责、反应迅速、积极自救"和"以人为本、生命至上"的原则。

第三条　坚持预防与应急相结合、常态与非常态相结合，常抓不懈，在不断提高安全风险辨识、防范水平的同时，加强水文监测和水质作业应急基础工作，做好常态下的风险评估、物资储备、队伍建设、完善装备、预案演练等工作。

第二章　指挥机构及职责

第四条　单位安全生产领导小组负责安全预警预报和突发事件应急处置时的指挥，安全生产领导小组办公室负责单位安全预警及突发事件应急管理。

第五条　单位主要负责人为指挥长，单位分管安全负责人为副指挥长，单位安全生产领导小组办公室主任为指挥机构成员。

第六条　指挥长全面负责安全预警预报和突发事件应急处置工作，组织、领导单位重要安全预警预报工作，领导、指挥、处置单位重大突发事件。副指挥长在指挥长的领导下，负责安全预警预报和突发事件应急处置管理。指挥机构其他成员，具体负责管理部门的安全预警及突发事件应急处置日常管理。

第七条 重大应急事件发生后，在指挥长的统一指挥下，各相关职能部门负责人迅速到达事发现场开展应急处置工作。

第三章 安全预警预报

第八条 完善预警预报机制，建立预警预报系统，强化一线人员的紧急处置和自我保护的能力，做到及时发现、及时报告、妥善处置。运行岗位人员能熟练使用两个以上预警电话或其他报警方式。

第九条 加强安全生产动态管理，做好安全风险分析及危险源管理，根据 LEC 等方法和单位四色安全风险空间分布图，有针对性地收集安全生产预警预报信息，根据单位汛前、汛期、汛后工作重点，更新安全风险评估，调整危险源级别。

第十条 单位水情部门密切关注安全预警预报信息收集，保持与上级相关部门的紧密联系，通过信息化多渠道获取安全生产信息，预警信息包括气象灾害、流行病、周边安全事故及突发事故的类别、地点、起始时间、可能影响范围、预警级别、警示事项、应采取的措施和发布级别等。

第十一条 危及生产运行的安全生产的预警信息的发布、调整和解除应经单位主要负责人批准，局部预警信息可通过电话、传真、警报器等方式，特殊情况下目击者可大声呼叫、敲击能发出较强声音的器物的方式进行。

第四章 安全生产突发事故的应急处置

第十二条 突发事件是指因自然、社会和管理等因素引发的意外事件。其发展快、危害大、影响广，应动用单位各方面力量甚至社会和政府的力量，采取紧急措施应对才能控制发展势头或避免更大损失。突发事件包括突发的自然灾害、意外事故等。

第十三条 重大突发事故发生后，各事发源的第一目击者必须立即报告有关部门领导，最迟不得超过 3min。部门负责人立即报告单位主要负责人，最迟不得超过 10min。应急处置过程中，应及时续报有关情况。

第十四条 突发事故发生后，事发源的现场人员与增援的应急人员在报告重大突发事故信息的同时，应根据职责和规定的权限启动相关应急预案，及时有效地进行先期处置，控制事态的蔓延。

第十五条 对于先期处置未能有效控制事态的重大突发事故，应及时启动相关应急预案，由办公室组成的现场应急指挥机构，统一指挥或指导有关部门开展应急处置工作。

第十六条 现场应急指挥机构负责现场的应急处置工作，并根据需要具体协调、调集相应的安全防护装备。现场应急救援人员应携带相应的专业防护装备，采取安全防护措施，严格执行应急救援人员进入和离开事故现场的相关规定。

第十七条 现场应急指挥机构根据事态的形势，有权调动多个相关部门共同参与处置突发事故，相关部门必须服从统一指挥、尽力协助救援。

第十八条 现场应急指挥机构根据事态的形势的需要，可以请求社会相关组织机构协助救援，相关部门必须做好引导、协助工作，以便充分发挥社会组织机构的作用。

第五章 善后工作

第十九条 重大突发事故应急处置工作结束，或者相关危险因素消除后，单位安全生产领导小组办公室做好现场记录，包括拍摄现场照片，以便事故调查处理。现场应急指挥机构予以撤销，宣布恢复正常工作。

第二十条　应积极稳妥、深入细致地做好善后处置工作。对突发事故中的伤亡人员、应急处置工作人员，以及紧急调集、有关单位及个人的物资，要按照规定给予补充。做好疫病防治和环境污染消除工作。

第二十一条　对重大突发事故的起因、影响、责任、经验教训和恢复重建等问题按照"四不放过"原则进行调查评估和处理。编制书面事故调查报告，根据事故等级的大小，报告上级领导机构。

第二十二条　突发事故的信息发布应当及时、准确、客观、全面。重大事故发生后应及时向主管上级和当地政府报告，并根据事件处置情况做好后续报告工作。也应当向从业人员发布简要信息和应对防范措施等。

第二十三条　应急处置工作结束后，必须认真进行分析、总结，吸取教训，及时整改，尽快恢复生产、生活秩序。

第二十四条　应根据突发事件处置发现的问题，及时修改、充实、完善、优化应急处置工作办法或预案。

第六章　责任追究及奖励

第二十五条　未及时实施安全预警和启动应急处置工作预案，或未按要求赴现场组织应急处置工作的，追究相关人员的责任。

第二十六条　对违反应急处置规定或工作失误，扩大事故损失的，追究当事人及相关领导的责任。

第二十七条　对不服从指挥，借故拖延或消极应付，扩大事故损失的，追究当事人的责任。

第二十八条　对迟报、谎报和瞒报突发事故重要情况，或者应急管理工作中有其他失职、渎职行为，而丧失应急的最佳机会造成人员伤亡或重大经济损失的，对有关责任人给予处罚或行政处分；构成犯罪的，移送司法机关处理。

第二十九条　对突发事故应急管理工作中做出突出贡献的先进集体和个人要给予表彰和奖励。

第七章　附　则

第三十条　本制度由单位安全生产领导小组办公室负责解释。

第三十一条　本制度自印发之日起施行。

◆评审规程条文

5.3.2　根据安全风险管理、隐患排查治理及事故等统计分析结果，每月至少进行一次安全生产预测预警。

◆法律、法规、规范性文件及相关要求

《安全生产事故隐患排查治理暂行规定》（国家安全生产监督管理总局令第16号）

《国务院关于进一步加强企业安全生产工作的通知》（国发〔2010〕23号）

SL/T 789—2019《水利安全生产标准化通用规范》

◆**实施要点**

1.开展安全生产预测预警目的是直观反映单位安全生产的状况及安全生产趋势,将日常安全管理工作中形成的多项关键业务数据进行综合分析,将分析得出的不安全因素进行量化。

2.水文监测单位应结合日常安全管理工作,根据安全风险管理、隐患排查治理及事故等统计分析结果,至少每月进行一次安全生产预测预警。

3.预警状态划分为安全、注意、警告、危险4个等级,水文监测单位应及时将预测预警结果通报给相关部门和人员。

4.安全生产预警应直观、动态反映单位当前安全生产状况。对可能导致事故发生的预测预警,应及时采取有针对性措施。

[**参考示例**]

×××安全预测预警通报

××年第×期

今年×月,我单位组织开展了节假日检查、节后复工检查,各部门、监测中心及项目法人按规定开展了日常检查、节假日检查、经常检查,共查出设备设施安全隐患6处(电气元器件维修更新2处、消防器材配备不足1处、安全标志标识破损3处)、安全管理隐患2处(××部门安全生产目标责任状未全覆盖、××监测中心安全管理员未及时调整)。目前已对设施设备隐患整改5处,安全管理隐患整改2处,其中××仓库消防灭火器配备不足的隐患正在采购办理中。

为预防生产安全事故的发生,进一步加强隐患排查治理,现预警如下。

一、进一步加强安全生产管理

(一)按照单位下达的安全教育培训计划,开展各类安全生产教育培训,注重培训效果评价和培训档案的归档。

(二)按照安全目标责任状考核要求,对新签订的安全目标责任进行季度考核,主要考核安全管理人员和岗位操作人员履行岗位职责的情况,考核安全工作目标的执行情况。

(三)健全安全生产管理制度,特别是要进一步完善水文作业安全操作规程,按照工作精细化管理和安全标准化管理要求,强化操作流程管理。

二、开展汛前检查

(一)认真落实汛前检查工作责任制。各有关部门应成立汛前检查工作小组,明确汛前检查行政负责人和技术负责人,详排计划,合理分工,精心组织好汛前检查,强化汛前检查工作责任和责任追究,检查责任人对检查结果全面负责。

(二)全面清查水文设施设备状况,认真处理检查中发现的问题。按照相关标准,结合精细化管理的要求,对工程的每一个部位、每一台设备进行拉网式排查和常规保养、做好工程检查记录及缺陷登记。

(三)强化安全措施的检查。加强对防汛物资、器材、设备等的储备和管理工作,对各类警示标牌、助航、安全标识等设施进行逐一检查,做好自动化控制、视频监控、网络通信等信息系统的检测和维护,确保汛期水情信息畅通。

三、认真修订完善各类应急预案

根据水文作业特点及单位往年安全生产管理工作经验，认真修订完善××年防汛、防台、反事故预案，须明确与省防指发布的应急响应等级相对应的分级响应处置方案，增强预案的可操作性。加强人员技能培训和反事故演练，提高处理突发故障和事故的水平。

×××

年　月　日

第八章　应　急　管　理

安全生产应急管理是安全生产工作的重要内容，应急管理包括应急准备、应急处置和应急评估工作。应急管理工作的主要目的是最大限度地减少人员伤亡和财产损失。

第一节　应　急　准　备

水文监测单位是安全生产应急管理的责任主体。应急准备工作包括建立组织机构，健全工作体系，明确工作职责；建立健全生产安全事故应急预案体系，定期对应急预案进行评估、修订和完善；建立应急救援队伍，配备应急装备，储备应急物资；定期组织应急演练，进行总结评估；修订完善应急预案，并实施改进等。

◆**评审规程条文**

6.1.1　按规定建立应急管理组织机构或指定专人负责应急管理工作。建立健全应急工作体系，明确应急工作职责。

◆**法律、法规、规范性文件及相关要求**

《中华人民共和国安全生产法》（2021年修订）

《中华人民共和国突发事件应对法》（主席令第六十九号）

《生产安全事故应急预案管理办法》（应急管理部令第2号）

《水利安全生产监督管理办法（试行）》（水监督〔2021〕412号）

◆**实施要点**

1. 按照《中华人民共和国安全生产法》要求，水文监测单位应建立健全安全生产应急管理组织机构或指定专人负责应急管理，并以正式文件发布。

2. 水文监测单位应建立健全应急工作体系，明确各级、各部门应急管理工作职责。应急工作体系应至少包括组织体系、运作机制和保障机制部分。

（1）组织体系包括管理机构、功能部门、应急指挥、救援队伍。从组织体制上保证有兵可用，听从指挥。

（2）运作机制包括统一指挥、分级响应、属地为主、应急动员。应急动员也包括受到事故影响的居民群众。

（3）保障机制包括信息通信、物资装备、人力资源、经费保障等。

［**参考示例**］

关于成立×××应急领导小组的通知

各部门、各监测中心：

为进一步加强安全生产应急管理，建立健全我单位应急领导小组和工作机构，根据工作需要，经研究决定，建立单位应急领导小组和工作机构，成员名单如下。

一、应急领导小组

组长：

副组长：

成员：

二、应急管理工作机构设四个工作小组：

（一）应急处置工作小组：

组长：

副组长：

成员：

（二）水污染应急处置工作小组：

组长：

副组长：

成员：

（三）突发涉水安全应急处置工作小组：

组长：

副组长：

成员：

（四）后勤保障工作小组：

组长：

副组长：

成员：

应急处置工作小组应负责防洪、防台、防事故、防火灾、冰雪灾害天气等预案审查、组织应急救援队伍进行预案演练和突发事件的应急处置；后勤保障工作小组负责应急救援的信息发布、交通通信、应急物资设施装备及后勤保障。各部门、监测中心应建立健全应急组织和专业应急救援队伍，落实应急物资，完善应急预案，加强应急演练，提高应急处置能力。

特此通知！

×××

年　月　日

◆**评审规程条文**

6.1.2　开展安全风险评估和应急资源调查的基础上，根据 GB/T 29639 等有关要求，建立健全生产安全事故应急预案体系，制定生产安全事故预案（包括水文测验船舶、巡测车辆、吊箱运行预案，高处坠落、火灾和爆炸、触电和雷击伤害、急性集体中毒事故），大洪水监测专项预案和实验室安全应急预案应独立编制，并以正式文件向本单位从业人员公布；针对安全风险较大的重点场所（设施）制定重点岗位、人员应急处置卡；按有关规定备案，并通报有关应急协作单位。

◆**法律、法规、规范性文件及相关要求**

《中华人民共和国安全生产法》（2021 年修订）

《中华人民共和国突发事件应对法》（中华人民共和国主席令第六十九号）

《生产安全事故应急条例》（国务院令第 708 号）

《生产安全事故应急预案管理办法》（应急管理部令第 2 号）

GB/T 29639—2020《生产经营单位生产安全事故应急预案编制导则》

GB/T 38315—2019《社会单位灭火和应急疏散预案编制及实施导则》

SL/T 789—2019《水利安全生产标准化通用规范》

《水利安全生产监督管理办法（试行）》（水监督〔2021〕412 号）

◆**实施要点**

1. 生产安全事故应急预案是明确在事故发生前、事故过程中以及事故发生后，谁负责做什么、何时做、怎么做，以及相应的策略和资源准备等预先制定的应急准备工作方案。

2. 应急预案的目的是最大程度减少事故损害。

3. 生产安全事故应急预案体系，应在开展安全风险评估和应急资源调查的基础上建立。应急预案体系包括综合应急预案、专项应急预案和现场处置方案。

4. 应急预案应结合本单位的危险源状况、危险性分析情况和可能发生的事故特点，根据 GB/T 29639—2020《生产经营单位生产安全事故应急预案编制导则》的要求编制，应急预案应内容齐全、操作性强、有针对性，并以正式文件发布。

5. 大洪水监测专项预案和实验室安全应急预案应独立编制，并向从业人员公布。

6. 水文监测单位应针对安全风险较大的重点岗位或场所（如机房、实验室等）制定重点岗位、人员风险告知卡和应急处置卡。

7. 应急预案应报上级主管单位备案，通报相关协作单位。

［**参考示例 1**］

关于发布《×××生产安全事故应急预案》的通知

各部门、各监测中心：

为进一步加强安全生产应急管理，根据我单位工作需要，经研究决定，现将《×××生产安全事故应急预案》印发给你们，请认真学习，遵照执行。

特此通知！

附件：×××生产安全事故应急预案

×××

年　月　日

附件：

×××生产安全事故应急预案

一、总则

（一）适用范围

说明应急预案适用的范围。

（二）响应分级

依据事故危害程度、影响范围和单位控制事态的能力，对事故应急响应进行分级，明确分级响应的基本原则。响应分级不必照搬事故分级。

二、应急组织机构及职责

明确应急组织形式（可用图示）及构成单位（部门）的应急处置职责。应急组织机构可设置相应的工作小组，各小组具体构成、职责分工及行动任务应以工作方案的形式作为附件。

三、应急响应

（一）信息报告

1.信息接报

明确应急值守电话、事故信息接收、内部通报程序、方式和责任人，向上级主管部门、上级单位报告事故信息的流程、内容、时限和责任人，以及向本单位以外的有关部门或单位通报事故信息的方法、程序和责任人。

2.信息处置与研判

（1）明确响应启动的程序和方式。根据事故性质、严重程度、影响范围和可控性，结合响应分级明确的条件，可由应急领导小组作出响应启动的决策并宣布，或者依据事故信息是否达到响应启动的条件自动启动。

（2）若未达到响应启动条件，应急领导小组可做出预警启动的决策，做好响应准备，实时跟踪事态发展。

（3）响应启动后，应注意跟踪事态发展，科学分析处置需求，及时调整响应级别，避免响应不足或过度响应。

（二）预警

1.预警启动

明确预警信息发布渠道、方式和内容。

2.响应准备

明确做出预警启动后应开展的响应准备工作，包括队伍、物资、装备、后勤及通信。

3.预警解除

明确预警解除的基本条件、要求及责任人。

（三）响应启动

确定响应级别，明确响应启动后的程序性工作，包括应急会议召开、信息上报、资源协调、信息公开、后勤及财力保障工作。

（四）应急处置

明确事故现场的警戒疏散、人员搜救、医疗救治、现场监测、技术支持、工程抢险及环境保护方面的应急处置措施，并明确人员防护的要求。

（五）应急支援

明确当事态无法控制情况下，向外部（救援）力量请求支援的程序及要求、联动程序及要求，以及外部（救援）力量到达后的指挥关系。

（六）响应终止

明确响应终止的基本条件、要求和责任人。

四、后期处置

明确污染物处理、生产秩序恢复、人员安置方面的内容。

五、应急保障

（一）通信与信息保障

明确应急保障的相关单位及人员通信联系方式和方法，以及备用方案和保障责任人。

（二）应急队伍保障

明确相关的应急人力资源，包括专家、专兼职应急救援队伍及协议应急救援队伍。

（三）物资装备保障

明确本单位的应急物资和装备的类型、数量、性能、存放位置、运输及使用条件、更新及补充时限、管理责任人及其联系方式，并建立台账。

（四）其他保障

根据应急工作需求而确定的其他相关保障措施（如：能源保障、经费保障、交通运输保障、治安保障、技术保障、医疗保障及后勤保障）。

注：（一）～（四）的相关内容，尽可能在应急预案的附件中体现。

［参考示例 2］

大洪水监测专项预案

一、总则

（一）编制目的

为贯彻落实水利部水文司、省×××关于大洪水监测专项预案编制的要求，应对××市境内可能发生的江河湖库大洪水，×××在分析总结全市历史暴雨洪水特点和规律的基础上，研究和制订现状测报条件下的大洪水监测专项预案（以下简称"本预案"），以规范和完善应急测报机制与作业流程，为全市防灾减灾救灾提供技术支撑。

本预案中的大洪水指江河湖库控制断面已发生或预报即将发生的水位、流量超过防洪设计标准或现状防洪能力的洪水。

（二）编制依据

《中华人民共和国水法》《中华人民共和国防洪法》《中华人民共和国突发事件应对法》《中华人民共和国防汛条例》《中华人民共和国水文条例》《××省防洪条例》《××省水文条例》《××省突发事件应急预案管理办法》《××省水情旱情预警发布管理办法（试行）》《××水文应急响应管理办法（试行）》《××省洪水预报作业管理办法》《国家突发公共事件总体应急预案》《××省防汛抗旱应急预案》《××市防汛应急预案》和水文监测及情报预报等技术标准等。

（三）适用范围

本预案适用于××市境内发生大洪水的水文测站、巡测断面或因水库垮坝、堤防决口、水闸倒塌、行洪分洪等险情形成的溃口及分洪断面等的水文应急测报。

（四）编制原则

1. 坚持统一指挥、协同应对。由×××统一指挥和协调全市水文应急测报工作，各部门（中心）各负其责、加强协作。

2. 坚持预防为主、平战结合。由×××整合常规与应急测报资源，加强雨情、水情监测预报预警，完善水文应急测报体系，充分发挥全市水文应急测报的整体作用。

3. 坚持依靠科学、依法规范。采用先进的应急测报设施设备和技术，提高应对大洪水的科技水平和指挥能力，依据有关法律法规和规范文件制订应急预案，使应对大洪水的工作规范化、制度化。

4. 坚持以人为本、安全第一。遵循以人为中心的发展理念，将水文从业人员的生命安全放在重要位置。

二、大洪水特点分析

介绍××市流域、河道、水文、气候等特点，以及曾经发生过的洪水类型和情况。

三、组织体系与职责

（一）组织体系

成立大洪水水文应急测报领导小组，下设水文监测分组（包括测站、应急监测分组）、水情预报分组和后勤保障分组。

（二）职责分工

1. 领导小组

组长由主要负责人担任，副组长由分管负责人担任，成员还包括各分组副组长。

（1）负责全市大洪水水文应急测报预案的编制（报上级主管单位备案）、组织及实施；

（2）承担本市各级人民政府、水行政主管部门委托的水文应急测报工作；

（3）接受省水文应急领导小组办公室应急测报任务调度；

（4）负责组织开展全市水文应急监测能力的建设与指导。

2. 各分组

（1）水文监测分组。

水文监测分组包括测站监测分组、应急监测分组。

1）测站监测分组。

组长由分管负责人担任，副组长由××（部门）负责人、××监测中心主任担任，成员由××（部门）、××监测中心技术人员组成。

① 负责制定测站大洪水水文应急测报方案；

② 负责组织开展测站大洪水水文应急测报；

③ 负责组织开展测站水文应急监测业务培训及专项演练；

④ 负责制定测站水文应急监测能力建设计划。

2）应急监测分组。

组长由分管负责人担任，副组长由××（部门）负责人担任，成员由××（部门）、××（部门）技术人员组成。

① 负责制定巡测断面或因水库垮坝、堤防决口、水闸崩塌形成的溃口及分洪断面等大洪水水文应急测报方案；

② 负责组织开展巡测断面或因水库垮坝、堤防决口、水闸崩塌形成的溃口及分洪断面等大洪水水文应急测报；

③负责组织开展水文应急监测业务培训和专项演练；

④负责制定全市水文应急监测能力建设计划。

（2）水情预报分组。

组长由分管负责人担任，副组长由××（部门）负责人担任，成员由××（部门）技术人员组成。

1）负责制定大洪水水情传输及预报方案；

2）负责组织开展大洪水水情传输及预报；

3）负责组织开展水情传输及预报业务培训和专项演练；

4）负责水文应急测报信息集中统一展示；

5）负责制定全市水情传输及预报应急能力建设计划。

（3）后勤保障分组。

组长由分管负责人担任，副组长由××（部门）负责人担任，成员由××（部门）技术人员组成。

1）负责保障物资、资金、车船合理调配；

2）负责与相关部门的协调联系；

3）负责宣传报道。

四、应急响应

（一）响应判别

当出现以下情形之一时，即启动本预案。

1. 省水利厅、市水利局发布洪水红色预警；

2. 省、市防汛抗旱指挥部发布防汛Ⅱ级及以上应急响应；

3. 上级主管单位启动水文Ⅱ级及以上应急响应；

4. 市境内发生水库垮坝、堤防决口、水闸倒塌、行洪分洪等险情；

5. 其他需要响应的大洪水事件。

（二）响应行动

×××大洪水水文应急测报领导小组组长主持召开应急测报会议，领导小组成员参加。视情作出启动本预案的决定，上报上级主管单位，并将相关工作部署通知各分组。

水文监测分组：跟踪大洪水事件发展，及时提出相应应急测报建议或方案，做好相应应急测报技术指导、组织协调工作，加强与上级主管单位、市水利及水旱灾害防御等部门沟通，做好测站及其他大洪水发生地区的水文应急测报工作。

水情预报分组：关注气象及水雨情变化趋势，及时提出预测预报方案，做好大洪水预测预报技术指导工作，并加强与气象、其他水文部门会商，做好大洪水水文情报及预测预报工作。

后勤保障分组：做好资金、物资、车船调配等工作；及时上报大洪水应急测报工作动态；督促和检查有关指令、规章制度贯彻落实情况以及大洪水水文应急测报值班情况；汇总上报大洪水水文设施水毁材料。

对大洪水事件，应做到每小时报告一次与事件相关的水文信息，每天发布一次分析简报。当大洪水发生重大变化，在30min内向有关部门简要报告，并及时做出预测预报分析和报告。

当应急测报工作完成，由应急测报领导小组宣布结束水文应急测报行动。

五、处置措施

（一）水文监测

1. 应急准备

为应对××市可能发生的大洪水，根据本预案及测站水文应急测报方案要求，测站、应急监测分组应及时关注气象预报和洪水预报，加强研判、提前准备，确保大洪水期间测得到、测得准、报得及时。

（1）仪器设备。测站监测分组应定期清查测站测洪设施仪器设备、检查运行状态，确保设施设备运行状况良好；应急监测分组应及时按照上游已发生的洪水和下游可能发生的洪水等级，进一步细化所需水文应急监测仪器设备准备，确保满足"临战"要求。

（2）车辆交通。后勤保障分组根据测站、应急监测分组要求，确保应急监测所需车辆做好调用准备。

（3）人员队伍。测站、应急监测分组统筹协调测站及相关应急监测人员在启动本预案后能迅速上岗到位，确保进入"备战"状态。

2. 应急响应

（1）仪器设备。在启动本预案后，测站、应急监测分组立即进入大洪水应急监测状态，按照测站及其他大洪水发生地区不同大洪水应急监测所需仪器设备清单逐一检查后装车出发。

（2）车辆交通。水文应急监测车辆现场待命，车辆配属司机应及时向相关交管和高速管理部门了解当前前往的目的地沿途交通状况，修正交通线路规划。

（3）人员队伍。水文应急监测队伍立即到位，确保本预案启动后2h内到达大洪水发生地；单位其他人员进入临战状态，做好仪器设备和人员队伍的支援准备。

（4）组织协调。与上级主管单位、所处流域的上下游其他水文部门、市及辖市（区）市水旱灾害防御部门联系，将临战机制升级为实战机制，落实仪器设备调配及人员支援准备，建立工作群，做好信息通报。

3. 应急监测方法

（1）水位监测。根据监测需要和测验河段条件，在应急监测断面布设临时水尺，架设雷达水位计，或者设置固定点测记水位。特殊情况下无法采用水尺和自记水位计等方法观测时，采用免棱镜全站仪架设在安全地带观测。具备高程引测条件的，开展高程引测；不具备高程引测条件的，采用假定高程。

（2）地形测量。采用无人机对测验河段进行正射或倾斜摄影，制作数字高程模型（DEM）、数字正射影像图（DOM），配合DEM将DOM进行校正，拼接生成完整的区域地图后，将区域整体导入到软件中进行测图，生成大比例尺地形图和三维仿真地形图。

（3）决（溃）口形态、淹没区测量。采用三维激光扫描仪、无人机测绘、全站仪免棱镜法对溃口宽度、淹没范围、水深及水位进行施测。在无法开展溃口测量时，可采用经验公式对溃口宽度进行估算。

（4）流量监测。流量应急监测主要方法有以下几种：

1) 桥测法：选取测验河段内或附近的公路桥布设测流断面，选用转子式或电波流速仪进行流速测验计算流量或走航式 ADCP 进行流量测验。

2) 浮标法：在应急监测断面附近选择地势较高、通视安全的地方或房顶等固定建筑物平台设置基点，选用免棱镜全站仪采用极坐标法测水面漂浮物，水道断面面积可通过事先测量或借用断面方法获取，选用合适的水面浮标系数，计算断面流量。

3) 无人机测流法：与浮标法原理相似，无人机搭载电波流速仪，直达过流断面通过布设垂线方式施测表面流速，水道断面面积可事先测量或借用断面方法获取，选用合适的水面流速经验系数，计算断面流量。

4) 比降面积法：应急监测断面附近有水文测站的，可借助水文站比降水尺和基础水文资料，使用比降-面积法进行推流。该方法采用河道糙率值及上下游比降观测资料，确定水位和糙率的关系曲线，利用曼宁公式，计算断面流量。

5) 水量平衡法：支河道应急监测断面流量占主河道总流量比例较大，主河道流量测验安全便捷时，可在主河道上支河口上、下游便于施测的位置各设 1 处断面，采用走航式声学多普勒流速剖面仪法或流速仪法施测主河道流量，通过水量平衡原理推求应急监测断面流量。

6) 间接法：当应急监测断面主河道上下游有效距离内有水文测站时，可用间接法计算应急监测断面流量。对洪峰涨落较缓的大江大河中下游河段，可利用水文测站的流量资料，推求应急监测断面处的流量；根据应急监测断面处主河道上下游水文测站的监测资料，利用水文站的经验相关曲线和水位流量关系曲线，采用作图法求得断面流量。

7) 体积库容法：利用淹没区地形图和水位库容曲线采取体积库容法计算应急监测断面流量。

8) 遥感法：可利用飞机或其他飞行器具以及卫星遥感进行应急监测断面流量测验。

9) 估算法：溃口（分洪）最大流量可采用宽顶堰流量计算公式法、经验公式法、简便方法。

4. 信息传输

应急监测工作中，水雨情信息报送可采用水情信息交换系统或手机 App 或电话报送方式。信息传输可根据现场通信条件，在移动公网、卫星通信等方式中选择最有效的信道，现场语音通信可采用移动公网或有线电话、卫星电话等。

（二）预测预报

1. 预报准备

（1）编制预报方案。按照规范要求，选定代表站编制洪水预报方案。预报方案编制主要内容包括基础资料的收集、预报模型的选取、模型参数的率定、预报方案的编制 4 个部分。开展超标准洪水预报方案的研究，根据历史大洪水水文系列资料进行参数率定与方案检验，完善预报工作，确保适时启用。

（2）现状水雨情分析。根据水文实测资料和实时雨水情分析评价系统等，分析落地雨的分布、强度、总量等信息；根据下垫面及前期影响雨量，分析计算下垫面的初始土壤含水量等；根据流域和区域水利工程调度情况，初步分析流域和区域内水文情势。关注市、省及中央气象台降水预报，加强与气象部门的信息交流，综合分析历史洪水与现状水雨情状况。

（3）开展洪水预报。与气象部门实时信息共享，通过洪水预报工具开展预报分析，综合气象预报更新开展实时滚动预报，预判未来洪水形势。

（4）开展工程影响分析。考虑水库预泄、蓄滞洪区启用、河道超警等因素，运用已有洪水风险图等手段开展洪水影响分析，尤其省属水利工程和涉及流域、国家防总调度的工程的洪水影响分析。

（5）加强会商与沟通协调。及时与市及辖市（区）水旱灾害防御部门、上级主管单位共同会商。必要时由上级主管单位与流域机构、相邻市水文部门及水旱灾害防御部门沟通预报调度分析结果，为预测预报提供参考。

2. 预报作业

（1）实时滚动预报。密切关注天气变化趋势，及时收取中央气象台、流域气象中心及省市气象台气象预报信息，特别是降雨强度、中心位置及走势，结合不断修正的短临预报及数值降水预报产品，基于洪水预报系统开展实时洪水滚动预报，及时修正水文预报结果，分析对区域将会产生的影响。

（2）预报职责要求。按照大洪水发生的区域、水情发展及水情分级原则，做好职责范围内的洪水预报，每日应制作预报2次，每日7时和18时分别制作一次；当雨水情、工情发生变化时应及时进行滚动预报，一般应在2h内完成预报作业。

大洪水预报站点与项目按照上级主管单位相关规范中的日常化预报及洪水预报发布标准及项目要求执行。

六、应急保障

（一）物资资金

大洪水应急测报资金按照分级管理原则，分别列入财政预算。中央、省级财政安排的特大防汛补助费或水利救灾资金，用于修复水毁水文设施、购置应急测报所需仪器设备。

（二）外部通信

与当地通信部门协调，将水文应急测报需要纳入中国移动、电信、联通等外部通信保障预案。必要时启动通信部门应急通信保障预案，迅速调集力量抢修通信设施，调度应急通信设备，保证通信畅通。

（三）安全生产

严格执行有关安全生产规章制度及各类设施设备操作规程，在确保安全的前提下开展水文应急测报，将水文监测人员的生命安全放在重要位置，确保安全生产。

［参考示例3］

关于印发《×××实验室安全应急预案》的通知

中心各部门：

为应对实验室范围内可能发生的重大事故或灾难，迅速、有效地开展应急救援行动，防止灾情和事态的进一步蔓延，最大限度地减少人员伤亡和经济损失，现将制定的《×××实验室安全应急预案》印发给你们，望认真贯彻执行。

特此通知！

　　附件：×××实验室安全应急预案

×××

年　月　日

附件：

×××实验室安全应急预案
目录

9.2 应急预案演练

9.3 应急预案的修订

9.4 应急预案实施

[参考示例4]

事 故 现 场 处 置 方 案

1 灼烫现场处置方案

1.1 事故风险分析

1.2 应急组织与职责

1.3 应急处置

1.4 注意事项

2 触电事故现场处置方案

2.1 事故风险分析

2.2 应急工作职责

2.3 应急处置

2.4 注意事项

3 中毒、窒息事故处置方案

3.1 事故特征

3.2 应急工作职责

3.3 应急处置

3.4 注意事项

4 物体打击现场处置方案

4.1 事故风险分析

4.2 应急组织与职责

4.3 应急处置

4.4 注意事项

附件1 风险分析识别结果

（1）实验室危化品种类及处置措施。

实验室危化品种类及处置措施表

编号：××-AQ-6.1.2-01

化学品名称	种　类	危　害	措　施	灭 火 剂
硫酸	易制毒	腐蚀	皮肤接触：立即脱去污染的衣着，用大量流动清水冲洗 20～30min。如有不适感，就医。 眼睛接触：立即提起眼睑，用大量流动清水或生理盐水彻底冲洗 10～15min。如有不适感，就医。	
盐酸	易制毒	腐蚀		
冰乙酸	腐蚀品	腐蚀		
磷酸	腐蚀品	腐蚀		
硝酸	易制爆	腐蚀		
氢氧化钠	腐蚀品	腐蚀		
氢氧化钾	腐蚀品	腐蚀		

续表

化学品名称	种　类	危　害	措　施	灭火剂
硝酸锌	易制爆	助燃爆炸	吸入：迅速脱离现场至空气新鲜处。保持呼吸道通畅。如呼吸困难，给输氧。呼吸、心跳停止，立即进行心肺复苏术。就医。 食入：水漱口，给饮牛奶，迅速就医	雾状水、沙土
硝酸钾	易制爆	助燃爆炸		雾状水、沙土
硼氢化钠	易制爆	助燃爆炸		二氧化碳、干粉、沙土
溴酸钾	氧化剂	助燃爆炸		雾状水、沙土
重铬酸钾	易制爆	助燃爆炸、中毒		雾状水、沙土
硝酸镧	氧化剂	助燃		雾状水、沙土
二氯异氰尿酸钠	氧化剂	助燃		雾状水、沙土
高锰酸钾	易制毒、易制爆	助燃爆炸		雾状水、沙土
溴	腐蚀品	腐蚀		
甲醛	腐蚀品	腐蚀、燃烧	皮肤接触：立即脱去污染的衣着，用大量流动清水冲洗 20～30min。如有不适感，就医。 眼睛接触：立即提起眼睑，用大量流动清水彻底冲洗 10～15min。如有不适感，就医。 吸入：迅速脱离现场至空气新鲜处。保持呼吸道通畅。如呼吸困难，给输氧。呼吸、心跳停止，立即进行心肺复苏术。就医。 食入：温水催吐，就医	二氧化碳、干粉、雾状水、沙土
N，N 二甲基甲酰胺	易燃液体	易燃烧		二氧化碳、干粉、雾状水、沙土
乙醇	易燃液体	易燃烧		抗溶性泡沫、二氧化碳、干粉、沙土
三乙醇胺	可燃液体	可燃		水、雾状水、抗溶性泡沫、二氧化碳、干粉、沙土
丙三醇	可燃	可燃		水、雾状水、抗溶性泡沫、二氧化碳、干粉、沙土
丙酮	易制毒	易燃烧		抗溶性泡沫、二氧化碳、干粉、沙土
异丙醇	易燃液体	易燃烧		抗溶性泡沫、二氧化碳、干粉、沙土
正丙醇	易燃液体	易燃烧		抗溶性泡沫、二氧化碳、干粉、沙土
正丁醇	易燃液体	易燃烧		抗溶性泡沫、二氧化碳、干粉、沙土
异丙苯	易燃液体	易燃烧		抗溶性泡沫、二氧化碳、干粉、沙土
苯	易燃液体	易燃烧、中毒		抗溶性泡沫、二氧化碳、干粉、沙土
吡啶	易燃	易燃		雾状水、泡沫、二氧化碳、干粉、沙土
环己烷	易燃	易燃		泡沫、二氧化碳、干粉、沙土
乙酸乙酯	易燃	易燃		抗溶性泡沫、二氧化碳、干粉、沙土

续表

化学品名称	种　类	危　害	措　施	灭　火　剂
乙酸酐	易燃、易制毒	易燃	皮肤接触：立即脱去污染的衣着，用大量流动清水冲洗 20～30min。如有不适感，就医。	雾状水、抗溶性泡沫、二氧化碳、干粉
甲苯	易制毒	易燃烧、中毒		抗溶性泡沫、二氧化碳、干粉、沙土
二氯甲烷	可燃液体	可燃烧、中毒	眼睛接触：立即提起眼睑，用大量流动清水彻底冲洗 10～15min。如有不适感，就医。	二氧化碳、干粉、雾状水、沙土
正己烷	易燃液体	易燃易爆、中毒		泡沫、二氧化碳、干粉、沙土
甲醇	易燃液体	易燃、中毒	吸入：迅速脱离现场至空气新鲜处。保持呼吸道通畅。如呼吸困难，给输氧。呼吸、心跳停止，立即进行心肺复苏术。就医。	二氧化碳、干粉、沙土
三氯甲烷	易制毒	中毒		不燃
锌粉	易制爆	遇湿易燃		干粉、干砂
四氯化碳	毒害品	中毒	食入：温水催吐，就医	不燃
乙炔	易燃易爆	易燃易爆	吸入：迅速脱离现场至空气新鲜处。保持呼吸道通畅。如呼吸困难，给输氧。呼吸、心跳停止，立即进行心肺复苏术。就医	二氧化碳、干粉、雾状水

（2）生产作业活动中可能存在的风险分析。×××实验室在其检测活动中涉及主要设备有气相色谱仪、流动分析仪、原子荧光、原子吸收、测油仪、离子色谱仪、电炉、烘箱、通风柜、配电箱、玻璃器皿，在其检测活动过程中，可能存在火灾、触电、物体打击、中毒窒息、高温灼伤、化学灼伤、容器爆炸（气瓶爆炸）及其他伤害的风险。

（3）危险化学品重大危险源辨识。以×××实验室为辨识单元，依据 GB 18218—2018《危险化学品重大危险源辨识》的相关要求，因使用量和存放量均较小，根据存在量与临界量比值之和计算，×××实验室未构成重大危险源。

（4）危险有害因素分布情况。

危险有害因素分布情况

编号：××-AQ-6.1.2-02

序号	危险、有害因素	主　要　作　业　或　设　备	相　关　场　所
1	触电	配电设备及所有用电设备	各场所
2	火灾爆炸	易燃化学品使用场所及电气设备使用场所	试剂库房及易燃液体使用场所
3	灼烫	腐蚀品使用场所以及仪器设备表面可能产生高温及存在高温介质的场所	热源室
4	中毒窒息	有毒物品使用场所	氮、氩存在场所
5	起重伤害	电梯间及电梯	电梯
6	物体打击	仪器设备未固定、堆高放置的物品	工作区域内
7	容器爆炸	气瓶	气瓶放置间
8	其他伤害	可能导致人员伤害的其他因素	楼梯、通道各场所

[参考示例 5]

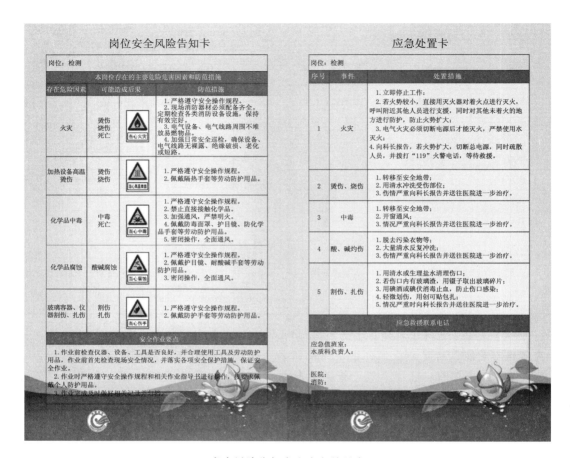

安全风险告知卡和应急处置卡

◆**评审规程条文**

6.1.3 建立与本单位安全生产特点相适应的专（兼）职应急救援队伍或指定专（兼）职应急救援人员，对应急救援人员进行培训。必要时可与邻近专业应急救援队伍签订应急救援服务协议。

◆**法律、法规、规范性文件及相关要求**

《中华人民共和国安全生产法》（2021 年修订）

《中华人民共和国突发事件应对法》（中华人民共和国主席令第六十九号）

《生产安全事故应急条例》（国务院令第 708 号）

◆**实施要点**

1. 应急救援队伍是单位应急管理和生产安全事故应急救援的重要力量。水文监测单位应建立与本单位安全生产特点相适应的专（兼）职应急救援队伍或指定专（兼）职应急救援人员，并以正式文件发布。

2. 应急救援队伍的目的是第一时间现场应急救援和处置，减少、降低伤亡或风险。

3. 应急救援队伍和人员应满足相关要求。专（兼）职应急救援队伍和人员担负着单位安全生产事故应急救援的重任，应具备所属行业领域和所在单位生产安全事故救援需要的专业特长。专职应急救援队伍是具有一定数量经过专业训练的专门人员、专业抢险救援装备、专业从事事故现场抢险救援的组织，应具有较强的战斗力和实战经验；兼职应急救援队伍和人员也应当具备相关的专业技能，并能够熟练使用抢险救援装备。

4. 水文监测单位应对专（兼）职应急救援队伍和人员定期开展培训与训练，并做好记录和评估。事故应急人员应知道如何救人与如何保护自己，熟练掌握相关知识和技能，正确使用相应的防护器材和装备。

5. 涉江、涉海等危险作业，应与邻近专业安全生产应急救援队伍签订应急救援服务协议。

[参考示例]

关于成立×××应急救援队伍的通知

各部门、各监测中心：

为了贯彻落实"安全第一，预防为主，综合治理"的方针，规范我单位的应急管理工作，提高应对风险和防范事故的能力，保证从业人员安全健康和财产生命财产安全。在发生事故时，能快捷有效地实施救援，做好自救、互救和避灾，最大限度地减少人员伤亡和财产损失，成立应急救援队伍。

一、应急救援队伍工作职责：

（一）贯彻执行党的路线、方针、政策，遵守国家法律、法规和规章制度，认真学习应急相关法律法规。

（二）严格履行应急救援工作职责，服从命令、听从指挥、尽心尽力。忠于职守，扎实开展应急救援工作，坚决完成应急救援协调指挥办公室赋予的各项应急救援以及其他任务。

（三）积极参加学习、教育和演练，主动接受应急知识培训，不断提高应对处置各类突发事件的能力。

（四）积极做好应急准备，加强应急救援装备和物资的储备、维护、保养。

二、应急救援队伍工作要求：

为了保证应急抢险人力充足，建立一支兼职应急救援队伍，人员分配情况见兼职应急救援队伍名单。要求值班人员接到通知后，把应急救援人员的具体分班情况、联系方式报告调度室，确保应急救援人员随叫随到。单位各部门（中心）应高度重视应急救援工作的重要性，在接到通知后，加强领导，严密组织，确保我单位安全生产。

三、应急救援队伍人员配备：

总指挥：

指挥全单位的事故应急救援工作。

副总指挥：

协助总指挥负责救援具体工作。向总指挥提出救援过程中生产运行方面应考虑和采取的安全措施。

成员：

特此通知！

$$×××$$
$$年\quad 月\quad 日$$

◆**评审规程条文**

6.1.4 根据可能发生的事故类型及特点，设置应急设施，配备应急装备，储备应急物资，建立管理台账，安排专人管理，并定期检查、维护、保养，确保其完好、可靠。

◆**法律、法规、规范性文件及相关要求**

《中华人民共和国安全生产法》（2021 年修订）

《生产安全事故应急条例》（国务院令第 708 号）

《生产安全事故应急预案管理办法》（应急管理部令第 2 号）

GB/T 27476.1—2014《检测实验室安全 第 1 部分：总则》

SL/T 789—2019《水利安全生产标准化通用规范》

◆**实施要点**

1. 应急设施、装备、物资包括事故或险情发生后的即时处置、报警、逃生、避险、隔险、自救、通信、救援等方面的设施、设备、装置、工具、器材、材料等。

2. 根据风险评估、应急资源的调查结果和应急处置的需要，确定应急物资和装备的类型、数量和性能，并建立相应的储备。

3. 水文监测单位应建立健全应急设施、装备和物资管理制度，明确管理责任和措施，建立管理台账，安排专人管理。

4. 水文监测单位应定期检查、维护、保养应急设施、装备和物资，确保数量充足、品种齐全、完好可靠、无缺陷，满足有关应急预案实施的需要。

［参考示例 1］

×××事故应急物资和装备管理制度
第一章 总 则

第一条 为完善×××应急管理体系，做好应急救援工作，发挥应急救援物资装备应有的作用，有效应对各种突发事件，制定本制度。

第二章 采购流程

第二条 办公室负责应急物资和装备的统一采购及配发，各部门（中心）根据各自部门（中心）工作实际情况、相关事故应急预案、事故应急处置要求等，确定应急物资和装备的类型数量和性能，并根据生产经营环境的变化测算更新相关数据，提出采购需求报办公室，由办公室进行统一采购。

第三章 储 备 管 理

第三条 应急物资验收合格后统一入库，建立台账，由专人保管。根据仓库的条件和物资的不同属性，将储存物资逐一分类，实行分区、分类存放。露天存放的物资要上盖下垫，并持牌标明品名、规格、数量。

第四条　应急物资应妥善保管。做好防火、防盗、防潮、防尘、防霉变、防虫蛀等措施。检查人员应定期检查应急物资和工具的情况，不积水，并做好详细记录。

第五条　加强物资保管和保养工作，做到"六无"：无损坏、无丢失、无锈蚀、无腐烂、无霉烂变质、无变形。性质相抵触的物资和腐蚀性的物资应分开存放，严禁混存。库存物资应永续盘点和定期盘点相结合，做到账、单、物、资金四对口。仓库应保持卫生整洁，做到货架无灰尘、地面无垃圾。

第四章　使　用　管　理

第六条　事故应急物资和装备统一调度、使用。应急物资调用根据先近后远、先主后次、满足急需的原则进行。建立与其他地区、其他部门物资调剂供应的渠道，确保物资短缺时迅速调入。

第五章　发　放　制　度

第七条　物资保管员应坚守岗位，严格领发料手续，按领料单的物资品名、规格、数量发放。

第八条　凡已办完出库手续，领用人不能领出的，或当月不能领出的设备及大宗材料，保管员应与领料人做好记录，双方签字认可办理代保管手续。

第六章　维　护　制　度

第九条　在岗人员应加强对事故应急物资和装备的日常检查，如发现异常情况，应做好详细记录。

第十条　定期对备用电源进行试验，检查其功能是否正常，并填写试机记录。

第十一条　定期检查备品备件、专用工具等是否齐备，并处于安全无损和适当保护状态。

第十二条　定期对消防通信设备进行检查，确保信号清晰、通信畅通、语音清楚。

第十三条　消火栓箱及箱内配装的消防部件的外观无破损、涂层无脱落，箱门玻璃完好无缺。消火栓、供水阀门及消防卷盘等所有转动部位应定期加注润滑油。检查可见部位防腐层的完好程度，轻度脱落的应及时补好，明显腐蚀的应送消防专业维修机构进行耐压试验，合格者再进行防腐处理。

第十四条　定期对灭火器等消防器材进行检查，确保其始终处于完好状态。检查灭火器铅封是否完好。灭火器已经开启后即使喷出不多，也必须按规定要求再充装。

第十五条　检查灭火器可见零件是否完整，有无变形、松动、锈蚀（如压杆）和损坏，装配是否合理。检查喷嘴是否通畅，如有堵塞应及时疏通。

第十六条　其他事故应急物资和装备的维护参照国家相关法律法规执行。

第七章　附　　　则

第十七条　本制度由办公室负责解释。

第十八条　本制度自发文之日起执行。

[**参考示例 2**]

×××应急物资、装备清单

编号：××-AQ-6.1.4-01

序号	名 称	类型	数量	存 放 位 置	管理责任人
一、药具类					
1	酒精			急救药箱	
2	紫药水				
3	创可贴				
4	纱布				
5	绷带				
6	泻立停				
二、物品工具类					
7	消防斧			××仓库（已发各中心）	
8	铁锹				
9	望远镜				
10	反光背心				
11	反光背心（厚）				
12	安全帽				
13	手持探照灯				
14	实心救生圈				
15	救生衣				
16	充气式救生衣				
17	绝缘鞋				
18	绝缘手套				
三、消防器材					
19	灭火器			办公区、工程区域、实验室	
20	铁锹				
21	消防砂箱				
22	消防桶				

[**参考示例 3**]

×××应急物资装备检查表

编号：××-AQ-6.1.4-02

类 别	数 量	型 号	所在场所	保管人	检查时间	物资状态（是否在有效期内、是否完好等描述）
急救药箱						
灭火器						

续表

类　别	数　量	型　号	所在场所	保管人	检查时间	物资状态（是否在有效期内、是否完好等描述）
防毒面具						
洗眼器						

[参考示例 4]

×××应急物资出入库登记表

编号：××-AQ-6.1.4-03

物品名称	入　库			出　库					保管人	备注
	规格	数量	经办人	数量	经办人	领用部门	领用日期	批准人		
纱手套										
雨衣										
反光背心										

◆**评审规程条文**

6.1.5　根据本单位的事故风险特点，按照 AQ/T 9007 等有关要求，每年至少组织一次综合应急预案演练或者专项应急预案演练，每半年至少组织一次现场处置方案演练，做到一线从业人员参与应急演练全覆盖，掌握相关的应急知识。按照 AQ/T 9009 等有关要求，对演练进行总结和评估，根据评估结论和演练发现的问题，修订、完善应急预案，改进应急准备工作。

◆**法律、法规、规范性文件及相关要求**

《中华人民共和国安全生产法》（2021 年修订）

《中华人民共和国突发事件应对法》（中华人民共和国主席令第六十九号）

《生产安全事故应急预案管理办法》（应急管理部令第 2 号）

SL/T 789—2019《水利安全生产标准化通用规范》

AQ/T 9007—2019《生产安全事故应急演练基本规范》

AQ/T 9009—2015《生产安全事故应急演练评估规范》

◆**实施要点**

1. 应急演练是针对可能发生的事故情景，依据应急预案而模拟开展的演练活动。

2. 生产安全事故应急预案演练是应急准备的一个重要环节。通过演练检验应急预案的可行性和应急工作的准备情况，发现问题，锻炼队伍，提高应急处置能力。

3. 水文监测单位应按照 AQ/T 9007—2019《生产安全事故应急演练基本规范》要求，结合本单位事故风险特点，制定应急预案演练计划，包括生产安全事故应急演练的目的、原则、类型、内容和组织实施，并根据计划组织演练。综合应急预案演练或者专项应急预案演练每年至少组织一次，现场处置方案演练每半年至少组织一次。

4. 演练实施前应对参加人员进行演练内容、流程的培训，使参加人员熟悉应急知识和技能。

5.应急演练结束后，应按照 AQ/T 9009—2019《生产安全事故应急演练评估规范》要求，从应急演练开展情况、应急演练效果等方面开展总结和评估，撰写应急预案演练评估报告，分析应急演练中存在的问题。

6.根据评估结论和应急演练发现的问题，修订、完善应急预案，改进应急准备工作。

◆**评审规程条文**

6.1.6　根据 AQ/T 9011 等有关规定，定期评估应急预案，根据评估结果及时进行修订和完善，并按照有关规定将修订的应急预案报备。

◆**法律、法规、规范性文件及相关要求**

《生产安全事故应急预案管理办法》（应急管理部令第 2 号）

SL/T 789—2019《水利安全生产标准化通用规范》

◆**实施要点**

1.应急预案评估的目的是发现应急预案存在的问题和不足，对是否需要修订做出结论，并提出修订建议。

2.水文监测单位应按照 AQ/T 9011—2019《生产经营单位生产安全事故应急预案评估指南》要求，定期对应急预案组织评估，确保应急预案能反映单位应急能力、危险性、危险物品使用、法律及地方法规、人员、应急电话等方面的最新变化，与危险状况相适应。

3.评估程序、内容和报告的格式应符合 AQ/T 9011—2019《生产经营单位生产安全事故应急预案评估指南》的要求，评估对象、评估内容应全面完整，相关评估资料应归档管理。

4.水文监测单位应根据评估结果及时修订完善应急预案。当出现以下情况时，应对应急预案进行更新、修订和完善：

（1）依据的法律、法规、规章、标准及上位预案中的有关规定发生重大变化的。

（2）应急指挥机构及其职责发生调整的。

（3）安全生产面临的风险发生重大变化的。

（4）重要应急资源发生重大变化的。

（5）在应急演练和事故应急救援中发现需要修订预案的重大问题的。

（6）编制单位认为应当修订的其他情况。

5.应急预案修订后应按规定及时报备。

[参考示例]

×××生产安全事故应急预案评估报告

一、总则

（一）评估对象

××组织编写的《生产安全事故应急救援预案》

（二）评估目的

评估分析预案是否存在问题和不足，指出存在的不符合项，并提出改进意见和建议。

（三）评估依据

AQ/T 9011—2019《生产经营单位生产安全事故应急预案评估指南》、GB/T 29639—2020《生产经营单位生产安全事故应急预案编制导则》、《生产安全事故预案管理办法》（应急管理部令第 2 号）、《生产安全事故应急条例》（国务院令第 708 号）

（四）评估组织机构

组长：

副组长：

参加评估人员：

（五）评估日期：　　年　月　　日

二、应急预案评估内容

编号：××-AQ-6.1.6-01

评估要素	评 估 内 容	评估方法	评估结果
1. 应急预案管理要求	1.1 梳理《中华人民共和国突发事件应对法》《中华人民共和国安全生产法》《生产安全事故应急条例》等法律法规中的有关新规定和要求，对照评估应急预案中的不符合项	资料分析	符合
	1.2 梳理国家标准、行业标准及地方标准中的有关新规定和要求，对照评估应急预案中的不符合项	资料分析	符合
	1.3 梳理规范性文件中的有关新规定和要求，对照评估应急预案中的不符合项	资料分析	符合
	1.4 梳理上位预案中的有关新规定和要求，对照评估应急预案中的不符合项	资料分析	符合
2. 组织机构与职责	2.1 查阅单位机构设置、部门职能调整、应急处置关键岗位职责划分方面的文件资料，初步分析应急预案中应急组织机构设置及职责是否合适、是否需要调整	资料分析	符合
	2.2 抽样访谈，了解掌握单位本级、基层单位办公室、生产、安全及其他业务部门有关人员对本部门、本岗位的应急工作职责的意见建议	人员访谈	符合
	2.3 依据资料分析和抽样访谈的情况结合应急预案中应急组织机构及职责，召集有关职能部门代表，就重要职能进行推演论证，评估值班值守、调度指挥、应急协调、信息上报、舆论沟通、善后恢复的职责划分是否清晰，关键岗位职责是否明确，应急组织机构设置及职能分配与业务是否匹配	推演论证	符合
3. 主要事故风险	3.1 查阅单位风险评估报告，对照水文作业和设施设备方面有关文件资料，初步分析本单位面临的主要事故风险类型及风险等级划分情况	资料分析	符合
	3.2 根据资料分析情况，前往重点基层单位、重点场所、重点部位查看验证	现场审核	符合
	3.3 座谈研讨，就资料分析和现场查证的情况，与办公室、生产、安全及相关业务部门以及基层单位人员代表沟通交流，评估本单位事故风险辨识是否准确、类型是否合理、等级确定是否科学、防范和控制措施能否满足实际需要，并结合风险情况提出应急资源需求	人员访谈	符合

续表

评估要素	评估内容	评估方法	评估结果
4. 应急资源	4.1 查阅单位应急资源调查报告。应急资源清单、管理制度及有关文件资料，初步分析本单位及合作区域的应急资源状况	资料分析	符合
	4.2 根据资料分析情况前往本单位及合作单位的物资储备库、重点场所，查看验证应急资源的实际储备、管理、维护情况，推演验证应急资源运输的路程路线及时长	现场审核推演论证	符合
	4.3 座谈研讨，就资料分析和现场查证的情况，结合风险评估得出的应急资源需求，与办公室、生产、安全及相关业务部门以及基层单位人员沟通交流，评估本单位及合作区域内现有的应急资源的数量、种类、功能、用途是否发生重大变化，外部应急资源的应急资源、响应时间能否满足实际需求	人员访谈	符合
5. 应急预案衔接	5.1 查阅上下级单位、有关政府部门、救援队伍及周边单位的相关应急预案，梳理分析在信息报告、响应分级、指挥权移交及警戒疏散工作方面的衔接要求，对照评估应急预案中的不符合项	资料分析	符合
	5.2 座谈研讨，就资料分析的情况，与办公室、生产、安全及相关业务部门、基层单位、周边单位人员沟通交流，评估应急预案在内外部上下衔接中的问题	人员访谈	符合
6. 实施反馈	6.1 查阅单位应急演练评估报告、应急处置总结报告、监督监查、体系审核及投诉举报方面的文件资料，初步梳理归纳应急预案存在的问题	资料分析	符合
	6.2 座谈研讨，就资料分析得出的情况，与办公室、生产、安全及相关业务部门、基层单位人员沟通交流，评估确认应急预案存在的问题	人员访谈	符合
7. 其他	7.1 查阅其他有可能影响应急预案适用性因素的文件资料，对照评估应急预案中的不符合项	资料分析	符合
	7.2 依据资料分析的情况，采取人员访谈、现场审核、推演论证的方式，进一步评估确认有关问题	人员访谈现场审核推论验证	符合

三、应急预案适用性分析

（一）该预案符合有关法律法规和相关文件的要求，有关规定的各项要素，内容完整。对单位的危险源分析全面，辨析完整，符合实际情况，且预案与危险辨析结果能较好地结合，具有一定的针对性和实用性。

（二）综合预案和专项预案及现场处置方案内容较为科学合理，应急响应程序和保障措施等内容切实可行；基本上涵盖了可能发生的突发事件，针对可能发生的情况，在应急准备和响应的各个方面都预先做出了详细安排，能及时、有序和有效开展工作，具有实际指导作用。

四、改进意见及建议

（一）对演练中出现的反应不够及时等问题应及时改进。

（二）及时对本预案的可操作性进行进一步修订完善。

（三）对应急组织机构人员及职责进行调整完善。

五、评估结论

单位评估组认为预案任务清楚，响应程序基本完善，具有可操作性，总体上符合规范要求，相关人员根据改进意见修订完善后报单位负责人批准发布。

第二节　应　急　处　置

发生事故后，水文监测单位应及时启动应急预案，开展事故救援，减少人员伤亡和财产损失。应急救援结束后，应尽快完成善后处理等工作。

◆**评审规程条文**

6.2.1　发生事故后，启动相关应急预案，报告事故，采取应急处置措施，开展事故救援，必要时寻求社会支援。

◆**法律、法规、规范性文件及相关要求**

《中华人民共和国安全生产法》（2021 年修订）

《生产安全事故应急条例》（国务院令第 708 号）

《生产安全事故应急预案管理办法》（应急管理部令第 2 号）

SL/T 789—2019《水利安全生产标准化通用规范》

《水利安全生产监督管理办法（试行）》（水监督〔2021〕412 号）

◆**实施要点**

1. 发生事故后，应及时启动应急预案。启动应急预案的方式有口头、电话或书面签署等。

2. 发生生产安全事故后，事故现场有关人员应立即报告本单位负责人。单位负责人应迅速采取有效措施，组织抢救，防止事故扩大，减少人员伤亡和财产损失，并按照规定将事故信息及应急预案启动情况报告上级主管单位（部门）和安全生产监督管理部门。

3. 重大事故应按照"统一指挥、分级负责、属地为主、专业处置"的原则，迅速、准确、有序、有效地开展应急处置与救援工作。重大事故应急响应程序包括接警与响应级别的确定、应急启动、救援行动、应急结束四大步骤。事故应急救援的基本任务主要有抢救受害人员、控制危险源、组织清理现场等。

4. 当事故已经或预计到无法控制或处置时，水文监测单位应立即向政府应急救援指挥机构提出支援请求，必要时可拨打消防电话 119、急救电话 120 等寻求社会支援。社会支援包括医院、消防、海事等。

◆**评审规程条文**

6.2.2　应急救援结束后，应尽快完成善后处理、环境清理、监测等工作。

◆**法律、法规、规范性文件及相关要求**

《中华人民共和国安全生产法》（2021 年修订）

◆**实施要点**

1. 事故应急救援工作结束的条件包括：引发事故的危险和有害因素以及造成事故的其他因素已经达到规定的安全条件，为防止事故次生灾害的发生而关停的水气、电力及交通管制等已恢复正常。

2. 现场应急抢险工作结束后，进入应急响应的最后阶段，包括现场清理、人员清点和撤离、环境监测、警戒解除、善后处理和事故调查等，善后处理等工作应尽快完成。

第三节　应　急　评　估

水文监测单位应定期对应急准备、应急处置工作进行总结评估，其目的是及时发现应急准备、应急处置工作中存在的不足，持续改进应急准备工作，不断提高应急处置能力。

◆**评审规程条文**

6.3.1　每年应进行一次应急准备工作的总结评估。险情或事故应急处置结束后，应对应急处置工作进行总结评估。

◆**法律、法规、规范性文件及相关要求**

《生产安全事故应急条例》（国务院令第 708 号）

《生产安全事故应急预案管理办法》（应急管理部令第 2 号）

SL/T 789—2019《水利安全生产标准化通用规范》

◆**实施要点**

1. 应急准备评估是对生产安全事故应急准备工作开展分析的过程，包括应急准备要素、评估指标、评估方法、评估标准、评估程序和评估报告编写等。

2. 水文监测单位每年应进行一次应急准备工作的总结评估。总结评估报告应内容全面，针对评估过程中发现的问题制定整改措施，并组织落实。

3. 险情或事故应急处置结束后，应对应急处置工作进行总结评估。评估报告应内容全面，包括：险情或事故应急处置基本情况（应急响应情况、指挥救援情况、应急处置措施执行情况、现场管理和信息发布情况），应急处置人员责任落实情况，评估结论，经验教训，相关工作建议等。

第九章 事 故 管 理

事故管理是对生产安全事故的报告、调查、处理、分析、研究、统计和档案管理等一系列工作的总称。做好事故管理，对掌握水文监测单位事故信息、认识潜在风险、提高安全生产管理水平、防止安全事故重复发生，具有非常重要的作用。水文监测单位事故管理应建立健全事故报告、调查、处理及档案管理等制度，实施制度化管理。

第一节 事 故 报 告

水文监测单位应根据法律法规、上级主管部门的相关规章制度，制定并印发单位事故报告、调查和处理制度，在单位发生生产安全事故后，应按照有关规定及时、准确、完整地向有关部门报告。

◆ **评审规程条文**

7.1.1 事故报告、调查和处理制度应明确事故报告（包括程序、责任人、时限、内容等）、调查和处理内容（包括事故调查、原因分析、纠正和预防措施、责任追究、统计与分析等），应将造成人员伤亡（轻伤、重伤、死亡等人身伤害和急性中毒）、财产损失（含未遂事故）和较大涉险事故纳入事故调查和处理范畴。

◆ **法律、法规、规范性文件及相关要求**

《中华人民共和国安全生产法》（2021 年修订）

《生产安全事故报告和调查处理条例》（国务院令第 493 号）

◆ **实施要点**

1. 生产安全事故是指在生产经营活动中发生的造成人身伤亡或者直接经济损失的事故。根据生产安全事故造成的人员伤亡或者直接经济损失程度，事故一般分为以下等级：

（1）特别重大事故，是指造成 30 人以上死亡，或者 100 人以上重伤（包括急性工业中毒，下同），或者 1 亿元以上直接经济损失的事故。

（2）重大事故，是指造成 10 人以上 30 人以下死亡，或者 50 人以上 100 人以下重伤，或者 5000 万元以上 1 亿元以下直接经济损失的事故。

（3）较大事故，是指造成 3 人以上 10 人以下死亡，或者 10 人以上 50 人以下重伤，或者 1000 万元以上 5000 万元以下直接经济损失的事故。

（4）一般事故，是指造成 3 人以下死亡，或者 10 人以下重伤，或者 1000 万元以下直接经济损失的事故。

2. 水文监测单位生产安全事故信息包括生产安全事故和较大涉险事故信息。较大涉险事故包括：涉险 10 人及以上的事故；造成 3 人及以上被困或者下落不明的事故；紧急疏散人员 500 人及以上的事故；危及重要场所和设施安全（电站、重要水利设施、危化品库、油气田和车站、码头、港口、机场及其他人员密集场所等）的事故；其他较大涉险事故。

3. 水文监测单位应通过水利安全生产信息系统将上月本单位发生的造成人员死亡、重伤（包括急性工业中毒）或者直接经济损失在 100 万元以上的水利生产安全事故和较大涉险事故情况逐级上报至水利部。省级水行政主管部门、部直属单位必须于每月 6 日前，将事故月报通过水利安全生产信息系统报水利部安全监督司。

4. 水文监测单位应根据相关法律法规，明确事故管理各项规定，重点建立事故报告、调查和处理制度。建立事故报告、调查和处理制度应注意以下要点：

（1）事故报告、调查和处理制度应以正式文件发布。

（2）事故报告、调查和处理制度内容应合规。在安全生产相关法规中，对生产安全事故管理提出了明确的规定，如事故报告的时限、报告的程序，事故调查与处理的要求等。制度内容不得出现与相关法律法规相违背。

（3）事故报告、调查和处理制度内容应齐全。制度中的要素应涵盖评审标准中所要求的各个要素，即包括事故管理工作所需开展的全部内容：事故报告的程序、责任人、时限、内容，事故调查、原因分析、纠正和预防措施、责任追究、统计与分析等。

[参考示例]

×××生产安全事故报告、调查和处理制度

第一章　总　　则

第一条　为了规范本单位水利生产安全事故的报告、调查和处理，落实生产安全事故责任追究制度，防止和减少各类事故的发生。依照《中华人民共和国安全生产法》《生产安全事故报告和调查处理条例》（国务院令第 493 号）《生产安全事故罚款处罚规定（试行）》（安监总局令第 13 号）《水利安全生产信息报告和处置规则》（水安监〔2016〕220 号）《关于进一步做好生产安全事故统计信息归口直报工作的通知》（×××〔××〕×号）和《××省水利安全生产信息报告和处置制度》（×××〔××〕×号）等规定，结合水文工作实际，制定本制度。

第二条　本制度适用于本单位范围内生产经营活动中发生的造成人员伤亡（轻伤、重伤、死亡等人身伤害和急性中毒）和财产损失的事故和较大涉险事故的报告、调查和处理。

第三条　根据水利生产安全事故（以下简称等级事故）造成的人员伤亡或者直接经济损失，水利生产安全事故分为特别重大事故、重大事故、较大事故、一般事故和较大涉险事故：

（一）特别重大事故，是指造成 30 人以上死亡，或者 100 人以上重伤（包括急性工业中毒，下同），或者 1 亿元以上直接经济损失的事故；

（二）重大事故，是指造成 10 人以上 30 人以下死亡，或者 50 人以上 100 人以下重伤，或者 5000 万元以上 1 亿元以下直接经济损失的事故；

（三）较大事故，是指造成 3 人以上 10 人以下死亡，或者 10 人以上 50 人以下重伤，或者 1000 万元以上 5000 万元以下直接经济损失的事故；

（四）一般事故，是指造成 3 人以下死亡，或者 10 人以下重伤，或者 1000 万元以下直接经济损失的事故。

（五）较大涉险事故包括：涉险 10 人及以上的事故；造成 3 人及以上被困或者下落不明的事故；紧急疏散人员 500 人及以上的事故；危及重要场所和设施安全（电站、重要水利设施、危化品库、油气田和车站、码头、港口、机场及其他人员密集场所等）的事故；其他较大涉险事故。

第二章　事 故 信 息 报 告

第四条　水利生产安全事故信息报告包括事故文字报告、电话快报、事故月报和事故调查处理情况报告。

（一）文字报告包括：事故发生单位概况，事故发生时间、地点以及事故现场情况，事故的简要经过，事故已经造成或者可能造成的伤亡人数（包括下落不明、涉险的人数）和初步估计的直接经济损失，已经采取的措施，其他应当报告的情况。

（二）电话快报包括：事故发生单位的名称、地址、性质，事故发生的时间、地点，事故已经造成或者可能造成的伤亡人数（包括下落不明、涉险的人数）。

（三）事故月报包括：事故发生时间、事故单位名称、单位类型、事故工程、事故类别、事故等级、死亡人数、重伤人数、直接经济损失、事故原因、事故简要情况等。

（四）事故调查处理情况报告包括：负责事故调查的人民政府批复的事故调查报告、事故责任人处理情况等。

第五条　事故文字报告、事故月报和事故调查处理情况报告由办公室负责填写相关报表或拟写事故报告并报单位主要负责人批准后，按有关报告程序逐级上报。

第六条　发生生产安全事故除按规定向上级单位报告外，按照××省《关于进一步做好生产安全事故统计信息归口直报工作的通知》的要求，办公室应在 24h 内向××区安监部门通报事故有关信息，填写生产安全事故信息快报；在事故发生 7 日内，及时通报补充完善事故快报信息，填写生产安全事故信息续报；在事故发生之日起 30 日内，事故情况和伤亡人员发生变化的应及时续报。

第七条　事故发生后，事故现场有关人员应当立即向部门负责人电话报告；部门负责人接到报告后应当立即向单位主要负责人和分管安全负责人电话报告；单位主要负责人接到报告后，在 1h 内向上级单位和××市××区水行政主管部门电话报告。其中，建设项目事故发生单位应立即向项目法人（项目部）负责人报告，项目法人（项目部）负责人应于 1h 内向单位主要负责人报告。

第八条　事故发生单位负责人接到事故报告后，应当立即启动事故相应应急预案，并采取有效措施，组织抢救，防止事故扩大，减少人员伤亡和财产损失。

第九条　事故发生后，单位主要负责人、分管安全负责人、单位其他负责人、办公室负责人及相关职能部门负责人应当立即赶赴事故现场，研究制定并组织实施相关处置措施，组织事故救援。

第十条　赶赴事故现场人员应当做好以下工作：指导和协助事故现场开展事故抢救、应急救援等工作，负责与有关部门的协调沟通，及时报告事故情况、事态发展、救援工作进展等有关情况。

第十一条　事故发生后，有关单位和人员应当妥善保护事故现场以及相关证据，任何单位和个人不得破坏事故现场、毁灭相关证据。因抢救人员、防止事故扩大以及疏通交通等原因，需要移动事故现场物件的，应当做出标识，绘制现场简图并做出书面记录，妥善保存现场重要痕迹、物证。

第三章　事 故 调 查

第十二条　事故发生单位的负责人和有关人员在事故调查期间不得擅离职守，并应当随时接受上级事故调查组的询问，如实提供相关文件、资料等情况，有关单位和个人不得拒绝。

第十三条　未造成人员伤亡的等级以下水利生产安全事故，由单位组织事故调查组进行调查处理，调查处理结果及时向省厅汇报。

第十四条　单位事故调查组成员由单位主要负责人、分管安全负责人、单位其他负责人、办公室负责人、工会负责人、相关部门负责人及相关专业技术人员组成。

第十五条　事故调查组的职责：

（一）查明事故发生的经过、原因、人员伤亡情况及直接经济损失；

（二）认定事故的性质和事故责任；

（三）提出对事故责任者的处理建议；

（四）总结事故教训，提出防范和整改措施；

（五）提交事故调查报告。

事故调查报告应当附有关证据材料。事故调查组成员应当在事故调查报告上签名，事故调查的有关资料应当归档保存。

第四章　事 故 责 任 与 追 究

第十六条　按照"四不放过"（事故原因未查清不放过、责任人员未处理不放过、整改措施未落实不放过、有关人员未受到教育不放过）的原则，对事故责任人员进行责任追究，落实防范和整改措施。

第十七条　发生等级水利生产安全事故，按照负责事故调查的人民政府的批复，对本单位负有事故责任的人员进行处理，追究责任，对涉嫌犯罪的依法追究刑事责任。

第十八条　发生等级以下水利生产安全事故，依据单位调查组处理建议，由单位安全生产领导小组研究批复后，对负有事故责任的人员进行处理，追究责任。

第十九条　发生等级以下人员轻伤等安全事故，按照安全生产奖惩办法有关规定执行。

第五章　统 计 与 分 析

第二十条　各重点工程单位每月28日前通过水利安全生产信息系统上报月度生产安全事故报表。其他部门及时向办公室上报信息。

第二十一条　办公室对各部门（单位）上报情况进行核查、统计、分析，并于每月30日前通过水利安全生产信息系统向上级单位上报。

第二十二条　办公室负责全单位生产安全事故的统计与分析，并每季将统计分析结果向安全生产领导小组报告。

第六章 附 则

第二十三条 本制度由安全生产领导小组负责解释，自印发之日起施行。

◆**评审规程条文**

7.1.2 发生事故后按照有关规定及时、准确、完整地向有关部门报告，事故报告后出现新情况时，应当及时补报。

◆**法律、法规、规范性文件及相关要求**

《中华人民共和国安全生产法》（2021 年修订）

《生产安全事故报告和调查处理条例》（国务院令第 493 号）

《水利安全生产监督管理办法（试行）》（水监督〔2021〕412 号）

《水利安全生产信息报告和处置规则》（水监督〔2022〕156 号）

◆**实施要点**

1. 事故发生后，事故现场有关人员应立即报告单位（部门）负责人，单位负责人接到事故报告后，应迅速采取有效措施，组织抢救，并应按照国家有关规定于 1h 内向事故发生地县级以上人民政府安全生产监督管理部门和负有安全生产监督管理职责的有关部门报告，不得隐瞒不报、谎报或者迟报，不得故意破坏事故现场、毁灭有关证据，并组织做好事故上报记录，按年度进行归档管理。

2. 事故报告的时间和内容应符合法律法规和水利部相关规定，报告应及时、准确，内容完整，包括：事故发生单位概况，事故发生的时间、地点以及事故现场情况，事故的简要经过，事故已经造成或者可能造成的伤亡人数（包括下落不明的人数）和初步估计的直接经济损失，已经采取的措施，其他应报告的情况。

3. 事故报告后出现新情况时，应按照法律法规要求及时补报。其中：自事故发生之日起 30 日内，事故造成的伤亡人数发生变化的，应及时补报；道路交通事故、火灾事故自发生之日起 7 日内，事故造成的伤亡人数发生变化的，应及时补报。

4. 迟报、漏报、谎报和瞒报事故行为是指报告事故时间超过规定时限，因过失对应上报的事故或者事故发生的时间、地点、类别、伤亡人数、直接经济损失等内容遗漏未报，故意不如实报告事故发生的时间、地点、类别、伤亡人数、直接经济损失等行为。存在迟报、漏报、谎报和瞒报事故行为的水文监测单位不得评定为安全生产标准化达标单位。

5. 水文监测单位应在水利安全生产信息系统中及时上报当月发生的生产安全事故，若没有发生生产安全事故也应及时零上报。

[**参考示例**]

事 故 报 告 表

填报单位： 填报时间： 年 月 日 编号：××-AQ-7.1.2-01

事 故 发 生 时 间		事 故 发 生 地 点	
事故单位	名称		
	类型		
	主要负责人		
	联系方式		
	上级主管部门（单位）		

续表

事故工程概况	名称		
	开工时间		
	工程规模		
	项目法人	名称	
		上级主管部门	
	设计单位	名称	
		资质	
	施工单位	名称	
		资质	
	监理单位	名称	
		资质	
	竣工验收时间		
	投入使用时间		
伤亡人员基本情况			
事故简要经过			
事故已经造成和可能造成的伤亡人数初步估计事故造成的直接经济损失			
事故抢救进展情况			
和采取的措施其他有关情况			

填报说明：1. 事故单位类型填写：（1）水利工程建设；（2）水利工程管理；（3）农村水电站及配套电网建设与运行；（4）水文测验；（5）水利工程勘测设计；（6）水利科学研究实验与检验；（7）后勤服务和综合经营；（8）其他。非水利系统事故单位，应予以注明。

2. 事故不涉及水利工程的，工程概况不填。

第二节　事故调查和处理

水文监测单位事故调查和处理工作，主要内容包括发生生产安全事故后开展应急处置，组织事故调查，编制事故报告，做好事故处理与善后工作等。

◆**评审规程条文**

7.2.1　发生事故后，采取有效措施，防止事故扩大，并保护事故现场及有关证据。

◆**法律、法规、规范性文件及相关要求**

《中华人民共和国安全生产法》（2021年修订）

《生产安全事故报告和调查处理条例》（国务院令第493号）

◆**实施要点**

1. 发生生产安全事故后，单位主要负责人应立即启动相应级别的应急预案，并迅速采取有效措施，组织抢救，防止事故扩大，减少人员伤亡和财产损失，事故现场及有关证据应予以保护。

2. 发生生产安全事故后，水文监测单位应立即保护现场，不得破坏事故现场、毁灭相关证据。因抢救人员、防止事故扩大以及疏通交通等原因，需要移动事故现场物件的，应做出标识、绘制现场简图，并做书面记录。妥善保存现场重要痕迹、物证，现场及相关证据应留有纸质或影像资料等。

◆评审规程条文

7.2.2　事故发生后按照有关规定，组织事故调查组对事故进行调查，查明事故发生的时间、经过、原因、波及范围、人员伤亡情况及直接经济损失等。事故调查组应根据有关证据、资料，分析事故的直接、间接原因和事故责任，提出应吸取的教训、整改措施和处理建议，编制事故调查报告。

◆法律、法规、规范性文件及相关要求

《中华人民共和国安全生产法》（2021 年修订）

《生产安全事故报告和调查处理条例》（国务院令第 493 号）

SL/T 789—2019《水利安全生产标准化通用规范》

◆实施要点

1. 发生生产安全事故后，水文监测单位应密切配合上级事故调查组调查。发生等级以下生产安全事故，水文监测单位应成立事故调查组，组织事故调查，查明事故发生的经过、原因、人员伤亡情况及直接经济损失，认定事故的性质和事故责任，提出对事故责任者的处理建议，总结事故教训、提出防范和整改措施，编制事故调查报告。

2. 水文监测单位应编制并按时限报送单位等级以下事故调查报告。事故调查报告内容应齐全，包括：事故发生单位概况，事故发生经过和事故救援情况，事故造成的人员伤亡和直接经济损失，事故发生的原因和事故性质，事故责任的认定以及对事故责任者的处理建议。

3. 事故调查报告应附有关证据材料。事故调查组成员应在事故调查报告上签名。事故调查的有关资料应及时整理归档保存。

[参考示例]

×××事故调查报告（格式）

（"×××"可用发生事故的时间表示；若同一天发生两起及以上事故，可用发生事故的时间加事故单位或工程名称表示。）

一、事故情况及主要特点

二、事故应对处置：

（一）应对部署

（二）应对响应

（三）应对措施

（四）统一指挥

（五）组织动员

三、相关单位与部门责任问题

四、主要教训

五、改进措施建议

◆**评审规程条文**

7.2.3 事故发生后，由有关人民政府组织事故调查的，应积极配合开展事故调查。

◆**法律、法规、规范性文件及相关要求**

《生产安全事故报告和调查处理条例》（国务院令第 493 号）

SL/T 789—2019《水利安全生产标准化通用规范》

◆**实施要点**

生产安全事故发生后，事故发生单位负责人和有关人员应配合调查组调查，随时接受事故调查组的询问，提供相关文件、资料，在事故调查期间不得擅离职守。

◆**评审规程条文**

7.2.4 按照"四不放过"的原则进行事故处理。

◆**法律、法规、规范性文件及相关要求**

《国务院关于进一步加强安全生产工作的决定》（国发〔2004〕2 号）

《水利安全生产信息报告和处置规则》（水监督〔2022〕156 号）

◆**实施要点**

1. "四不放过"原则是指事故原因未查清不放过、责任人员未处理不放过、整改措施未落实不放过、有关人员未受到教育不放过。

2. 责任追究是指因安全生产责任者未履行安全生产有关的法定责任，根据其行为性质及后果的严重性，追究其相应责任的一种制度。责任追究可分为行政责任、刑事责任和民事责任。

3. 生产安全事故责任人员，既包括对造成事故负有直接责任的人员，也包括对安全生产负有领导责任的单位负责人，还包括有关部门对生产安全事故的发生负有领导责任或者有失职、渎职情形的有关人员。按照"四不放过"原则，不仅追究事故直接责任人的责任，同时追究有关负责人的领导责任。

4. 水文监测单位应根据相关规定和程序，对事故责任人提出处理意见，报上级主管单位审批后实施，涉及刑事责任的配合有关机关处理。

◆**评审规程条文**

7.2.5 做好事故善后工作。

◆**法律、法规、规范性文件及相关要求**

《工伤保险条例》（国务院令 586 号）

◆**实施要点**

1. 发生生产安全事故后，水文监测单位应依法做好伤亡人员的善后工作，成立专门的工作组负责接待、安抚伤亡人员家属，安排好受影响人员的生活，解决他们的合理诉求，做好损失的补偿。

2. 水文从业人员发生事故伤害后，水文监测单位应按照有关规定和标准及时对伤亡人员进行赔付，落实伤亡人员的保险待遇，并向人力资源和社会保障局提出工伤认定申请，建立工伤人员个人档案，并按规定存档。

伤亡人员信息登记表

编号：××-AQ-7.2.5-01

序号	姓　　名	身份证号	部　　门	伤/亡情况	家庭情况	备　　注

第三节　事故档案管理

水文监测单位的事故档案管理工作，主要内容包括建立事故档案和管理台账，并对事故进行统计分析等，防止事故重复发生。

◆**评审规程条文**

7.3.1　建立完善的事故档案和事故管理台账，并定期按照有关规定对事故进行统计分析。

◆**法律、法规、规范性文件及相关要求**

《水利安全生产信息报告和处置规则》（水监督〔2022〕156 号）

SL/T 789—2019《水利安全生产标准化通用规范》

◆**实施要点**

1. 事故统计分析的目的是通过收集与事故有关的资料、数据，应用科学的统计方法，对大量重复显现的数字特征进行整理、加工、分析和推断，找出事故发生的规律和事故发生的原因，为制定法规、加强工作决策、采取预防措施、防止事故重复发生，起到重要指导作用。

2. 水文监测单位应建立事故档案和事故管理台账，详细记录事故管理过程，内容应齐全且与事实相符。按照"零报告"制度编制事故月报表，定期对事故进行统计分析。

3. 在事故处理结案后，应归档的事故资料如下：人员伤亡事故登记表；人员死亡、重伤事故调查报告书及批复；现场调查记录、图纸、照片；技术鉴定和试验报告；物证、人证材料；直接和间接经济损失材料；事故责任者的自述材料；医疗部门对伤亡人员诊断书；发生事故时的工艺条件、操作情况和设计资料；处分决定和受处分人员的检查材料；有关事故的通报、简报及文件；注明参加调查组的人员姓名、职务、单位。

4. 水文监测单位应开展事故分析，统计分析内容主要包括事故发生单位的基本情况、事故发生的起数、死亡人数、重伤人数、单位经济类型、事故类别、事故原因、直接经济损失等。

[参考示例]

年月水文生产安全事故月报表

填报单位：　　　　　　　填报时间：　　年　　月　　日　　编号：××-AQ-7.3.1-01

序号	事故发生时间	发生事故单位		事故位置	事故类别	事故级别	死亡人数	重伤人数	直接经济损失	事故原因	事故简要情况
		名称	类型								

填表说明：1. 事故单位类型填写：（1）水利工程建设；（2）水利工程管理；（3）农村水电站及配套电网建设与运行；（4）水文测验；（5）水利工程勘测设计；（6）水利科学研究实验与检验；（7）后勤服务和综合经营；（8）其他。非水利系统事故单位，应予以注明。

2. 事故不涉及工程的，该栏填无。

3. 事故类别填写内容为：（1）物体打击；（2）提升、车辆伤害；（3）机械伤害；（4）起重伤害；（5）触电；（6）淹溺；（7）灼烫；（8）火灾；（9）高处坠落；（10）坍塌；（11）冒顶片帮；（12）透水；（13）放炮；（14）火药爆炸；（15）瓦斯煤层爆炸；（16）其他爆炸；（17）容器爆炸；（18）煤与瓦斯突出；（19）中毒和窒息；（20）其他伤害。可直接填写类别代号。

4. 重伤事故按照 GB 6441—86《企业职工伤亡事故分类标准》和 GB/T 15499—1995《事故伤害损失工作日标准》定性。

5. 直接经济损失按照 GB 6721—86《企业职工伤亡事故经济损失统计标准》确定。

6. 每月 1 日前通过水利安全生产信息系统逐级上报至省水利厅。

7. 本月无事故，应在表内填写"本月无事故"。

第十章 持续改进

持续改进是对水文监测单位安全生产标准化绩效评定和后续完善的具体要求。绩效评定包括制度的制定、安全生产标准化实施情况的检查评定验证、评定结果报告、工作自评等内容。持续改进应包括具体改进措施等内容。

第一节 绩 效 评 定

安全生产标准化绩效评定是绩效评定在安全管理方面的应用。它是指通过规范化的评定过程来验证安全生产标准化实施效果，检查安全生产工作指标的完成情况。对于安全生产标准化工作的自评结果，还应纳入水文监测单位年度绩效考评。

◆**评审规程条文**

8.1.1 安全生产标准化绩效评定制度应明确评定的组织、时间、人员、内容与范围、方法与技术、报告与分析等要求，并以正式文件发布实施。

◆**实施要点**

1. 安全生产绩效是指根据安全生产目标，在安全生产工作方面取得的可测量结果。

2. 安全生产标准化绩效评定制度是通过规范化的评定过程来验证安全生产标准化实施效果，检查安全生产工作指标的完成情况，为巩固安全生产标准化建设成果和持续改进，提供支撑。

3. 水文监测单位应建立安全生产标准化绩效评定制度，并以正式文件发布。

4. 安全生产标准化绩效评定制度应符合相关法律法规、相关行业标准。

5. 安全生产标准化绩效评定制度内容应完整，针对性、可操作性强，符合工作实际。

[**参考示例**]

关于印发《×××安全生产标准化绩效评定制度》的通知

各部门、各监测中心：

为加强安全生产标准化绩效评定和持续改进管理工作，明确评定的组织、时间、人员、内容与范围、方法与技术、周期、过程、报告与分析、持续改进等要求，根据水利部《水利安全生产标准及评定管理暂行办法》有关规定。我单位组织制定了《×××安全生产标准化绩效评定制度》，现印发给你们，希望认真学习，遵照执行。特此通知。

附件：×××安全生产标准化绩效评定管理制度

×××

年 月 日

附件：

×××安全生产标准化绩效评定管理制度

第一章　总　　则

第一条　为深入开展安全生产标准化工作，持续改进安全管理绩效，使安全生产管理工作制度化、标准化、规范化，进一步检验各项安全生产制度措施的适宜性、充分性和有效性，提高单位基础安全管理水平，检查安全生产工作目标、指标的完成情况，特制定本制度。

第二条　安全生产标准化绩效评定列入现代化目标建设任务考核内容，与单位现代化目标建设任务同部署、同检查、同考核。

第三条　本制度适用于各部门、各级人员的安全生产标准化绩效评定工作。

第二章　组织机构及职责

第四条　评定领导小组全面领导本单位安全生产标准化绩效评定工作，领导小组组长由单位主要负责人担任。成立安全生产标准化绩效评定工作小组，工作小组组长由单位分管安全领导担任，具体负责实施绩效评定。

第五条　工作小组职责。制定安全生产标准化绩效评定计划；编制安全生产标准化绩效评定报告；负责安全生产标准化绩效评定工作；负责对绩效评定工作中发现的问题和不足之处提出纠正、预防的管理方案；对不符合的项目纠正措施进行跟踪和验证；绩效评定结果向领导小组汇报，并将最终的绩效评定结果向所有部门和从业人员进行通报。

第六条　办公室具体负责安全生产标准化绩效的评定管理。

第七条　所有部门人员必须积极配合安全生产标准化绩效评定工作。

第三章　时间与人员要求

第八条　时间要求

（一）在安全生产标准化实施以后，每年至少应组织一次安全生产标准化绩效评定。在安全生产标准化实施初期，可以适当缩短安全生产标准化绩效评定的周期，以期及时发现体系中存在的问题。

（二）工作小组在安全生产标准化绩效评定前1个月向领导小组提交安全生产标准化评定工作计划，经批准后实行。

第九条　人员要求

（一）工作小组成员必须参加相应的培训和考核，必须具备以下能力：

1. 熟悉相关的安全、健康法律法规、标准；

2. 接受过安全生产标准化规范评价技术培训；

3. 具备与评审对象相关的技术知识和技能；

4. 具备操作安全生产标准化绩效评定过程的能力；

5. 具备辨别危险源和评估风险的能力；

6. 具备安全生产标准化绩效评定所需的语言表达、沟通及合理的判断能力。

（二）工作小组成员必须有较强的工作责任心。

第四章　安全生产标准化绩效评定方法与技术要求

第十条　安全生产标准化绩效评定方法

（一）尽可能询问最了解所评估问题的具体人员

提开放式的问题。即尽量避免提对方能用"是"，"不是"回答的封闭性问题。提问可以用（5w＋1h）做疑问词，即什么（what），哪一个（which），何时（when），哪里（where），谁（who）和如何（how）。其他关键词包括：出示、解释、记录，多少、程度、达标率、情况等；采用易被理解的语言；使用事先准备好的检查表；采取公开讨论的方式，激发对方的思考和兴趣。在面谈时应注意交谈方式，尽可能避免与被访者争论，仔细倾听并记录要点。

（二）通过记录进行回顾

记录是整个安全生产标准化体系实施的客观证据，安全生产标准化绩效评定员必须调阅相关审核内容的记录，对记录进行回顾。

（三）现场检查情况

安全生产标准化工作的最终落脚点都在作业现场，因此，必须重视作业现场的检查。通过检查中发现的问题，再对相关的文件或记录进行回顾，查明深层次的原因，为制定纠正与预防措施奠定基础、达到体系持续改进的目的。

第十一条　技术要求

（一）安全生产标准化绩效评定应重点关注重要的活动。

（二）安全生产标准化绩效评定应包含标准化系统的所有内容。

（三）评价结果应包括下列分析：

1. 系统运作的效力和效率；

2. 系统运行中存在的问题与缺陷；

3. 系统与其他管理系统的兼容能力；

4. 安全资源使用的效力和效率；

5. 系统运作的结果和期望值的差距；

6. 纠正行动。

第五章　考核标准及程序

第十二条　考核准则

（一）T/CWEC 19—2020《水文监测单位安全生产标准化评审规程》。

（二）《安全生产总体目标和年度目标安全生产目标管理制度》及年度现代化目标任务相关内容。

（三）相关法律法规及其他要求。

第十三条　计分办法

根据《安全生产目标管理制度》的考评方法进行考核，如实填写《安全生产目标考核表》，并在备注栏描述扣分说明。

第十四条　考核周期与频次

办公室每年对安全生产标准化工作进行一次绩效评定，验证各项安全生产制度措施的适宜性、充分性和有效性，检查安全生产工作目标、指标的完成情况，提出改进意见，形成评价报告。如果发生死亡事故或工程管理业务范围发生重大变化时，应重新组织一次安全生产标准化绩效评定工作。

第十五条　考核程序

（一）考核前准备

1.办公室于每年自评前两周组织安全生产标准化绩效考核小组。成员由办公室及相关安全管理人员组成。

2.办公室根据考核准则，确定每个要素的主责部门和完成期限，形成评定计划。

3.各主责部门按照自评计划和相关要求组织自评材料。

（二）考核实施

1.现场评定。考核小组根据安全生产标准化绩效评定检查表采用观察、交谈、询问、查阅有关文件等方法实施现场评定，并做好客观证据的记录。对发现的不符合事实，应由受评定部门陪同人员确认。

2.安全生产标准化绩效考核小组组长召集小组成员召开安全生产标准化绩效评定会议，讨论现场评定中的有关问题，确定不符合项，填写不符合项及纠正措施报告。

3.安全生产标准化绩效考核小组按照考核准则的相关要求对各部门（中心）的标准化相关材料进行考核打分。

4.对各要素未达到考评分值的，要求其主责部门对未完成项写出整改计划，达到所必需的分值。

（三）考核结束

1.标准化绩效考核结束后，所有与评定工作相关的材料最终汇总形成《安全生产标准化绩效评定工作报告》，经领导小组审批后，将结果以正式文件形式通报各部门（单位）。

2.在评定工作中，发现安全管理过程中的责任履行、系统运行、检查监控、隐患整改、考评考核等方面存在的问题，由安全生产领导小组讨论提出纠正、预防的管理方案，并纳入下一周期的安全工作实施计划中。

3.各部门（中心）安全生产标准化实施情况的评定结果纳入部门、人员年度现代化目标建设任务考核。

第六章　安全生产标准化绩效评定报告与分析要求

第十六条　安全生产标准化绩效评定报告的内容包括：安全生产标准化绩效评定的目的、范围、依据、评定日期；工作小组、责任单位名称及负责人；本次安全生产标准化绩效评定情况总结，管理体系运行有效的结论性意见；工作小组组长根据不符合项及纠正措施报告进行汇总分析，填写安全生产标准化绩效评定不符合项矩阵分析表。不符合项及纠正措施报告、矩阵分析表作为安全生产标准化绩效评定报告的附件。

第十七条　评定结果分析应包括下列内容：系统运作的效力和效率；系统运行中存在的问题与缺陷；系统与其他管理系统的兼容能力；安全资源使用的效力和效率；系统运作的结果和期望值的差距；纠正行动。

第十八条　责任单位在接到安全生产标准化绩效评定报告及不符合项及纠正措施报告15日内，针对不合格项进行原因分析，制订切实可行的纠正措施和期限等，经工作小组组长确认后，由责任单位组织实施。

第十九条　工作小组负责对责任单位纠正措施完成情况进行跟踪和验证，确认不合格项目得到整改。将跟踪、验证、整改情况向领导小组汇报。

第二十条　对实施纠正措施所取得的实效和引起文件的更改，按《文件和档案管理制度》中的有关规定执行，所有安全生产标准化绩效评定记录由办公室保管。

第七章　附　　则

第二十一条　本办法自印发之日起施行。

◆**评审规程条文**

8.1.2　每年至少组织一次安全生产标准化实施情况的检查评定，验证各项安全生产制度措施的适宜性、充分性和有效性，检查安全生产工作目标、指标的完成情况，提出改进意见，形成评定报告。发生生产安全责任死亡事故，应重新进行评定，全面查找安全生产标准化体系中存在的缺陷。

◆**法律、法规、规范性文件及相关要求**

SL/T 789—2019《水利安全生产标准化通用规范》

《国务院安委会办公室关于印发生产安全事故防范和整改措施落实情况评估办法的通知》（安委办〔2021〕4 号）

◆**实施要点**

1. 安全生产制度措施的适宜性、充分性和有效性具体指：

（1）适宜性：各项安全管理制度措施与客观情况相适应的程度。制订的各项安全生产制度措施实际执行情况如何，是否符合本单位实际情况；制订的安全生产工作目标、指标的分解落实方式是否合理，是否具有可操作性；标准化体系文件与单位其他管理系统是否兼容；有关制度措施是否与从业人员的能力、素质等相配套，是否适合于从业人员的使用。

（2）充分性：各项安全管理制度措施对全方位、全过程安全管理体系的完善程度。各项安全管理的制度措施是否满足国家和水利行业的管理要求；所有的管理制度、管理措施是否充分保证 PDCA 动态循环管理模式的有效运行；与有关制度措施相配套的资源，包括人、财、物等是否充分保障；对相关方安全管理的效果如何。

（3）有效性：各项安全管理制度措施的实施并达到预期效果的程度。各项安全管理的制度措施是否能保证安全工作目标、指标的实现；是否以隐患排查治理为基础，对所有排查出的隐患实施了有效治理与控制；对重大危险源是否实施了有效的控制；通过制度、措施的建立，安全管理工作是否符合有关法律法规及标准的要求；通过安全生产标准化相关制度、措施的实施，单位自身是否形成了一套自我发现、自我纠正自我完善的管理机制；单位从业人员通过安全生产标准化工作的推进与建立，是否提高了安全意识，并能够自觉地遵守与本岗位相关的程序或作业指导书的规定等。

2. 安全生产标准化绩效评定就是在绩效评定组织的领导下，按照规定的时间和程序，依据安全生产标准化评审标准，运用科学的方法与技术对安全生产各个方面进行考核和评价。

3. 评定的主要内容包括：验证各项安全生产制度措施的适宜性、充分性和有效性，检查安全生产工作目标、指标的完成情况。

4.水文监测单位应每年至少组织一次安全生产标准化绩效评定，按照评定标准中的内容逐条进行详细分析，分析存在问题，作出评定结果，提出改进意见，形成评定报告。

5.发生安全生产责任死亡事故后，水文监测单位应重新进行检查评定。

[参考示例]

关于开展×××年度安全生产标准化绩效评定工作的通知

各部门、各监测中心：

根据《×××安全生产标准化绩效评定制度》的规定和要求，拟对××年度安全生产标准化绩效进行评定，验证各项安全生产制度措施的适宜性、充分性和有效性，检查安全生产工作目标、指标的完成情况，提出改进意见，以便安全生产标准化工作有效运行并持续改进。现就有关事项通知如下。

一、评定小组

（一）评定领导小组

组长：

副组长：

成员：

（二）评定工作小组成员：

二、评定时间

××年×月×日至××年×月×日

三、评定主要内容

（一）各项安全生产管理制度、操作规程、管理措施的适宜性、充分性和有效性；

（二）安全生产控制指标、安全生产工作目标的完成情况；

（三）安全费用使用情况；

（四）隐患排查治理情况。

四、评定标准

《水文监测单位安全生产标准化评审规程》《安全生产目标责任书》和相关安全文件

五、评定程序

（一）各部门（中心）进行自我评价。收集相关支撑材料，对照评定标准，于××年×月×日提交《安全生产标准化绩效评价报告》，报办公室。

（二）安全生产绩效评定工作小组评审。评定工作小组对全单位各单位部门安全生产标准化绩效情况进行集中评审，于××年×月×日提交《安全生产标准化绩效评定报告》，报办公室。

（三）通报评定结果。各部门（中心）依据评定结果，对存在的问题迅速进行整改，并于15日内将整改回复报告办公室。

附件：××年度安全生产标准化绩效评定报告参考目录

×××

年　月　日

附件：

××年度安全生产标准化绩效评定报告参考目录

一、安全生产标准化绩效评定工作开展情况

二、安全生产标准化绩效

（一）目标职责完成情况

（二）法律法规、操作规程、安全管理制度建立及执行情况

（三）安全生产教育培训情况

（四）现场管理情况

（五）安全风险管控情况

（六）应急救援

（七）事故报告、调查和处理

（八）绩效评定和持续改进

三、存在问题

四、纠正、预防的措施

五、考核与奖惩

◆**评审规程条文**

8.1.3　评定报告以正式文件印发，向所有部门、所属单位通报安全生产标准化工作评定结果。

◆**法律、法规、规范性文件及相关要求**

SL/T 789—2019《水利安全生产标准化通用规范》

◆**实施要点**

1. 安全生产标准化绩效评定报告是对单位安全管理工作的全面总结，涉及安全管理的各个方面，涉及所有部门、所有人员。

2. 安全生产标准化绩效评定报告以正式文件印发各部门（中心），并将安全生产标准化工作评定结果向各部门（中心）和全体从业人员通报。

3. 印发安全生产标准化绩效评定报告有利于各部门（中心）及每位从业人员了解单位安全管理现状和今后努力的方向。

[**参考示例**]

关于印发《×××20××年安全生产标准化绩效评定报告》的通知

各部门、各监测中心：

根据《×××安全生产标准化绩效评定制度》，结合单位××年现代化目标建设任务，我单位组织对××年度安全生产标准化的实施情况进行了评定，现将《×××20××年安全生产标准化绩效评定报告》印发给你们，希望不断巩固安全生产标准化建设成效，并持续改进，进一步提高安全生产标准化绩效。

附件：×××20××年安全生产标准化绩效评定报告

×××

年　月　日

附件：

×××20××年安全生产标准化绩效评定报告

为不断提升安全生产标准化建设水平，严格落实安全生产主体责任，全面检查评价全单位安全生产标准化建设情况，按照中国水利企业协会发布的 T/CWEC 19—2020《水文监测单位安全生产标准化评审规程》规定，我单位组织开展了××年度安全生产标准化绩效评定，成立了安全生产标准化评定工作小组，评定工作小组根据单位日常及季度安全检查、考核情况，对各部门（中心）年度安全生产管理各项指标完成情况进行了考评，对安全生产标准化建设以来各项安全生产制度措施的适宜性、充分性和有效性进行了验证，对安全生产工作各项指标的完成情况进行了检查。现对考评情况做如下报告：

一、安全生产标准化绩效评定工作开展情况

成立了安全生产标准化绩效评定工作小组，工作小组组长由×××担任，副组长由×××担任，成员由相关部门负责人组成，×××具体负责实施绩效评定。

组长：

副组长：

成员：

评定工作小组于××年×月×日至××年×月×日，按照有关规定采用查阅资料、现场观察、抽样调查等方式，对单位安全生产标准化建设"全员、全过程、全方位"的情况进行检查，从目标职责、制度化管理、教育培训、现场管理、安全风险分级管控及隐患排查治理、应急管理、事故管理和持续改进 8 个一级项目、30 个二级项目和 144 个三级项目逐项逐条验证，检查了各项安全生产标准化工作的落实执行情况，及安全生产工作目标、指标完成情况。

二、安全生产标准化绩效

（一）目标职责完成情况

1. 安全生产目标

我单位制定了《安全生产目标管理制度》，明确了目标管理体系、目标的分类和内容、目标的监控与考评以及目标的评定与奖惩等。制定了《××—××年中长期安全生产目标规划》，确立了安全生产管理的中长期战略目标。制定了《××年度安全生产目标计划》，并按各部门（中心）在安全生产中的职能进行了层层分解。根据目标计划和目标管理制度，每半年进行一次目标考核，发放安全生产目标奖金。年初单位主要负责人与分管负责人签订安全生产目标责任书，分管负责人与分管部门（中心）主要负责人签订安全生产目标责任书，各部门（中心）负责人与本部门（中心）工作人员签订安全生产目标责任书。确保各级各岗位人员均签订了安全生产目标责任书。年底，单位安全生产领导小组对各部门（中心）目标完成情况进行考核，根据考核的结果，对完成目标的先进部门和个人给予表彰奖励。本年度，我单位制定的安全生产目标已全部完成。

2. 机构职责

我单位始终坚持"安全第一、预防为主、综合治理"的安全生产方针，以国家法律、法规和行业标准为依据，切实落实"管生产经营必须管安全、管业务必须管安全、谁主管谁负责"的安全管理原则和"以人为本、科学发展、安全发展"的理念。强化各级安全生产责任，《安全生产责任制》明确了单位主要负责人、分管安全负责人、单位其他负责人、部门负责人等各级人员的安全生产职责、权限和考核奖惩的内容。成立了由单位主要负责人、单位领导班子成员、部门（中心）负责人等相关人员组成的安全生产领导小组，全面领导和指挥全单位安全生产工作并对重要安全生产问题进行决策，制定了安全生产领导小组工作规则，明确了领导小组职能、工作职责、例会制度等，安全生产领导小组下设办公室，负责全单位安全生产日常管理工作。同时我单位配备了兼职的安全生产管理人员，建立健全单位、部门（中心）、基层测站安全生产管理网络体系。

我单位严格落实安全生产责任制履职检查考核，每半年对安全生产责任制完成情况进行全面检查，覆盖了各部门（中心）及各级人员的履职情况检查。

3. 安全生产投入

我单位制定了《安全生产投入管理制度》，明确了安全生产投入的内容、计划实施、监督管理等内容。安全生产投入主要用于安全技术和劳动保护措施、应急管理、安全检测、安全评价、事故隐患排查治理、安全生产标准化建设实施与维护、安全监督检查、安全教育及安全生产月活动等与安全生产密切相关的其他方面。

年初，各部门（中心）上报安全投入计划，安全生产领导小组办公室进行汇总分类，安全生产领导小组进行审核，办公室负责向上级主管单位上报安全投入项目，通过上级单位批准下达维修养护项目有计划的组织实施。全年计划安全投入经费为 50 万元，全年实际完成为 50 万元。

（二）安全管理制度建立及执行情况

在执行法律法规、单位安全管理制度的基础上，根据单位特点建立了适用的法律法规清单，建立了安全生产规章制度、岗位操作规程等。在从业人员的安全教育上，对新出台的法律法规、管理制度进行解读，通过集中学习、分层学习等不同形式组织开展，同时重点关注新进人员安全教育工作，不断提高从业人员的安全意识和标准化作业执行力度。在日常和专项检查中出现的问题对照有关管理制度及时予以考核纠正，保证正确的安全导向。

（三）安全生产教育培训情况

根据国家和上级主管部门的安全生产教育培训管理制度等相关要求，执行《×××安全教育培训管理办法》文件，严格按照制度规定开展安全生产教育培训工作。

主要包含法律法规、标准规范、规章制度、操作规程、安全生产管理人员培训、特种作业人员培训、新进人员（转岗）三级安全教育、相关方人员教育培训、应急救援预案培训、职业健康、劳动防护用品使用等方面内容，年初我单位通过识别制定教育培训计划并按计划组织实施，做好培训记录及培训效果评估，建立培训档案等。对单位内部范围发生的事故及同行业的事故进行对照性的学习和讨论，并按照"制度规程、作业条件、人员教育"三个方面进行对照梳理、举一反三，记录存档。每年我单位还组织开展丰富多样的安全文化活动，如：参加水文系统安全知识网络竞赛、安全咨询活动、安全方面法律法规全员竞赛等，加强主题宣传等活动，对全员增强安全意识，提高安全方面能力起到良好效果。

（四）现场管理情况

1. 设备管理

我单位不断加强对水文设施设备建设和运行的安全管理工作，认真执行安全检查制度，确保水文监测设施设备安全运行。目前，所有监测设施设备运行状态良好，无重大隐患。

特种设备主要有办公楼电梯。我单位严格按照特种设备管理要求，委托有资质的第三方对电梯进行维保与管理，经常对特种设备进行检查，定期进行检测，并建立特种设备档案。

严格履行设施设备安装、验收及拆除、报废程序。

2. 作业管理

在作业安全管理方面，依据有关规范制定作业方案或规程、应急预案，如实告知作业人员危险因素、防范措施以及应急预案，并发放到人。作业前对实施作业环境、仪器设备及防护设施及用品进行检查，作业人员按规范配备安全防护用品。认真落实涉水、野外、缆道、易燃、易爆、易腐蚀等作业的安全管理，加强消防、安保、交通安全管理，严格特种作业行为管理，严格相关方的管理。各测站严格按照要求开展安全活动，每半年进行岗位达标考核，根据考核的结果，对测站及成员给予奖惩。

3. 安全警示标识管理

按照规定和现场的安全风险特点，在有重大危险源、较大危险因素和职业危害因素的办公场所、涉水作业区、实验室等工作场所，设置明显的安全警示标识和职业病危害警示标识；告知危险的种类、后果及应急措施等；在危险作业场所设置警戒区、安全隔离设施；定期对警示标识进行检查维护。目前，我单位安全警示标识设置齐全、完整。

4. 职业健康管理

此外建立了《职业健康管理制度》，主要包括职业危害防治责任、职业危害告知、职业危害申报、职业健康宣传教育培训、职业危害防护设施维护检修、防护用品管理、职业危害日常监测、职业健康监护档案管理等。

我单位十分重视从业人员健康，为从业人员提供优良的生产、办公工作条件，发放相应的劳动防护用品，并聘请具有资质的检测机构，对水环境监测分中心实验室进行了职业病危害因素检测。依据检测结果，对相关人员进行职业健康检查。目前，我单位所有从业人员职业健康状况良好，无职业病患者。

（五）安全风险管控情况

1. 安全风险与危险源管理

我单位建立了《安全风险管理制度》，明确了风险辨识与评估的职责、范围、方法、准则和工作程序等内容。制定了《重大危险源管理制度》，明确了重大危险源辨识、评估和控制的职责、方法、范围、流程等要求。

按照单位危险源辨识与风险评价办法的相关要求，我单位每个季度组织开展一次危险源辨识与风险评价工作，对建筑物、设备设施、作业活动、管理和环境五个类别进行危险源辨识与风险评价。

其中辨识出低风险63项，由各相关方落实相应控制措施；一般风险12项，由相关部门（中心）负责落实相应控制措施；较大风险0项，由单位安全生产领导小组负责监督落实相应控制措施；重大风险1项。

我单位在现场重要部位设置了安全风险公告栏和岗位安全风险告知卡，同时对从业人员进行了培训，确保所有从业人员熟悉安全风险相关内容。

我单位现有一处重大危险源，为水情分中心机房，危险有害因素为火灾、爆炸、触电和其他伤害。

我单位实验室不存在危险化学品重大危险源，对工程施工中可能存在的重大危险源，通过严格审查项目施工方资质，加强对施工方的现场管理，审查专项施工方案等能达到有效控制作业危险源。

2. 隐患排查治理

我单位制定了隐患排查治理制度，明确了排查的责任部门和人员、范围、方法和要求，建立并落实了从单位主要负责人到相关从业人员的事故隐患排查治理和防控责任制。

按照有关规定，结合单位安全生产的需要和特点，采用定期综合检查、专项检查、季节性检查、节假日检查和日常检查等方式进行隐患排查。

根据隐患排查的结果，对事故隐患排查治理情况进行汇总。对一般事故隐患通过下发整改通知单的形式，明确整改措施、整改负责人和整改时限，要求相关人员立即组织整改。对于重大事故隐患，由单位主要负责人组织制定并实施事故隐患治理方案，明确目标和任务、方法和措施、经费和物资、机构和人员、时限和要求，并制定应急预案。隐患治理完成后由××（部门）及时进行查验，形成闭环管理。

对事故隐患排查治理情况进行如实记录，每月进行统计分析，通过《水利安全生产信息系统》按月上报我单位安全生产隐患排查治理情况。

3. 预测预警情况

我单位安全生产领导小组每季度对事故隐患排查治理及风险管理等情况进行通报，截至目前，今年已召开了3次专题办公会，对安全生产风险形势进行分析研判（详见会议纪要），会议纪要对隐患排查治理情况进行了汇报说明。12月对全年检查出的隐患进行了统计分析，对各类隐患的发生概率做出了详细说明，对反映的问题及时采取了针对性措施，并及时对安全生产状况及发展趋势进行了通报。

××（部门）与水利、气象等部门建立了多种联系渠道，及时获取工情、气象等信息，及时向相关人员通知。在接到暴雨、台风、洪水、寒潮等自然灾害预报时，及时向各有关部门发出预警信息。提前做好暴雨、台风、洪水等自然灾害的安全防范措施。

（六）应急管理

我单位建立了应急救援工作机制，成立了应急救援领导小组。×××担任应急救援工作领导小组组长。

建立了生产安全事故应急预案体系，印发了《生产安全事故应急预案》，其中包括1项综合预案；水文应急监测、落水事故、火灾事故、触电事故、物体打击、高处坠落、爆炸事故、机械伤害等15项专项应急预案；人身伤亡事故应急处置方案、恶劣天气等2项现场应急处置方案；应急预案基本齐全，具有可操作性。应急预案以正式文件印发到各部门（中心），并报上级主管单位备案。

我单位按照"分级储备、分级管理"的原则，加强各类应急防汛器材、工具的管理，对全单位的防汛物资进行了测算，还委托市防汛物资管理中心代储，并签订了代储协议，制订了详细的调运方案，保证随时调用，满足抗洪抢险救灾的需要。

××年，我单位先后组织了×次应急演练，包括水文应急监测演练、机房试电停电应急演练、消防应急演练、安保应急演练、实验室安全应急演练等，并对演练的效果进行评估，提出改进措施。

年底我单位对应急准备工作进行了总结评估，形成应急准备工作总结评估报告。

（七）事故管理

按照《×××安全事故报告、调查和处理制度》，加强事故和违章管理，对现场查处的违章现象除了执行相关处罚制度外，还按照事故分析会的模式召开事故反省会，举一反三，吸取违章带来的教训。杜绝重复违章现象，切实落实好"四不放过"原则，做好人员安全教育及落实整改措施。

我单位本年度未发生生产安全事故。

（八）持续改进

按照《×××安全生产标准化绩效评定制度》，本着以"落实责任、强化管理、持续改进"为导向，对我单位的安全生产绩效进行评价。我单位的安全生产绩效评价中发现的主要问题来自现场日常管理中发现的管理不足、作业人员行为不安全、不安全的环境、未落实有效管理整治措施及上级部门的查处。同时对在日常安全管理工作中具有独创性并行之有效的好的工作方法、措施予以鼓励。我单位还将绩效评价结果与绩效工资挂钩，定期考核和奖惩，并纳入从业人员的个人年度工作绩效和评优工作中。

我单位根据安全生产标准化的评定结果，及时对绩效评价中发现的问题进行整改，完善安全生产标准化的工作计划和措施，不断提高安全生产绩效。

三、存在的问题

通过绩效评定，评定小组认为我单位的安全生产标准化系统较为完善、执行状态较好，但仍存在部分问题，主要表现在：

1. 各类日常检查记录有填写不全面或不规范现象。

2. 部分从业人员对安全生产制度、操作规程不熟悉。

3. 安全生产费用明细分类不够具体。

4. 水文设施设备等存在轻微破损现象。

5. 安全标识标牌存在破损或缺失现象。

6. 未开展生产安全事故应急救援等方面的应急演练。

7. 对查出的安全隐患有整改不及时现象。

8. 危险源辨识不够全面。

9. 部分从业人员存在不熟悉应急救援预案现象。

10. 部分从业人员安全意识有待进一步提高。

四、纠正、预防的措施

安全生产领导小组针对安全生产标准化绩效考核评定小组发现的问题提出以下整改措施：

1. 加强安全生产标准化的教育和培训。对有关记录进行统一规范的填写。

2. 加强作业人员特别是现场操作人员的安全教育，经常开展操作规程的培训及考核活动。

3. 安全生产费用明细按标准化要求进行分类。

4. 加强各类设备设施检查，对水文设施设备轻微破损及时进行整改。

5. 加强安全标识标牌的检查管理工作，对缺失或破损的标识牌及时补充或修复。

6. 加强应急演练工作安排，定期进行各类项目的应急救援演练。

7. 加强各部门（中心）的隐患排查治理工作，针对整改不及时的部门（中心）或责任人落实处罚措施。

8. 对危险源进行梳理，重新组织危险源辨识工作。

9. 加强应急救援预案的培训和演练工作，保证全体从业人员能够熟知事故的应急处置措施，事故发生时能够及时采取合理措施，以减少事故损失。

10. 常态化开展安全生产大检查和安全知识宣讲，定期开展安全知识考核，提高从业人员安全生产意识。

五、考核与奖惩

本评定报告将结合单位有关奖惩制度，执行考核奖惩。

◆**评审规程条文**

8.1.4 将安全生产标准化工作自评结果，纳入单位年度绩效考评。

◆**法律、法规、规范性文件及相关要求**

SL/T 789—2019《水利安全生产标准化通用规范》

◆**实施要点**

1. 水文监测单位应将安全生产标准化工作自评作为单位年度绩效考评的重要组成部分之一，并及时将每个部门（单位）的安全生产标准化评定结果纳入该部门（单位）的年度绩效考评。

2. 相关部门（单位）评定过程中的扣分项及扣分分值是该部门（单位）的年度绩效考评的改进方向。

[**参考示例**]

××年度安全生产绩效考评汇总表

编号：××-AQ-8.1.4-01

序号	单位/部门	安全控制目标（20分）	安全工作目标（30分）	安全生产标准化绩效（50分）	一票否决权	考核得分
1	办公室					
2	人事部门					
3	财务部门					
4	站网部门					
5	水情部门					
6	水质部门					
7	规划建设部门					

续表

序号	单位/部门	安全控制目标 （20分）	安全工作目标 （30分）	安全生产标准化 绩效（50分）	一票否决权	考核得分
8	××监测中心					
9	……					

安全生产绩效考核小组意见：

考核小组拟推荐水情部门和××监测中心为安全生产绩效考核优秀部门。

考核小组组长（签字）：

考核小组成员（签字）：

年 月 日

◆**评审规程条文**

8.1.5 落实安全生产报告制度，定期向有关部门报告安全生产情况，并公示。

◆**法律、法规、规范性文件及相关要求**

SL/T 789—2019《水利安全生产标准化通用规范》

AQ/T 9005—2008《企业安全文化建设评价准则》

◆**实施要点**

1. 水文监测单位安全生产履职工作报告应及时发布，接受监督。

2. 水文监测单位应按相关规定落实安全生产报告制度，定期（一般为每年）向主管单位（部门）报告安全生产履职情况，并以适当的方式向从业人员公示。

3. 安全生产履职工作情况应包括落实安全生产责任和管理制度、安全投入、安全培训、安全生产标准化建设、隐患排查治理、职业病防治和应急管理等方面。

［参考示例 1］

关于《×××20××年安全生产标准化绩效评定报告》的公示

各部门、各监测中心：

按照×××20××年安全管理工作实施方案和上级主管单位对我单位安全管理工作的指示和要求，单位安全生产领导小组根据《×××安全生产标准化绩效评定制度》，对全单位20××年度安全生产标准化实施情况进行评定，现将《×××20××年安全生产标准化绩效评定报告》予以公示。

公示时间为×个工作日。投诉电话：

×××
年 月 日

［参考示例 2］

×××安全生产报告制度

一、目的

为促进各级安全生产责任制落实，加强对安全生产工作的监督、检查、督促和考核，确保及时、准确掌握各部门（中心）安全生产管理及生产指标完成情况，特制定本制度。

二、适用范围

本制度适用于本单位各部门（中心）和各岗位安全生产情况报告。

三、职责

（一）单位主要负责人是安全生产报告管理工作的第一责任人；分管安全负责人是安全生产报告管理工作的直接领导。

（二）办公室是安全生产报告的归口管理部门，负责指导、组织、协调单位各种安全生产报告管理的整理、传递、上报、归档工作。负责将单位重大问题的信息及时向单位主要负责人及上级部门报告。

（三）各部门（中心）按照本制度规定要求及时、准确、完整地汇报本部门的生产安全事故、不安全情况和生产突发事件信息。

四、安全生产工作情况汇报的形式和内容

安全生产报告是指报告单位发生的各类生产安全事故（隐患）情况及信息，发生人员重伤以上事故按《事故统计报告管理制度》执行。安全生产报告包括即时安全生产情况报告、作业完毕安全报告和定期安全生产情况报告三种形式。

（一）即时安全生产情况报告是指当各部门（中心）发生如下事件时的请示和汇报：

1. 人身、设备等事故的报告；

2. 设备异常情况报告；

3. 设备检修即时报告；

4. 安全事故即时上报的有关事项；

5. 其他重要事件的请示和报告。

（二）作业完毕安全报告是指作业交接班时，当班作业人员针对当班期间的安全生产情况和接班人员需要注意或处理的问题，在交班前进行汇报，并与接班人员进行交接。

（三）定期安全生产情况报告是指各部门（中心）按每日、每周、每月等定期向办公室汇报的安全生产报告。主要包括：安全、技术监控、设备可靠性和生产情况等汇报。其中安全、技术监控、设备可靠性的汇报按照相应的管理规定的汇报程序及要求进行汇报。

五、即时安全生产情况报告要求

（一）对于人身、设备等事故的报告可直接反映给部门负责人，由部门负责人视事故情节严重程度进行逐一上报，报告基本内容：

1. 事故时间、地点和部门；

2. 事故伤亡人数、简要经过、初步原因分析；

3. 事故应急处置情况，包括伤员抢救等情况。

（二）设备事故或突发事件即时汇报基本内容包括：

1. 事故或事件时间、地点和单位；

2. 事故或事件简要经过、停电影响范围、设备损坏情况、初步原因分析、应急处置情况等；

3. 事故或事件有关的设备主要参数、事故前运行方式、事故情况等；

4. 必要的事故现场数码照片等影像资料。

（三）电气设备故障即时汇报基本内容包括：

1. 发生的时间、地点；

2. 开关跳闸情况、设备损坏情况、保护及安全自动装置动作情况、故障线路相别及故障测距、1～2次设备检查情况。

六、安全生产报告规定

（一）召开安全生产报告会

每周五下午15：00召开安全生产报告会，会上由各部门（中心）通报生产安全信息。

（二）异常情况，安全生产报告汇报流程

1. 当发生以下生产安全事故（隐患）、不安全情况和生产突发事件时，所在部门的当值人员或现场负责人应立即汇报部门负责人，同时汇报给安全环保部负责人。

（1）人身伤亡事故；

（2）设备事故；

（3）生产场所火灾事故；

（4）设备故障（开关跳闸、母线失压、继电保护装置动作等）；

（5）其他事故（隐患）、不安全情况、生产突发事件。

2. 办公室负责人接到事故（隐患）、不安全情况和生产突发事件的汇报后，应准确、完整的作好记录，并立即以电话和短信方式向分管安全负责人汇报。发生重伤及以上人身事故，设备事故应立即汇报单位主要负责人。

3. 部门负责人接到事故（隐患）、不安全情况和生产突发事件的汇报后，应立即以电话或短信方式向单位主要负责人和办公室汇报，发生人身伤害事故，应立即向单位主要负责人汇报。

4. 单位分管安全负责人接到事故汇报时应及时向单位主要负责人汇报事故（隐患）、不安全情况和生产突发事件。

5. 发生人身重伤以及上人身伤亡事故，单位还应及时向当地安全管理部门汇报。

（三）考核

对汇报不及时、弄虚作假、故意隐瞒等违反本制度有关规定的部门，视情节轻重给予通报批评和处罚。

（四）各部门（中心）、各班组建立安全生产汇报记录，由部门（单位）负责人每季度检查一次，并做好相关记录。存在的问题要及时纠正，并根据存在的问题及时进行补充完善。

第二节　持　续　改　进

持续改进指的是水文监测单位根据绩效评定结果和预测预警趋势，客观分析，及时调整完善相关制度，实现全领域、全过程、全员参与安全生产管理，坚持不懈追求改善、改进和创新。

◆评审规程条文

8.2.1　根据安全生产标准化绩效评定结果和安全生产预测预警系统所反映的趋势，

客观分析本单位安全生产标准化管理体系的运行质量，及时调整完善相关规章制度、操作规程和过程管控，不断提高安全生产绩效。

◆**法律、法规、规范性文件及相关要求**

SL/T 789—2019《水利安全生产标准化通用规范》

《水利安全生产监督管理办法（试行）》（水监督〔2021〕412号）

《水利安全生产标准化评审管理暂行办法》（水安监〔2013〕189号）

◆**实施要点**

1. 持续改进的核心内涵是单位全领域、全过程、全员参与安全生产管理，按照法律法规、技术标准进行安全管理，坚持不懈地努力，追求改善、改进和创新。

2. 根据安全生产标准化管理体系的自评结果和安全生产预测预警系统所反映的趋势，以及绩效评定情况，客观分析本单位安全生产标准化管理体系的运行质量。

3. 水文监测单位应根据客观情况、绩效评定结果和安全生产预测预警信息等及时调整安全生产目标、指标，修订完善规章制度、操作规程及安全生产标准化工作计划和措施，保证安全生产常态化，提高安全生产意识和管理水平，不断提高安全生产绩效。

4. 水文监测单位应采用"策划、实施、检查、处置"的PDCA动态循环模式，按照安全生产标准化评审标准规定，结合本单位自身特点，自主建立并保持安全生产标准化管理体系，通过自我检查、自我纠正和自我完善，构建安全生产长效机制，持续提升安全生产绩效。

5. 水文监测单位应对安全生产绩效评定中发现的问题进行全面改进。

［参考示例1］

安全生产标准化持续改进通知单

×××：

根据安全生产标准化绩效评定领导小组对你单位××年度安全生产标准化建设工作进行评定，现提出如下持续改进意见。

编号：××-AQ-8.2.1-01

改　进　项　目	改　进　建　议	完成时间
强化教育培训	加强安全生产标准化的教育和培训。对有关记录进行统一规范的填写	
加强现场操作人员培训	加强从业人员特别是现场操作人员的安全教育，经常开展操作规程的培训及考核活动	
费用分类	安全生产费用明细按标准化要求进行分类	
加强设备检查	加强各类设施设备检查，对水文设施设备轻微破损及时进行整改	
安全标识牌管理	加强安全标识标牌的检查管理工作，对缺失或破损的标识牌及时补充或修复	
进行应急演练	加强应急演练工作安排，定期进行各类项目的应急救援演练	
隐患排查	加强各部门（中心）的隐患排查治理工作，针对整改不及时的部门或责任人落实处罚措施	
危险源辨识	对危险源进行梳理，重新组织危险源辨识工作	
应急预案演练	加强应急救援预案的培训和演练工作，保证全体从业人员能够熟知事故的应急处置措施，事故发生时能够及时采取合理措施，以减少事故损失	

续表

改　进　项　目	改　进　建　议	完成时间
安全知识普及	常态化开展安全生产大检查和安全知识宣讲，定期开展安全知识考核，提高从业人员安全生产意识	
部门负责人：（签字）	签收日期：××××年×月×日	

接此通知后，请认真研究改进，并将改进情况及时反馈。

通知人：

年　月　日

改进效果验证：

　　×××已按本通知要求按期完成，并提交了改进项目的文本。经参照安全绩效评审意见，所提交的×项改进项目符合相关标准要求。

验证部门：

验证人：

验证日期：　年　月　日

［参考示例 2］

×××安全生产标准化系统持续改进计划

编号：××-AQ-8.2.1-02

制定日期		制定人员	
实施日期		主要负责人	

安全生产目标、规章制度、操作规程的修改完善情况：

　　1. 在安全生产基础工作方面，各部门、中心存在一定的差距，安全管理制度还需进一步完善，安全管理存在漏洞。

　　2. 现场管理还需进一步加强，作业人员安全意识有待于进一步提高。结合现场管理要求，要进一步提高操作规程可操作性。

　　3. 安全生产目标有的部门未落实到位，考核不够认真，考核办法存在不足，考核还没有对安全生产起到足够的促进作用。

　　4. 职业健康管理制度还需进一步完善，各项记录、台账、职业健康档案有待进一步建立和完善。

　　5. 在检查、巡检、会议记录及台账方面存在填写不规范、安全报表填报不及时现象。

　　6. 应急救援管理能力薄弱，救援器材配备不足，应急救援队伍人员要进一步加强能力建设。

系统持续改进计划内容：

　　1. 发现安全生产制度和措施不适宜的条款、不能充分反映单位实际情况和不能有效防止生产安全事故发生时应及时进行修订。

　　2. 安全生产工作目标、指标不能完成的部门、中心要查明原因，根据实际进行处罚并适当调整指标。

　　3. 针对考核中纠正与预防措施的要求，制定具体的实施方案并予以保持；持续改进绩效考核制度，不断降低、控制或消除各类安全风险和危害。

具体措施：

　　1. 进一步加强安全生产基础工作，提升单位安全生产保障能力。

　　2. 加强隐患排查治理，认真落实"五到位"。

　　3. 进一步强化职业健康管理，规范管理各种记录、台账、职业健康档案。

　　4. 修订安全《安全目标考核管理办法》。增强绩效考核的合理性、约束性、可实施性。

　　5. 加强对作业人员的安全教育培训，提高安全生产意识。

　　6. 加强应急救援管理能力建设，配备必要的应急救援器材，提高应急响应能力。

审批意见：

审批人：   日期：

[参考示例3]

××安全生产标准化持续改进情况验证表

填表时间：　　年　月　日　　　　　　　　　　　编号：××-AQ-8.2.1-03

序号	整 改 内 容	责任部门	责任人	完成时间	效 果 验 证
1	加强安全生产标准化的教育和培训。对有关记录进行统一规范的填写				已整改、持续坚持
2	加强作业人员特别是现场操作人员的安全教育，经常开展操作规程的培训及考核活动				已整改、持续坚持
3	安全生产费用明细按标准化要求进行分类				已制定整改措施，正在整改中
4	加强各类设备设施检查，对水文设施设备轻微破损及时进行整改				已完成整改
5	加强安全标识标牌的检查管理工作，对缺失或破损的标识牌及时补充或修复				已整改
6	加强应急演练工作安排，定期进行各类项目的应急救援演练				已整改
7	加强各部门（中心）的隐患排查治理工作，针对整改不及时的部门（中心）责任人落实处罚措施				已整改
8	对危险源进行梳理，重新组织危险源辨识工作				正在整改中
9	加强应急救援预案的培训和演练工作，保证全体从业人员能够熟知事故的应急处置措施，事故发生时能够及时采取合理措施，以减少事故损失				已制定整改措施，正在整改中
10	常态化开展安全生产大检查和安全知识宣讲，定期开展安全知识考核，提高从业人员安全生产意识				已整改

审批人：　　　　　　　　　　　填表人：

第十一章　管　理　与　提　升

根据《水利行业深入开展安全生产标准化建设实施方案》的要求，各级水行政部门要加强对安全生产标准化建设工作的指导和督促检查，按照分级管理和"谁主管、谁负责"的原则，水利部负责直属单位和直属工程项目以及水利行业安全生产标准化一级单位的评审、公告、授牌等工作；地方水利生产经营单位的安全生产标准化二级、三级达标考评的具体办法，由省级水行政主管部门制定并组织实施，考评结果报送水利部备案。

根据有关规定，各级水行政主管部门负责水利安全生产标准化建设管理工作的监督管理，并不是只针对达标评审环节的监督管理。水利生产经营单位是安全生产标准化建设工作的责任主体，是否参与达标评审是其自愿行为。水文监测单位应结合本单位实际情况，制定安全生产标准化建设工作计划，落实各项措施，组织开展多种形式的标准化宣贯工作，使全体从业人员不断深化对安全生产标准化的认识，熟悉和掌握标准化建设的要求和方法，积极主动参与标准化建设并保持持续改进。

第一节　管　理　要　求

水文监测单位自身应加强自控管理，切实按要求开展标准化的相关工作，保证体系正常运行。监督管理部门应依据法律法规及相关要求加强对职责范围内生产经营单位的安全标准化工作动态监管，依法履行法律赋予的监督管理职责，并以此为抓手，切实提高管辖范围内安全生产管理水平。

一、监督主体

根据《水利行业深入开展安全生产标准化建设实施方案》的要求，水利安全生产标准化的监督管理主体是各级水行政主管部门。

按照分级管理和"谁主管、谁负责"的原则，水利部负责直属单位和直属工程项目以及水利行业安全生产标准化一级单位的评审、公告、授牌等工作；地方水利生产经营单位的安全生产标准化二级、三级达标考评的具体办法，由省级水行政主管部门制定并组织实施，考评结果报送水利部备案。

二、年度自主评审

水文监测单位取得水利安全生产标准化等级证书后，每年应对本单位安全生产标准化的情况至少进行一次自我评审，并形成报告，及时发现和解决生产经营中的安全问题，持续改进，不断提高安全生产水平，按规定将年度自评报告上报水行政主管部门。一级达标单位和部属二三级达标单位应通过"水利安全生产标准化评审系统"（http：//abps.cwec.org.cn/），按要求上报。

三、延期管理

《水利安全生产标准化评审管理暂行办法》规定，水利安全生产标准化等级证书有效期为 3 年。有效期满需要延期的，须于期满前 3 个月，向水行政主管部门提出延期申请（一级达标单位和部属二三级达标单位向中国水利企业协会提出申请）。

水利生产经营单位在安全生产标准化等级证书有效期内，完成年度自我评审，保持绩效，持续改进安全生产标准化工作，经复评，符合延期条件的，可延期 3 年。

四、撤销等级

《暂行办法》中规定了撤销安全生产标准化等级的五种情形，发生下列行为之一的，将被撤销安全生产标准化等级，并予以公告：

（1）在评审过程中弄虚作假、申请材料不真实的。

（2）不接受检查的。

（3）迟报、漏报、谎报、瞒报生产安全事故的。

（4）水利工程项目法人所管辖建设项目、水利水电施工企业发生较大及以上生产安全事故后，水利工程管理单位发生造成人员死亡、重伤 3 人以上或直接经济损失超过 100 万元以上的生产安全事故后，在半年内申请复评不合格的。

（5）水利工程项目法人所管辖建设项目、水利水电施工企业复评合格后再次发生较大及以上生产安全事故的；水利工程管理单位复评合格后再次发生造成人员死亡、重伤 3 人以上或经济损失超过 100 万元以上的生产安全事故的。

被撤销水利安全生产标准化等级的单位，自撤销之日起，须按降低至少一个等级申请评审；且自撤销之日起满 1 年后，方可申请原等级评审。

水利安全生产标准化三级达标单位构成撤销等级条件的，责令限期整改。整改期满，经评审符合三级单位要求的，予以公告。整改期限不得超过 1 年。

第二节 动 态 管 理

为深入贯彻落实《中共中央国务院关于推进安全生产领域改革发展的意见》《地方党政领导干部安全生产责任制规定》和《水利行业深入开展安全生产标准化建设实施方案》（水安监〔2011〕346 号），进一步促进水利生产经营单位安全生产标准化建设，督促水利安全生产标准化达标单位持续改进工作，防范生产安全事故发生，2021 年水利部下发了《水利安全生产标准化达标动态管理的实施意见》（以下简称《实施意见》），就加强水利安全生产标准化达标动态管理工作提出了要求。

《实施意见》主要工作目标是为了建立健全安全生产标准化动态管理机制，实行分级监督、差异化管理，积极应用相关监督执法成果和水利生产安全事故、水利建设市场主体信用评价"黑名单"等相关信息，对水利部公告的达标单位全面开展动态管理，建立警示和退出机制，巩固提升达标单位安全管理水平，为水利事业健康发展提供有力的安全保障。

《实施意见》中规定，动态管理的主要方法是实行记分制，根据不同的安全生产违法、违规情形进行相应分值的扣分，在证书有效期根据扣分情况进行分类管理。

《实施意见》要求按照"谁审定谁动态管理"的原则，水利部对标准化一级达标单位和部属达标单位实施动态管理，地方水行政主管部门可参照本实施意见对其审定的标准化达标单位实施动态管理。水文监测单位获得安全生产标准化等级证书后，即进入动态管理阶段。动态管理实行累积记分制，记分周期同证书有效期，证书到期后动态管理记分自动清零。动态管理记分依据有关监督执法成果以及水利生产安全事故、水利建设市场主体信用评价"黑名单"等各类相关信息，记分标准如下：

（1）因水利工程建设与运行相关安全生产违法违规行为，被有关行政机关实施行政处罚的：警告、通报批评记 3 分/次；罚款记 4 分/次；没收违法所得、没收非法财物记 5 分/次；限制开展生产经营活动、责令停产停业记 6 分/次；暂扣许可证件记 8 分/次；降低资质等级记 10 分/次；吊销许可证件、责令关闭、限制从业记 20 分/次。同一安全生产相关违法违规行为同时受到 2 类及以上行政处罚的，按较高分数进行量化记分，不重复记分。

（2）水利部组织的安全生产巡查、稽察和其他监督检查（举报调查）整改文件中，因安全生产问题被要求约谈或责令约谈的，记 2 分/次。

（3）未提交年度自评报告的，记 3 分/次；经查年度自评报告不符合规定的，记 2 分/次；年度自评报告迟报的，记 1 分/次。

（4）因安全生产问题被列入全国水利建设市场监管服务平台"重点关注名单"且处于公开期内的，记 10 分。被列入全国水利建设市场监管服务平台"黑名单"且处于公开期内的，记 20 分。

（5）存在以下任何一种情形的，记 15 分：发生 1 人（含）以上死亡，或者 3 人（含）以上重伤，或者 100 万元以上直接经济损失的一般水利生产安全事故且负有责任的；存在重大事故隐患或者安全管理突出问题的；存在非法违法生产经营建设行为的；生产经营状况发生重大变化的；按照水利安全生产标准化相关评审规定和标准不达标的。

（6）存在以下任何一种情形的，记 20 分：发现在评审过程中弄虚作假、申请材料不真实的；不接受检查的；迟报、漏报、谎报、瞒报生产安全事故的；发生较大及以上水利生产安全事故且负有责任的。

达标单位在证书有效期内累计记分达到 10 分，实施黄牌警示；累计记分达到 15 分，证书期满后将不予延期；累计记分达到 20 分，撤销证书。以上处理结果均在水利部网站公告，并告知达标单位。

第三节 巩 固 提 升

安全生产标准化建设是一项长期性的工作，需要在工作过程中持续坚持、巩固成果、不断改进提升。

一、树立正确的安全生产管理理念

安全生产永远在路上，只有起点没有终点，需要不断持续改进与巩固提升才能保持良好的安全生产状况。树立正确的安全发展理念是保证"长治久安"的重要前提和基础，水文监测单位应充分认识到开展标准化建设是提高安全生产管理水平的科学方法和有效途径。安全生产标准化工作达到了一级（或二级、三级）只是实现了阶段性目标，是拐点，不是终点。要巩固标准化的成果，必须建立长效的工作机制，实施动态管理，严格落实安全生产标准化的各项工作要求，不断解决实际工作过程中出现的新问题。

二、建立健全责任体系

单位的生产经营过程由各部门、各级、各岗位人员共同参与完成，安全生产管理工作也贯穿于整个生产经营过程。因此，要实现全员、全方位、全过程安全管理，只有单位人人讲安全、人人抓安全，才能促进安全生产形势持续稳定向好。

为实现上述要求，水文监测单位必须建立健全全员安全生产责任制，单位主要负责人带头履职尽责，起到引领、示范作用，以身作则保证各项规章制度真正得到贯彻执行，只有这样才能使单位真正履行好安全生产主体责任，持续巩固标准化建设成果。

三、保障安全生产投入

水文监测单位应根据国家及行业相关规定，结合单位的实际需要，保障安全生产投入。

单位要满足安全生产条件，必须要有足够的安全生产投入，用以改善作业环境，配备安全防护设备、设施，加强风险管控，实施隐患排查治理。因此，水文监测单位应树立"安全也能出效益"的理念，把安全生产投入视为一种特殊的投资，其所产生的效益短期内不明显，但为单位所带来的隐性收益在某种程度上是用金钱无法衡量的。水文监测单位如发生人员伤亡的生产安全事故，除带来经济和名誉损失外，还将给从业人员及其家属带来深重的灾难，甚至影响社会的稳定。安全生产投入到位，可在很大程度减少生产安全事故的发生，间接为单位带来效益。

四、加强安全管理队伍建设

安全管理最终要落实到人，水文监测单位应把安全管理人才培训、队伍建设摆在突出的位置，最大限度发挥这些人员的作用，通过专业的力量带动全体从业人员参与到安全生产工作中来。水文监测单位应保障安全生产管理人员的待遇，建立相应的激励机制，调动积极性，使其在单位的生产经营过程中有发言权，真正为单位安全生产出力献策。

五、强化教育培训

经常性开展教育培训，能够让从业人员及时获取安全生产知识，增强安全意识，教育培训应贯穿于安全生产标准化建设的各个环节、各个阶段。水文监测单位应当按照本单位安全生产教育和培训计划的总体要求，结合各个工作岗位的特点，科学、合理安排教育培训工作。采取多种形式开展教育培训，包括理论培训、现场培训、召开事故现场分析会等。通过教育培训，让从业人员具备基本的安全生产知识，熟悉有关安全生产规章制度和操作规程，掌握本岗位的安全操作技能，了解事故应急处理措施，知悉自身在安全生产方面的权利和义务。对于没有经过教育培训，包括培训不合格的从业人员，不得安排其上岗作业。

六、强化风险分级管控及隐患排查治理

水文监测单位应建立安全风险分级管控和隐患排查治理双重预防机制，全面推行安全风险分级管控，进一步强化隐患排查治理，推进事故预防工作科学化、信息化、标准化，提升安全生产整体预控能力，实现把风险控制在隐患形成之前、把隐患消灭在事故前面。

七、保证安全管理工作真正"落地"

水文监测单位应采取有效的措施保证各项安全管理工作真正落到实处，杜绝"以文件落实文件、以会议落实会议"的管理方式。安全管理工作要下沉到基层和现场，切实解决现场作业中存在的各种问题；抓好各级人员安全管理工作，真正实现岗位达标、专业达标、单位达标，最终实现单位的本质安全。

八、绩效评定与持续改进

水文监测单位的标准化建设是一个持续改进的动态循环过程，需要不断持续改进、巩固和提升标准化建设成果，才能真正建立起系统、规范、科学、长效的安全管理机制。

水文监测单位通过水利安全生产标准化达标后，每年至少组织一次本单位安全生产标准化实施情况检查评定，验证各项安全生产制度措施的适宜性、充分性和有效性，提出改进意见，并形成绩效评定报告，接受水行政主管部门的监督管理。